高等院校计算机应用系列教材

组网技术与网络管理
（第四版）（微课版）

张卫星　杨　聪　李俊锋　刘　博　编著

清华大学出版社

北　京

内 容 简 介

本书系统地介绍了计算机网络的组网技术和网络管理知识。全书共12章，包括计算机网络建设的基本要素、基本概念和特点、网络标准和协议模型、局域网和广域网技术、云计算技术、网络接入技术、网络规划与设计、数据中心组网技术、网络综合布线和工程施工标准、网络服务器构建技术、各种网络结构的组建方案、网络维护与管理、网络安全和病毒防范技术与方法等内容。

本书内容丰富，结构清晰，基础理论和具体的工程实例相结合，具有很强的实用性，不仅可作为高等院校计算机网络及相关专业的教材，还可作为计算机网络设计开发、工程建设和系统集成等工程技术人员的参考书。

本书配套的电子课件和习题答案可以到http://www.tupwk.com.cn/downpage网站下载，也可以扫描前言中的"配套资源"二维码获取。扫描前言中的"看视频"二维码可以直接观看教学视频。

图书在版编目(CIP)数据

组网技术与网络管理：微课版 / 张卫星等编著. —4 版. —北京：清华大学出版社，2024.1
高等院校计算机应用系列教材
ISBN 978-7-302-64585-6

Ⅰ. ①组… Ⅱ. ①张… Ⅲ. ①计算机网络—高等学校—教材 Ⅳ. ① TP393

中国国家版本馆 CIP 数据核字 (2023) 第 180340 号

责任编辑：胡辰浩
封面设计：高娟妮
版式设计：孔祥峰
责任校对：成凤进
责任印制：刘海龙

出版发行：清华大学出版社

   网　　址：https://www.tup.com.cn，https://www.wqxuetang.com
   地　　址：北京清华大学学研大厦 A 座　　　　　邮　　编：100084
   社 总 机：010-83470000　　　　　　　　　　邮　　购：010-62786544
   投稿与读者服务：010-62776969，c-service@tup.tsinghua.edu.cn
   质 量 反 馈：010-62772015，zhiliang@tup.tsinghua.edu.cn

印 装 者：三河市龙大印装有限公司
经　　销：全国新华书店
开　　本：185mm×260mm　　印　　张：23.25　　字　　数：580 千字
版　　次：2006 年 6 月第 1 版　2024 年 1 月第 4 版　印　　次：2024 年 1 月第 1 次印刷
定　　价：86.00 元

产品编号：091879-01

本书全面系统地讲述了与计算机组网和网络管理维护的相关技术，涵盖了网络基础理论、网络设备、组网技术和协议、网络布线、网络服务、网络调测和管理维护等相关知识，全方位地向读者介绍计算机网络技术。

本书作为面向高等院校的教材，在讲述基础理论知识的同时，注重结合具体工程和技术实例的讲解，把理论教学和对实践技能的培养结合起来，是一本非常实用的教材。

本书共分为12章，按照由浅入深、理论与实例相结合的方式编排内容。

第1章对如何进行网络建设进行了概述，并简要说明了网络建设的几个基本要素，为读者阅读后面章节的知识打下一个初步的基础。

第2章介绍了计算机网络的基本概念、原理、技术要点和特点，重点讲述计算机网络的分层体系结构、OSI参考模型和TCP/IP协议簇、互联网协议、IP地址结构、IPv6地址结构，使读者对计算机网络有一个整体性的认识，为下一步具体讲解网络知识打下基础。

第3章介绍网络设备，网络设备是计算机网络的物质基础，包括服务器、交换机、路由器、集线器等，还包括各种网络传输介质，如双绞线、同轴电缆、光纤等。本章重点讲述了各种网络设备的基本概念、工作原理、主要特点，以及网络设备的选择和评价参考要素。

第4章重点讲述局域网组网技术。局域网是计算机网络中应用最广泛的一种网络形式。本章讲述了局域网的基本构成和技术特点、拓扑结构、局域网协议标准和分类；此外还介绍了无线局域网技术和虚拟局域网技术；最后结合具体实例讲解了局域网的应用。

第5章主要介绍了广域网和网络接入的相关技术，包括广域网技术、DDN、xDSL、SONET、ATM、MPLS、卫星通信技术、无线通信技术、广域网路由等内容，重点讲解了各种技术的标准、协议结构、技术特点，并结合实例讲解了各种技术的应用情况和适用环境。

第6章讲述了如何根据用户需求，综合运用前面讲过的技术，结合实际情况进行网络的规划和设计，并介绍了网络工程和网络评估的基本概念。

第7章介绍了网络综合布线技术，主要是布线的规范、标准和工程施工标准，以及线缆的架设和测试等技术。

第8章主要介绍了网络操作系统和网络应用服务器的架设，首先介绍了网络操作系统的技术特点和常见的几种网络操作系统，以及云计算概念和架构；然后结合Windows操作系统讲述了各种网络服务器的架设，包括Web、DNS、DHCP和邮件服务器等。

第9章主要介绍了多种形式的网络组建技术，如对等网、C/S结构网络、家庭网络、企业网络、多媒体教室网络、数据中心组网、软件定义网络等，结合具体实例讲述了这些网络形式的特点、结构和软硬件配置等内容。

第10章讲述了网络和设备的测试技术，包括网络测试的指标和测试工具、测试方法，交换机和路由器的测试标准和测试方法，网络故障的检测、调试和排除技术，以及网络故障检测的工具和方法。

第11章重点介绍了网络管理维护的相关技术，包括网络管理的基本概念和体系结构，简单网络管理协议，网络管理系统的组成，常见的网络管理软件的配置和使用等。

第12章主要讲述了网络安全威胁、网络安全的主要目标、网络安全防范体系结构和安全策略、网络安全技术和协议、网络病毒的相关概念和病毒防治技术、网络机房安全常识等内容。

本书内容翔实，结构清晰，作者根据自己长期从事网络设计和建设的经验，设计了丰富的实例进行讲解。本书不仅可作为高等院校计算机网络及相关专业的教材，还可作为从事计算机网络设计开发、工程建设和系统集成等工作的工程技术人员的参考书。

本书由张卫星、杨聪、李俊锋、刘博编著。具体编写分工如下：张卫星编写第1～7章；杨聪编写第8章；李俊锋编写第9章；刘博编写第10～12章。

在本书的编写过程中参考了相关文献，在此向这些文献的作者深表感谢。由于作者水平有限，书中难免有不足之处，恳请专家和广大读者批评指正。我们的电话是010-62796045，信箱是992116@qq.com。

本书配套的电子课件和习题答案可以到http://www.tupwk.com.cn/downpage网站下载，也可以扫描下方的"配套资源"二维码获取。扫描下方的"看视频"二维码可以直接观看教学视频。

扫描下载　　　　　　　　扫一扫

配套资源　　　　　　　　看视频

编　者

2023年11月

目录

第 1 章

网络建设要素

随着信息技术的飞速发展，人们越来越迫切地需要信息资源的共享。然而，由于地区范围的限制，使得资源共享发生了困难，网络技术因此应运而生。网络技术为人们的生活、工作、娱乐带来了巨大的变化，而网络建设就成为决定人们生活、工作、娱乐的至关重要的一项。本书将为读者详细介绍如何进行网络建设。

为了能够系统地讲述如何进行网络建设，本章将作为一个综述，为读者介绍网络建设的基本要素。在后面的章节中，将会针对具体的要素进行详细分析。

本章要点：
- 如何进行网络建设
- 网络建设的拓扑图
- 网络建设的基本要素

1.1 如何进行网络建设

网络建设听起来似乎很复杂，其实就是将所有的终端设备，包括工作站计算机、服务器计算机、打印机、数码产品等通过网络设备进行连接。当然，真正的网络建设也不是这么简单，它需要考虑网络质量、网络安全、网络负载平衡等因素。从而会引出很多网络建设中所使用到的技术，如服务质量(QoS)技术、组播技术、热备份路由选择协议(HSRP)技术、服务器负载均衡技术、冗余电源技术等。

在进行网络建设之前，首先必须针对现有的状况进行具体的定位，然后再针对今后的发展趋势进行详细的分析，最后将所有的分析结果汇总，通过拓扑图和方案的方式表现出来，以作为真正网络建设时的依据。

接下来，将对组建网络时针对现状和未来规划所需要的考虑进行详细分析。

1. 针对现有的状况做以下考虑

针对现有的条件来规划网络时，需要考虑以下几种情况。

○ 在针对现有的状况时，需要考虑网络建设所需的费用，尽量使用合适的设备。例如，若一个小型局域网对网络流量的要求不是很高，那么选择如D-LINK、TP-LINK等的一般性交换机设备即可，而无须选择3COM、CISCO等品牌的高端交换机，这样无疑是为用户节省了大量的开支。

○ 需要从整个网络的实际情况来进行分析，不要一味地为了节约成本而使用低廉的产品。当一个网络中需要有语音、视频等信息传递时，那么在此网络中，即使只有十几个用户客户端，也需要选择较高性能的交换机，如果使用了一般性的交换机，就会使得整个网络针对语音、视频、普通数据流量等无法正常传输，从而使得此网络建设完全失去意义。

○ 网络设备使用过程中可能会出现失控、损坏等因素，为了能保障整个网络不受任何一台网络设备故障因素而导致网络瘫痪，必须针对重要网络设备进行冗余。什么是冗余呢？所谓冗余，就是备份。针对冗余，有电源冗余技术、路由器冗余技术、引擎冗余技术等。另外，在网络建设中，还会因为链路的故障而导致网络瘫痪，所以，后来又出现了Port Channel技术，使用它来满足链路的冗余和带宽的增加。

○ 有的企业网络中的用户很多，但是如果需要保证每个用户使用一个公网地址上网却是无法实现的，此时就需要考虑在内部网络使用私有地址，然后将私有地址多对一地转换成公网地址，这样就可以使用少数的公网IP地址让众多用户上网，这种技术被称为网络地址转换(NAT)技术。

○ 需要考虑网络安全。网络安全已经成为整个网络建设至关重要的技术。如果无法保障网络的安全，而让网络一天到晚承受着非法流量的侵入、黑客的不定期骚扰、病毒的长期扫荡等，那么整个网络所面临的灾难则是让人难以想象的。所以，网络建设中必须考虑网络安全一项，此时则可以通过架设防火墙、在路由器中使用访问控制列表等技术。

2. 针对今后的发展需要做以下考虑

针对未来的网络发展，有以下几种情况需要考虑。

○ 针对今后的发展，首先要考虑是否需要为不同区域进行预留。通俗地讲就是，如果一个部门现有24个用户，是否只需要配备一个24口的交换机？是否需要考虑此部门在未来可能需要添加的用户数量？这就需要网络建设规划者去详细调查。

○ 当一个企业网络中暂时只是拥有一些普通的流量，即一般的数据传输，但在未来是否会添加如视频会议、语音电话等的特殊数据？如果企业在未来有可能添加这些项目，那么就需要按照未来项目的情况规划目前的网络。简单地说，就是将网络配置成可以运行视频会议、语音电话的网络。

○ 对于今后的网络发展，是否需要预留足够的接口进行扩容？如今后服务器的存储负担可能会加大，此时可能需要考虑是否为服务器预留一个连接磁盘阵列的接口。

3. 网络建设需要保障的基本要求

网络建设中有许多基本的要求，如下所示。

- 必须保证网络中所有信息点都有备份点，也可以说尽量针对每个信息点备份一个点。
- 必须保证网络中的所有网络设备在有冗余的情况下工作，特别是核心层设备和汇聚层设备。
- 必须保证局域网的自身安全。
- 必须保证网络的流量优先权限。也就是说，当有视频或者语音数据传输时，必须保证这些流量优先通过，防止这些流量的时延。

4. 网络建设方案的内容

在分析过后，接下来就是撰写方案，方案中一般需要包括以下内容。

- 网络建设的意义。
- 针对此次网络建设的用户的现状分析。
- 用户的要求。
- 规划出大概的网络拓扑图。
- 针对拓扑图配备相应的网络设备。
- 工程布线的步骤和拓扑图。
- 针对各种布线的线缆，如双绞线、光缆的技术参数给予说明。
- 针对布线施工完毕后的测量仪器说明、测量结果的说明。
- 整个网络的地址规划情况。
- 整个网络建设的造价表。
- 网络建设的项目小组的名称。

当然，以上所说的是一个最基本的网络建设方案所需要具备的内容。其实，很多网络建设方案还有更多的内容，包括机房的建设情况、装潢拓扑图等。这些就靠读者去灵活掌握了。

1.2　网络建设的拓扑图

网络建设中的规划拓扑图对于整个网络建设起着尤为重要的作用，它是网络设计者针对网络现状和今后发展的一个初步规划和今后修改的依据。如果网络建设中没有拓扑图，那么一切将会成为纸上谈兵。例如，什么地方需要改进，什么地方需要添加设备等，都不会被设计者所注意，一旦网络建设完毕，再发现很多令人不满意的地方就悔之晚矣了。

网络拓扑图分为以下3种。

- 广域网拓扑图。
- 局域网拓扑图。
- 详细拓扑图。

下面将详细针对这3种拓扑图给出说明和具体的实例。

1. 广域网拓扑图

广域网拓扑图一般来说是针对用户网络如何接入互联网的示意图，它需要规划如何接入互联网，使用何种技术接入互联网，使用何种设备接入互联网，等等。下面举一个实例来说明。

一个企业的总公司在北京，在美国和新加坡有两个分公司，现在将总公司及两个分公司进行连接，并且将它们接入互联网中。接下来，先给出如图1-1所示的拓扑图，然后再进行详细的分析。

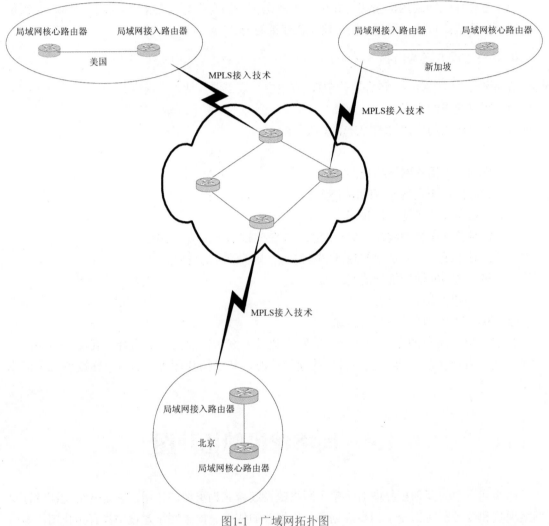

图1-1　广域网拓扑图

下面来分析图1-1所示的拓扑图。

首先，必须明确接入互联网的是路由器还是多层交换机，并且确认其型号。

其次，需要明确接入的是哪种方式，是ATM、MPLS、DDN或者是光缆直连。

接下来，需要明确大概的接入技术的简单拓扑，图1-1所示为MPLS的简单示意图。

下面再给出一个比较复杂的拓扑图，如图1-2所示。

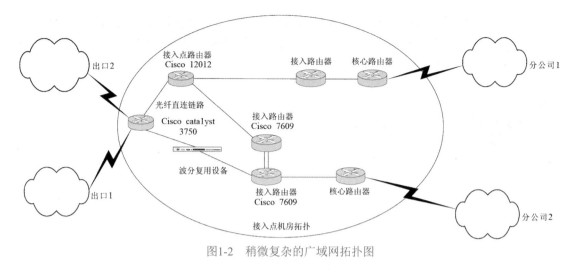

图1-2 稍微复杂的广域网拓扑图

图1-2所示的拓扑图是某个企业的广域网接入拓扑图，读者可以根据前面所讲述的内容认真分析，找出广域网拓扑图的规划技巧。

2. 局域网拓扑图

局域网拓扑图直接表现出整个局域网中的网络设备的分布情况、网络中的路由情况，以及整个网络中的网络层次。下面将通过一个实例，为读者展示如何具体地规划一个局域网拓扑图。

一个企业中包括网络管理部、销售部、财务部、售后部、客服部5个部门，现在将其规划到一个企业网络中。

由于网络管理部可以管理整个企业的网络，所以将其作为局域网的核心处。其详细拓扑图如图1-3所示。

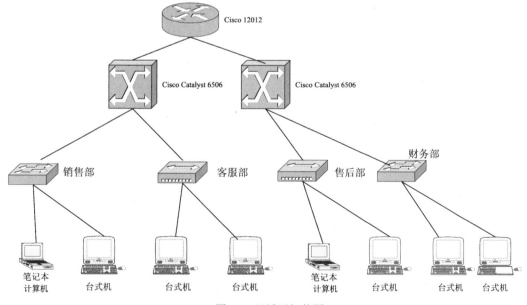

图1-3 局域网拓扑图

图1-3所示的拓扑图将整个用户网络规划得清清楚楚，其中包括了每个部门使用何种接入设备，核心层使用何种接入设备，网络的最前端使用何种接入设备，等等。下面再给出一个比较复杂的拓扑图，如图1-4所示。

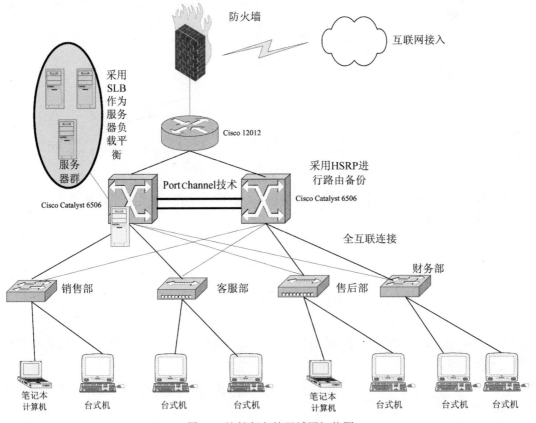

图1-4　比较复杂的局域网拓扑图

图1-4中不但规划出了局域网的接入方式，而且还将局域网中的连接技术都一一标明在图中，使得设计者在修改网络规划时可以一目了然，方便针对实际情况做进一步的修改。

3. 详细拓扑图

所谓的详细拓扑图，主要是指针对用户局域网中具体的规划方式进行说明。下面将举一个实例，通过这个实例读者应该能够掌握如何规划详细拓扑图。

在一个企业中有3栋楼，每栋楼有3层：第一层是技术部，第二层是销售部，第三层是财务部。该企业详细的网络拓扑图如图1-5所示。

该拓扑图详细地说明了3栋楼是如何进行相连的，以及使用何种技术进行相连。所以，网络建设的规范拓扑图在每个技术方案中是不可缺少的一部分，希望读者能够自己去详细揣摩。

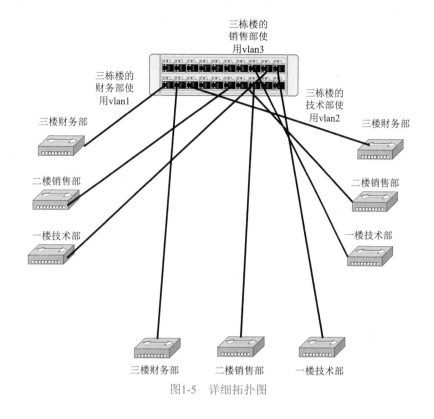

三栋楼的
销售部使
用vlan3

三栋楼的
财务部使
用vlan1

三栋楼的
技术部使
用vlan2

三楼财务部

三楼财务部

二楼销售部

二楼销售部

一楼技术部

一楼技术部

三楼财务部　　二楼销售部　　一楼技术部

图1-5　详细拓扑图

1.3　网络建设的要素

　　网络建设的要素，其实就是网络建设所需要做的几个步骤，分为综合布线、网络设备的选型、地址规划及网络安全等。工程布线属于基础建设，综合布线的质量好坏直接决定了整个网络的质量好与坏。网络设备的选型决定了网络的规模，以及网络的传输质量。地址规划及路由协议的选择则是能够保证很好地维护和升级整个网络的关键。至于网络安全，则是整个网络的守护神。这些要素都是网络建设中缺一不可的。

1.3.1　综合布线

　　综合布线是一种模块化的、灵活性极高的建筑物内或建筑群之间的信息传输通道。它既能使语音、数据、图像设备和交换设备与其他信息管理系统彼此相连，也能使这些设备与外部相连。综合布线还包括建筑物外部网络或电信线路的连接点与应用系统设备之间的所有线缆及相关的连接部件，通过标准的、统一的和简单的结构化方式编制和布置达到所要求的功能。因此，综合布线系统是一种标准、通用的信息传输系统。

　　在进行网络建设时，充分理解用户需求是综合布线系统设计的基础。设计者可以通过现场勘察、阅读招标文件、技术交流会、答疑会等多种方式充分理解用户需求。

　　接下来的内容将会为读者详细讲述综合布线中，作为一个设计者需要做的最为基本的工作。

1. 布线系统物理链路设计

布线系统物理链路的设计主要是一些位置的确定，包括机房、弱电竖井等，下面将分别进行详细叙述。

(1) 机房位置确定

一般设计院或用户已经指定了布线机房位置，布线机房大部分都和网络机房共用，也有部分单独设置。在这种情况下，需要查看机房内是否满足布线系统的要求。如果用户还没有明确机房位置，需要设计者根据实际现场情况和机房的基本要求确定机房位置，并与用户沟通，获得用户认可。

(2) 弱电竖井与分配线间位置确定

一般设计院或用户已经指定了弱电竖井与分配线间的物理位置。在这种情况下，需要查看配线间内是否满足布线系统的要求。如果用户还没有明确分配线间位置，需要设计者根据实际现场情况和机房的基本要求确定具体位置，并与用户沟通，征得用户认可。弱点竖井与分配线间的位置和数量将直接影响工程造价，如发现原有设计不合理(这种情况时常出现)，请直接与用户和设计院沟通，请求进行设计变更。

(3) 点位统计表

确定点位图是必需的，这是计算材料清单的必要条件。要详细统计数据节点、语音节点、光纤到桌面节点的数量和分布情况，并制作成详细点位统计表。

(4) 路由设计

在工程实施中，路由设计是很重要的一环，包括水平线缆路由、垂直主干路由、主配线间位置、分配线位置、机房位置、机柜位置、大楼接入线路位置等。

(5) 材料种类

物理路由上可能使用镀锌线槽、镀锌管、PVC管线槽、PVC软管、梯形爬线梯、上走线铝合金桥架等。

(6) 障碍物结构

不同的障碍物结构要分别对待，如砖墙、混凝土墙、楼板结构、隔断，以及考虑是否为承重墙等。敷设方式如下：

- ❍ 暗敷设。
- ❍ 明敷设。
- ❍ 吊装。
- ❍ 沿墙。
- ❍ 室外架杆。
- ❍ 室外管井。

在确定了上述情况后，制作物理路由图(也称预埋管线图)，包括线路路径、材料种类、材料数量、敷设方式和施工工时等，并且路由设计一定要考虑其他线路路由和消防规定。

2. 布线系统逻辑链路设计

布线系统逻辑链路设计包括线缆的选择、主干的选择、布线区间的设计等。下面将进行详细的叙述。

(1) 铜缆类别选择

铜缆类别包括屏蔽与非屏蔽、超5类与6类、各种阻燃等级应用等。

(2) 主干类别选择

主干包括光缆和铜缆。在实际设计中，语音主干一般采用3类大对数电缆(25对、50对、100对等)。数据主干可采用4对双绞线、5类25对大对数电缆，但光缆现在已被绝大多数工程所采用。根据网络设备类型可采用单模与多模光缆；根据用户数量和带宽要求确定光缆芯数。

(3) 布线品牌选择

现在市场上有很多布线品牌，其质量、价格、知名度都有差别，选择质量可靠、价格合理的产品是很重要的。

(4) 布线系统设计

布线系统一般包括以下子系统。

- ❑ 工作区子系统。
- ❑ 水平子系统。
- ❑ 管理子系统。
- ❑ 垂直子系统。
- ❑ 设备间子系统。
- ❑ 建筑群子系统。

3. 统计与报价

统计与报价是设计工作中比较重要的一环，它决定了整个布线工程中的成本在预计的情况下进行，这步工作主要包括材料统计和工程报价。下面进行详细讲述。

(1) 布线材料分配表

将各个布线子系统的材料型号和数量详细列表，用Excel表格制作布线材料分配表。材料分配表体现了设计者的全部设计思想，同时也体现了确定材料数量的设计依据。

(2) 布线材料统计表

将各个布线子系统的材料型号和数量归类列出最终的布线材料统计表。用Excel表格做出规范的布线材料统计表。材料统计表体现了全部材料用量。

(3) 工程报价

根据材料统计表，制定工程报价。当然，所有工程报价要和客户的投资预算相符合。工程报价方式有以下几种。

- ❑ 国家行业管理部门概预算方式，一般含直接费用和间接费用两大部分，可参照行业部门出版的定额标准。
- ❑ 材料费用和人工费用按照比例报价，如材料费用按照进货成本加价，然后人工费用按照材料费用的百分比加价。这种方式对于选用国产布线品牌，可能会由于人工费用取价较低造成项目亏损，因此要适当调高收费比例。
- ❑ 材料费用和人工费用分开报价，人工费用按照点数核算，按照单点造价乘以点数。

4. 设计方案成册

设计方案成册是一个优秀的设计者最基本的工作，因为它是整个布线工程的总依据和总指挥，其中包括了图纸、设计方案等。

(1) 图纸

图纸包括点位图、系统图和路由图等。当然出图纸的费用也是不小的开销，所以做工程报价核算成本时也要考虑进去。

(2) 设计方案

按照以上设计思路编写设计方案文字部分。设计方案一定要在材料分配表、统计表出来以后编写，否则免不了要改来改去，浪费时间。

(3) 装订成册

将以上设计方案、图纸、统计与报价表装订成册。剩下的工作就是交给销售人员进行项目跟进了。

以上就是整个综合布线的基本步骤，在后面的章节中，将会针对综合布线内容进行详细的分析和讲述。

1.3.2 网络设备的选型

在网络建设中，网络设备的选型对于整个网络是否具备高可用性、冗余性、可扩展性都起着决定性的作用。网络设备的选型包括对交换机、路由器的选择。

交换机是帮助数据包在一个广播域中进行转发的设备。而路由器是帮助数据包能够在不同的网段中进行传输，并且选择路由器认为最佳的路径进行传输的设备。

整个网络按照逻辑来分，可以划分为3层，分别为核心层、汇聚层和接入层。

- 接入层为用户提供了网络设备的接入，它通常包括实现局域网的设备(如工作站和服务器)互连的第二层交换机。在广域网环境中，同广域网的接入点即为接入层的节点。

- 汇聚层也可称为分布层，它汇聚了配线架，并且使用第二层和第三层交换进行工作组分段、实施安全策略、限制带宽和隔离各种网络故障等。这些措施能够直接防止汇聚层和接入层对核心层带来的不利影响。

- 核心层主要是用来快速交换的，因为核心层是连通的关键环节，所以必须采用高速传输交换技术才能满足网络的快速有效传输。

上面所讲述的网络三层逻辑结构如图1-6所示。

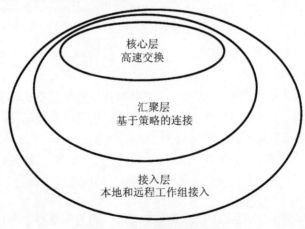

图1-6 网络逻辑三层结构图

以上给出的是逻辑结构图。接下来,将针对三层逻辑结构举一个实际网络建设的例子,通过这个例子让读者清楚如何划分三层结构。实例的网络拓扑图如图1-7所示。

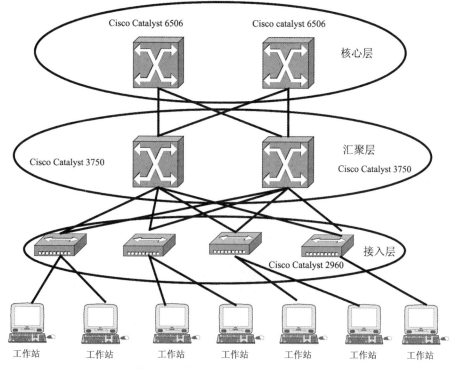

图1-7 网络建设中的三层逻辑拓扑图

针对不同的逻辑层,需要选择不同类型的网络设备。例如,接入层设备只需要实现一般的数据包转换功能,所以对此层的设备要求比较低,一般的普通交换机都可以作为接入层的设备。汇聚层的交换机对于性能要求比较高,需要具备充足的命令集,能够处理工作组分段、实施安全策略、限制带宽和隔离各种网络故障等,所以这种网络设备一般来说是选择中高端设备。至于核心层的设备,就必须要那些转发传输性能最好的设备,所以一般使用的是高端设备。

读者可以根据实际的网络情况自行分析,结合综合性能、价格、可扩展性、高可用性等特性进行网络设备的选择。

1.3.3 地址规划和路由协议选择

为了确保网络的可扩展性,关键之一是构建可扩展的IP编址方案。随着网络的不断增大,所需要的子网数目也相应地不断增加,如果不采用如地址汇总和无类别域间路由选择技术等高级IP编址技术,则会导致IP地址不够用、路由器中的路由选择表庞大、网络设备反应迟钝等不良影响。后面将会针对IP地址的规划进行详细讲述。

路由协议的选择就比较复杂,需要设计者对每个路由协议都十分了解。路由协议包括RIP、IGRP、EIGRP、OSPF、IS-IS、BGP等,不同的网络路由协议使用的环境和情形不同,需要设计者根据实际情况进行选择。在后面的章节中,将会为读者详细介绍几种路由协议的知识。

1.3.4 网络安全

计算机网络安全规划可以帮助用户决定哪些信息需要保护、在保护时愿意投资多少、由谁来负责执行该保护，等等。网络安全规划一般采用以下几种方式。

1. 威胁评估

制定一个有效的网络安全规划，第一步是评估系统连接中所表现出的各种威胁。与网络相关的主要有非授权访问、信息泄露、拒绝服务。

2. 分布式控制

实现网络安全的一种方法，是将一个大型网络中的各段责任和控制权分配给单位内部的一些小组。这种责任的层次结构从高到低包括网络管理员、子网管理员、系统管理员和用户，在该层次结构的每一点都有人负责和具体执行。

3. 编写网络安全策略

编写一个网络安全策略文件，明确地阐明要求达到什么目的和要求谁来执行是很重要的。一个网络安全策略文件包括如下内容：系统管理员的安全责任、正确地利用网络资源、检测到安全问题时的对策、网络用户的安全责任等。

一个全方位的计算机网络安全体系结构包含网络的物理安全、访问控制安全、系统安全、用户安全、信息加密、安全传输和管理安全等。充分利用各种先进的主机安全技术、身份认证技术、访问控制技术、密码技术、防火墙技术、网络防病毒技术、安全审计技术、安全管理技术、系统漏洞检测技术、黑客跟踪技术，在攻击者和受保护的资源间建立多道严密的安全防线，不仅极大地增加了恶意攻击的难度，而且增加了审核信息的数量，利用这些审核信息可以跟踪入侵者。

4. 实施网络安全防范措施

在实施网络安全防范措施时，要考虑以下几点。

- 要加强主机本身的安全，做好安全配置，及时安装安全补丁程序，减少漏洞。
- 要用各种系统漏洞检测软件定期对网络系统进行扫描分析，找出可能存在的安全隐患，并及时加以修补。
- 从路由器到用户各级建立完善的访问控制措施，安装防火墙，加强授权管理和认证。
- 利用数据存储技术加强数据备份和恢复措施。
- 对敏感的设备和数据，要建立必要的物理或逻辑隔离措施。
- 对在公共网络上传输的敏感信息要进行数据加密。
- 安装防病毒软件，加强内部网的整体防病毒措施。
- 建立详细的安全审计日志，以便检测并跟踪入侵攻击等。

为了能够让读者了解网络安全的含义，在后面的章节中将针对网络安全进行详细讲解。

1.4 本章小结

本章主要针对整个网络建设进行了总体概念性的讲述,包括网络建设中的规划方法、网络拓扑图的绘制、网络建设中的几大要素等知识,具体内容将会在本书后面各章中进行详细讲述。

1.5 思考与练习

1. 填空题

(1) 设计者可以通过_____、_____、_____、_____等多种方式充分理解用户需求。

(2) 整个网络按照逻辑来分,可以划分为3层,分别为_____、_____和_____。

(3) 路由协议包括_____、_____、_____、_____、_____、_____等,不同的网络路由协议使用的环境和情形不同,这个就需要设计者根据实际情况来进行选择。

(4) 网络安全规划一般采用_____、_____、_____几种方式。

2. 选择题

(1) 布线系统一般包括以下子系统(　　)。
    A. 工作区子系统   B. 水平子系统
    C. 管理子系统   D. 垂直子系统
    E. 设备间子系统   F. 建筑群子系统

(2) A类地址的范围是(　　)。
    A. 1~127   B. 128~191   C. 192~233   D. 239以后

(3) 在工程实施中,路由是很重要的一环,包括(　　)等。
    A. 水平线缆路由   B. 垂直主干路由
    C. 主配线间位置   D. 分配线位置
    E. 机房位置   F. 机柜位置
    G. 大楼接入线路位置

3. 问答题

(1) 在实施网络安全防范措施时,需要考虑哪些问题?

(2) 什么是网络的逻辑三层结构?

第 2 章

网络基础

以计算机为标志的信息产业的发展，对人类社会的发展和进步产生了极其深远的影响，标志着人类社会进入了信息时代。计算机技术和通信技术的结合，宣告了计算机网络的诞生，使计算机体系结构发生了革命性的变化。计算机网络的研究和发展，对全世界科学、经济和社会产生了重大影响。

本章将介绍计算机网络的基本知识和体系结构，从而使读者对计算机网络有一个概括性的认识。

本章要点：

- ○ 计算机网络的功能
- ○ 计算机网络的体系结构
- ○ OSI参考模型
- ○ TCP/IP协议模型
- ○ 网络协议和IP地址

2.1 计算机网络概述

计算机网络是计算机技术和通信技术紧密结合的产物，它涉及计算机与通信两个领域。计算机网络的诞生使计算机体系结构发生了巨大的变化，它在当今社会经济中起着非常重要的作用，并对人类社会的进步做出了巨大的贡献。从某种意义上讲，计算机网络的发展水平不仅反映一个国家的计算机科学和通信技术水平，而且还是衡量其国力及现代化程度的重要标志。

2.1.1 计算机网络的定义

在深入学习计算机网络知识之前，有必要对计算机网络进行明确的讲解和定义。计算机网络指的是通过通信线路互连起来的自主计算机与其他设备的集合。"互连"意味着连接着的两台或两台以上的计算机能够互相交换信息，达到资源共享的目的。而"自主计算机"是指每台计算机的工作是独立的，任何一台计算机都不能干预其他计算机的工作，也就是说，任意两台计算机之间没有主从关系。

从以上定义可以看出，计算机网络涉及如下3方面的问题。

- 两台或两台以上的计算机通过通信线路相互连接起来才能构成网络，才能达到资源共享的目的。这就为网络提出了一个服务的问题，即肯定有一方请求服务和另一方提供服务的问题。
- 两台或两台以上的计算机连接，互相通信交换信息，需要有一条通道，即通信线路。这条通道的连接是物理的，由硬件实现，这些硬件称为连接介质(有时也称为信息传输介质)。它们可以是双绞线、同轴电缆或光纤等"有线"介质，也可以是激光、微波或通信卫星等"无线"介质。
- 网络中的计算机之间需要通信，进行信息交换，彼此就需要有某些约定和规则，即协议。每一个厂商生产的计算机网络产品都有自己的许多协议，这些协议构成了协议集。

因此，可以把计算机网络定义为：把物理上分布并且自主的计算机和其他设备的集合，通过通信线路和互连设备连接起来，在功能完善的网络软件的管理下，以实现资源共享为目的的系统。

2.1.2 网络的功能与服务

计算机网络的发展过程大致可以分为具有通信功能的单机系统、具有通信功能的多机系统和计算机网络3个阶段。它的发展促进了计算机技术、多媒体技术和通信技术的飞速发展。目前的信息高速公路计划，就是建立在计算机网络的基础上的。计算机网络的规模大小和设计目的虽然各不相同，但基本上都可以实现以下功能。

- 实时集中管理：把地理上分散的各个计算机系统相互连接起来，实现实时集中管理。
- 共享资源：由多个用户共享资源，提高系统的经济性。可共享的资源包括硬件、软件和数据。
- 同时访问多个系统的功能：在计算机网络中，可提供一点到多点的通信，即一个计算机系统(或终端)可同时访问多个其他的计算机系统；同样，一个计算机系统也可以同时被其他的多个计算机系统(或终端)访问。
- 提高系统的可靠性：当某个计算机系统出现故障时，可由别的计算机系统来代替。
- 负载均衡：当某个计算机系统的负载过重时，可通过网络把某些作业传送到其他系统进行处理，从而充分地利用网上各计算机的资源进行协同工作。
- 综合信息服务：计算机网络提供远程通信、电子邮件、电子会议等功能，它与多媒体技术相结合，还可提供数字、声音、图像等多种信息的传输，成为信息社会中传送与处理信息的基本手段。

2.1.3 网络的分类

计算机网络复杂多样，可以从不同的角度对网络进行分类。实际上，多数计算机网络系统属于混合型网络。

1. 按网络覆盖范围分类

计算机网络按照它们在设计和优化时的地理范围和区域可以分为局域网、城域网和广域网，如表2-1所示。局域网(Local Area Network，LAN)提供了几千米以内网站(计算机)的性价比理想的连通性，这个范围足以覆盖一座办公大楼、一个公司驻地或一座大学校园。城域网(Metropolitan Area Network，MAN)是专为大于LAN的物理区域设计的。局域网和城域网一般基于具有广播能力的快速传输链路，但是，广域网(Wide Area Network，WAN)则采用不同的技术和方法，以性价比理想的方式，长距离地连接大量的网站(如电话、电传设备、计算机)并进行优化。

表2-1　基于地理覆盖范围的网络分类

网络类别	覆盖范围	区域
局域网	<5 km	建筑物、公司驻地、校园
城域网	>5 km并<50 km	城市
广域网	>50 km	国家、洲际、全球

2. 按数据交换方式分类

计算机网络的数据交换方式可以分为电路交换(Circuit Switching)、报文交换(Message Switching)和分组交换(Packet Switching)。因此，从这个角度看，计算机网络也可以分为以下3类。

(1) 电路交换网络

电路交换要求在开始传输信息前完成路由选择并实现连接，并且网络将一直维持这一线路的连接状态，直到某一方终止通信为止。当两个节点间需要持续通信时，这种连接方式最为有效，它将使传输基本没有时延。但是，它并不总是最好的通信方法。首先，当一个节点呼叫另一节点时，被叫节点必须立即进行回答；其次，当呼叫节点和被呼叫节点很少交换信息的情况下，线路因空闲而没有得到充分利用。

(2) 报文交换网络

报文交换网络是一种数字化网络，当通信开始时，源机发出的一个报文被存储在交换器里。交换器根据报文的目的地址选择合适的路径发送报文，这种方式被称为存储-转发(Store-and-Forward)方式。

电路交换和报文交换的区别在于：在电路交换中，节点只负责转发数据而不暂存数据，而在报文交换中，报文被暂时存储在每个节点上；在电路交换中，两节点间的所有信息交换使用同一条路径，而在报文交换中，两节点间的报文可能经过不同的路由，不同的报文可以分时共享同一公共线路；在发送数据时，电路交换要求收发双方共同参与，而报文交换则不需要，报文被发送到目的地，然后存储起来等待取用。

(3) 分组交换网络

分组交换也采用报文传输，它将一个长的报文划分为许多定长的报文分组，以分组作为传输的基本单位。由于分组长度小，因而降低了对网络中间节点的存储器容量的要求，简化了对计算机存储器的管理，加速了信息在网络中的传播速度。由于分组交换优于线路交换和报文交换，具有许多优点，因此它已成为目前计算机网络的主流。

在分组交换网络中，有数据报和虚电路两种常用的路由方式。当采用数据报方式传输数据时，每个分组被独立地进行传输。也就是说，网络协议将每一个分组当作单独的一个报文，对它进行路由选择。这种方式允许路由策略考虑网络环境的实际变化，如果某条路径发生阻塞，它可以变更路由。采用虚电路方式传输数据时，网络协议在发送分组之前，首先建立一条线路(虚电路)，所有的分组通过同一条路径进行传输，以确保正确地按次序到达目标节点。这一过程类似于电路交换，但虚电路不是专用的。也就是说，不同的虚电路可以共享一条公共网络线路，每一个节点上的逻辑部件负责存储并转发接收到的分组。三种数据交换方式的对比如图2-1所示。

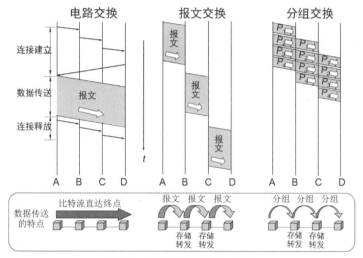

图2-1 三种数据交换方式对比

3. 按网络服务性质分类

计算机网络作为国家信息基础设施(National Information Infrastructure，NII)，是支持人们生产与生活以及支撑社会中一切信息活动的信息基础设施，为社会的发展和进步服务。根据网络的服务性质，可以将计算机网络分为公用计算机网络和专有计算机网络。

(1) 公用计算机网络

为公众提供商业性和公益性通信以及信息服务的通用计算机网络，如Internet。

(2) 专有计算机网络

为政府、军队、企业、行业和社会发展等部门提供具有部门特点和特定应用服务功能的计算机网络，如Intranet。

2.1.4　网络发展阶段和前景

计算机网络自诞生以来，经历了不断的发展和变化。从历史来看，计算机网络的形成和发展大致可以划分为以下4个阶段。

- ○　第一阶段：计算机技术与通信技术相结合，形成计算机网络的雏形。
- ○　第二阶段：在计算机通信网络的基础上，进行网络体系结构与协议的研究，形成了计算机网络。
- ○　第三阶段：在解决计算机联网与网络互联标准化问题的背景下，提出开放系统互连参考模型与协议，促进了符合国际标准的计算机网络技术的发展。
- ○　第四阶段：计算机网络向互连、高速、智能化的方向发展，并获得广泛的应用。

计算机网络发展的基本方向是开放、集成、高速、移动、智能及分布式多媒体应用。开放指的是网络体系结构的开放和操作系统调用界面与用户操作界面的开放。开放的核心问题是标准问题，即不同厂家的计算机或网络产品能够按照统一的标准，向高层提供相应的服务和对低层进行服务调用，而不管这些产品在软硬件上的实现细节，使得各种异构系统和产品能够进行相连和互操作。集成则是在开放的基础上，各种异构系统和产品能够融于一个像Internet这样的全球性网络中，并能够根据用户的需要，提供各种满足用户服务质量需求的分布式多媒体应用。集成包括两个方面：各种产品的集成和各种应用与服务的集成，如电信网的语音传输服务、广播电视网的电视与广播的各种节目服务、计算机网络的数据传输服务等正在被集成到一个网络中，目前三网合一的技术已经实现。

2.2　计算机网络体系结构

前面介绍了计算机网络的发展概况以及功能和服务，为了确保计算机网络中的计算机与终端之间能正确地传送信息和数据，必须在数据传输的顺序、数据的格式及内容等方面有一个约定或规则，这种约定或规则称作协议。

本部分将阐述用于网络的协议和体系结构，解释硬件为何不能单独解决所有的通信问题，讨论网络协议软件必须处理的问题，以及解决问题的技术。

2.2.1　协议和层次结构

网络协议主要由以下3部分组成。

- ○　语义：对协议元素的含义进行解释，不同类型的协议元素所规定的语义也不同。例如，需要发出何种控制信息、完成何种动作以及得到的响应等。
- ○　语法：将若干协议元素和数据组合在一起，用于表达一个完整的内容所应遵循的格式，也就是对信息的数据结构做一种规定。例如，用户数据与控制信息的结构与格式等。
- ○　时序：对事件实现顺序的详细说明。例如，在双方进行通信时，发送点发出一个数据报文，如果目标点接收到正确的信息，则回答源点接收正确；若接收到错误的信息，则要求源点重发。

　　由此可以看出，协议(Protocol)实质上是网络通信时所使用的一种语言，也被称为网络协议(Network Protocol)或计算机通信协议(Computer Communication Protocol)。实现这些规则的软件就称为协议软件(Protocol Software)。

　　为了保证这些协议能够很好地协同工作，协议的开发通常是一个完整的设计方案：不是孤立地开发每个协议，而是将协议设计开发成完整、协作的集合，称为协议系列(Protocol Suite)。协议系列中的每个协议解决一部分通信问题，所有协议合起来就解决了整个通信问题，而且整个协议系列被设计成能在协议之间高效地交互。

1. 协议分层模型

　　网络通信不是设计一个单一、巨大的协议来为所有形式的通信规定完整的细节，而是把通信问题划分成多个子问题，然后为每个子问题设计一个单独的协议。这样做使得每个协议的设计、分析、实现和测试变得容易。有几个工具可以用来帮助协议设计人员理解各个通信子问题，并规划一个完整的协议系列，分层模型(Layering Model)是其中最重要的工具之一。

　　从本质上说，分层模型描述了把通信问题分为几个子问题(称为层，Layer)的方法，一个协议系列可以通过对每一层规定一个协议来设计。计算机网络的通信协议就是采用了这样的分层模型概念，进行分层结构设计。例如，国际标准化组织(International Standardization Organization，ISO)定义的7层参考模型(7-layer Reference Model)，如图2-2所示。

应用层	第7层
表示层	第6层
会话层	第5层
传输层	第4层
网络层	第3层
数据链路层	第2层
物理层	第1层

图2-2　7层参考模型

　　计算机网络层次结构模型与各层协议的集合称为计算机网络体系结构。计算机网络的体系结构多数是层次式的结构，即将一个计算机网络分为若干层次，处在高层次的系统利用较低层次的系统提供的接口和功能，而不需了解较低层次实现该功能所采用的算法和协议，较低层次仅使用从高层系统传送来的参数，这就是层次间的无关性。有了这种无关性，层次间的每个模块可以用一个新的模块替代，只要新的模块与旧的模块具有相同的功能和接口，即使它们使用的算法和协议都不一样，也不会影响网络的正常工作。

2. 协议栈

当根据分层模型设计协议时，目标协议软件按层次进行组织，每层协议软件负责解决一部分通信问题。每台计算机上的协议软件被分成许多模块，每个模块对应一个层。更重要的是，分层决定了模块间的相互作用：从理论上讲，当协议软件发送或接收数据时，每个模块只和它紧相邻的上层模块和下层模块进行通信，发送出的数据向下通过每一层，接收到的数据向上通过每一层。发送计算机的特定层的软件在需要传送的数据上附加一些信息，接收计算机的相应层的软件则使用这些附加信息来处理接收到的数据。通常将实现整套协议的软件称为协议栈(Stack)。图2-3所示表示了这一概念，当一个发送帧到达计算机1的数据链路(Data Link)层软件时，该软件将在帧中加上校验和，然后在网络上传输该帧。当一个接收帧到达计算机2的数据链路层软件时，该软件将验证并去除校验和，然后把该帧传送到网络(Network)层。

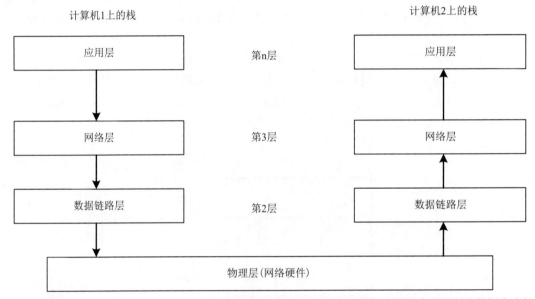

图2-3　数据从一台计算机上的一个应用程序通过网络传送到另一台计算机上的一个应用程序的概念路径

由于每个栈是独立开发的，一个特定栈的协议不能与另一个栈的协议交互。因此，如果在一台计算机上使用Novell公司的NetWare栈，则该计算机就只能和其他使用NetWare栈的计算机通信。同时两个栈可以在同一台计算机上运行，通过同一个物理网络传送数据而不会互相干扰，根据每帧中的类型域可识别出该消息应该由哪个栈进行处理。

3. 数据的多层嵌套

通常情况下，每一层在把数据传送到低一层之前都在头部加入一些附加信息。因此，在网络中传输的帧包含一系列嵌套的头部，如图2-4所示。

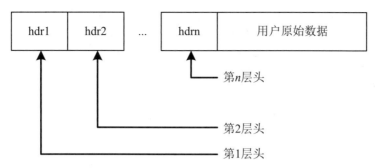

图2-4 把一个头部加到每层协议帧结构中

从图2-4中可以看出：对应于最底层协议的头部最先出现。在ISO参考模型中，对应于数据链路层的头部最先出现，其后是网络层、传输层……直到应用层，最后才是用户数据。图2-4只是示范了一个通用概念，并没有指出所有的可能性。有些协议软件并不只在发送出的数据中附加头部。例如，有些数据链路协议规定附加一个特殊字符来标识帧头，附加另一个特殊字符来标识帧尾，在中间插入一些额外字符以避免出现特殊字符。同样，有些协议规定所有的附加信息应当附加到帧的尾部，而非头部。

2.2.2 OSI参考模型

OSI(Open System Interconnect，开放系统互连)参考模型是两个标准化组织——国际标准化组织(ISO)和美国国家标准协会(ANSI)的产品。OSI参考模型于1974年开发出来，应用于LAN和WAN的通信，为网络软件和硬件实施标准化做出了巨大的贡献。OSI参考模型调整各类闭合与开放系统计算机和终端间的数据交换，分层描述网络功能，并给通信链路中大量存在的各种协议提供一种结构，其定义的接口原理可使各种网络的联网实现互通。

OSI参考模型是一种严格的理论模型，并不是一种特定的硬件设备或一套软件例程，而是厂商在设计硬件和软件时必须遵循的一套通信准则。OSI参考模型主要定义了如下几方面的标准。

- ❍ 网络设备之间如何联系，使用不同协议的设备如何通信。
- ❍ 网络设备如何获知何时传输或不传输数据。
- ❍ 如何安排、连接物理网络设备。
- ❍ 确保网络传输被正确接收的方法。
- ❍ 网络设备如何维持数据流的恒定速率。
- ❍ 电子数据在网络介质上如何表示。

OSI参考模型的特点是以明确定义的任务进行分层，相同的功能都被组合到同一层中。n层与通信伙伴的n层通过n层协议建立水平链路和逻辑链路。协议定义需要传输的报文顺序，这些报文被集中到协议数据单元中，由用户数据和控制数据构成。

实际的物理垂直链路存在于用户端，给上一层即$n+1$层提供服务，同时，n层又使用下一层即$n-1$层的服务，如图2-5所示。$n-1$层的通信操作实际上与n层无关，垂直分层的好处是各层都可以进行修改和交换而丝毫不会影响其他层。开放体系结构带来的不便是：每次向低一层传输数据时，就增加一个报头，使传输数据的总量不断增加。因此，它的灵活性是以其额外开销为代价的。

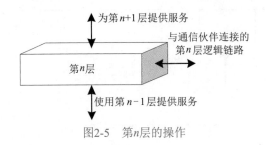

图2-5　第n层的操作

OSI参考模型定义了两个通信者之间的7层通信，最底层即物理层，处理实际的数据传输。最高层为连接网络的计算机系统服务。中间的每一层对应于数据通信的不同层次，使用各自的协议集，实现确定的功能。两个不相兼容的站点，只要都支持OSI参考模型，就能互相通信，如图2-6所示。从逻辑上讲，两个站点的对等层直接通信，而实际上，每一层都只与紧相邻的上下两层直接通信。当程序需要发送信息时，它把数据交给应用层。应用层对数据进行加工处理后，将数据传送给表示层。然后再经过一次加工，将数据传送到会话层。这一过程一直继续到物理层接收到数据后进行实际的传输为止。在通信网另一端，处理数据的顺序刚好相反。物理层接收到比特流后把数据传送给数据链路层，后者执行某一特定的功能后，把数据传送到网络层。这一过程一直持续到应用层最终接收到数据，并传送到接收程序为止。发送程序和接收程序，还有网络节点中的各个对等层，似乎都是在直接进行通信，但事实上，所有的数据都被分解成比特流，并由物理层实现传输。

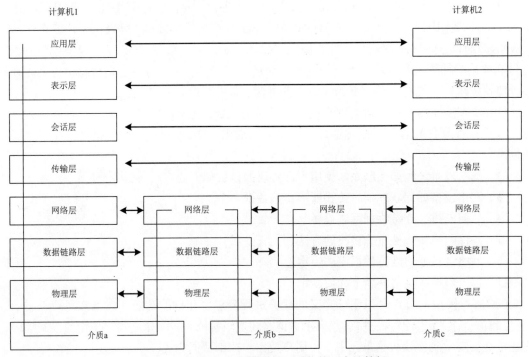

图2-6　利用OSI参考模型相互通信的两台计算机

1. 物理层

OSI参考模型的最底层是物理层(Physical Layer)。物理层负责在网络上传输数据比特流，与数据通信的物理或电气特性有关。

物理层以比特流的方式传送来自数据链路层的数据，而不理会数据的含义或格式。同样，物理层接收到数据后，不加分析便直接传给数据链路层。典型的传输介质有双绞线、同轴电缆、光纤、卫星、微波塔和无线电波。物理层的典型标准有RS-232、RS-422、RS-432、V2.4、V2.5、X.21和局域网标准IEEE 802.3、802.4、802.5等。依据这些不同的标准，即可获得许多有关可靠性和传输速率的不同数值。

物理层上的设备包括集线器、网卡、放大器等。

2. 数据链路层

数据链路层(Data Link Layer)的作用是构造帧，每一帧均以特定的方式进行格式化，使得数据传输可以同步，以便将数据可靠地在节点间传送。数据链路层具有保护数据包正确成帧和成序的功能，并负责监督相邻网络节点的信息流动。除了执行错误检测、校正以及在数据丢失时进行重新传输外，数据链路层还区分点到点、点到多点的连接，并区分全双工、半双工和单工链路以及控制多存取过程和同步。数据链路层还要解决流量控制的问题：流量太大，网络会出现阻塞；流量太小，又会使发送方和接收方等待的时间过长。

数据链路层包含两个重要的子层：逻辑链接控制(Logic Link Control，LLC)和介质访问控制(Media Access Control，MAC)。MAC用来检验包含在每一帧中的地址信息。例如，工作站上的MAC子层检验工作站接收到的每一个帧，如果帧的地址与工作站的地址相匹配，就将该帧发送到高一级的层中；如果帧的地址与工作站的地址不匹配，就将该帧丢弃。大多数网络设备都有自己唯一的地址，该地址永久保存在网络接口芯片上，以十六进制编码，又被称为设备地址或物理地址。例如0004AC8428DE，前半部分的地址指的是特定的网络厂商，后半部分的地址对应于接口或设备。

LLC用于两个节点之间的通信链接进行初始化，并防止链接的中断，从而确保可靠地通信。用于LLC子层和网络层(协议栈中数据链路层的高一级)之间的通信服务有两种：无连接服务和面向连接的服务。无连接服务不建立发送和接收节点间的逻辑连接。面向连接的服务在完整的通信开始之前，先在发送节点和接收节点之间建立逻辑连接。帧中包含顺序号，由接收节点进行检查，以确保其按发送时的顺序进行处理。

数据链路层与物理层一样，可以通过电桥和智能集线器实现局域网或分系统间的连接，这类实例有高级数据链路控制协议(HDLC)、逻辑链路控制(LLC)、时分多路存取(TDMA)、令牌和载波侦听多路存取/冲突检测(CSMA/CD)等。

数据链路层上的设备有交换机、网桥等。

3. 网络层

网络层(Network Layer)的主要功能是将网络地址翻译成对应的物理地址，并决定如何将数据从发送方路由到接收方。网络层管理路由策略，并提供通信节点间的连接，区分网络中的电路交换或面向数据包的传输和执行路由等功能。

网络层通过综合考虑发送优先权、网络拥塞程度、服务质量以及可选路由的代价，来决定从一个网络的节点A到另一个网络的节点B的最佳路径。由于网络层处理路由，而路由器连接各段网络，并智能指导数据的传送，因此路由器属于网络层。在网络中，"路由"是基于编址方案、使用模式以及可达性来指导数据的发送的。网络层协议还要补偿数据发送、传输以及接收设备能力的不平衡性。为了完成这个任务，网络层对数据包进行分段和重组。分段指的是当数据从一个能处理较大数据单元的网络段传送到仅能处理较小数据单元的网络段时，网络层减小数据单元大小的过程。重组指的是重构被分段的数据单元的过程。

网络层为运输层提供建立端对端通信的功能。它使得运输层可以专注于本职工作，而不必关心两站点间来回传送信息的具体细节。网络层典型的评估标准有拓扑、故障修复和寻址，如网际协议(IP)、X.25或异步传输模式(ATM)等。

网络层上的设备主要就是路由器。

4. 传输层

传输层(Transport Layer)是处理端对端通信的最底层(更低层处理网络本身)。传输层的功能是保证数据可靠地从发送节点传送到目标节点。

传输层负责建立端到端的可靠有效的网络连接，用于传输层通信的协议采用了多种可靠性措施。0类协议是最简单的协议，它不执行错误校验或流控制，依靠网络层执行这些功能。1类协议监控包传输错误，如果检查到错误，就通知发送节点的传输层，让它重新发送该包。2类协议监控传输层和会话层之间的传输错误并提供流控制。流控制功能用于确保设备不会以高于网络或接收设备接收信息的速度来发送信息。3类协议除了提供1类和2类协议的功能外，还可以在某些环境下恢复丢失的包。4类协议除了具有3类协议的功能外，还具有扩展的错误监控和恢复能力。

传输层还具有控制地址分配、地址转换(互联网用传输控制协议)以及用服务质量参数控制服务质量的功能。错误检测可以保证报文安全到达广域网中的目的地。基本的评估标准类型有连接管理、寻址、多路复用和缓冲要求。

5. 会话层

会话层(Session Layer)允许不同主机上的应用程序进行会话，或建立虚连接，并为节点之间的通信确定正确的顺序。会话层包括在两个端用户之间建立和保持一个连接或会话所必需的协议。传输层与会话层之间的差别很模糊，传输层为会话层提供两个节点之间的连接，而会话层提供用户之间的连接。

会话层提供面向应用的服务(如远程过程调用)、多路传输链路，同时组织同步化的对话和数据交换，保证网络服务对用户行之有效。

6. 表示层

表示层(Presentation Layer)以用户可理解的格式为上层用户提供必要的数据，负责转换两种不同的数据格式，使得用户不必理会各种数据格式，而只需关心信息的内容和含义。

表示层还负责对数据进行加密。加密是将数据进行编码，使得未授权的用户不能截获或阅读。例如，计算机的账户密码可以在LAN上加密，信用卡号可以通过加密套接字协议层(Secure Sockets Layer，SSL)在WAN上加密等。

表示层的另一个功能是数据压缩。当对数据进行格式化后，在文本和数字之间的空格可能也被格式化。数据压缩将这些空格删除并压缩数据以便进行发送。传输数据后，由接收节点的表示层对数据进行解压缩。

7. 应用层

应用层(Application Layer)作为OSI参考模型中最高的一层，可直接供终端用户使用。它与会话层和表示层一样，向用户提供网络服务。应用层直接与用户和应用程序打交道，但是它并不等同于一个应用程序。应用层向用户提供电子邮件、文件传输、远程登录和资源定位等服务。

2.2.3 TCP/IP模型

TCP/IP是Internet的基本协议，是Transmission Control Protocol/Internet Protocol的简称。TCP/IP既定义了网络通信的过程，又定义了数据单元应该采用什么样的外观以及它应该包含什么信息，使得接收端的计算机能够正确地翻译对方发送来的信息。TCP/IP还定义了如何在支持TCP/IP的网络上处理、发送和接收数据。至于网络通信的具体实现，是由TCP/IP软件的软件组件来实现的。

1. TCP/IP分层模型

TCP/IP分层模型主要由构筑在硬件层上的4个概念性层次构成，即应用层、传输层、网络层和链路层。TCP/IP模型中的各层分别对应于OSI参考模型中的一层或多层，如图2-7所示。

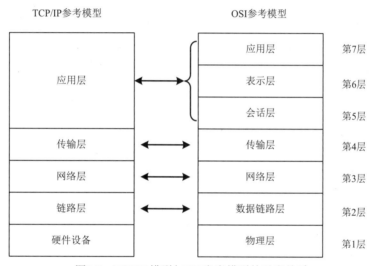

图2-7　TCP/IP模型与OSI参考模型的对应关系

TCP/IP是个协议簇，是由一系列支持网络通信的协议组成的集合。图2-8描述了TCP/IP协议簇。

(1) 应用层

应用层处于分层模型的最高层，用户调用应用程序来访问TCP/IP互连网络，使用网络提供的各种服务。应用程序负责向传输层发送信息和处理从传输层接收到的信息。每个应用程序可以选择所需要的传输服务类型，如IE、Netscape只发送和接收HTTP的数据，又如WS-FTP只发送和接收FTP的数据等。SMTP、FTP、HTTP等协议属于应用层。

(2) 传输层

传输层的基本任务是提供应用程序之间的通信服务。传输层既要系统地管理数据信息的流动，又要提供可靠的传输服务以确保数据无差错、无乱序地到达目的地。因此，传输层的协议软件需要进行协商：让接收方回送确认信息以及让发送方重发丢失的分组。传输层所要提供的这些功能由两个重要的协议——传输控制协议(Transmission Control Protocol，TCP)和用户数据报协议(User Datagram Protocol，UDP)进行规范和定义。

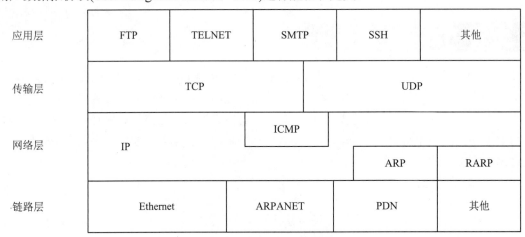

图2-8　TCP/IP协议簇

(3) 网络层

网络层，又称IP层，主要用于处理机器之间的通信问题。网络层接收传输层请求，传送具有目的地址信息的分组；选择下一个数据报发送的目标机；把数据报交给下面的链路层中相应的网络接口模块。网络层还要处理接收到的数据，检验其正确性；决定是在本地处理接收到的数据，还是继续向前发送接收到的数据。如果数据的目标机处于本机所在的网络，该层软件就把数据报的报头剥去，然后选择适当的传输层协议软件进行处理。

在网络层定义的协议有ICMP、ARP和RARP等，这些协议定义了网络通信中不可缺少的一系列服务标准。

(4) 链路层

链路层是TCP/IP的最底层，它定义了对网络硬件和传输媒体等进行访问的有关标准。它负责接收IP数据报和把数据报通过选定的网络发送出去。

由于物理网络的复杂性和多样性，TCP/IP不可能提供一个在链路层上的完整的协议，它必须与TCP/IP之外的物理层的协议相结合，才能实现数据信息在底层网络的通信。例如，由TCP/IP定义的SLIP和PPP，就没有涉及与其他计算机相连的网络物理连接。

2. TCP/IP的特征

TCP/IP作为一个发展较为成熟的互联网协议簇，包含许多重要的基本特性，主要表现在以下几个方面：逻辑编址、路由选择、域名解析、错误检测与流量控制，以及对应用程序的支持等。

(1) 逻辑编址

众所周知，每一块网卡在出厂时就由厂家分配了一个唯一的物理地址(也叫MAC地址)。在很多局域网中，底层的硬件设备和相应的软件可以识别该物理地址。TCP/IP有自己的地址系统，即逻辑编址。所谓逻辑编址，就是给每台计算机分配一个逻辑地址，这个逻辑地址称为IP地址，可以由网络软件进行设置。一个IP地址一般包括：一个网络ID号，用来标识网络；一个子网络ID号，用来标识网络中的一个子网；还有一个主机ID号，用来标识网络中的某台计算机。这样，通过已分配的IP地址，就可以迅速地找到一个网络中的某台计算机。

(2) 路由选择

在TCP/IP中包含有专门用于定义路由器如何选择网络路径的协议。简单地说，路由器就是负责读取地址信息并使数据通过正确的网络路径到达目的地的专用设备。

(3) 域名解析

虽然TCP/IP采用的是32位的IP地址，比起直接使用网卡上的物理地址来说更为方便，但是，设置IP地址的出发点是为了确定网络上的某台特定的计算机，而并没有考虑使用者的记忆习惯。例如，用户通常不会记住某个公司Web服务器的IP地址是什么，但是用户可轻而易举地记住其域名。因此，TCP/IP专门设计了方便用户记忆的字母式的地址结构，称为域名或域名服务(DNS)。

(4) 错误检测与流量控制

TCP/IP确保数据信息在网络上的可靠传递，包括检测数据信息的传输错误(保证到达目的地的数据信息没有发生变化)；确认已传递的数据信息是否成功被接收；监测网络系统中的信息流量，防止出现网络拥塞现象。具体地说，这些特性是通过传输层的TCP，以及网络访问层的一些协议来实现的。

2.2.4　IEEE 802参考模型

局域网是一个通信网，只涉及相当于OSI/RM通信子网的功能。由于内部大多采用共享信道的技术，因此在局域网中通常不单独设立网络层。局域网的高层功能通过具体的局域网操作系统来实现。

IEEE 802标准的局域网参考模型与OSI/RM的对应关系如图2-9所示，该模型包括OSI/RM最低两层(物理层和数据链路层)的功能，也包括网络间互连的高层功能和管理功能。从图2-9中可以看出，OSI/RM的数据链路层功能，在局域网参考模型中被分成媒体访问控制(Medium Access Control，MAC)和逻辑链路控制(Logical Link Control，LLC)两个子层。

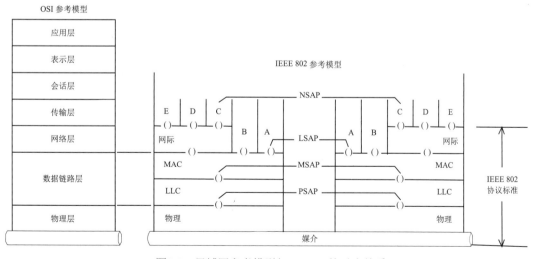

图2-9　局域网参考模型与OSI/RM的对应关系

在OSI/RM中，物理层、数据链路层和网络层使得计算机网络具有报文分组转接的功能。对于局域网来说，物理层是必需的，它负责体现机械、电气和过程方面的特性，以建立、维持和拆除物理链路；数据链路层也是必需的，它采用差错控制和帧确认技术，负责把不可靠的传输信道转换成可靠的传输信道，传送带有校验的数据帧。

局域网中的多个设备一般共享公共传输媒体。在设备之间传输数据时，首先要解决由哪些设备占有媒体的问题，所以局域网的数据链路层必须设置媒体访问控制功能。由于局域网采用的媒体有多种，对应的媒体访问控制方法也有多种，为了使数据帧的传送独立于所采用的物理媒体和媒体访问控制方法，IEEE 802标准特地把LLC独立出来形成一个单独子层，使LLC子层与媒体无关，仅让MAC子层依赖于物理媒体和媒体访问控制方法。

当局限于一个局域网时，仅物理层和数据链路层就能完成报文分组转接的功能。但当涉及网络互联时，报文分组就必须经过多条链路才能到达目的地，此时就必须专门设置一个层来完成网络层的功能，在IEEE 802标准中该层被称为网际层。

在OSI参考模型中，每个实体和另一个系统以及同等实体按协议进行通信；而在一个系统中，上下层之间的通信则通过接口进行，并用服务访问点(Server Access Point，SAP)来定义接口。为了对多个高层实体提供支持，在LLC层的顶部有多个LLC服务访问点(LSAP)，为图2-9中的实体A和B提供接口端；在网际层的顶部有多个网间服务访问点(NSAP)，为图2-9中的实体C、D和E提供接口端；媒体访问控制服务访问点(MSAP)向LLC实体提供单个接口端。

LLC子层中规定了无确认无连接、有确认无连接和面向连接3种类型的链路服务。无确认无连接服务是一种数据报服务，信息帧在LLC实体间交换时，无须在同等层实体间事先建立逻辑链路，对这种LLC帧既不确认，也无任何流量控制或差错恢复；有确认无连接服务除了对LLC帧进行确认之外，其他的功能类似于无确认无连接服务；面向连接服务提供访问点之间的虚电路服务，任何信息帧交换之前，必须在一对LLC实体之间建立逻辑链路，在数据传送的过程中，信息帧被依次发送，并提供差错恢复和流量控制功能。

MAC子层在支持LLC层完成媒体访问控制功能时，可以提供多个可供选择的媒体访问控制方式。使用MSAP支持LLC子层时，MAC子层实现帧的寻址和识别功能。MAC到MAC的操作通过同等层协议来进行，MAC还提供产生帧检验序列和完成帧检验等功能。

IEEE 802标准作为局域网的国际标准系列，根据局域网的多种类型，规定了各自的拓扑结构、媒体访问控制方法、帧的格式和操作等内容。IEEE 802标准系列的各个子标准之间的关系如图2-10所示。

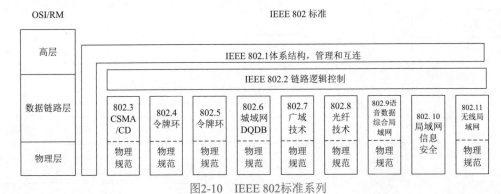

图2-10　IEEE 802标准系列

2.3　网络协议和IP地址

前面介绍了计算机网络的体系结构，重点阐述了OSI参考模型和TCP/IP的模型，从而为后面学习各个协议的具体知识奠定了基础。

本节分成两部分，分别介绍有关各类比较流行的协议，以及IP地址的基础知识。这些协议有的适用于局域网，有的适用于广域网。对这些知识的掌握，能够方便分析和解决网络中有关各类协议或IP地址所造成的故障。

2.3.1　NetBEUI协议

NetBEUI协议是由IBM公司开发的非路由协议，用于携带NetBIOS通信。这里涉及了两个基本概念：第一个是NetBIOS，第二个是非路由协议。

NetBIOS，中文意思是网络基本输入/输出系统，它主要由IBM公司开发，用于数十台计算机的小型局域网。NetBIOS协议是一种使在局域网上的程序可以使用的应用程序编程接口，其作用是为了给局域网提供网络以及其他的特殊功能，几乎所有的局域网都是在NetBIOS协议的基础上工作的。

非路由协议，是指NetBIOS协议不支持路由。也就是说，NetBIOS协议中没有针对IP地址的说明，它不能识别IP地址，只能识别MAC地址——第二层地址。正是由于它不能识别IP地址，因此会导致经过它的流量无法通过路由器，从而使得目前此协议无法使用到大型网络中。

因为NetBEUI协议不需要附加的网络地址和网络层头尾，所以很快在只有单个网络或整个环境都桥接起来的小工作组环境中得到广泛应用，从而体现出了其占用系统资源少、效率高的特点。

在网络管理中，给机器配置恰如其分的网络协议，有时往往能改善整个网络的运行质量，特别是在一些小型的中小学校园网管理中，通常会把占用系统资源少、效率高的NetBEUI协议作为首选，或者是配合TCP/IP使用。这样可以让整个网络的运行实效达到最优化。

安装NetBEUI协议非常简单，首先，在控制面板中，选择"网络连接"一项，会弹出"网络连接"窗口，如图2-11所示(NetBEUI协议在Windows XP版本后已不再支持，这里使用Windows XP界面演示)。

右击"本地连接"，选择"属性"命令，会弹出"本地连接 属性"对话框，如图2-12所示。

在"本地连接 属性"对话框中的"常规"选项卡下，单击"安装"按钮，会弹出一个"选择网络组件类型"对话框，如图2-13所示。

图2-11　安装NetBEUI协议(一)

图2-12 安装NetBEUI协议(二)

图2-13 安装NetBEUI协议(三)

在"选择网络组件类型"对话框中选择"协议",然后,单击下面的"添加"按钮。此时,在弹出的"选择网络协议选择"对话框中会出现"NetBEUI协议"选项,如果需要安装,只要单击"NetBEUI协议",再单击"确定"按钮即可。

2.3.2 IPX/SPX兼容协议

IPX/SPX兼容协议也就是IPX与SPX协议的组合。那么什么是IPX协议,什么又是SPX协议呢?

IPX协议用来负责数据包的传送。而SPX协议则用来负责数据包传输的完整性。IPX/SPX协议是Novell公司为了适应网络的发展而开发的通信协议,具有很强的适应性,并且安装方便。与2.3.1节介绍的NetBEUI协议相比,IPX/SPX协议具有路由功能,是可路由的协议,也就是说可以实现多网段之间的通信。

IPX/SPX协议一般可被应用于大型网络和局域网游戏(如反恐精英、星际争霸)环境中。有一点需要强调的是,如果是在Novell网络环境中,就使用这个协议;如果不是在Novell网络环境中,一般不使用IPX/SPX协议,而是使用IPX/SPX兼容协议,尤其是在Windows 2000/XP组成的对等网中。

IPX/SPX兼容协议的安装很简单,可参考2.3.1节所介绍的NetBEUI协议安装步骤,只不过在弹出的"选择网络协议选择"对话框中选择"IPX/SPX兼容协议"一项即可。

2.3.3 TCP/IP协议簇

根据前面的章节所述,TCP/IP是一个协议簇,其中文名称为传输控制协议/网际协议,其实它包括两部分:一个是TCP,一个是IP。TCP主要是负责把数据分成若干数据包,并给每个数据包加上包头,包头上有相应的编号,以保证在数据接收端能将数据还原为原来的格式;IP在每个包头上再加上接收端主机地址,这样数据找到自己要去的地方。本节将会为读者详细讲述有关TCP和IP的知识。

1. TCP

首先,为读者介绍有关TCP的知识。TCP是第四层传输层,所以它具有第四层传输层的特点。

TCP专门用于在不可靠的互联网上提供可靠的、端对端的字节流通信。所谓可靠传输，也就是指三次握手传输。可靠传输共分为3步：第一步同步请求，传送者询问接收者是否可以接受请求，如果可以就建立连接，否则重新发送请求；第二步是在第一步得到确认接受请求后，开始建立连接；第三步就是在建立连接后，开始进行数据传输，传输完毕后，发送请求终止连接。这种传输方式，能够保证数据完整地被接收者收到。

另外，TCP还支持窗口滑动功能。那么，什么是窗口滑动功能呢？窗口滑动功能，就是当发送者给接收者发送数据时，如果发送方一次性发送了几个数据包，而接收者只能接收其中的几个数据包，此时，发送方会根据接收方的能力，将发送数目减少，一旦接收者可以接收比发送方发送的数据包多的话，发送方又将发送的数目增加。

与TCP相对的是不可靠传输协议，它直接将数据发送出去，而无须询问接收者是否接受，如平时读者所用的电子邮件。

2. IP

下面将为读者讲述有关IP的知识。IP是第三层网络层的协议，所以它具有第三层网络层的特点。

TCP/IP网络层的功能主要由IP提供。IP将多个网络连接成一个互联网，把高层的数据以多个数据报的形式通过互联网分发出去。网络层的一个重要服务就是在互相独立的局域网的基础上建立互连网络，即网际网，网间的报文来往根据其目的IP地址通过路由器发送到另一个网络。

IP的基本任务是通过互联网传送数据报，各个IP数据报之间是相互独立的。在传送时，高层协议将数据传送给IP，IP再将数据封装为互联网数据报，并将其传给数据链路层协议通过局域网进行传送。若目的主机直接连在本网中，IP可直接通过网络将数据报传给目的主机；若目的主机在远程网络中，则由路由器传送数据报，路由器依次通过下一个网络将数据报传送到目的主机或再下一个路由器，即一个IP数据报是通过互连网络，从一个IP模块传送到另一个IP模块，直到数据报被发送到目的主机为止。

IP协议的安装同前面所介绍的NetBEUI协议安装步骤一样，只不过在弹出的"选择网络协议选择"对话框中选择"TCP/IP协议"一项即可。

2.3.4　IP地址

在互联网上，主机间的通信是通过IP地址来寻址的：每台计算机通过网络软件来设置一个IP地址，这个地址是分配给网络接口卡的唯一标识。通过这个IP地址，就可以迅速找到网络上的计算机。IP编址属于TCP/IP的Internet层，也被称作因特网地址。为了保证网络上IP地址的唯一性，IP地址由国际网络信息中心(Network Information Center，NIC)进行统一管理，我们称之为InterNIC。我国的网络信息中心是CNNIC，教育和科研计算机网(CERNET)的信息管理中心是CerNIC。

1. IP地址结构

IP地址一般包括两部分：一部分是网络ID号，用来标识网络部分；另一部分是主机ID号，用来标识网络上的某台计算机，如图2-14所示。IP地址的这两部分也可以分别称为前缀和后缀，前缀部分用于确定计算机从属的物理网络，后缀部分用于确定该网络上指定的某台计算机。也就是说，互联网中的每一个物理网络分配了唯一的值作为网络号(Network ID)。网络号在从属于该网络的每台计算机地址中作为前缀出现。更进一步说，同一物理网络的每台计算机分配了唯一的地址后缀。

图2-14　IP地址结构

一个网络可以包含许多子网络和许多台主机。网络与网络、主机与主机之间的区分就是通过IP地址标识的。

IP地址的层次保证了以下两个重要的性质。

- 每台计算机被分配了一个唯一的地址(即一个地址从不分配给多台计算机)。
- 虽然网络号的分配必须全球一致，但后缀可以在本地进行分配，无须全球一致。

2. IP地址分类

根据网络的规模大小，将因特网地址分为3大类：A、B和C这3类地址。

- A类地址：第1个比特是0，第2至第8个比特是网络ID号，第9至第32个比特是主机的ID号，如图2-15所示。A类地址是1.0.0.0~127.255.255.255的IP地址，至多有126个网络。每个A类地址可容纳的主机数最多是2^{24}(约1 600万)台的大型网络。

图2-15　A类地址

- B类地址：第1个比特是1，第2个比特是0，第3至第16个比特是网络的ID号，第17至第32个比特是主机的ID号，如图2-16所示。B类地址是以128.0.0.0~ 191.255.255.255开头的IP地址，最多有2^{14}个。每个B类地址可容纳主机数少于约64 000台的中型网络。

图2-16　B类地址

- C类地址：第1、第2个比特是1，第3个比特是0，第4至第24个比特是网络的ID号，第25至第32个比特是主机的ID号，如图2-17所示。C类地址是以192.0.0.0~223.255.255.255开头的IP地址，最多有2^{14}个。每个C类地址可容纳主机数不大于2^8的小型网络。

图2-17　C类地址

除了以上3类地址之外，因特网还有另外两类地址：D类地址和E类地址。

- D类地址：第1、第2、第3个比特都是1，第4个比特是0，第5至第32个比特是组播地址，如图2-18所示。组播地址是比广播地址稍弱的多点传输地址，用于支持组播传输技术。组播地址又称为多播地址，在实际中应用得非常广泛，如视频、音频点播等。组播就是将数据信息发送给网络上有需要的节点的技术。

0123 4	31
1110	组播地址

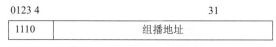

图2-18 D类地址(组播地址)

- E类地址：前4个比特都是1，第5个比特是0，如图2-19所示。此类地址用于扩展之用。

01234 5	31
11110	扩展

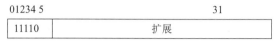

图2-19 E类地址

以上地址类别的定义方式既适应了大网量少、小网量大、大网主机多和小网主机少的特点，又方便网络号和地址号的提取。在Internet的网间路由中，路由器在寻径时只关心是否能找到相应的网络，而主机的寻径则是由网络内部完成的。

3. 其他特殊的IP地址

IP地址除了用于标识网络和主机外，还有一些特殊用途。

(1) 广播地址

在因特网中，同时向本子网络或其他网络上的所有主机发送消息的行为称为广播。TCP/IP规定，将主机号各位全部是1的IP地址作为广播用地址，称为广播地址，如图2-20所示。在网络前缀后面增加一个所有位全是1的后缀，便可形成网络的直接广播地址。

网络地址	1111 … 1111

图2-20 某网络的广播地址

如果一个网络软件支持广播，一个直接广播就可以通过硬件广播能力进行传送。在这种情况下，包的一次发送将到达网络上所有的计算机。当一个直接广播被发送到一个不支持硬件广播的网络时，软件需要分别为网络上的每台主机发送一个该包的副本。

(2) 有限广播

上述广播地址由一个有效的网络号和主机号组成，技术上称之为“直接广播地址”。在因特网上发送广播时，需要知道目标网络的网络号。

TCP/IP规定，将32比特各位全部是1的IP地址作为本网络广播用地址，称为有限广播地址，如图2-21所示。这就解决了需要在本子网发送内部广播，但又不知道本网网络号的问题。当一台主机在启动过程中需要向本网络发送广播时，只能采用有限广播地址。

1111 … 1111

图2-21 有限广播地址

(3) 本机地址

因为每个包包含了源地址和目的地址，所以计算机需要知道自己的IP地址，以便发送或接收来自互联网的包。TCP/IP协议系列包含了这样的协议，当计算机启动时能自动获得自己的IP地址。有趣的是，启动协议也使用IP进行通信。当使用这个启动协议时，计算机不可能支持一个正确的IP源地址。为了处理这种情况，TCP/IP规定，将32比特各位全部是0的IP地址作为本机地址，如图2-22所示。该地址用于启动后不再使用的主机。

0000 … 0000

图2-22 本机地址

(4) 本网地址

TCP/IP规定，网络号部分全部是0的地址被解释为本网地址，如图2-23所示。

| 0000 | ··· | 0000 | 主机 ID |

图2-23　本网地址

(5) 环回地址

IP定义了一个环回地址(Loopback Address)，用于测试网络应用程序。在生成一个网络应用程序后，程序员经常使用回送测试来进行预调试。前面介绍的A类网络地址中，127网络号是一个保留地址段，用于网络软件测试和本地进程之间的通信，称为环回地址，如图2-24所示。TCP/IP规定：含网络号127的信息不能出现在任何网络上；主机和网关不能为该类地址广播任何信息。

在回送测试时，没有包离开计算机—— IP软件将包从一个应用程序转发到另一个应用程序。因此，回送地址永远不会出现在一个在网络中传输的包中。

| 0111 1111 | 主机 ID |

图2-24　环回地址

在对网络设备的配置过程中，会经常使用到环回地址。这些地址是一些虚拟的软件地址，并不是真正意义上的硬件接口地址。使用环回地址的好处在于：硬件接口经常会发生故障，而有些网络设备是以此接口地址作为整个网络配置的一个关键点，当这个接口地址不通，会使得整个网络的网络结构发生重大变化，甚至会让网络发生崩溃。环回地址是一个软件性的虚拟IP地址，它永远不会发生故障，从而使得整个网络不会因为这个接口地址的不稳定而无法正常工作。

4. IP地址的点分十进制表示法

虽然IP地址是32位的二进制数，但是用户很少以二进制方式输入或读取其值。相反，当与用户交互时，软件使用一种更易于理解的表示法，称为点分十进制表示法(dotted decimal notation)，其做法是将32位二进制数中的每8位作为一组，用十进制数表示，利用句点分隔各个部分。

点分十进制表示法将每一组二进制数作为无符号整数进行处理。当组内的所有位都为0时，最小值为0；当组内的所有位都为1时，最大值为255。这样，点分十进制的地址范围为0.0.0.0~255.255.255.255。

5. 子网掩码

编址的另一种形式是子网掩码。使用子网掩码的目的有两个：一是显示使用的编址类别；二是将网络分成子网以控制网络流量。在第一种情况下，子网掩码使得应用程序能够确定IP地址的哪一部分是网络ID，哪一部分是主机ID。例如，一个A类网络的子网掩码在第一个8位字节中均为二进制数1，其他位均为二进制数0：11111111.000 00000.00000000.00000000 (十进制为255.0.0.0)。

要将网络分成子网，子网掩码应该包含子网ID，这个子网ID由网络管理员决定，存在于网络ID和主机ID之内。例如，可以指定B类地址的第3个8位字节作为子网ID，如11111111.111 11111.11111111.00000000(255.255.255.0)。另一种是只指定第3个8位字节的前5位作为子网ID，最后3 位(以及余下的8位字节)用于作为主机ID。例如11111111.11111111.11111000.00000000 (255.255.248.0)。

使用子网掩码将网络分成一系列小型网络，使得第3层设备可以有效地忽略传统的地址分类命名，因此通过多个子网和额外的网络地址将网络分段时就有了更多的地址选项，克服了4个8位字节长度的限制。一种新的忽略地址分类命名的方法是使用无分类域间路由(Classless Inter-Domain Routing，CIDR)编址，这种方法在以点分隔的十进制符号后画一个斜杠"/"。

由于缺少B类和C类地址，因此CIDR为中型的网络提供了更多的IP地址选项。缺少B类和C类地址，是因为网络的激增和4个8位字节方案提供的地址有限而造成的。

在实际的网络规划中，会非常频繁地使用到子网掩码，无论有多复杂，只要记住主机的数量等于2^n(n为主机位减一)即可。为了能够让读者有个实践机会，接下来将通过一个IP地址规划的实例，为读者展示使用子网掩码的好处。

规划要求：给定一段IP地址10.0.0.0，企业总共有3个部门，第一个部门有50台主机，第二个部门有100台主机，第三个部门有20台主机，如何将所给的私有IP地址段进行有效的规划，从而节省企业的IP资源。

首先看第二个部门，总共有100台主机，由于它是3个部门中拥有主机数最多的部门，所以优先考虑它。为了能够计算这个部门的网络号，来看$2^n<100$中的n为多少。通过计算，可知道n=6，从而说明主机位的子网掩码中有7位，其子网掩码就是255.255.255.128，所获得的网络号则为10.0.0.0/25和10.0.0.128/25中的任意一个。在此选择10.0.0.128/25这个网段。

其次考虑第一个部门，同第二部门的方法一样，计算$2^n<50$中n的值为5，说明主机位的子网掩码有6位，其子网掩码为255.255.255.192，在10.0.0.0/25中所能划分的网段号依次为：10.0.0.64/26、10.0.0.0/26。选择10.0.0.64/26这个网段作为第一个部门的网络号。

最后考虑第三个部门，同样计算$2^n<20$中n的值为4，由此可以知道其子网掩码为255.255.255.224，在剩下的10.0.0.0/26中规划出来的网络号为：10.0.0.0/27和10.0.0.16/27，在这里选择10.0.0.16/27作为第三个部门的网段号。

规划好的IP地址的效果如图2-25所示。

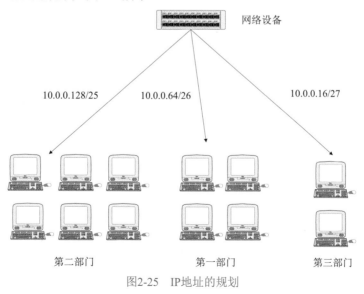

图2-25　IP地址的规划

这样，不但在每一个网段里都合理地配置了资源，不会出现有的网段IP地址大量富余，有的网段IP地址贫乏的现象，还可以将剩下来的网段号留作今后公司扩展时使用。

2.3.5 IPv6地址

1. IPv4升级IPv6的必要性

随着Internet的发展，IP地址在多个方面的局限性限制了它的发展，最迫切要解决的是IP地址空间问题。在2019年11月26日，负责英国、欧洲、中东和部分中亚地区互联网资源分配的欧洲网络协调中心(RIPE NCC)宣布，全球所有 43 亿个 IPv4 地址已全部分配完毕，这意味着没有更多的 IPv4 地址可以分配给 ISP(网络服务提供商)和其他大型网络基础设施提供商。但这并不意味着IPv4地址空间完全枯竭，RIPE会从停止运营或需求减少的机构回收地址，但少量的回收地址无法解决需求问题。这也是从IPv4向IPv6过渡的主要动力。

网际协议第6版(英文：Internet Protocol version6，缩写：IPv6)是网际协议(IP)的最新版本，用作互联网的网络层协议，用它来取代IPv4解决了IPv4地址枯竭问题。在传输速度、传输方式、对移动端的支持、即插即用等方面，IPv6相对IPv4都有优势。

2. IPv6地址结构

IPv6地址长度为128位，由8个16位字段组成，相邻字段用冒号分隔。IPv6地址中的每个字段必须包含一个十六进制数字。在图2-26中，x表示十六进制数字。

x:x:x: x: x:x:x:x
前缀 子网 ID 接口 ID
例：
2001:0db8:3c4d:0015:0000:0000:1a2f:1a2b
站点前缀   子网 ID   接口 ID

图2-26 IPv6地址结构

在案例地址2001:0db8:3c4d:0015:0000:0000:1a2f:1a2b中，最左侧三个字段包含站点前缀，站点前缀描述通常由ISP或区域Internet注册机构分配。接下来的16位子网ID由网络管理员分配，子网ID标识本地内部网络。最右侧字段64位接口ID称为标记，接口ID可以从网络接口的MAC地址自动配置，也可以使用EUI-64格式手工配置。

EUI-64地址(64-bit Extended Unique Identifier)是由电气和电子工程师协会 (IEEE) 定义的地址，将 EUI-64 地址指派给网络适配器，或从 IEEE 802 地址派生得到该地址。IEEE 802地址用于网络适配器也就是网卡接口标识，长度为48位，此地址由24位公司ID(也叫制造商ID)和24位扩展ID(也叫底板ID)组成。公司ID和底板ID组合，即可生成全局唯一的48位地址，这个地址称为物理地址、硬件地址或媒体访问控制(Media Access Control，MAC)地址。IEEE 802地址中已定义位如下。

(1) 全局/本地地址(U/L)

U/L 位是第一个字节的第七位，用于确定该地址是全局管理的还是本地管理的。如果将U/L 位设置为 0，那么通过分配唯一的公司 ID，IEEE 已对地址进行了管理。如果 U/L 位被设置为 1，则地址是本地管理的。网络管理员已覆盖制造地址，并指定其他地址。

(2) 个人/组 (I/G)

I/G 位是第一个字节的最低位，用来确定地址是个人地址(单播)还是组地址(多播)。设置为 0 时，地址是单播地址。设置为 1 时，地址是多播地址。对于典型的 802.x网络适配器地址，U/L 和 I/G 位均设置为 0，对应于全局管理的单播MAC 地址。

(3) EUI-64 地址

EUI-64 地址代表网络接口寻址的新标准。公司 ID 仍然是 24 位长度，但扩展 ID 是 40 位，从而为网络适配器制造商创建了更大的地址空间。EUI-64 地址使用 U/L 和 I/G 位的方式与 IEEE 802 地址相同，要从 IEEE 802 地址创建 EUI-64 地址，则 16 位的 11111111 11111110 (0xFFFE) 将被插入公司 ID 和扩展 ID 之间的 IEEE 802 地址中，EUI-64地址一般是唯一的。

要从IEEE 802地址得到EUI-64地址，按如下步骤操作即可，先得到接口的MAC地址，例如：00-AA-00-3F-2A-1B，首先在第三个和第四个字节之间插入 FF-FE 将其转换为 EUI-64 格式，其结果是 00-AA-00-FF-FE-3F-2A-1B。然后，对 U/L 位(第一个字节中的第七位)求反。第一个字节的二进制形式为 00000000。将第七位求反后，变为 00000010 (0x02)。最后的结果是 02-AA-00-FF-FE-3F-2A-1B，当转换为冒号十六进制符号时，成为接口EUI-64标识 2AA:FF:FE3F:2A1B。将EUI-64地址结合IPv6地址前缀，即可生成该接口完整的IPv6地址。

3. IPv6地址分类

不同于IPv4的A、B、C、D、E类地址，IPv6采用了全新的地址定义规则，定义了以下三种地址类型：单播地址、多播地址、任意播地址。

(1) 单播地址

在单播寻址方式中，IPv6接口(主机)在一个网段中被唯一标识。IPv6数据包包含源IP地址和目标IP地址，主机接口配备有在该网络段中唯一的IP地址。

IPv6单播地址由前缀、子网ID、接口ID组成。前缀相当于IPv4地址中的网络ID，接口ID相当于IPv4地址中的主机ID。IPv6有三种不同类型的单播地址方案。地址的后半部分(最后64位)始终用于接口ID。系统的MAC地址由48位组成并以十六进制表示。MAC 地址被认为是在世界范围内唯一分配的，接口ID利用MAC地址的这种唯一性。主机可以使用IEEE的扩展唯一标识符(EUI-64)格式自动配置其接口ID。首先，主机将其自己的MAC地址划分为两个24位的半部分。然后16位十六进制值0xFFFE被夹在这两个MAC地址的两半之间，产生EUI-64接口ID，如图2-27所示。

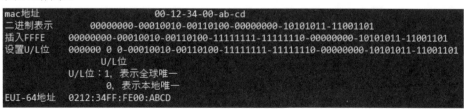

图2-27　EUI-64地址转换

根据前缀不同，单播地址又分为可聚合全球单播地址、站点本地地址、唯一本地地址、链路本地单播地址、特殊地址。

① 可聚合全球单播地址，一般从运营商提出申请，IPv6地址空间位是/48，三个最高有效位始终设置为001，再由自己根据需要进一步规划，如图2-28所示。

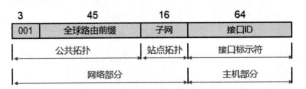

图2-28　可聚合全球单播地址结构

② 站点本地地址(Site-local Address)：类似IPv4中的私有地址。该地址以FEC0::/10为前缀。也就是说最高10 bits固定为1111111011，紧跟在后面的是连续38 bits 的0。因此，对于站点本地地址来说，前48bits 总是固定的。在接口ID和高位48bits特定前缀之间有16bits 子网ID字段，供机构在内部构建子网。站点本地地址不是自动生成的，是手工配置的。站点本地地址只能够在本地或者私有环境中使用，不能访问公网。RFC 1884 定义了fec0::/10 地址块用于站点本地地址，这些地址只能够在私有的IPv6"站点"内使用，但是草案对Site描述不清楚导致路由规则的混乱，因此RFC3879弃用了该地址块。

③ 唯一本地地址(Unique Local Address)：概念上相当于私有IP，仅能够在本地网络使用，在IPv6 Internet上不可被路由。上面提到的站点本地地址由于起初的标准定义模糊而被弃用，而后RFC又重新定义了唯一本地地址以满足本地环境中私有IPv6地址的使用。在RFC4193中标准化了一种用来在本地通信中取代站点本地地址的类型。唯一本地地址拥有固定前缀FC00::/7，分为两块：FC00::/8暂未定义，FD00::/8定义如图2-29所示。

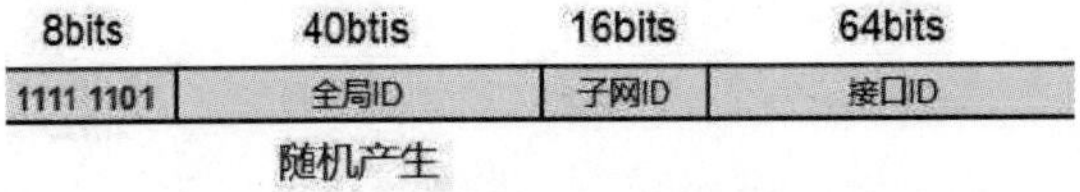

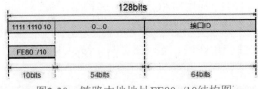

图2-29　唯一本地地址FD00::/8结构图

④ 链路本地地址(Link-local Address)：类似于Windows系统中IPv4的169.254.0.0/16地址，它的有效范围仅仅在所处链路上。如图2-30所示，以FE80::/10为前缀，11-64位为0，外加一个64bits的接口标识(一般是EUI-64)。

图2-30　链路本地地址FE80::/10结构图

⑤ 特殊地址：

- ::/128不指定任何内容，称为未指定地址。
- ::/0与IPv4中的0.0.0.0相似，可以用来表示整个IPv6，用作默认路由。
- ::1/128表示IPv6的环回地址。

(2) 多播地址

IPv6 多播(组播)地址是一组接口的标识符(在不同节点上)。一个接口可以属于任何数目的多播组。组播地址最高位前8位固定为全1，也就是"FFXX::/8"。IPv6 多播地址结构如图2-31所示。

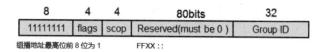

图2-31 IPv6多播地址结构

IPv6多播地址的组成部分介绍如下。

① flags：0000表示永久分配，0001表示临时分配

② scop：用来限制组播数据流在网络中发送的范围。

○ 0：预留。

○ 1：节点本地范围，单个接口有效，仅用于Loopback通信。

○ 2：链路本地范围，FF02::1。

○ 5：站点本地范围。

○ 8：组织本地范围。

○ E：全球范围。

○ F：预留。

③ Goup ID：该字段长度可以为112位，用来标识组播组，而112位最多可以生成2112组ID，RFC2373并没有将所有的112位都定义成组标识，建议使用最低的32位组ID，剩余的80位都为0。

多播地址的永久分配与范围值作用案例如下：如果给"NTP服务器组"分配一个组ID为101(16进制)的永久多播地址，那么：

○ FF01:0:0:0:0:0:0:101意味着在相同接口(即相同节点)上的所有NTP服务器(作为发送者)。

○ FF02:0:0:0:0:0:0:101意味着在相同链路上的所有NTP服务器(作为发送者)。

○ FF05:0:0:0:0:0:0:101意味着在相同站点内的所有NTP服务器(作为发送者)。

○ FF0E:0:0:0:0:0:0:101意味着在互联网中的所有NTP服务器。

常见的组播地址有所有节点地址和所有路由器地址。

所有节点地址：

○ FF01:0:0:0:0:0:0:1　　　FF01::1

○ FF02:0:0:0:0:0:0:1　　　FF02::1

上述多播地址标识范围1(接口本地)或范围2(链路本地)内的所有IPv6节点组。

所有路由器地址：

○ FF01:0:0:0:0:0:0:2　　　FF01::2

○ FF02:0:0:0:0:0:0:2　　　FF02::2

○ FF05:0:0:0:0:0:0:2　　　FF05::2

上述多播地址标识范围1(接口本地)、范围2(链路本地)或范围5(站点本地)内的所有IPv6路由器组。

(3) 任意播地址

IPv6任意播地址分配给多于一个接口(属于不同节点)。任意播地址具有这样的性质，发送到任意播地址的分组，被按照路由协议的测量距离，路由到有该任意播地址的"最近的"接口。任意播地址是根据单播地址空间分配的，使用任何已定义的单播地址格式。

(4) 被请求节点组播地址(Solicited-node)

在IPv6组播地址中,有一种特殊的组播地址,叫作Solicited-node地址(被请求节点组播地址)。Solicited-node地址是一种特殊用途的地址.主要用于重复地址检测(DAD)和替代IPv4中的ARP。Solicited-node地址由前缀FF02::1:FF00:0/104和IPv6单播地址的最后24位组成。一个IPv6单播地址对应一个Solicited-node地址。Solicited-node地址有效范围为本地链路范围。地址格式: FF02:0:0:0:0:1:FFXX:XXXX,具体的对应关系如图2-32所示。

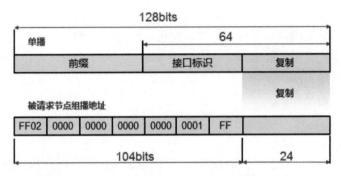

图2-32　IPv6单播地址与Solicited-node地址对应关系

4. IPv6地址规划

与IPv4规划地址不同的是,IPv6在获取到运营商分配的全球单播地址前缀后,指定子网计划后即可应用到网络拓扑中,充分利用IPv6自动分配地址协议,主机即可自动获取IPv6地址。在规划IPv6网络时,按照表2-2执行即可。

表2-2　IPv6地址规划任务

任务	说明
1. 准备硬件以支持 IPv6	确保硬件可以升级到 IPv6
2. 找到支持 IPv6 的 ISP	确保当前的 ISP 支持 IPv6
3. 确保应用程序能够支持 IPv6	验证应用程序是否可以在 IPv6 环境中运行
4. 获取站点前缀	从 ISP 获取站点的 48 位站点前缀
5. 制订子网寻址计划	先整体规划 IPv6 网络拓扑和寻址方案,然后才能在网络中的各个节点上配置 IPv6

2.4 本章小结

计算机网络是计算机技术和通信技术紧密结合的产物,它涉及通信与计算机两个领域,是指通过通信线路和连接设备互连起来的自主计算机及其他设备的集合。通过本章的学习,读者应该了解计算机网络的功能、体系结构和OSI参考模型,掌握TCP/IP协议模型、网络协议和IP、IPv6地址划分的相关知识。

2.5　思考与练习

1. 选择题

(1) OSI模型的哪一层负责产生和检测电压以便收发携载数据的信号？（　　）

    A. 传输层　　　　B. 会话层　　　　C. 表示层　　　　D. 物理层

(2) OSI模型的哪一层指定了两节点间通信的规则？（　　）

    A. 传输层　　　　B. 会话层　　　　C. 数据链路层　　　D. 表示层

(3) 假设用户使用口令登录Microsoft Exchange程序，OSI模型的哪一层将解码用户的口令？（　　）

    A. 应用层　　　　B. 会话层　　　　C. 表示层　　　　D. 网络层

(4) OSI模型的哪一层用于错误校验处理和坏数据的重发处理？（　　）

    A. 传输层　　　　B. 网络层　　　　C. 会话层　　　　D. 物理层

(5) 假设网络使用的是需要IP和MAC地址两个信息的多点传送包，那么在这个网络上，节点可以使用什么协议得到这两种类型的地址？（　　）

    A. 路由信息协议(RIP)　　　　　　　B. MAC确定协议(MACDP)

    C. 地址解析协议(ARP)　　　　　　　D. 用户数据报协议(UDP)

2. 填空题

(1) 在IEEE 802标准中定义的数据链路层的子层是_____。

(2) IP地址的第1个和第2个8位字节包含的是网络ID，在第3个8位中包含的是子网ID，余下的部分是主机ID(11111111.11111111.11110000.00000000)，那么用户应该使用的子网掩码是_____。

(3) TCP/IP分层模型，主要由构筑在硬件层上的4个概念性层次构成，即_____、_____、_____和_____。

(4) 一个IP地址一般包括两部分：_____，用来标识网络部分；主机ID号，用来标识_____。

3. 问答题

(1) 任何两台计算机都可以使用相同的网络接口卡连接到网络上吗？为什么？

(2) IP地址和MAC地址都可以标识网络中的一台计算机，两者之间有什么区别和联系？

(3) 请说明OSI模型和TCP/IP协议簇的对应关系。TCP/IP是目前Internet上最常用的协议，而OSI模型则是国际化的标准，为什么在目前的Internet上没有完全实现OSI的体系结构？

(4) 假如读者目前是某大学计算机实验室的一名网络专业人员，一个学生对如何使一个网站出现在他的计算机屏幕上感到好奇。请读者在一张纸上，参考OSI模型，解释当请求一个网页时，数据在网络中是如何进行传输的。

4. 实践题

一个公司总共有4个部门，分别是技术部、销售部、财务部和客户部。技术部总共有100人，销售部有50人，财务部有3人，客户部有20人。现在有一个IP地址段：192.168.0.0/24。请为这家公司合理地进行IP地址规划。

第 3 章

网络设备

第2章介绍了计算机网络的基础知识和基本理论，可以说第2章介绍的协议和模型是计算机网络的理论基础，要构建一个实用的网络，硬件设备是其物质基础。网络不仅仅是由通信电缆、无线电波和接口组成，还有许多的网络传输设备，这些设备使网络成为具有一定功能的拓扑结构。

网络设备多种多样，有的网络设备用来将载波信号放大，以便信号可以到达建筑物中另外的房间或者楼层；有的网络设备可以从一个网络向另一个网络路由载波信号；还有一些网络设备用来转换信息，使得信息可以在不同的网络间进行发送。本章将重点介绍这些网络设备，其中，最重要的网络设备是服务器、交换机和路由器。另外，本章也对其他设备进行了简单介绍。

本章要点：

- ○ 网络设备的功能和特点
- ○ 网络设备的分类
- ○ 网络设备的选择
- ○ 传输介质

3.1 计算机网络中的传输介质

在计算机之间联网时，通信线路和通道传输问题也是非常重要的一个方面。OSI模型的第1层包含着传输介质和接口，最基本的通信就是在这个层完成的。目前，共有4种基本的介质类型：双绞线、光纤、同轴电缆和无线传输介质。

3.1.1 双绞线

双绞线(Twisted Pair，TP)是综合布线工程中最常用的传输介质。双绞线是由两根具有绝缘保护层的铜导线组成。当把两根绝缘的铜导线按一定密度互相绞在一起时，每一根导线在传输中辐射出来的电波会被另一根导线上发出的电波抵消，大大降低了信号受干扰的程度。双绞线一般由两根为22号、24号或26号绝缘铜导线相互缠绕而成。如果把一对或多对双绞线放在一个绝缘套管中，便成了双绞线电缆。与其他的传输介质相比，双绞线在传输距离、信道宽度和数据传输速度等方面均受到一定的限制，但其价格较为低廉。

目前，双绞线可分为非屏蔽双绞线(Unshielded Twisted Pair，UTP)和屏蔽双绞线(Shielded Twisted Pair，STP)两种。屏蔽双绞线电缆的外层由铝箔包裹着，它的价格相对要昂贵一些。

1. 屏蔽双绞线

屏蔽双绞线由成对的绝缘实心电缆组成，在实心电缆上包围着一层编织的或起皱的屏蔽。屏蔽减少了RFI(射频识别技术)和EMI(电磁干扰)对通信信号的干扰，为了更有效地减少RFI和EMI干扰，每一对双绞线上的交织距离必须是不同的。而且，为了获得最佳效果，插头和插座必须要屏蔽。STP中的另一个重要因素是要正确接地，以获得可靠的传输信号控制点。

编织的屏蔽用于室内布线，起皱的屏蔽用于室外或地下布线。在周围有重型电力设备和强干扰源的位置，建议使用屏蔽双绞线。

2. 非屏蔽双绞线

非屏蔽双绞线由位于绝缘的外部遮蔽套内的成对电缆线组成，在一对对缠绕在一起的绝缘电线和电缆外部的套之间并没有屏蔽。与STP类似，内部的每一根导线都与另外一根导线相互缠绕，以帮助减少对载有数据的信号的干扰。

UTP的流行称谓是10Base-T电缆，意思是，其最大传输速率为10 Mb/s(对于某些数据传输而言，真正的速率可达16 Mb/s)。UTP使用的是基带通信，为双绞线类型。

3. 双绞线的分类

TIA(电信工业协会)和EIA(电子工业协会)在TIA/EIA 568标准中完成了对双绞线的规范说明。TIA/EIA 568标准目前覆盖的内容包括电缆介质、设计以及安装规范。TIA/EIA 568标准将双绞线电线分割成若干类。双绞线被称为1、2、3、4或5类，后来又出现了6、7、8类，所有这些电缆都必须符合TIA/EIA 568标准，局域网经常使用的是5类电缆。

- ○ 1类线(CAT 1)：一种包括两个电线对的UTP形式。1类线适用于语音通信，而不适用于数据通信。它每秒最多只能传输20 kb/s的数据。
- ○ 2类线(CAT 2)：一种包括4个电线对的UTP形式。数据传输速率可以达到4 Mb/s。但是由于大部分系统需要更高的吞吐量，2类线很少应用于现代网络中。
- ○ 3类线(CAT 3)：一种包括4个电线对的UTP形式。在带宽为16 MHz时，数据传输速度最高可达10 Mb/s。3类线一般用于10 Mb/s的Ethernet或4 Mb/s的Token Ring。虽然3类线比5类线便宜，但为了获得更高的吞吐量，网络管理员正逐渐用5类线代替3类线。
- ○ 4类线(CAT 4)：一种包括4个电线对的UTP形式，它能支持高达10 Mb/s的吞吐量。CAT 4可用于16 Mb/s的Token Ring或10 Mb/s的Ethernet网络中，确保信号带宽高达20 MHz。与CAT 1、CAT 2或CAT 3相比，CAT4能提供更多的保护以防止串扰和衰减。
- ○ 5类线(CAT 5)：用于新网安装及更新到快速Ethernet的最流行的UTP形式。CAT 5包括

4个电线对，支持100 Mb/s吞吐量和100 Mb/s信号速率。除了100 Mb/s Ethernet之外，CAT 5电缆还支持其他的快速联网技术，如异步传输模式(ATM)。

○ 超5类线(CAT 5e)：CAT 5电缆的更高级别的版本。它包括高质量的铜线，能提供一个高的缠绕率，并使用先进的方法以减少串扰。增强CAT 5能支持高达200 MHz的信号速率，是常规CAT 5容量的两倍。

○ 6类线(CAT 6)：6类电缆传输频率为1~250MHz，6类线提供2倍于超5类的带宽，适用于传输速率高于1Gbps的应用。6类标准中取消了基本链路模型，布线标准采用星型拓扑结构，要求的布线距离为：永久链路的长度不能超过90m，信道长度不能超过100m。

○ 超6类线(CAT 6e)：是6类线的改进版，增加了屏蔽层，市售质量较好的超6类线甚至增加了双屏蔽层，主要用于千兆位网络中，也可适用于最新的万兆以太网络，在传输频率方面与6类线一样，为200~250MHz，最大传输速度可达10Gbps。因其增加了屏蔽层，在串扰、衰减和信噪比方面有较大改善。

○ 7类线(CAT 7)：该类线是ISO 7类/F级标准中最新的一种双绞线，主要为了适应万兆以太网络技术的应用和发展。与超6类不同的是，7类线只有双屏蔽型，可以提供至少500MHz的综合衰减对串扰比和600MHz的整体带宽，是6类线和超6类的两倍以上，传输速率可达10Gbps。在7类线中，每对线都有屏蔽层，4对线外还有公共屏蔽层，双屏蔽结构使7类线有较大线径，可达8毫米。

○ 8类线(CAT 8)：与7类线一样，8类线也是双屏蔽层双绞线，质量较好的8类双绞线由每对屏蔽层、铝箔总屏蔽层、编织总屏蔽层、外层组成，可以支持2000MHz带宽，根据IEEE 802.3bq 25G / 40GBASE-T标准，规定了CAT 8网线的最小传输速率，可支持25 Gbps和40 Gbps，但最大传输距离较短，仅支持30米，在传输距离方面大大弱于7类线，线径可达8.5~9毫米。8类线更适用于数据中心、高速、带宽密集的地方。

4. 双绞线的特性

STP和UTP有共同的特性，同时也有不同之处。

○ 吞吐量：STP 和UTP能以10 Mb/s的速度传输数据，CAT 5 UTP以及在某些环境下的CAT 3 UTP的数据传输速度可达100 Mb/s。高质量的CAT 5 UTP也能以每秒1 GB的速度传输数据。

○ 成本：STP和UTP的成本区别在于所使用的铜态级别、缠绕率以及增强技术。一般来说，STP比UTP价格更昂贵，但高级UTP也是非常昂贵的。

○ 连接器：STP和UTP使用的连接器和数据插孔，看上去类似于电话连接器和插孔。图3-1所示的是一个包含4对电线电缆的RJ-45连接器。

○ 抗噪性：STP具有屏蔽层，因而它比UTP具有更好的抗噪性。

○ 尺寸和可扩展性：STP和UTP的最大网段长度都是100 m，它们的跨距

图3-1 RJ-45连接器

小于同轴电缆所提供的跨距，这是因为双绞线更易受环境噪声的影响。双绞线的每个逻辑段最多能容纳1 024个节点，整个网络的最大长度与所使用的网络传输方法有关。

5. 双绞线的做法

双绞线的做法共分为3类：第一类是直通线，第二类是交叉线，第三类是配置线。

○ 直通线的做法是将网线的两端制作成相同线序。所谓的线序，在国际上有两种标准，分别是T568A和T568B。在这里以T568B为例。两端的线序如图3-2所示。

图3-2 直通线的线序

○ 交叉线的做法将网线的两端制作成不同的线序，其线序如图3-3所示。

图3-3 交叉线的线序

○ 配置线又称为反向线，是将两端的线序完全颠倒过来，其线序如图3-4所示。

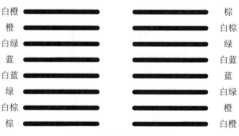

图3-4 配置线的线序

当相同类型的设备对接，使用交叉线。当不同类型的设备对接，则使用直通线。至于配置线，则是专门使用在配置路由器上的。例如计算机与计算机相连就是用交叉线，计算机与交换机连接使用的是直通线。这些都希望读者能够引起重视。在结束讲解双绞线知识之前，提醒读者注意，网络双绞线中真正起到作用的是1、2、3、6四根线，传输数据时就是使用这四根线。

3.1.2 光纤

光导纤维是一种传输光束的细而柔韧的介质，光导纤维电缆由一捆纤维组成，简称为光缆。光纤通常是由石英玻璃制成，其横截面积是很小的双层同心圆柱体，称为纤芯，它质地脆，易断裂，需要外加一层保护层，其结构如图3-5所示。当光波脉冲由激光或者普通发光二极管(LED)设备发出后，便可以在光纤芯线中向前传输。玻璃包层的作用是将光线反射回芯线中。光纤电缆具有进行高速网络传输的能力，它所支持的传输速度可以从100 Mb/s到1Gb/s，甚至超过10 Gb/s。光纤电缆的优点在于：它的带宽大、损耗小，可以持续传输很长的距离，一般用作电缆传输主干。

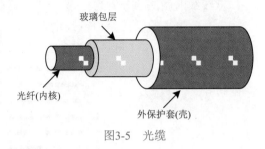

图3-5　光缆

1. 光纤的分类

光纤主要有两大类，即单模/多模和折射率分布类。

(1) 单模/多模

单模光纤(Single Mode Fibre，SMF)的纤芯直径很小，在给定的工作波长上只能以单一模式进行传输，传输频带宽，传输容量大。光信号可以沿着光纤的轴向传播，因此光信号的损耗很小，离散也很小，传播的距离较远。单模光纤PMD规范建议芯径为8~10μm，包括包层直径时为125μm。

多模光纤(Multi Mode Fibre，MMF)为在给定的工作波长上能以多个模式同时传输的光纤。多模光纤的纤芯直径一般为50~200μm，而包层直径的变化范围为125~230μm，计算机网络用的纤芯直径为62.5μm，包层为125μm，就是通常所说的62.5μm。与单模光纤相比，多模光纤的传输性能较差。

在导入波长上分为：单模1 310 nm、1 550 nm；多模850 nm、1 300 nm。

(2) 折射率分布类

折射率分布类光纤可分为跳变式光纤和渐变式光纤两种。

跳变式光纤纤芯的折射率和保护层的折射率都是常数。在纤芯和保护层的交界面，折射率呈阶梯型变化。

渐变式光纤纤芯的折射率随着半径的增加而按一定的规律减小，到纤芯与保护层交界处减小为保护层的折射率。纤芯的折射率的变化近似抛物线。

2. 光纤通信系统

光纤通信系统是以光波为载体、以光导纤维为传输介质的通信方式，起主导作用的是光源、光纤、光发送机和光接收机。它们的功能分别如下。

- ○ 光源是光波产生的根源。
- ○ 光纤是传输光波的导体。
- ○ 光发送机负责产生光束，将电信号转变成光信号，再把光信号导入光纤。
- ○ 光接收机负责接收从光纤上传输过来的光信号，并将其转变成电信号，经解码后再进行相应的处理。光纤通信系统的基本构成如图3-6所示。

图3-6 光纤通信系统的基本构成

3. 光纤通信系统的主要优点

光纤通信系统的主要优点如下。

○ 传输频带宽和通信容量大，在短距离传输数据时达几千兆的传输速率。
○ 线路损耗低、传输距离远。
○ 抗干扰能力强，应用范围广。
○ 线径细、质量小。
○ 抗化学腐蚀能力强。
○ 光纤制造材料丰富。

在网络工程中，一般使用62.5 μm/125 μm规格的多模光纤，有时也使用50 μm/125 μm和100 μm/140 μm规格的多模光纤。户外布线大于2 km时，可选用单模光纤。

3.1.3 同轴电缆

同轴电缆是Ethernet网络的基础，并且多年来一直是较流行的传输介质。同轴电缆由有绝缘体包围的一根中央铜线、一个网状金属屏蔽层和一个塑料封套组成，图3-7所示是一种典型的同轴电缆。

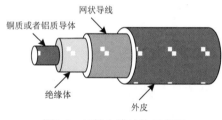

图3-7 同轴电缆结构示意图

在同轴电缆中，铜线传输电磁信号。网状金属屏蔽层一方面可以屏蔽噪声，另一方面可以作为信号地。绝缘层通常由陶制品或塑料制品组成(如聚乙烯PVC或特氟龙)。它将铜线与金属屏蔽物分隔开，若这两者接触，电线将会短路。塑料封壳可使得电缆免遭物理性的破坏，它通常由柔韧性好的防火塑料制品制成。

同轴电缆的绝缘体和防护屏蔽层，使得电缆对噪声干扰有较高的抵抗力。在信号放大之前，同轴电缆与双绞线电缆相比，能将信号传输得更远；另一方面，同轴电缆要比双绞线电缆昂贵得多，并且通常只支持较低的吞吐量。同轴电缆还要求网络段的两端通过一个电阻器进行终结。这种类型的电缆存在许多不同的规格。

同轴电缆有粗、细两种类型，粗同轴电缆(Thicknet)又称为粗线或粗电缆网，其中心为铜导体或敷铜箔膜的铝导体。粗同轴电缆用于传输速度为10 Mb/s的总线网络上。根据IEEE标准，最大长度可延伸至500 m。这一标准可以写为10Base5。10表示电缆传输速率为10 Mb/s，Base指的是使用基带而非宽带。与粗同轴电缆一样，以太网规范要求细同轴电缆的阻抗为50 Ω。细同轴电缆贴有RG-58A/U标签，说明这是50 Ω的电缆。一般网络管理员称之为10Base2，因为理论上其最大的网络速度为10 Mb/s，布线可达185 m，使用基带类型的数据传输。

在细同轴电缆的中心，有一个铜的或敷铜箔膜的铝导线，并在中轴上附着一层绝缘泡沫材料。有一种高质量的电缆是编织的铜网，由铝箔的套管附着，缠绕着绝缘泡沫材料，而且电缆由外部的PVC或特氟龙套覆盖以绝缘。

细同轴电缆安装起来要比粗同轴电缆容易而且便宜得多，但是双绞线柔性较好，所以更加利于安装和使用。细同轴电缆优于双绞线之处在于可以抵抗EMI和RFI。

3.1.4 无线传输介质

在传输网络包时，有许多无线介质可以替代电缆，包括无线电波、红外线信号及微波等，所有这些技术都是通过空气或大气来传输信号的。在使用电缆非常困难或者说根本不可能时，无线通信可以出色地替代电缆。但是使用无线进行通信有一个非常重要的限制：同一介质的其他信号、太阳黑子的运动、电离层变化和其他大气干扰都会对通信信号形成干扰，从而会产生许多问题。

无线局域网通常使用红外或射频(RF)信号传输信息，微波和卫星连接也可通过空气传输数据，这些可以跨越更远距离的方法主要应用于广域网通信。

1. 无线电技术

网络信号可以通过无线电波进行传输，这种方式与本地电台广播的手段非常相似，但是应用于网络时，信号频率要远高于电台发射频率。例如，AM电台发送频率为1 290 kHz，FM的播送范围为88~108 MHz，但在美国，网络信号的传输频率可高达902~928 MHz、2.4 GHz或5.72~5.85 GHz。

在无线电网络传输中，根据信号采用的天线类型，可以沿一个方向或多个方向进行传输，如图3-8所示。由于无线电的波长比较短，而且强度也较低，这就意味着无线电传输最适用于短程的视线(line-of-sight)传输。在视线传输中，信号是从一点向另一点进行传输的，而不是在国家间或各大洲间进行传输。视线传输的限制在于信号会被高的物体(如山峰)中断。低功率的单频信号传输数据的能力范围为1~10 Mb/s。

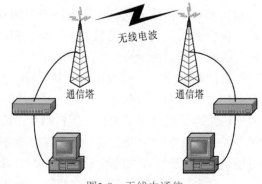

图3-8　无线电通信

大多数网络设备采用扩展频谱(Spread Spectrum)技术进行包的传输。在这种技术中，使用了一个或多个邻接的频率以跨越更大的带宽来传输信号。扩展频谱的频率范围非常高，可达到902~928 MHz或更高。扩展频谱传输通常以2~6 Mb/s的速度传输数据。

当敷设电缆成本很高且很困难时，使用无线电通信可以大大节省费用。与其他无线通信的手段相比，无线电通信比较便宜而且易于安装。但是无线电通信也有其显而易见的缺陷：一是许多网络安装要实施高速(100 Mb/s)的通信来处理拥挤的数据流量，基于无线电的网络速度不能满足这类需求；另一个缺点是，使用的频率难以控制，许多无线电爱好者和蜂窝电话公司使用的频率与无线电通信的频率在相似的范围内，从而干扰信号。此外，自然的障碍物(如山峰)，也会减弱或干扰信号的传输。

2. 红外线技术

红外线也可以作为网络通信的介质。这种技术在电视和立体声系统的远程控制设备上对用户而言最为熟悉。红外线可以沿单方向也可以沿所有的方向进行传播，可以用LED进行传输，用光电二极管来接收。传输频率为光的频率(100 GHz~1 000 THz)。

与无线电波相同，在电缆连接比较困难或者有移动用户的情况下，红外线技术是一个成本不高的解决方案，优点在于信号可以在别人不知道时介入。当然这种通信介质也有其显著的缺点，其中一个缺点是在有方向的通信中，数据传输速率仅达16 Mb/s，在各个方向上传输时速度也不过1 Mb/s；另一个缺点是红外线不能穿越墙壁，如果把立体声系统拿到另一个房间，然后再试图进行通信时即可发现这一缺点。而且，强光源也会对红外线通信造成干扰。

3. 微波技术

微波系统的工作方式有两种：一种是地面微波，它是在两个盘状的定向天线间传输信号。这种传输的频率为4~6 GHz和21~23 GHz，要求操作人员具备FCC许可证；另一种是卫星微波，它是在3个定向天线间传输信号，3个天线之一是空间的一颗卫星，如图3-9所示。对于采用这种技术的公司来说，发射卫星或者租用提供这种技术的公司的服务是非常重要的。这类传输的频率范围为11~14 GHz。

与其他无线介质相同，当布线耗费巨大或者根本不可能布线时，就可采用微波通信解决方案。采用地面微波在城市的两个大建筑物之间进行通信是很优秀的解决办法。卫星通信用于跨国或在两个洲之间连接网络。

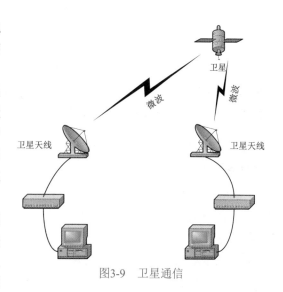

图3-9　卫星通信

地面微波和卫星微波的微波介质传输速度可达1~10 Mb/s，当需要更高的网络速度时，就暴露出了它的局限性。当然，微波技术还有其他的限制，如安装和维护的成本很高。微波传输还极易受到大气环境、恶劣的天气和电磁干扰等的影响。

3.1.5　传输介质的选择

在布线基础设施时，有三个重要的原则：一是布线基础设施支持的性能标准；二是提供最佳性价比的解决方案；三是网络投入实际运行后，后续的可扩展升级性。

除了无线技术外，目前所有有线介质类型都在向更高的传输速度发展。40Gb/100Gb是目前工作站/服务器所能支持的最高的以太网系统，网络设备所能支持的最高速度为400Gb/s，它们都在光纤介质上运行。普通工作站则运行在千兆或万兆网络上，根据布线基础设施，可以选择双绞线或光纤。随着有源设备的成本下降，千兆以太网是目前最为经济的布线方案，但扩展升级性不佳，随着网络技术的发展，用户需求不断提高，以后会过渡到万兆以太网，双绞线作为布线基础设施并不是最好的选择。

在网络建设中，传输速度越高的网络，有源硬件的成本占比会越高，甚至可以超过整体成本的百分之八十，最为昂贵的设备是交换机、接口模块和网络接口卡(NIC)，这在40Gb/100Gb/400Gb以太网中表现更为显著。目前成本最低的是以六类双绞线为传输介质的千兆以太网(1000BASE-T)。在实际应用场景中，建议使用单模光纤作为核心层和汇聚层布线基础设施，六类或以上双绞线、单模光纤作为接入层布线基础设施，在需要更高的传输速度时仅更换有源设备或相应接口即可，可获得更好的扩展性。工作站使用千兆以太网、服务器使用万兆以太网，仅在数据中心级别或需要超高速传输数据场景使用40Gb/100Gb以太网。

因此，选择传输介质的关键是要根据用户的实际需求、投入的资金、以后扩展升级是否方便三方面的因素来决定的。

3.2 计算机网络中的连接设备

计算机网络中有各种不同的连接设备，根据OSI七层模型不同，也分成不同的连接设备，其中常用的网络连接设备包括第一层设备集线器和网络适配器、第二层设备网桥和网络交换机、第三层设备路由器等。下面将为读者详细讲述。

3.2.1 网络适配器

网络适配器(或称之为网络接口卡，简称网卡)是一种连接设备。它能够使工作站、服务器、打印机或其他节点通过网络介质接收并发送数据。网卡将来自传输介质的数据信号打包成帧，所以网卡应该属于数据链路层的设备。在有些情况下，网络接口卡也可以对承载的数据做一些基本的解释，而不只是简单地把信号传送给CPU以便让CPU进行解释。

网络适配器技术中的先进之处在于，它使得这种网络适配器更加智能化。所有的网络适配器不仅能够正确读出数据传送的目标地址信息(在以太网中还能检测出冲突)，而且许多网络适配器还具有优化、网络管理和过滤等功能。

网络适配器的类型根据它所依赖的网络传输系统不同(如以太网与令牌环网)而不同。网络适配器与网络传输速率(如10 Mb/s与100 Mb/s)、连接器接口(如BNC与RJ-45)以及兼容的主板或设备的类型有关。

在一个网络设备中安装一块网络适配器之前，用户需要搞清楚该设备需要什么类型的网络适配器。对于一台桌面计算机而言，网络适配器必须与它的总线相匹配。总线是主板用来向其他部件传送数据的电路。总线的能力是由总线的数据通道的宽度(用位表示)和数据传输速率(用MHz表示)来决定的。总线的数据通道宽度等于总线在任何时候都能并行传输的数据位数。

下面简要介绍几种总线。

- ISA(工业标准结构)：这种最初的个人计算机总线是在20世纪80年代早期开发出来的。它支持8位数据传输，后来扩展至16位。ISA总线不支持100 MHz的数据传输，尽管可以在经济型个人计算机或者工控机中使用它们，但是它们通常都不能被新式个人计算机的网络接口卡所接纳。

- ○ MCA(微通道结构)：IBM在1987年为个人计算机开发的优化的32位总线，后来被标准的EISA和PCI总线所代替。
- ○ EISA(扩展的工业标准结构)：一种兼容以前的ISA设备的32位总线，它采用更深的两层引脚插槽，因而可以更快地进行传输。EISA总线是在20世纪80年代后期为了与IBM的MCA(微通道结构)总线竞争而开发的。
- ○ PCI(外围部件互连)：一种32位或64位的总线结构，自20世纪80年代引入以来，已经几乎成为所有新式个人计算机的网络接口卡所采用的总线结构。它比ISA、MCA或PCI板卡更短，但能以更快的传输速率传输数据。

网络接口卡也可以用于连接其他接口，而不仅仅是用于连接计算机总线。对于便携式计算机而言，PCMCIA也可以用于连接网络接口卡。

从目前的市场上来看，网络接口卡分为有线网络接口卡和无线网络接口卡两种。有线网络接口卡也就是前面为读者讲述的几种总线型的网络接口卡，而无线网络接口卡则是使用在无线网络中的。无线网络接口卡有两种不同的接口：一种是USB接口的无线网络接口卡，它可以使用在台式机和便携式计算机上；另一种则是PCMCIA接口的无线网络接口卡，这种卡只能使用在便携式计算机上。随着便携式计算机硬件不断升级，目前拥有PCMCIA接口的便携式计算机越来越少了，所以本着节约成本的角度，建议使用USB接口的无线网络接口卡。

3.2.2　交换机

交换机是按照通信两端传输信息的需要，用人工或设备自动完成的方法将需要传输的信息传送到符合要求的相应路由上的技术统称。在计算机网络中，交换机是一种基于MAC地址识别，能完成封装转发数据包功能的网络设备。交换机对于因第一次发送到目的地址不成功的数据包，会再次对所有节点同时泛洪该数据包，同时交换机会记录下源MAC地址到自己的地址表中，于是，就通过这样的泛洪的方法记录出所有连接在其上的主机MAC地址。

1. 交换机的工作原理

要明白交换机的基本工作原理，最重要的是要理解"共享"(share)和"交换"(switch)这两个概念。在计算机网络系统中，交换概念的提出是对共享工作模式的改进。在共享式网络中，当同一个局域网中的A主机向B主机传输数据时，数据包在网络上是以广播方式进行传输的，对网络上的所有节点同时发送同一信息，然后由每一台终端通过验证数据包头部的地址信息来确定是否接收该数据包。因为接收数据的终端节点一般来说只有一个，而现在对所有节点发送该数据包，那么绝大部分数据流量是无效的，这样就造成整个网络数据传输效率低下，以及网络堵塞。另一方面，由于所发送的数据包每个节点都能侦听到，容易出现一些不安全的因素。

交换机拥有一条很高带宽的背部总线和内部交换矩阵。交换机的所有端口都挂接在这条背部总线上。当交换机从某一节点接收到一个以太网帧后，将立即在其内存的地址表中(端口号——MAC地址)进行查找，以确认该目的MAC的网卡连接在哪一个接口上，然后将该帧转发至相应的接口。如果在地址表中没有找到该MAC地址，也就是说，该目的MAC地址是首次出现的,交换机就将该数据包广播到所有节点上。拥有该MAC地址的网卡在接收到该广播帧后,将立即做出应答,从而使交换机将其节点的"MAC地址"添加到MAC地址表中。

使用这种方式传输数据,一方面效率高,不会浪费网络资源,由于只对目的地址发送数据,一般来说不易产生网络堵塞;另一个方面数据传输安全,因为它不是对所有的节点都同时发送数据,在发送数据时其他节点很难侦听到所发送的信息。

交换机还有一个重要的特点就是,它的每一端口都是独享交换机的一部分总带宽,这样在速率上对于每个端口来说有了根本的保障。另外,使用交换机也可以把网络进行"分段",通过对照地址表,交换机只允许必要的网络流量通过交换机,这就是后面将要介绍的VLAN(虚拟局域网)。通过交换机的过滤和转发,可以有效地隔离广播风暴,减少误包和错包的出现,避免共享冲突。这样交换机就可以在同一时刻进行多个节点对之间的数据传输,每一节点都可视为独立的网段,连接在它上面的网络设备独自享有固定的一部分带宽,无须同其他设备竞争使用带宽。

交换机的主要功能包括物理编址、网络拓扑结构、错误校验、帧序列以及流量控制。目前一些高档交换机还具备一些新的功能,如对VLAN(虚拟局域网)的支持、对链路汇聚的支持,甚至有的还具有路由和防火墙功能。

交换机除了能够连接同一种类型的网络之外,还可以在不同类型的网络(如以太网和快速以太网)之间起到互连作用,当然这就必须是多层交换机设备。目前许多交换机都能够提供支持快速以太网或FDDI(光纤分布式数据接口)等的高速连接端口,用于连接网络中的其他交换机,或者为带宽占用量大的关键服务器提供附加带宽。

2. 生成树协议

通常为了能够保证网络的正常运行,在网络中会再接入一台交换机作为冗余,如图3-10所示。这里的拓扑结构,主要目的是防止单点故障,但是同时也带来了以下几个问题。

(1) 广播风暴

当服务器向网络中发送一个广播帧时,switch1和switch2都会从网段1中收到此帧。switch1收到帧后,由于是广播地址,因此也会泛洪出去的。switch2又从网段2处收到此广播帧,这样就形成了一个广播帧不断地被泛洪。如果发送的帧多,就会造成整个网络的广播风暴。

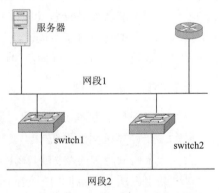

图3-10　交换机冗余拓扑图

(2) 多个帧的复制问题

如果服务器发送一个单播帧时,那么交换机MAC表中无此地址,该单播帧会发给网段2,与此同时,路由器也收到了一次帧,然而switch2在网段2中收到帧后,又会转发给路由器,于是路由器就重复接收到了两次帧。这对于一些路由协议计算路径来说,是个很严重的问题。

(3) MAC地址库不稳定

当一个单播帧发出，分别在switch1和switch2上被学习，switch1学习到服务器连在switch1上的某个接口，而switch2也学习到了服务器连接在switch2上的某个接口，于是就使得MAC地址表出现错误，因为一个MAC地址不可能接在两个接口上。

由于冗余交换拓扑会形成环路，因此出现了STP技术来解决这个问题。STP又称为生成树协议，它通过将其中一条环路暂时给封闭起来，让它处于休眠状态，等到主链路发生故障后，这条链路就会自动由休眠状态转为可用状态，如图3-11所示。

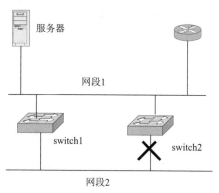

图3-11　使用STP技术的冗余网络

3. 交换机的分类

由于交换机具有许多优越性，随着网络技术的发展，出现了各种类型的交换机，满足了各种不同应用环境的需求。下面将简单介绍交换机的主要分类。

(1) 根据网络覆盖范围划分

根据网络的覆盖范围进行划分，可以将交换机分为广域网交换机和局域网交换机两大类。

其中，广域网交换机主要用于电信城域网互连、互联网接入等领域的广域网中，提供通信用的基础平台；局域网交换机应用于局域网，用于连接终端设备，如服务器、工作站、集线器、路由器、网络打印机等网络设备，以提供高速独立通信通道。

(2) 根据传输介质和传输速度划分

根据交换机使用的网络传输介质及传输速度的不同，一般可以将局域网交换机分为以太网交换机、快速以太网交换机、千兆(G位)以太网交换机、10千兆(10 G位)以太网交换机、FDDI交换机、ATM交换机和令牌环交换机等类型。

(3) 根据交换机的结构划分

如果根据交换机的端口结构进行划分，交换机大致可分为固定端口交换机和模块化交换机两种不同的类型。其实还有一种是两者兼顾的交换机，那就是在提供基本固定端口的基础上再配备一定的扩展插槽或模块的交换机。

(4) 根据交换机工作的协议层划分

网络设备都在OSI这一开放模型的一定层次上进行工作，工作所在的层次越高，说明其设备的技术性越高，性能也越好，档次也就越高。交换机也一样，随着交换技术的发展，交换机由原来在OSI的第2层工作，发展到了可以在第4层工作，所以，根据工作的协议层，交换机可分第2层交换机、第3层交换机和第4层交换机。

此外，根据交换机所应用的网络层次的不同，还可以将网络交换机划分为企业级交换机、校园网交换机、部门级交换机、工作组交换机和桌机型交换机5种。还可以按交换机是否支持网络管理功能进行划分，将交换机分为"网管型"和"非网管型"两大类。

4. 交换机的选购

以上对交换机的几种主要分类方法逐个进行了简单介绍，读者对交换机的主要类型有了一个基本的了解，以下将介绍交换机的主要交换技术及选购注意事项。

(1) 转发方式

数据包的转发方式主要分为"直通式转发"(现为准直通式转发)和"存储式转发"两种。由于直通式转发只需检查数据包的包头而不需要存储，因此切入方式具有延时小和交换速度快的优点。存储转发方式在处理数据时延时大，但它可以对进入交换机的数据包进行错误检测，并且能支持不同速度的输入/输出端口间的交换，有效地改善网络性能。同时这种交换方式支持不同速度端口间的转换，保持高速端口和低速端口之间的协同工作。

由于不同的转发方式适用于不同的网络环境，因此，应当根据需要做出相应的选择。通常情况下，如果网络对数据的传输速率要求不是太高，可以选择存储转发式交换机；如果网络对数据的传输速率要求较高，可选择直通转发式交换机。

低端交换机通常只拥有一种转发模式，或是存储转发模式，或是直通模式，只有中高端产品才兼具两种转发模式，并具有智能转换功能，可根据通信状况自动切换转发模式。

(2) 延时

交换机的延时(Latency)也称延迟时间，指的是从交换机接收到数据包到开始向目的端口发送数据包之间的时间间隔。造成延时的主要原因是受所采用的转发技术等因素的影响。延时越小，数据的传输速度越快，网络的效率就越高。特别是对于多媒体网络而言，较大的时间延迟，往往会导致多媒体在播放时的短暂中断，所以交换机的延迟时间越小越好，但是，延时越小的交换机价格也就越贵。

(3) 管理功能

交换机的管理功能指的是交换机如何控制用户访问交换机，以及系统管理人员通过软件对交换机的可管理程度。如果需要以上的配置和管理，则需选择网管型交换机，否则只需选择非网管型的。

(4) MAC 地址数

交换机之所以能够直接对目的节点发送数据包，最关键的技术就是交换机可以识别连在网络上的节点的网卡MAC地址，形成一个MAC地址表。这个MAC地址表存放在交换机的缓存中，当交换机需要向目的地址发送数据时，就可以在MAC地址表中查找到这个MAC地址的节点位置，然后直接向这个位置的节点发送数据。

不同档次的交换机每个端口所能够支持的MAC数量不同。在交换机的每个端口，都需要足够的缓存来保存这些MAC地址，所以缓存容量的大小就决定了相应交换机所能记忆的MAC地址的数量。

(5) 背板带宽

在选购交换机时，应该注意交换机背板带宽。背板带宽越宽越好，它将为用户的交换器在高负荷下提供高速交换。由于所有端口之间的通信都需要通过背板完成，因此背板所能够提供的带宽就成为端口间并发通信时的总带宽。带宽越大，能够给各个通信端口提供的可用带宽就越大，数据交换速度就越快；带宽越小，能够给各个通信端口提供的可用带宽就越小，数据交换速度也就越慢。因此，在端口带宽和延迟时间相同的情况下，背板带宽越大，交换机的传输速率越快。

(6) 交换机的协议功能

第4层交换技术相对原来的第2层和第3层交换技术具有明显的优点，从操作方面来看，第4层交换是稳定的，因为它将包控制在从源端到宿端的区间中。另一方面，路由器或第3层交换，只针对单一的数据包进行处理，不清楚上一个数据包从哪里来，也不知道下一个数据包的情况，它们只是检测数据包报头中的TCP端口数字，根据应用建立优先级队列，路由器根据链路和网络可用的节点决定数据包的路由；而第4层交换机则是在可用的服务器和性能基础上先确定区间。

(7) 端口

交换机与集线器一样，也有端口带宽之分，但这里所指的带宽与集线器的端口带宽不一样，因为交换机的端口带宽是独享的，而集线器上端口的带宽是共享的。交换机的端口带宽目前主要包括10Mb、100Mb和1 000Mb三种，现在高端的交换机端口甚至达到10Gb，但根据这些带宽又有不同的组合形式，以满足不同类型网络的需要。

(8) 光纤解决方案

如果用户的布线中必须选用光纤，则在交换机选择方案中可以有以下两种方案：第一种方案是选择具有光纤接口的交换机，第二种方案是在模块结构的交换机中加装光纤模块。第一种性能比较好，但不够灵活，而且价格较贵；第二种方案具有较强的灵活配置能力，性能也较好，但价格较贵。

5. 交换机的品牌

目前，市场上流行的交换机有CISCO、3COM、华为、D-LINK、TP-LINK等很多品牌。每种品牌的交换机都可以在不同的环境下使用。D-LINK、TP-LINK的交换机是智能型交换机，也就是说只需将网线插到交换机上的接口上即可。而CISCO、3COM和华为的交换机则不是简简单单将网线插到其接口上，还需要在其中进行配置。目前，中大型网络多数使用CISCO、3COM和华为的交换机。在这里读者可能会有疑问，既然有那种可以直接插上去不用配置的交换机，人们为什么还要使用那些需要配置的交换机呢？在一个小的网络里，工作站的台数不多，流量自然也就不大，这种情况下，无须对其流量进行规划。然而在中大型网络中，工作站的台数众多，流量很大，而带宽资源有限，在这种情况下，就必须合理地规划流量。特别是在一个拥有语音、视频等数据需要传输的网络，因为这些数据是实时性的，必须要求很小的延迟，当流量没有经过规划，都是满足FIFO的默认传输流量的方式，就会使得这些语音、视频数据无法得到很好的传输。

为了能够解决这些问题，在CISCO、3COM和华为的交换机中就拥有众多的命令集，通过配置这些命令，来使得交换机在网络中能够保证网络的QoS(质量服务)。这个配置是可以按照管理员的自身意志和目前网络的现状来配置的。所以，这种交换机能够很好地规划一个网络，并且能够让网络中的流量得到合理分配。

由于网络技术的发展，CISCO、3COM和华为按照OSI七层协议将交换机分为两层交换机(也就是普通的交换机)、三层交换机(带路由功能的交换机)和多层交换机(包括四层交换机、七层交换机等)。在实际网络规划中，会将这些交换机按图3-12所示进行规划。

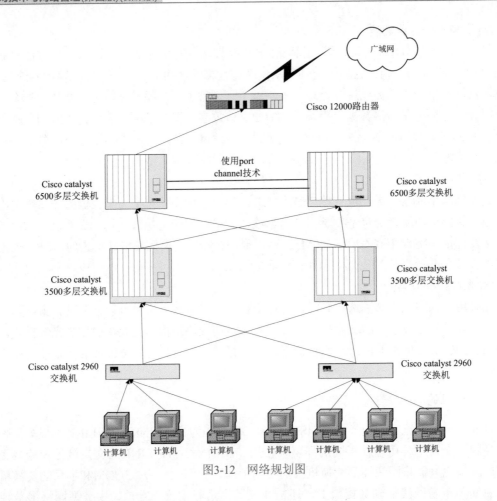

图3-12　网络规划图

3.2.3 路由器

路由器是一种用于连接多个网络或网段的网络设备，它能将不同网络或网段之间的数据信息进行"翻译"，以使路由器之间能够相互"读懂"对方的数据，从而相连成一个更大的网络。路由器与交换机不同，它不是应用于同一网段的设备，而是应用于不同网段或不同网络之间的设备，属于网际设备。路由器之所以能在不同网络之间起到"翻译"的作用，是因为它不是一个纯硬件设备，而是具有相当丰富的路由协议的软、硬结构设备，如RIP协议、OSPF协议、EIGRP和IPv6协议等。这些路由协议用于实现不同网段或网络之间的相互"理解"。

1. 路由器的工作原理

路由器通过识别不同网络的网络ID号识别不同的网络，所以为了确保路由成功，每个网络都必须有一个唯一的网络编号。路由器要识别另一个网络，首先就要识别对方网络的路由器IP地址的网络ID，看是否与目的节点地址中的网络ID号相一致，如果相同则立即向这个网络的路由器发送数据，接收网络的路由器在接收到源网络发来的报文后，根据报文中所包含的目的节点的IP地址中的主机ID号来识别需要将数据发送给哪一个节点，然后直接发送。

为了更清楚地说明路由器的工作原理，假设有这样一个简单的网络：其中一个网段的网络ID号为A，在同一个网段中有4台终端设备连接在一起，每台设备的IP地址分别为：A1、A2、A3和A4。连接在这个网段上的一台路由器是用来连接其他网段的，路由器连接于A网段的那个端口的IP地址为A5。同样，路由器连接的另一网段为B网段，这个网段的网络ID号为B，那连接在B网段的另外几台工作站设备的IP地址可以设为B1、B2、B3和B4，同样连接于B网段的路由器端口的IP地址可以设置为B5，结构如图3-13所示。

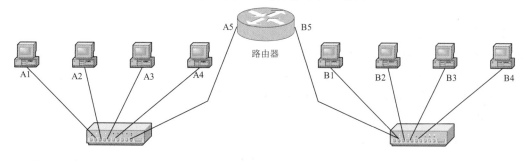

图3-13　由路由器连接起来的两个网络

在这个简单的网络中同时存在着两个不同的网段，现在，如果A网段中的A1用户需要发送一个数据给B网段的B2用户，有了路由器就变得非常简单了。

首先，A1用户把需要发送的数据及报文准备好，以数据帧的形式通过集线器或交换机广播发给同一网段的所有节点，路由器在侦听到A1发送的数据帧后，分析目的节点的IP地址信息，如果得知数据不是本网段的，就把数据帧接收下来，进一步根据其路由表进行分析，得知接收节点的网络ID号与B5端口的网络ID号相同，这时路由器的A5端口就直接把数据帧发送给路由器B5端口。B5端口再根据数据帧中的目的节点IP地址信息中的主机ID号来确定最终目的节点为B2，然后再将数据发送到节点B2。这样，一个完整的数据帧的路由转发过程就完成了，数据也被正确、顺利地发送到了目的节点。

(1) 路由选择表

每个路由器中都保存有一个路由表，路由表为路由器存储到达网络上任何一个目的地所需要的一切必要的信息。如图3-14所示的是一个路由表的实例，它的每一项都包含以下信息。

- 目的IP地址(Destination)，如图3-14所示的第1列所示，它既可以是一个完整的主机地址，也可以是一个网络地址，具体由该表中的标志字段来指定，或者使用一个默认的地址(default)。主机地址包含一个非0的主机号，用于指定某一特定的主机，而网络地址中的主机号为0，用于指定网络中的所有主机(如以太网、令牌环网)。

- 下一跳(next-hop)，如图3-14中的第2列所示，该值可以是直接连接的网络IP地址，也可以是一个在直接相连网络上的路由器，通过它可以转发数据报。下一跳路由器不是最终的目的地，但是它可以把用户传送给它的数据报转发到最终目的地。

- 标志(Flags)，其中的一个标志用于指明目的IP地址是网络地址还是主机地址，另一个标志用于指明下一跳路由器是否为真正的下一跳路由器，还是一个直接相连的接口。

- 接口(Interface)，它为数据报的传输指定一个网络接口。

路由器基本上有两种获得路由信息的途径：静态路由选择和动态路由选择。在路由表中手动添加表项是静态路由选择的例子。当路由器是自动控制获得信息时，称为动态路由选择。

Destination	next-hop	Netmask	Flags	Interface
202.112.10.0	*	255.255.255.224	U	eth0
default	202.112.10.1	0.0.0.0	UG	eth0

图3-14 路由表实例

(2) 路由选择的步骤

IP路由选择是逐跳地(Hop-By-Hop)进行的。IP并不知道到达任何目的地的完整路径(除了那些与主机直接相连的目的地)。所有的IP路由选择只为数据报的传输提供下一站路由器的IP地址，它假定下一站路由器比发送数据报的主机更接近目的主机，而且下一站路由器与该主机是直接相连的。

IP路由选择按如下操作步骤进行。

- ○ 搜索路由表，寻找能与目的IP地址完全匹配的表目(网络号和主机号都要匹配)，如果找到完全匹配的表目，则把报文发送给该表目指定的下一站路由器或直接连接的网络接口(取决于标志字段的值)。

- ○ 搜索路由表，寻找与目的网络号相匹配的表目，如果找到该表目，则把报文发送给该表目指定的下一站路由器或直接连接的网络接口(取决于标志字段的值)。目的网络上的所有主机都可以通过这个表目进行处理。这种搜索网络的匹配方法必须考虑可能的子网掩码。

- ○ 搜索路由表，寻找被标为"默认"(default)的表目，如果找到该表目，则把报文发送给该表目指定的下一站路由器。

如果以上这些步骤都没有被成功执行，那么数据报就不能被成功传送。如果不能传送的数据报来自本机，那么本机一般会向生成数据报的应用程序返回一个"主机不可达"或"网络不可达"的错误信息。

完整主机地址匹配工作在网络号匹配之前进行。只有当这两项匹配工作都失败后，才选择默认路由。默认路由以及下一站路由器发送的ICMP间接报文(如果用户为数据报选择了错误的默认路由)，是IP路由选择机制中功能强大的特性。为一个网络指定一个路由器，而不必为每个主机指定一个路由器，这是IP路由选择机制的另一个基本特性。

(3) 路由选择协议

路由选择协议指的是那些执行路由选择算法的协议，其中包括内部网关路由选择协议(IGRP)、增强型内部网关路由选择协议(Enhanced IGRP)、开放最短路径优先(Open Shortest Path First，OSPF)、外部网关协议(External Gateway Protocol，EGP)、边缘网关协议(Border Gateway Protocol，BGP)、中介系统到中介系统(IS-IS)和路由选择信息协议(RIP)等。

路由选择协议可以分为两种：内部协议和外部协议。内部协议在自治系统(AS)内部路由，如OSPF和RIP；而外部协议则是在自治系统之间路由，最常见是外部网关协议(EGP)和边缘网关协议(BGP)。BGP是较新的协议，将逐渐取代EGP。

① 自治系统

从路由选择的角度来讲，处于一个管理机构控制之下的网络和路由器群被称为一个自治系统(Autonomous System)。

　　在一个自治系统内的路由器，可以自由地选择寻找路由、广播路由、确认路由以及检测路由的一致性。在这样的定义下，核心路由器本身也构成了一个自治系统。一个自治系统可以自由地选择其内部的路由选择体系结构，但是必须收集其内部所有的网络信息，并"要求"若干路由器把这些可达信息发送给其他的路由系统。整个因特网使用核心体系结构，每个与之相连的自治系统都要把可达信息发送到因特网的核心路由器。

　　② RIP(Routing Information Protocol)

　　RIP是广泛使用的路由选择协议。RIP使用距离向量算法，所以其路由选择是基于两点间的"跳(hop)"数，穿过一个路由器就是一跳。主机和路由器都可以运行RIP，但是主机只是接收信息，并不发送信息。路由信息可以从指定路由器请求，但是通常每隔30秒广播一次以保持其正确性。RIP使用UDP通过端口520在主机和路由器之间通信。路由器之间传送的信息用于建立路由表，由RIP选定的路由距离目的地跳数最少。如果到达信宿的路径有多条，根据RIP协议，路由器选择步跳数最少的路径。因为跳数是RIP协议决定最佳路径时使用的唯一路由选择度量，所以它不一定是到信宿的最快路径。另外，RIP并没有任何链接质量的概念，所有的链路都被认为是相同的，低速的串行链路与高速的光纤链路被认为是相同的，所以，跳数最少的路由并非最畅通。

　　使用RIP协议还会带来另一个问题：信宿的距离可能很远而无法定位。在RIP协议中，数据转发能够通过的跳数最多为15跳。因此，如果信宿网络超出15个路由器的距离，就被认为是无法到达的网络。

　　③ OSPF(Open Shortest Path First)

　　与采用距离向量的RIP协议不同的是，OSPF是一个链路状态协议。OSPF意味着开放最短路径优先，这个内部网关协议使用了一些标准来确定到达目的地的最佳路径，这些标准包含有费用度量，其中包括路由速度、业务量、可靠性和安全性等因素。在一个链路状态协议中，路由器并不与其相邻站交换距离信息，它采用的方法是，每个路由器主动地测试与其邻站相连链路的状态，将这些信息发送给它的邻站，而邻站将这些信息在自治系统中广播出去。每个路由器接收到这些链路状态信息时，建立起完整的路由表。

　　OSPF与RIP以及其他路由选择协议的不同之处在于，OSPF直接使用IP，它并不使用UDP或TCP。对于IP头部的Protocol字段，OSPF有自己的值。另外，作为一种链路状态协议而不是距离向量协议，OSPF还有着一些优于RIP的特点，如下所示。

- ❍ OSPF可以对每个IP服务类型计算各自的路由集。这意味着对于任何目的地，可以有多个路由表表项，每个表项对应着一个IP服务类型。
- ❍ 给每个接口指派一个无维数的费用。可以通过吞吐率、往返时间、可靠性或其他性能来进行指派。可以给每个IP服务类型指派一个单独的费用。
- ❍ 当同一个目的地址存在着多个相同费用的路由时，OSPF在这些路由上平均分配流量，被称为流量平衡。
- ❍ 路由器之间的点对点链路不需要每端都有一个IP地址，我们将它称为无编号网络，这样可以节省IP地址。
- ❍ OSPF采用多播，而不是采用广播形式，这样可以减少不参与OSPF的系统负载。

随着大部分计算机厂商支持OSPF，在很多网络中，OSPF将逐步取代RIP。

2. 路由器的分类

路由器发展到今天，为了满足各种应用需求，出现过各式各样的路由器。以下将按照不同的标准对各式各样的路由器进行分类。

(1) 按性能档次划分

按性能档次划分，可将路由器分为高、中和低档3类路由器，不过各厂家对路由器的档次划分并不完全一致，通常将背板交换能力大于40 Gb/s的路由器称为高档路由器；背板交换能力在25~40 Gb/s的路由器称为中档路由器；背板交换能力低于25 Gb/s的为低档路由器。

(2) 按结构划分

按结构划分，可将路由器分为模块化结构与非模块化结构两种。模块化结构可以灵活地配置路由器，以适应企业不断增加的业务需求；非模块化的路由器只能提供固定的端口。通常情况下，中高端路由器为模块化结构，低端路由器为非模块化结构。

(3) 从功能上划分

从功能上进行划分，可将路由器分为核心层(骨干级)路由器、分发层(企业级)路由器和访问层(接入级)路由器3种。

(4) 从应用上划分

从应用上进行划分，路由器可分为通用路由器与专用路由器两种。一般所说的路由器都是通用路由器。专用路由器通常用于实现某种特定功能，对路由器接口、硬件等做专门优化。例如，VPN路由器用于为远程VPN访问用户提供路由，它要求在隧道处理能力以及硬件加密等方面具备特定的功能；宽带接入路由器则强调接口带宽及种类。

(5) 从所处的网络位置划分

根据路由器所处的网络位置进行划分，通常将路由器划分为"边界路由器"和"中间节点路由器"两类。"边界路由器"是处于网络边缘、用于不同网络路由器的连接；而"中间节点路由器"则处于网络的中间，通常用于连接不同的网络，起到一个数据转发的桥梁作用。

3. 路由器的选购

因其价格昂贵且配置复杂，所以绝大多数用户对路由器的选购显得非常茫然。路由器的选购主要从以下几方面加以考虑。

(1) 吞吐量

路由器的吞吐量指的是路由器对数据包的转发能力，如较高档的路由器可以对较大的数据包进行正确而快速的转发；而较低档的路由器则只能转发较小的数据包。对于较大的数据包，需要将其拆分成许多小的数据包分别进行转发，这种路由器的数据包转发能力较差，与下面所讲的背板容量有非常紧密的关系。

(2) 背板能力

背板能力通常指的是路由器背板容量或者总线带宽能力，这个性能对于保证整个网络之间的连接速度是非常重要的。如果所连接的两个网络速率都比较快，但是路由器的带宽较小，这将直接影响整个网络之间的通信速度。所以，一般来说，如果是连接两个较大的网络，网络流量较大时应该格外注意路由器的背板容量。

(3) 丢包率

丢包率指的是在一定的数据流量下，路由器不能正确进行转发的数据包在总的数据包中所占的比例。丢包率的大小会影响路由器线路的实际工作速度，严重时甚至会使线路中断。

(4) 转发时延

转发时延指的是需转发数据包的最后一比特进入路由器端口到该数据包的第一比特出现在端口链路上的时间间隔，它与背板容量、吞吐量参数也是紧密相关的。

(5) 路由表容量

路由表容量指的是路由器在运行中可以容纳的路由数量。一般来说，越高档的路由器其路由表容量越大，因为它可能要面对非常庞大的网络。这一参数与路由器自身的缓存大小有关。

(6) 路由器所支持的路由协议

因为路由器所连接的网络的类型不同，这些网络所支持的网络通信、路由协议也就有可能不一样。对于在网络之间起到连接桥梁作用的路由器来说，如果不支持任意一方的协议，那就无法实现它在网络之间的路由功能，因此在选购路由器时，需要注意所选路由器所能支持的网络路由协议有哪些。特别是在广域网中的路由器，因为广域网的路由协议非常多，网络也相当复杂。例如，目前电信局提供的广域网线路主要有X.25、帧中继、DDN等多种协议。

(7) 可靠性

可靠性指的是路由器的可用性、无故障工作时间和故障恢复时间等指标，当然新买的路由器暂时无法验证这些指标。不过可以优先选购信誉较好、技术较先进的品牌。

此外，选购路由器还要考虑路由器的安全性、可管理性和成本等因素。

4. 路由器的品牌

和交换机一样，市场上也有很多不同品种的路由器。目前，市场上的路由器分为两种：一种是智能路由器，这种路由器主要是用来为小型网络设计共享上网而生产的低端产品；另一种主要是以CISCO为主的高端路由器产品，这种路由器含丰富的命令集，能够帮助管理员或网络设计者以人性化的角度设计网络，保证网络的安全、便捷、快速。

路由器主要是使用在网络的前端，作为网络的接入设备，它直接和运营商的接入光纤相连。

一般普通路由器只是将运营商网络同内部网络进行一个简单的连接，并且将内网的地址进行一个简单的NAT(网络地址转换)转换出去，让内部网络可以访问外部网络。而以CISCO为主的高端路由器不但具有以上普通路由器的功能，而且还可以充当部分防火墙的功能，它可以通过在路由器上配置不同的访问控制列表(ACL)，来达到控制网络上的流量的进与出。这样可以有效防止内网非法访问外网，以及外网攻击内网。当然，路由器必定不是专业的防火墙，不可能做到跟防火墙一样的功效。另外，路由器可以在大中型网络中，使用不同的路由协议来规划不同的网络路径，从而使得数据能够以最短路径发送至目的地。

3.2.4 集线器

集线器(Hub)是一种特殊的中继器，它与中继器的区别在于集线器能够提供多端口服务，所以集线器也称为多口中继器。

集线器的基本功能是信息分发，它把一个端口接收到的所有信号向其他所有端口分发出去。一些集线器在分发信号之前将弱信号重新生成，一些集线器整理信号的时序以提供所有端口间的同步数据通信。

作为网络传输介质间的中央节点，集线器克服了介质单一通道的缺陷。以集线器为中心的优点是：当网络系统中的某条线路或某节点出现故障时，不会影响网络上其他节点的正常工作。

下面来看看集线器是怎么嵌入网络中进行工作的。

如图3-15所示的是基本的10Base-2网络，机器间通过电缆直接相连，其中有一条主电缆(或者称为总线)，任何设备发送数据都要通过总线到达其他设备。如果主电缆(总线)发生故障，将影响整个网络中的数据传输。

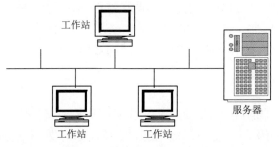

图3-15　基本的10Base-2网络

如图3-16所示的是10Base-T网络，每一台设备仅和集线器连接在一起，各台设备通过集线器连接在一起，构成了一个星型的拓扑网络。这时网络中的某条链路或者某个端点出现故障时，不影响其他链路。细心的读者可能会注意到，如果集线器出现故障，整个网络也受到影响，这也正是星型拓扑的缺点所在。

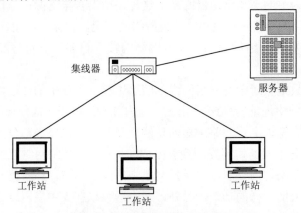

图3-16　基本的10Base-T网络

在10Base-T网络中，所有设备需要用非屏蔽双绞线连接到一个或多个集线器上，集线器应该有多个端口甚至有多种类型的端口。集线器在星型拓扑网络中起着重要的作用。

集线器有多种类型，各种类型的集线器具有特定的功能，并提供不同等级的服务。集线器可分为被动集线器、主动集线器、智能集线器和高级集线器4种。

1. 被动集线器

被动集线器不能用来提高网络性能，也不能帮助用户检测硬件错误或性能瓶颈。它只是简单地从一个端口接收数据并通过所有端口分发数据。被动集线器是星型拓扑以太网的入门级设备。

被动集线器通常有一个10Base-2端口和一些RJ-45接头，其中10Base-2端口可以用于连接主干。

2. 主动集线器

主动集线器除了拥有被动集线器的所有性能，还能监视数据。它在以太网实现存储转发技术中扮演着重要的角色。它在转发数据之前检查数据，但并不区分数据的优先次序，而是纠正损坏的分组并调整时序。

如果信号比较弱但仍然可读，主动集线器在转发信号前将其恢复到较强的状态。主动集线器还可以报知哪些设备失效，从而提供一定的诊断能力。

有些线缆可能有电磁干扰，使分组不能按正常时序到达集线器。主动集线器可以将转发的分组重新同步。有时数据根本就到达不了目的地，这时主动集线器通过在单个端口重发分组来弥补数据的丢失。主动集线器可以调整时序以适应较慢的、错误率较高的连接。这样做虽然会降低连接到该集线器上的设备的整体网络速度，但是不会造成数据的丢失。此外，时序调整实际上可以减少局域网中的冲突次数，数据不需要重复广播，局域网就可以传输新的数据。

主动集线器提供一定的优化性能和一些诊断能力，它的价格比简单的被动集线器昂贵，可以配置多个或多种端口。

3. 智能集线器

与前两种集线器相比，智能集线器可以使用户更有效地共享资源。智能集线器技术近些年才出现，它除了有主动集线器的特性外，还提供了集中管理功能。如果连接到智能集线器上的设备出了问题，用户可以很容易地进行识别、诊断。在一个大型网络中，如果没有集中的管理工具，那么用户常常需要一个线盒、一个线盒地跑，以查找出有问题的设备。

智能集线器另一个出色的特性是，可以为不同设备提供灵活的传输速率。除了连接到高速主干的端口外，智能集线器还支持到桌面的10 Mb/s、16 Mb/s和100 Mb/s的速率，即以太网、令牌环和FDDI(光纤分布式数据接口)的速率。

4. 高级集线器

高级集线器除了提供上述各种类型集线器所具有的功能外，还提供了其他的一些特性，如冗余交流电源、内置直流电源、冗余风扇，还有线缆连接的自动中断、模块的热插拔、自动调整10Base-T接头的极性，以及冗余配置存贮、冗余时钟等。有些高级集线器还集成了路由和桥接功能。

3.3 服 务 器

服务器是计算机网络上最重要的设备。服务器指的是在网络环境下运行相应的应用软件,为网络中的用户提供共享信息资源和服务的设备。服务器的构成与微机基本相似,有处理器、硬盘、内存、系统总线等,但服务器是针对具体的网络应用特别定制的,因而与微机在处理能力、稳定性、可靠性、安全性、可扩展性、可管理性等方面存在很大的差异。通常情况下,服务器比客户机拥有更强的处理能力、更多的内存和硬盘空间。服务器上的网络操作系统不仅可以管理网络上的数据,还可以管理用户、用户组、安全和应用程序。

本节将主要介绍服务器的一些基本特性、分类以及评议一台服务器的性能指标和如何选购服务器等内容。

3.3.1 服务器的特性

服务器是网络的中枢和信息化的核心,具有以下特点。

1. 可用性

服务器的可用性(usability)指的是服务器应该具有高可靠性和高稳定性,不要频繁出现死机、故障和停机待修现象。因为多数情况下服务器被要求连续工作,所以它的可靠性非常重要,一旦服务器发生故障,将会造成大量数据丢失、许多重要业务停顿,甚至造成整个网络的瘫痪,其损失是难以估量的。

目前,提高服务器可靠性的一个普遍做法是部件的冗余配置和内存查错、纠错技术。服务器一般采用具有查错、纠错能力的ECC内存,如IBM的服务器,有的服务器还采用了专门的具有ChipKill超强查错、纠错能力的内存,从而提高服务器的可靠性。硬件的设备冗余通常支持热插拔功能,如冗余CPU、RAM、PCI适配器、电源、风扇等,可以在单个部件失效时自动切换到备用设备上,保证系统运行。

2. 可扩展性

服务器的可扩展性指的是服务器的硬件配置可以根据需要灵活配置,如内存、适配器、硬盘和处理器等由于不同时期的网络配置可能会发生变化,因此服务器的硬件配置也要随之改变。服务器需要具有较多的PCI、PCI-X插槽以连接多个板卡;因为需要高容量磁盘来存储服务器数据,所以还需要有较多的驱动器支架。一般的服务器机箱都设有七八个硬盘托架,可以放置更多的硬盘。

3. 可管理性

服务器的可管理性指的是服务器具有非常高的可管理性能,从而为用户提供十分方便、及时的网络管理,服务器的可管理性包括硬件和软件方面的管理,但主要是软件方面的管理。

在服务器硬件的可管理性方面,多数是在服务器主板上集成了各种传感器,用于检测服器上的各种硬件设备，同时配合相应的管理软件，远程监测服务器，从而使网络管理员对服务器系统进行及时有效的管理。

服务器的可管理性主要体现在软件方面。在服务器软件的可管理性方面，除了网络操作系统自身所具有的各种可管理性外，服务器厂商还可以针对特定的需求或者硬件结构，设计开发特定的管理软件。

4. 可利用性

服务器的可利用性是从服务器的处理能力上来说的，因为服务器所要承担的负荷比较重，要面向整个网络，所以要求服务器具有较高的运算处理能力和处理效率。

在服务器的处理能力方面，目前最主要的技术是通过采用对称多处理技术和群集技术来实现。对称多处理器(SMP)技术指的是在一个计算机上汇集多个处理器(多CPU)，各个CPU之间共享内存子系统以及总线结构。虽然同时使用多个CPU，但是从管理的角度来看，它们的表现就像一台单机一样。需要注意的是，所使用的CPU必须是成对出现，即必须是如2、4、6、8之类的双数，除了单CPU的服务器之外。

服务器群集技术也是提高服务器性能的一项技术措施，一个服务器群集包含多台拥有共享数据存储空间的服务器，各服务器之间通过内部局域网进行相互通信。当其中的某台服务器发生故障时，它所运行的应用程序将由其他服务器自动接管。在大多数情况下，群集中所有的计算机都拥有一个共同的名称，群集系统内的任意一台服务器都可以被所有的网络用户所使用。服务器群集将一组相互独立的计算机通过高速的通信网络而组成一个单一的计算机系统，并以单一系统的模式进行管理。

3.3.2　服务器的分类

服务器发展到今天，可以适应各种不同功能、不同环境的服务器不断地涌现，分类标准也变得多样化，主要有如下几种分类标准。

- ❏ 按应用层次进行划分，服务器可以分为入门级服务器、工作组级服务器、部门级服务器和企业级服务器4类。
- ❏ 按处理器架构进行划分，可以分为X86、IA-64、RISC等几种架构。
- ❏ 如果按服务器的处理器所采用的指令系统划分，可以把服务器分为CISC架构服务器、RISC架构服务器和VLIW架构服务器3种。
- ❏ 服务器按用途进行划分，可分为通用型服务器和专用型服务器两类。
- ❏ 按服务器的机箱结构进行划分，可以把服务器划分为"台式服务器""机架式服务器""机柜式服务器"和"刀片式服务器"4类。

3.3.3　服务器的选择

服务器是整个网络的核心，如何选择与本网规模相适应的服务器，是决策者和技术人员都需要考虑的问题。下面是配置采购网络服务器时需要注意的几点。

1. 性能要稳定

为了保证网络能正常运转，所选择的服务器首先要确保稳定，因为一个性能不稳定的服务器，即使配置再高、技术再先进，也不能保证网络能正常工作，后果严重的话可能还会给使用者造成难以估计的损失。另外，性能稳定的服务器意味着为公司节省维护费用。

2. 以够用为准则

由于本身的信息资源以及资金实力有限，不可能一次性投入太多的经费去采购档次很高或技术很先进的服务器。对于中小规模的网络而言，最重要的就是根据实际情况，并参考以后的发展规划，有针对性地选择既能满足目前信息化建设的需要又不至于投入太多资源的解决方法。

3. 应考虑可扩展性

由于网络处于不断发展之中，快速增长的应用不断地对服务器的性能提出新的要求，为了减少更新服务器带来的额外开销和对工作的影响，服务器应当具有较高的可扩展性，可以及时调整配置来适应发展。

4. 便于操作和管理

所谓便于操作和管理，指的是采用相应技术来提高系统的可靠性能，简化管理因素和降低维护费用成本。一般的公司通常没有专业人员来维护和管理服务器，这就要求服务器必须具有非常好的易操作性和可管理性，当出现故障时无须专业人员也能将故障排除。

5. 满足特殊要求

不同的网络应用其侧重点不同，对服务器性能的要求也不一样。例如，VOD服务器要求具有较高的存储容量和数据吞吐率，而Web服务器和E-mail服务器则要求24小时不间断运行。如果在网络服务器中存放的信息属于机密资料，就要求所选择的服务器有较高的安全性。

6. 配件搭配合理

为了能使服务器更高效地运转，要确保所购买的服务器的内部配件的性能必须合理搭配。例如，当我们购买了高性能处理器的服务器，却用低速、小容量的硬盘、小容量的内存时，就会制约系统的整体性能。一台高性能的服务器不是一件或几件设备的性能优异，而是所有部件的合理搭配。

3.3.4 服务器的技术细节

服务器的技术非常复杂，在这里只是针对一些较为简单的专用服务器的技术细节展开论述。

1. RISC和CISC处理架构技术

RISC，全称Reduced Instruction Set Computing，称为精简指令集计算。CISC的全称为

Complex Instructinon Set Computer，称为复杂指令系统计算机。它们都是服务器处理器的指令系统执行方式，通常被称为服务器处理器架构技术。

RISC指令架构技术以IBM、HP和SUN公司的RISC服务器为代表，而CISC则是以Intel的IA处理器为代表。从执行效率方面来对比，RISC架构比CISC的效率高。所以，目前一般把IBM、HP、Compaq和SUN公司的RISC服务器称为高性能服务器，它们几乎垄断了整个高端服务器市场，而采用CISC架构的服务器目前只能算中低端服务器。

为什么RISC架构的服务器比CISC架构的服务器性能要好呢？在实际测试中发现：在CISC众多的指令中，只有20%的指令使用频率达到了80%，而其余的指令使用频率非常低。这样在一个处理器中容纳了如此多的使用频率低的指令时，就会大大地降低整个处理器的处理性能。RISC架构的处理器集合了平时使用频率非常高的指令，从而大大增强了处理器的处理性能。这也就是目前一些大型企业的网络中，如果对于服务器要求比较高，多半是采用IBM、HP或者SUN的服务器的原因。

2. 对称多处理技术

在日常不是很讲究的网络系统中，为了节约成本，会使用单个处理器或者服务器集群技术来构建服务器，而这种服务器被称作非对称多处理技术。

目前，工作组级别以上的服务器绝大多数使用对称多处理(Symmetrical Muti-Processing，SMP)技术。当同一个服务器中的主板上提供的处理器的个数是偶数时，就会被称作是对称性。

使用对称多处理技术的原因是随着网络规模的发展，对于服务器的要求越来越高。仅仅使用单个处理器已经完全不能满足网络的要求。于是就出现了双路服务器、4路服务器、8路服务器、12路服务器，甚至是64路服务器，这些服务器分别是指服务器具有2个、4个、8个、12个、64个处理器。这些处理器会平等地访问内存、I/O和外部中断，并且系统资源会被所有的处理器共享、工作负载被均匀地分配到所有处理器上。

当然，不是随便几个处理器放在一起就可以实现SMP技术的。实现SMP技术的处理器要符合下面的要求。

- 处理器必须内置APIC(Advanced Programmable Interrupt Controllers，高级可编程中断控制器)单元。这是Intel多处理器规范的核心，处理器之间彼此之间通过互相发送中断来完成彼此的通信，从而能够使得多个处理器能够协调地共同完成任务。
- 处理器的型号必须相同，因为只有同一个型号的处理器才会具有相同的CPU核心，不同型号的处理器即使都具有内置的APIC单元，也很难彼此之间建立协调。
- 相同的运行频率。只有相同的运行频率才可以使得系统正常启动。
- 保持相同的产品序列号，这样会更好地使处理器之间协调运行。

在实际应用中，所有支持RISC的处理器都支持SMP技术，另外，Intel的 Xeon MP/Nocona等处理器也支持SMP技术。

3. 双处理技术

双处理(Dual Processor，DP)技术支持两个处理器，在中低档服务器更多的是采用DP技术。

4. I2C总线技术

I2C(Inter-Integrated Circuit，内部集成电路)总线技术是由飞利浦公司开发的一种串行总线，是一种具有多端控制能力的双线双向串行数据总线系统。它广泛地被应用在音频、视频电路中，如彩电就使用了这一技术，目前一些服务器也采用了这个技术。

通过一个带有缓冲区的接口，数据可以被I2C总线发送或接收，控制和状态信息则通过一套内存映射寄存器来传送。利用I2C总线技术可以对服务器的所有部件进行集中管理，可以随时监控内存、硬盘、网络、系统温度等多个参数，增加了系统的安全性，方便了管理。

标准的I2C总线的传输速度可以达到100 kb/s，通过7位地址码，能够支持128个设备。而加强型的I2C总线用了10位地址码，可以支持1024个设备，其传输速度已达到400 kb/s，最高能达到3.4 Mb/s。I2C总线是多主控总线，所以任何一个设备都可以像主控一样作为发送器或接收器工作。I2C总线上每个设备都有一个独一无二的地址。正是由于I2C总线的出现，从而增强了服务器处理数据的能力。

5. 智能监控技术

智能监控技术不是一个单一的服务器技术，它是一系列智能管理技术的总称，包括应急管理端口(EMP)、Intel服务器管理(ISM)、智能平台管理接口(IPMI)和简单网络管理协议(SNMP)。

- ❍ EMP(Emergency Management Port)技术是服务器主板上所带的一个用于远程管理服务器的接口。远程控制机可以通过Modem与服务器连接，控制软件安装在控制机上。控制机通过控制软件来远程操纵服务器，例如打开、关闭、重设服务器，设置主板的CMOS和BIOS参数等。
- ❍ ISM(Intel Server Management)技术是一种网络监控技术，它只适用于使用Intel架构的带有集成管理功能的主板的服务器。通过这种技术，管理员可以使用一台普通的客户机通过网络远程对服务器进行启动、关闭或重新置位，同时也可以监控网络上Intel主板服务器的运行状况，其中包括电源、内存、处理器，系统信息等。
- ❍ IPMI(Intelligent Platform Management Interface)技术同样也是一种远程管理服务器的技术。
- ❍ SNMP(Simple Network Management Protocol)技术定义了一系列网络管理协议，利用它可以远程管理所有支持这种协议的网络设备，包括监视网络状态、修改网络设备的配置和接收网络事件的警告等。

6. 智能输入/输出技术

智能输入/输出技术把任务分配给智能I/O系统，在这些子系统中，专用的I/O处理器将承担中断处理、缓冲存取以及数据传输等烦琐的任务，从而使得系统的吞吐能力得到很大的提高。

这个系统中的I/O子系统完全独立于网络操作系统，并不需要外部设备的支持，这样一方面减轻了操作系统的负担，另一方面也提高了I/O通信效率。

7. 硬件冗余技术

硬件冗余技术能够很好地保证服务器安全有效地运行，其中包括单机容错冗余技术、双服务器冗余技术、电源冗余技术、磁盘冗余技术、风扇冗余技术、网卡冗余技术等。

8. 热插拔技术

热插拔是指可以在系统带电的情况下对部分设备进行插拔操作。由于有些服务器是不能关闭的，所以有了热插拔技术，就可以在系统开启的情况下更换损坏的设备。

当然，服务器技术不仅仅是上面这些，由于本书不是专门讲述服务器的书籍，因而不再赘述。有兴趣的读者可以参阅相关的书籍。

3.4 工 作 站

工作站(Work Station)指的是具备强大的数据运算与图形、图像处理能力的高性能计算机。性能上的差别决定了工作站和个人计算机使用领域的不同，工作站主要面向的是专业应用领域，主要有工程设计、动画制作、科学研究、软件开发、金融管理、信息服务和模拟仿真等领域。

工作站根据软、硬件平台的不同，可分为基于RISC(精简指令系统)架构的UNIX系统工作站和基于Windows的PC工作站两种。

UNIX工作站是一种高性能的专业工作站，具有强大的处理器(以前多采用RISC芯片)、优化的内存、I/O(输入/输出)和图形子系统，并使用专有的处理器(Alpha、MIPS、Power等)、内存等硬件系统，专有的UNIX操作系统，针对的是特定硬件平台的应用软件，彼此互不兼容。

PC工作站是基于高性能的X86处理器，使用稳定的Windows NT、Windows 2000以及Windows XP/Vista/7/10等操作系统，采用符合专业图形标准(OpenGL)的图形系统，并使用高性能的存储、I/O(输入/输出)和网络等子系统，以满足专业软件运行的要求。以Windows NT、Windows 2000和Windows XP/Vista/7/10为架构的工作站，采用的是标准、开放的系统平台，能最大限度地降低成本。

3.5 本章小结

本章介绍了主要的网络设备和连接设备。通过本章的学习，读者应了解各种设备的主要功能和它们之间的异同之处，同时掌握一些网络中的关键设备的基本工作原理和分类，以及一些设备的选购要素，如服务器、交换机和路由器等。

3.6 思考与练习

1. 填空题

(1) 按服务器的处理器所采用的指令系统进行划分，可以把服务器分为_____、RISC架构服务器和_____3类。

(2) 光纤通信系统是以光波为载体、以光导纤维为传输介质的通信方式，起主导作用的是光源、_____、和_____。

(3) _____是最简单的网络互联设备，主要完成物理层的功能，负责在两个节点的物理层上按位传递信息，完成信号的复制、调整和放大功能，以此来延长网络的长度。

(4) 网桥(Bridge)是数据链路层的连接设备，它根据_____地址来转发帧。

(5) 交换机在传送源和目的端口的数据包时，通常采用直通式交换、_____和_____3种数据包交换方式。

(6) 每个路由器中都存有一个路由表，路由表为路由器存储了到达网络上任一目的地所需要的一切必要信息，这些信息主要包括目的IP地址、_____、_____和为数据报的传输指定一个网络接口等。

2. 选择题

(1) 为了提高服务器的可靠性，可以采用多种措施。下面这些措施无助于提高服务器系统可靠性的是( )。

　　A. CPU的冗余配置

　　B. 服务器系统具有多个PCI插槽的主板

　　C. 采用具有查错、纠错能力的ECC内存

　　D. 采用双电源，互为备份

(2) 网络适配器(或称之为网络接口卡)是一种连接设备，它能够使工作站、服务器、打印机或其他节点通过网络介质接收并发送数据。它只传输信号而不分析高层数据，属于OSI模型的( )层。

　　A. 网络　　　　B. 数据链路　　　　C. 物理　　　　　　D. 传输

(3) 路由选择协议指的是那些执行路由选择算法的协议，下列各项不属于路由选择协议的是( )。

　　A. ARP　　　　B. RIP　　　　　C. OSPF　　　　　D. BGP

(4) 双绞线是综合布线工程中一种最常用的传输介质，它的连接器使用的是( )接头。

　　A. RJ-11　　　B. DB-25　　　C. RJ-45　　　　D. USB

3. 问答题

(1) 简述网桥的基本工作原理。

(2) 交换和路由的主要区别有哪些？

(3) 简述交换机和集线器的主要区别。

(4) 什么是智能输入/输出技术？

4. 实践题

假如读者的一位朋友是一家公司的老板，拥有员工50多人，并设立了6个部门。目前公司希望建立自己的网络系统，在公司的各部门之间形成不同的子网，同时公司又要建立共享的邮件和文件服务器。请读者运用本章的知识，向身边的朋友解释要实现这样的网络所需要的主要设备有哪些，如何选择合适的设备。请读者针对这些问题给你的朋友写封邮件，谈谈你的建议。

第 4 章

局域网组网技术

计算机网络是由通信电缆或无线电波连接的计算机、打印设备、网络设备和计算机软件的集合。根据其距离和复杂性，计算机网络可以分成3类：局域网、城域网和广域网。局域网(Local Area Network，LAN)是计算机网络的重要组成部分，是在一个局部地区范围内，如一个学校、一个工厂、一家医院等，把各种计算机、打印机、文件服务器等设备相互连接起来的计算机网络。

在日常生活和工作中，随时可以看到局域网的影子。本章重点介绍局域网技术。

本章要点：

○ 局域网的技术特点
○ 局域网的技术标准
○ 局域网的拓扑结构和组网模式
○ 虚拟局域网技术
○ 无线局域网技术

4.1 局域网简介

局域网是一组计算机和其他硬件设备，在物理地址上彼此相隔不远，以允许用户以相互通信和共享诸如打印机和存储设备之类的计算资源的方式互连在一起的计算机系统。局域网提供了物理距离几千米以内网站(计算机)的性价比理想的连通性，这个范围足以覆盖一座办公大楼、一个公司驻地或一座大学校园。

4.1.1 局域网的基本组成

要构建局域网，首先需要一些基本组成部件。LAN既然是一种计算机网络，自然少不了计算机，包括大型机、小型机或个人计算机(PC)。要将计算机互连在一起，当然也不可能没有传输介质，这种介质可以是同轴电缆、双绞线、光缆或辐射性媒体等。

还有一个部件是任何一台独立计算机通常都不配备的网卡，也称为网络适配器，在构建LAN时，网卡是必不可少的部件。

最后一个部件是将计算机与传输媒体相连的各种连接设备，如DB-15插头座、RJ-45插头座等。

具备了上述几种网络构件后，即可构建一个基本的LAN硬件平台，如图4-1所示。

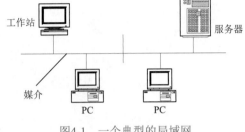

图4-1　一个典型的局域网

有了LAN硬件环境后，还需要有控制和管理LAN正常运行的软件，即所谓的网络操作系统(NOS)，它是在每台PC原有的操作系统上增加网络所需的功能。综上所述，组成局域网必不可少的5个组成要素如下：

- 计算机(特别是PC)。
- 传输媒体。
- 网络适配器。
- 网络连接设备。
- 网络操作系统。

当然，为了扩展局域网的规模，有时候需要在局域网中划分子网，此时将需要路由器、交换机等连接设备。

4.1.2　局域网的技术特点

局域网是短距离工作的网络，其主要特点包括如下几方面。

- 范围有限，用户个数有限，仅可作为办公室、工厂、学校等的内部网络；通信距离通常为0.1~25 km。
- 高传输速率，一般为1~100 Mb/s，光纤高速网的传输速率可高达1 000 Mb/s~10 Gb/s。
- 传输质量好，误码率低。
- 传输介质较多，既可使用通信线路(如电话线)，又可使用专门的线路(例如同轴电缆、光纤、双绞线等)。
- 局域网侧重于共享信息的处理，而广域网侧重于共享位置准确无误及传输的安全性。
- 易于安装和维护。

局域网的出现，使计算机网络的优势获得更充分的发挥，在很短的时间内计算机网络就深入各个领域。因此，局域网技术是目前非常活跃的技术领域，各种局域网层出不穷，并得到广泛应用，极大地推进了信息化社会的发展。

尽管局域网是最简单的网络，但这并不意味着它们必定是小型的或简单的，局域网可以变得相当庞大或复杂，具有成百上千个用户的局域网也是很常见的。

4.2 局域网的拓扑结构

计算机网络拓扑结构指的是计算机之间的连接关系，它包括逻辑拓扑结构和物理拓扑结构。逻辑拓扑结构指的是计算机网络中信息流之间的逻辑关系。物理拓扑结构指的是计算机网络中各个物理组成部分之间的物理连接关系。逻辑拓扑与物理拓扑并非是对应关系，具有相同逻辑拓扑结构的网络可能采用不同的物理拓扑结构，具有相同物理拓扑结构的网络可能采用不同的逻辑拓扑结构。

计算机网络越来越复杂，在实际应用中，很少采用单一的网络拓扑结构。本章主要介绍几种常见的局域网拓扑结构：总线型拓扑、环型拓扑、星型拓扑、网状拓扑和混合型拓扑结构。

4.2.1 总线型拓扑结构

总线型拓扑结构采用单根传输线作为传输介质，所有的站点都通过相应的硬件接口直接连接到传输介质或总线上。任何一个站点发送的信号都可以沿着传输介质进行传播，而且能被其他所有站点接收，如图4-2所示的是一个总线型拓扑的例子。

图4-2　总线型拓扑结构

采用总线型拓扑结构的网络有一个起始点和一个终止点，也就是与总线电缆段的每个端点相连的终结器。在传送包时，网络段中所有的节点都要对包进行检测，而且包必须在指定时间内到达目的地址。总线型网络必须符合IEEE的长度规范，以确保包在期望的时间内到达目的地址。

由于终结器标识着网络段的物理终点，因此它在总线网络中至关重要。其实终结器就是一个电阻，当信号到达网络终点时用该电阻来阻塞信号。如果没有终结器，网络段就会与IEEE规范冲突，信号就被从原路径反射回去。信号的反射影响了网络时间的调配，被反射的信号与网络上传输的新的信号发生干涉。

传统的总线设计在小型网络上工作得很好，而且实施起来相对比较便宜。由于总线型结构需要的布线远远少于其他拓扑结构，因此在构建这种网络时，成本可以降到最低。同时，在这种网络设计中，添加其他工作站与在房间或办公室中短距离扩展总线也非常便利。而且总线型结构的局域网的各个节点都被连接到一个单一连续的物理线路上。由于各个节点之间通过电缆直接相连，因此，总线型拓扑结构所需的电缆长度是最小的。

从以上叙述可以知道，总线型拓扑结构的优点是：电缆长度短，易于布线和维护；结构简单，传输介质又是无源元件，从硬件的角度看，十分可靠。总线型拓扑结构的缺点是：由于所有节点都在同一线路上进行通信,因此任何一处故障都会导致所有的节点无法完成数据的发送和接收;这种结构的网络不是集中控制的,所以需要在网上的各个节点上进行故障检测;网络信息流通量使得总线异常拥挤,因此需要添加网桥和其他设备来控制信息流量。

4.2.2 环型拓扑结构

环型拓扑结构是由连接成封闭回路的网络节点组成的,每一个节点与它左右相邻的节点相连接。环型网络通常使用令牌环来决定哪个节点可以访问通信系统。在环型网络中信息流向为单向,每个收到信息包的站点都要向它的下游站点转发该信息包。信息包在环网中"旅行"一圈,最后由发送站进行回收。当信息包经过目标站时,目标站根据信息包中的目标地址判断出自己是接收站后,把该信息包复制到自己的接收缓冲区中。为了决定环网上的哪个站点可以发送信息,通常在环上流通着一个叫作令牌的特殊信息包,只有得到令牌的站点才可以发送信息,当一个站点发送完信息后就把令牌向下传送,以便下游的站点可以得到发送信息的机会。

如图4-3所示的是环型拓扑结构的例子,当数据传输到环时,将沿着环从一个节点流向另一个节点,找到其目标,然后继续传输,直到又回到原节点。

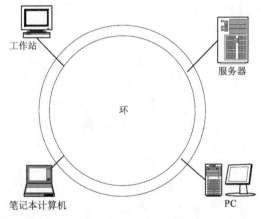

图4-3 环型拓扑结构

在环型拓扑结构中,连接网络各节点的电缆构成一个封闭的环,信息在环中必须沿每个节点单向传输,因此,环中任何一段的故障都会使各站点之间的通信受阻。所以在某些环型拓扑结构中,如FDDI,在各站点之间连接了一个备用环,当主环发生故障时,由备用环继续工作。

环型拓扑结构的优点在于它能高速运行,而且用于避免冲突的结构相当简单。因为用于创建环型拓扑结构的设备能轻易地定位出故障的节点或电缆问题,所以环型拓扑结构管理起来比总线型拓扑结构容易。这种结构非常适用于在LAN中长距离传输信号,在处理高容量的网络信息流通量时要优于总线拓扑结构。

然而,环型拓扑结构在实施时的费用比总线型拓扑结构要昂贵。一般情况下,它在实施时需要的电缆和网络设备比较多,而且环型结构中的网卡等通信部件比较昂贵且管理复杂。与总线型拓扑结构不同,环型拓扑结构在小型办公环境中并不常见,它主要应用于以下两种环境中:一是在工厂环境中,因为环网的抗干扰能力比较强;二是在有许多大型机的环境中，采用环型结构易于将局域网用于大型机网络中。

4.2.3　星型拓扑结构

星型拓扑结构是由通过点到点线路连接到中央节点的各站点的集合。在星型网络中有一个唯一的转发节点(中央节点)，每一台计算机都通过单独的通信线路连接到中央节点。星型拓扑结构是应用时间最长的一种通信设计方法，在先进的网络技术的推动下，星型拓扑结构仍是现代网络的比较好的选择。

星型拓扑结构的物理布局由与中央集线器相连的多个节点组成，如图4-4所示。集线器是一种将各个单独的电缆段或单独的LAN连接成一个网络的中央设备，有些集线器也被称为集中器或存取装置。单一的通信电缆段像星星一样从集线器处向外辐射。

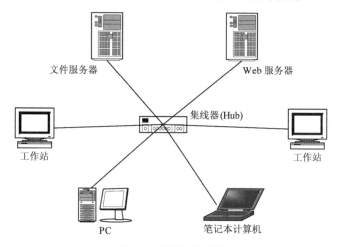

图4-4　星型拓扑结构

星型拓扑结构的优点是：利用中央节点可方便地提供服务和重新配置网络；单个连接点的故障只影响一个设备，可以通过网络设备轻易地将出现故障的站点进行隔离，不会影响全网；任何一个连接只涉及中央节点和一个站点，因此，控制介质访问的方法很简单，访问协议也十分简单。星型拓扑结构的缺点是：每个站点直接与中央节点相连，需要大量的电缆，因此费用较高；如果中央节点产生故障，则全网都不能工作，对中央节点的可靠性和冗余度要求很高。

在星型拓扑结构中，网络中的各节点都连接到一个中心设备上，由该中心设备向目的节点传送信息。星型拓扑结构方便了对大型网络的维护和调试，对电缆的安装检验也比较容易。由于所有的工作站都与中心节点相连，因此，在星型拓扑结构中移动某个工作站十分简单。

目前流行的星型结构网主要有两类：一类是利用单位内部的专用小交换机(PABX)组成局域网，不仅在本单位内为综合语音和数据的工作站交换信息提供信道，还可以提供语音信箱和电话会议等业务，是局域网的一个重要分支；另一类是利用集线器(Hub)连接工作站的局域网。

4.2.4 网状拓扑结构

在网状拓扑结构中，网络的每台设备之间均有点到点的链路连接。通常情况下，每台设备通过单独的缆线连接到其他设备，提供了通过网络的冗余途径。如果某一条链路出现故障，数据可以通过另外一条链路继续通信，大大地提高了网络的可靠性。如图4-5所示的是一种典型的网状拓扑结构。

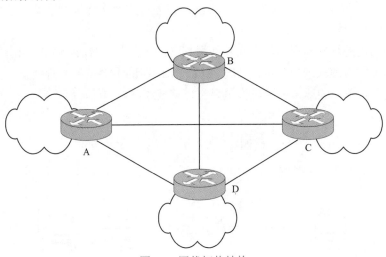

图4-5　网状拓扑结构

在如图4-5所示的网状拓扑结构中，4台路由器两两互连，形成一个全网状结构，如果路由器A到路由器C的直接链路出现故障时，A到C之间的通信可以通过路由器B或D继续。网状拓扑结构比较复杂，但是系统的容错能力较强，可靠性高，费用也很高，通常用于大型骨干网络互联。有时为了节省成本，实际网络中也采用部分网状互连结构。

网状结构的主要优点在于：各个节点之间互相直接建立连接，即使网络中的局部出现故障，也不会影响全网的操作，具有很高的可靠性；网络中的路径选择使用最短路径算法，因此网络延迟时间少、传输速率高、信息流程短。其主要不足在于：网络链路复杂、费用高，管理维护也很复杂。网状拓扑通常不适用于一般的局域网，而主要用于骨干网络。

4.2.5 星型物理布局中的总线网络

现代网络综合了总线型拓扑结构的逻辑通信和星型拓扑结构的物理布局。在这种网络设计中，星的中央辐射的分支就像是单独的逻辑总线的段，但是只连接一台或两台计算机。

段仍然在两端终止，其优点是在这里没有暴露终结器。在每一段上，一端在集线器内终止，另一端在网络设备上终止。总线—星型网络设计的另一个优点是，只要遵循IEEE有关通信电缆距离、集线器数目和被连接设备的数目等网络规范，用户可以通过连接多个集线器向许多方向扩展网络。集线器之间的连接是一个主干，主干通常允许两者间的高速通信。有些集线器具有内建智能，可以协助检测故障。同时，集线器还为实施高速网络互联提供了许多扩展的机会。由于这是一种非常流行的网络设计，因此有大量的设备可供使用。

4.3 局域网的标准

局域网出现之后，发展迅速且类型繁多。1980年2月，美国电气和电子工程师学会(IEEE)成立802课题组，研究并制定了局域网标准IEEE 802。后来，国际标准化组织(ISO)经过讨论，建议将802标准定为局域网国际标准。

IEEE 802为局域网制定了一系列的标准，主要有如下几种标准。

○ IEEE 802.1：概述局域网体系结构及网络互联。
○ IEEE 802.3：描述CSMA/CD总线式介质访问控制协议及相应物理层规范。
○ IEEE 802.4：描述令牌总线式介质访问控制协议及相应物理层的规范。
○ IEEE 802.5：描述令牌环式介质访问控制协议及相应物理层的规范。

其中，IEEE 802.3系列以太网标准以其技术先进、性能稳定、实时性强、成本较低等优势，成为目前应用最广泛的局域网技术。本节将重点介绍以太网的技术标准，其他标准只进行简要介绍。

4.3.1 以太网：IEEE 802.3标准

IEEE 802.3规范中定义了CSMA/CD总线式介质访问控制协议及相应的物理层规范。CSMA/CD是一种以争用的方法来决定对媒体访问权的协议，这种争用协议只适用于逻辑上属于总线型拓扑结构的网络。在总线型拓扑结构的网络中，每个站点都能独立地决定帧的发送，若两个或多个站点同时发送帧，就会产生冲突，导致所发送的帧出错。一个用户发送信息成功与否，在很大程度上取决于监测总线是否空闲的算法，以及当两个不同节点同时发送的分组发生冲突后所使用的中断传输的方法。总线争用技术可分为载波监听多路访问(CSMA)和具有冲突检测的载波监听多路访问(CSMA/CD)两大类。

IEEE 802.3通常被称为以太网标准，以太网传输综合利用了总线型和星型拓扑结构的优点，在局域网中得到广泛的应用。近几年来，以太网技术不断得到改进，新的标准也不断涌现，从IEEE 802.3标准以太网，到IEEE 802.3u快速以太网(100 Mb/s)、IEEE 802.3z和IEEE 802.3ab定义的千兆以太网(Gb/s)，IEEE也有一个专门的工作组在制定万兆以太网标准。

1. 以太网简介

以太网的媒体访问控制方法是带有冲突检测的载波监听多路访问(Carrier Sense Multiple Access with Collision Detection，CSMA/CD)。CSMA/CD是对格式化了的数据帧进行传输和解码的算法(计算机逻辑)。CSMA/CD总线的实现模型如图4-6所示，它对应于OSI/RM的最低两层。从逻辑上可以将它划分为两大部分：一部分由LLC子层和MAC子层组成，实现OSI/RM的数据链路层功能；另一部分实现物理层功能。把依赖于媒体的特性从物理层中分离出来的目的，是使得LLC子层和MAC子层能适应各类不同的媒体。

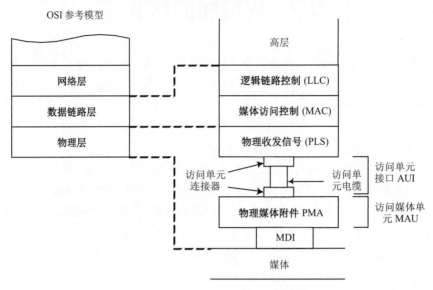

图4-6　CSMA/CD总线的实现模型

在物理层内定义了两个兼容接口：依赖于媒体的媒体相关接口MDI和访问单元接口AUI。MDI是一个同轴电缆接口，所有的站点都必须遵循IEEE 802.3定义的物理媒体信号的技术规范，与这个物理媒体接口完全兼容。由于大多数站点都设在离电缆连接处有一段距离的地方，在与电缆靠近的MAC中只有少量电路，而大部分硬件和全部的软件都在站点中，AUI的存在为MAC和站点的配合使用带来了极大的灵活性。

MAC子层和LLC子层之间为接口提供每个操作的状态信息，以供高一层差错恢复规程使用。MAC子层和物理层之间的接口，提供包括成帧、载波监听、启动传输和解决争用、在两层间传送串行比特流的设施及定时等待等功能。

在以太网中，发送节点使用CSMA/CD将帧进行封装以备传输。网络上需要传输帧的所有节点都与另外的节点竞争资源，没有哪个节点的优先级比其他节点高。节点在电缆上监听所有包的传输，如果检测到一个包，非发送节点就进入"延迟"状态。以太网协议要求每次只能有一个节点进行传输，通过发送一个载波信号来完成传输。为了检测传输中是否包括载有数据的信号，需要检测通信电缆中特定的电压级别，这个过程就是载波侦听。当节点在给定时间内没有从通信介质中检测到信号流量时，所有的节点便都具备了传输的资格。

在少数情况下，会出现多个节点同时传输的现象，这就会引起冲突。传输节点是通过测量信号长度来检测冲突的：如果信号至少有正常长度的两倍长，就说明发生了冲突。

传输节点应用冲突检测软件算法从包冲突中恢复，这种算法会给已经传输了的数据分配一段时间，让它们得以继续传输。继续传输的数据是全部为二进制1的停发信号，用于通知所有的节点出现了冲突。然后在每个节点的软件上生成随机的数字，作为传输前需要等待的时间值。这样即可保证不会有两个节点试图同时再次传输。

帧按照物理编址查找特定的目标。网络接口卡(NIC)可将工作站或服务器连接到网络通信电缆上，每一台工作站和服务器都有一个与其网络接口卡相关的唯一的第2层地址。这个地址嵌在NIC的可编程只读存储器(Programmable Read-only Memory，PROM)芯片中。

执行这些功能的程序被称为网络驱动程序，驱动程序被安装在计算机的操作系统中。不同的网络协议需要NIC有不同的网络访问方法、数据封装格式和编制方法。

2. 以太网帧结构

当数据在以太网中传输时，它被封装在帧中，如图4-7所示，IEEE 802.3 MAC帧包括前同步信号、帧首定界符(SFD)、目的地址(DA)、源地址(SA)、表示数据字段字节数长度的字段(LEN)、要发送的数据字段、帧校验序列(FCS)共7个字段。

7	1	2或6	2或6	2	46~1500	4
前同步信号	帧首定界符	目的地址	源地址	数据长度	数据	帧校验序列

图4-7　802.3的帧的格式

○ 前同步信号字段P占7字节，每字节的比特模式为10101010，用于实现收发双方的时钟同步。

○ 下一个域为8位的帧首定界符(Start Frame Delimiter，SFD)，占1字节，帧首定界符的形式为10101011。它紧跟在前导码后，用于指示一帧的开始。前导码的作用是使接收端能根据1、0交变的比特模式迅速实现比特同步，当检测到连续两位1(即读到帧起始定界符字段最末两位)时，系统便将后续的信息递交给MAC子层。

○ 目的地址(Destination Address，DA)：字段占2或6字节，用于标识接收站点的地址，它可以是单个地址，也可以是组地址或广播地址。DA字段最高位为0时表示单个地址，该地址仅指定网络上某个特定的站点；DA字段最高位为1、其余位不为全1时表示组地址，该地址指定网络上给定的多个站点；DA字段为全1时，表示广播地址，该地址指定网络上所有的站点。在6字节的地址字段中，可以利用其48位中的次高位来区分是局部地址还是全局地址。局部地址由网络管理员进行分配，该地址只在本网络中有效；全局地址则是由IEEE统一进行分配，采用全局地址的网卡在出厂时被赋予唯一的IEEE地址，使用这种网卡的站点也就具有了全球独一无二的物理地址。

○ 源地址(Source Address)：源地址字段占2或6字节，但其长度必须与目的地址字段的长度相同，它用于标识发送站点地址。

○ 数据长度字段(Data Length Field)：用于说明在数据和填充字段中的8位字节的数目。

○ 数据字段(Data Field)：数据字段至少是46个8位字节，最多为1 500字节，封装的数据长度必须是8位的倍数。为使CSMA/CD协议能正常操作，需要维持一个最短帧长度，必要时可在数据字段之后、帧校验序列(FCS)之前以字节为单位添加填充字符，这是因为正在发送数据时产生冲突而中断的帧都是很短的帧，为了能方便地区分出这些无效帧，IEEE 802.3规定了合法的MAC帧的最短帧长。对于10 Mb/s的基带CSMA/CD网络，MAC帧的总长度为64~1 518字节。由于除了数据字段和填充字段外，其余字段的总长度为18字节，因此当数据字段长度为0时，填充字段必须有46字节。

○ 帧校验序列(Frame Check Sequence，FCS)：使用32位循环冗余校验码的错误检验，允许使用循环冗余校验法(Cyclic Redundancy Check，CRC)进行错误检测。这个值是在封装数据时从帧的其他域中计算出来的，当目标节点接收到帧时会重新计算一次。如果重新计算的值与原来计算出来的值不同，就会产生错误，接收节点就要求重新传输该帧。当重计算的值与原来的值完全匹配时，CRC比较算法生成结果0，不再发出重新计算的要求。

IEEE 802.3标准和Ethernet在长度(或类型域)与IEEE 802.2的数据链路层的LLC子层通信标准中指定的数据域之间有3个可选的域：目标地址服务访问点(DSAP)、源服务访问点(SSAP)和控制。这些域使得数据链路层可以管理帧并与OSI模型中的高层进行通信。DSAP和SSAP均为8位长。服务访问点(SAP)使网络层能确定目标节点的哪一个网络进程可以接收帧，而且它们也代表诸如OSI、Novell、NetBIOS、TCP/IP、BPDU和IBM网络管理、XNS等通信进程。下面举例进行说明：E0是Novell SAP的16进制值，06是TCP/IP的SAP的16进制码。DSAP指定了接收帧的节点的服务访问点，SSAP则标识帧的发送节点的服务访问点。控制域的长度为8位或16位，用来识别帧的功能，如它是否带有数据或报错信息。

3. IEEE 802.3 MAC子层的功能

IEEE 802.3标准提供了MAC子层的功能说明，其内容主要有数据封装和媒体访问管理两个方面。数据封装(发送和接收数据封装)包括成帧(帧同步和帧定界)、编址(源地址及目的地址的处理)和差错检测(物理媒体传输差错的检测)等；媒体访问管理包括媒体分配和竞争处理。MAC功能模块如图4-8所示。

当LLC子层请求发送一个数据帧时，MAC子层的发送数据封装部分便按MAC子层的数据帧格式进行组帧。首先将一个前导P和一个帧首定界符(SFD)附加到帧的开头部分，填上目的地址和源地址，计算出LLC数据帧的字节数，填入数据长度计数字段LEN。必要时还要将填充字符PAD附加到LLC数据帧，以确保传送帧

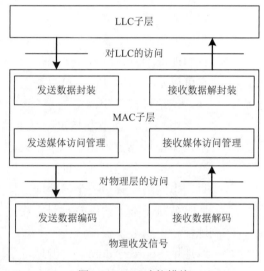

图4-8　MAC功能模块

的长度满足最短帧长的要求，最后求出CRC校验码并将它附加到帧校验序列FCS中。完成数据封装后的MAC帧，即可递交到MAC子层的发送媒体访问管理部分进行发送。

借助于监视物理层收发信号(PLS)部分提供的载波监听信号，发送媒体访问管理设法避免发送信号与媒体上的其他信号发生冲突。在媒体空闲时，经过短暂的帧间延迟(提供给媒体恢复的时间)之后，立即启动帧发送。然后MAC子层将串行位流递交给PLS接口以供发送。PLA完成生成媒体电信号的任务，同时监视媒体和生成冲突检测信号。在没有争用的情况下，即可完成信号发送。

发送完成后，MAC子层通过LLC与MAC间的接口通知LLC子层，等待下一个发送请求。假如产生冲突，PLS接通冲突检测信号，接着发送媒体访问管理开始处理冲突。首先，它发

送一串称为阻塞(JAM)码的位序列来强制冲突，由此保证有足够的冲突持续时间，以使其他与冲突有关的发送站点都得到通知。在阻塞信号结束时，发送媒体访问管理就暂停发送，等待一个随机选择的时间间隔后再进行重新发送。发送媒体访问管理用二进制指数退避算法调整媒体负载。最后，或者重发成功，或者在媒体故障、过载的情况下，放弃重新发送的尝试。

接收媒体访问管理部分的功能是，首先由PLS检测到达帧，使接收时钟与前导码同步，并接通载波监听信号。接收媒体访问管理部件需要检测到达的帧是否错误、帧长是否超过最大长度、是否为8位的整倍数，还要过滤因冲突产生的碎片信号(即小于最短长度的帧)。

接收数据解封部分用于检验帧的目的地址字段，以确定本站点是否应该接收该帧。如果地址符合，将其发送到LLC子层，并进行差错检验。

LLC的IEEE 802.2标准的另一特征是子网络访问协议(SubNetwork Access Protocol，SNAP)。SNAP提供一种快速适应不完全与IEEE 802.2标准一致的协议(如AppleTalk、DEC的LAT协议等)的途径。当这些协议没有预建立的SAP时，DSAP和SSAP域包含着16进制的值AA，即SNAP帧的SAP。同时，SNAP帧的控制域为16进制的03。当实施SNAP帧时，在控制域之后、数据域之前放置一个协议鉴别器。各种类型的帧到底是哪家厂商(如Apple公司)的，可以在协议鉴别器的头3个字节中进行鉴别，以太网的帧类型则在最后两个字节中进行判断。

4. 以太网数据传输

在以太网中，收发器通过一个安装在PC内的网络接口卡(NIC)连接到PC上。该网络接口卡包含缓存数据，以及在收发器电缆和PC内存之间移动数据所必需的逻辑设备。收发器也进行错误检测、生成帧、确定在冲突发生后何时重传以及确认发往其PC的帧。简而言之，它执行与MAC层协议相适应的那些功能。

以下将描述一台PC往另一台PC发送数据的步骤。

(1) 发送方的PC执行网络软件，该软件将信息包存放在PC的内存中，然后通过内部总线通知网络接口卡：一个包正在等待被发送。

(2) 网络接口卡获得该包并产生正确的帧格式，同时将该包存储在该帧的数据字段中，然后等待一个来自收发器的信号，该收发器监控正在等待机会发送数据的网段。

(3) 当收发器检测到电缆空闲时，立即通知网络接口卡，网络接口卡就将帧发送往收发器。收发器向电缆传送比特，监控任何冲突。若无冲突发生，它就假定传输成功。若有一个冲突发生，收发器通知网络接口卡。网络接口卡执行算法来决定帧何时重发。如果冲突一直发生，网络接口卡将通知网络软件，由网络软件向用户提供一个出错报文或执行某些算法来响应这个错误。

(4) 位于接收端的收发器监控电缆的流量。接收器从电缆上复制帧，并将它们路由到接收端的网络接口卡。

(5) 网络接口卡进行一个循环冗余错误校验(CRC)。如果没有错误，网络接口卡检查帧中的目的地址；如果该地址是发往它的PC上，网络接口卡将帧的数据(包)缓存在自己的内存中，并产生一个中断，通知PC一个包已经到达。

(6) PC执行网络软件，并按流量控制算法来确定一个包是否可被接受。如果可以接受，PC从网络接口卡的内存中获取该包并做进一步处理。如果不可以接受，网络软件根据其更高层的协议做出响应。

4.3.2 令牌环：IEEE 802.5标准

令牌环网访问方法是IBM公司于20世纪70年代开发的，如今仍然是一种主要的LAN技术。在传统的令牌环网中，数据传输速度为4 Mb/s或16 Mb/s，新型的快速令牌环网速度可达100 Mb/s，目前令牌环网已经标准化。

1. 令牌环简介

令牌环在物理上是由一系列环接口和这些接口间的点-点链路构成的一个闭合环路，各站点通过环接口连接到网上，如图4-9所示。对媒体具有访问权的某个发送站点，通过环接口出径链路将数据帧串行发送到环上；其余各站点便从各自的环接口入径链路逐位接收数据帧，同时通过环接口出径链路再生、转发出去，使数据帧在环上从一个站点到下一个站点环行，所寻址的目的站点在数据帧经过时读取其中的信息；最后，数据帧绕环一周返回到发送站点，并由发送站点从环上撤出。

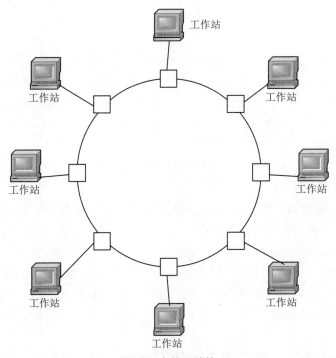

图4-9 令牌环结构

由点-点链路构成的环路虽然不是真正意义上的广播媒体，但在环上运行的数据帧仍能被所有的站点接收到，而且在任何时刻仅允许一个站点发送数据，因此同样存在发送权竞争的问题。为了解决发送权竞争，可以使用一个称为令牌(Token)的特殊比特模式，使其沿着环路循环发送，规定只有获得令牌的站点才有权发送数据帧，在完成数据发送之后，需要立即释放令牌，以供其他站点使用。由于环路中只有一个令牌，因此任何时刻至多只有一个站点可以发送数据而不会产生冲突。而且，令牌环上的各个站点均有同等的机会公平地获取令牌。

2. 令牌环的操作过程

令牌环的操作过程如图4-10所示。

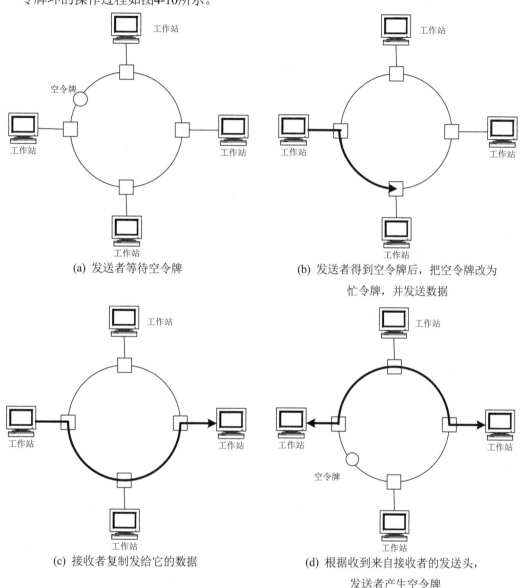

(a) 发送者等待空令牌

(b) 发送者得到空令牌后，把空令牌改为
忙令牌，并发送数据

(c) 接收者复制发给它的数据

(d) 根据收到来自接收者的发送头，
发送者产生空令牌

图4-10　令牌环的操作过程

(1) 网络空闲时，只有一个令牌在环路上绕行。令牌是一个特殊的比特模式，其中包含一个"令牌/数据帧"标志位，标志位为0时表示该令牌为可用的空令牌，标志位为1时表示有站点正占用令牌在发送数据帧。

(2) 当一个站点需要发送数据时，必须等待并获得一个令牌，将令牌的标志位置改为1，随后便可发送数据。

(3) 环路中的每个站点边转发数据，边检查数据帧中的目的地址，如果是本站点的地址，立即读取其中所携带的数据。

(4) 数据帧环绕一周返回时，发送站将其从环路上撤销，同时根据返回的有关信息确定所传数据有无差错。若有错，则重发存储在缓冲区中的待确认帧；若无错，则释放缓冲区中的待确认帧。

(5) 发送站点完成数据发送后，重新产生一个令牌传到下一个站点，以便使其他站点获得发送数据帧的许可权。

3. 令牌环的维护

令牌环的故障处理功能主要体现在对令牌和数据帧的维护上。令牌本身就是比特串，它在绕环传递的过程中也可能受干扰而出错，以至造成环路上无令牌循环；另外，当某站点发送数据帧后，由于故障而无法将所发的数据帧从网上撤销时，又会造成网上数据帧持续循环。令牌丢失和数据帧无法撤销，是环网上最严重的两种差错，可以通过在环路上指定一个站点作为主动令牌管理站来解决这些问题。

主动令牌管理站通过一种超时机制来检测令牌丢失的情况，该超时值比最长的帧为完全遍历环路所需的时间还要长一些。如果在超时值规定的时间内没有检测到令牌，管理站便认为令牌已经丢失，随后清除环路上的数据碎片并发出一个令牌。

为了检测到一个持续循环的数据帧，管理站在经过的每一个数据帧上，将数据帧的监控位设置为1，如果管理站检测到某个数据帧的监控位为1，便知道有某个站未能清除自己发出的数据帧，这时管理站将清除环路上的这些数据帧，并发出一个令牌。

4. 令牌环的特点

令牌环网在轻负荷时，由于存在等待令牌的时间，故效率较低；但在重负荷时，对各站公平访问且效率高。

考虑到帧内数据的比特模式可能会与帧的首尾定界符形式相同，可以在数据段采用比特插入法或违法编码法，以确保数据的透明传输。

采用发送站点从环上收回帧的策略，具有对发送站点自动应答的功能，并具有广播特性，即存在多个站点接收同一数据帧。

令牌环的通信量可以调节，一种方法是通过允许各个站点在收到令牌时传输不同量的数据，另一种方法是通过对站点设置优先权，使具有较高优先权的站点先得到令牌。

4.3.3　令牌总线：IEEE 802.4标准

载波监听多路访问/冲突检测(CSMA/CD)媒体访问控制利用总线争用方式控制数据传输，具有结构简单、在轻负载下延迟小等优点，但是随着负载的增加，冲突概率也会随之增加，从而导致其性能明显下降。利用令牌环(Token Ring)媒体访问控制方式，具有重负载下利用率高、网络性能对距离不敏感以及具有公平访问等优点，但是环型网结构复杂，存在检错和可靠性等问题。令牌总线(Token Bus)媒体访问控制综合了以上两种媒体访问控制的优点，IEEE 802.4提出的就是令牌总线媒体访问控制方法的标准。

令牌总线媒体访问控制方法将局域网物理总线的站点构成一个逻辑环，每一个站点都在一个有序序列中被指定一个逻辑位置，最后一个站点的后面跟随的是第一个站点。每个站点都知道在自己前面的前趋站和在自己后面的后继站的标识，如图4-11所示。

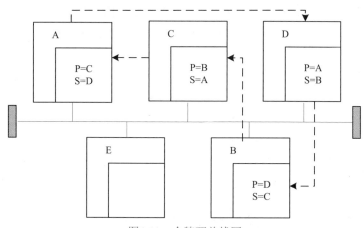

图4-11　令牌环总线网

从图4-11可以看出，在物理结构上它是一个总线型结构局域网，但是在逻辑结构上，却是一种环型结构的局域网。和令牌环一样，站点只有在取得令牌后，才能发送帧，而令牌在逻辑环上依次(A→D→B→C→A)循环传递。

正常运行时，站点做完该做的工作后或者时间终了时，会将令牌传递给逻辑序列中的下一个站点。从逻辑上看，站点按地址的递减顺序将令牌传送到下一个站点，但是从物理上看，带有目的地址的令牌帧被广播到总线上的所有站点，当目的站点识别出令牌帧符合自己的地址后，立即接收该令牌帧。需要注意的是，总线上站点的实际顺序与逻辑顺序并无对应关系。

与CSMA/CD总线访问方式不同，只有收到令牌帧的站点才能将信息帧发送到总线上，令牌总线不会产生冲突。这也使得，令牌总线的信息帧长度只需根据要传送的信息长度来确定即可，没有最短帧的要求。对于CSMA/CD总线访问控制方法，为了使最远距离的站点也能检测到冲突，需要在实际的信息长度之后添加填充位，以满足最短帧长度的要求。

令牌总线控制方法的另一个特点是站点间有公平的访问权。取得令牌的站点如果有报文需要发送可以立即发送，随后，该站点将令牌传递到下一个站点；取得令牌的站点如果没有报文需要发送，该站点立刻把令牌传递到下一站点。由于站点接收到令牌的过程是顺序依次进行的，因此所有的站点都有公平的访问权。

令牌总线控制的优越性，还体现在每个站点在传输数据之前必须等待的时间总量是确定的。在令牌总线控制中，每个站点传送发送帧的最大长度可以限制。当所有站点都有报文需要发送时，取得令牌和发送报文的最长等待时间，等于全部令牌和报文传送时间的总和；如果只有一个站点有报文要发送，最长等待时间为全部令牌传递时间的总和。对于应用于控制过程的局域网，这个等待访问时间是一个很关键的参数。可以根据需求，确定网中的站点数和最大的报文长度，从而保证在限定的时间内，任意一个站点都可以取得令牌。

令牌总线访问控制还提供了不同的服务级别，即不同的优先级。令牌总线的主要操作如下。

(1) 环初始化：即生成一个顺序访问的次序。启动网络时，如果所有站点不活动的时间超过规定的时间，就需要对逻辑环进行初始化。初始化的过程是一个争用的过程，争用的结果是只有一个站点能取得令牌，其他的站点用站插入算法进行插入。

(2) 令牌传递算法：逻辑环按递减的站地址次序组成，刚发送完帧的站点将令牌传递到后继站，后继站立即发送数据或令牌帧，原来释放令牌的站点监听到总线上的信号，便可确认后继站已获得令牌。

(3) 站插入环算法：必须周期性地给未加入环的站点以机会，以便将它们插入逻辑环的适当位置。如果同时有若干站需要插入时，可采用带有响应窗口的争用处理算法。

(4) 站退出环算法：可以通过将不活动站点的前趋站和后继站连接到一起，使不活动站点退出逻辑环，并修正逻辑环递减的站地址次序。

(5) 故障处理：网络有时会出现错误，这包括令牌丢失引起断环、重复地址、产生多个令牌等问题。网络需对这些故障做相应的处理。

4.3.4　FDDI：ANSI X3T9.5标准

光纤分布式数据接口(Fiber Distributed Data Interface，FDDI)标准于20世纪80 年代中期得到发展，它提供的高速数据通信能力要高于以太网(10 Mb/s)和令牌环网(4或16 Mb/s)。FDDI标准由ANSI X3T9.5标准委员会制定，为重负荷网络的高容量输入输出提供了一种访问方法。

当数据以100 Mb/s的速度输入输出时，FDDI与10 Mb/s的以太网、令牌环网相比，有很大的进步；但是随着快速以太网的发展，FDDI用得越来越少。FDDI使用的通信介质是光纤电缆，最常见的应用就是提供对网络服务器的快速访问。

FDDI的访问方法与令牌环网的访问方法类似，在网络通信中均采用令牌传递的方法。但它与标准的令牌环网又有所不同，主要在于FDDI使用定时的令牌访问方法。FDDI令牌沿着网络环路从一个节点向另一个节点传递。如果某节点不需要传输数据，FDDI将获取令牌并将其发送到下一个节点。如果处理令牌的节点需要传输数据，那么在指定的目标令牌循环时间(Target Token Rotation Time，TTRT)段内，它可以按照用户的需求来发送尽可能多的帧。因为FDDI采用的是定时的令牌方法，所以在给定的时间中，来自多个节点的多个帧可能都在网络上，为用户提供高容量的通信。

如果节点传输数据，则帧就将沿网络环路到达下一个节点。每个节点都可以确定帧是否是为自己而来，还可以检测帧的错误。如果节点就是帧的目标地址，那么节点将对帧进行标记，表示该帧已经被读取。无论哪一个节点检测到错误，都将标记帧中的状态位，说明错误的情况。当帧返回始发节点时，始发节点读取该帧以确定目标节点是否已经收到了该帧，并检测帧中是否有出错信息，如果检测到错误，帧将被重新发送。如果在帧中没有发现错误，始发节点就将帧从环路上清除。

FDDI可以发送两种类型的包：同步包和异步包。同步通信用于要求连续进行的并对时间敏感的传输(如音频、视频和多媒体通信等)。异步通信用于不要求连续脉冲串的普通数据传输。

在指定的网络中，目标令牌循环时间等于某节点同步传输需要的总时间和最大的帧在网络上沿环路进行传输的时间之和。FDDI节点监视着网络中存在的两种错误类型：长时间无动作和长时间没有出现令牌。对于第一种情况，令牌被认为已经丢失了；对于第二种情况，则认为是节点在连续地进行传输。

不管出现了哪种错误，检测到错误的节点都会发送一个专门的帧的数据流，称为申请令牌帧。申请令牌帧中包含一个假定的目标令牌循环时间值。第1个节点停止传输时，环路上的下一个节点将假定的目标令牌循环时间值与前一个节点发送的值进行比较。比较完毕后，它将把申请令牌帧中较低的目标令牌循环时间值发送到下一个节点。当申请令牌帧到达最后一个节点时，就选取最小的目标令牌循环时间值。

在这里，环是通过向每个节点传输令牌和新的目标令牌循环时间值(直到到达最后一个节点为止)来进行初始化的。

FDDI使用两条环路，所以当其中的一条环路出现故障时，数据可以从另一条环路到达目的地。连接到FDDI的节点有A、B两类。A类节点与两个环路都有连接，由网络设备(如集线器等)组成，并具备重新配置环路结构以在网络崩溃时使用单个环路的能力；B类节点通过A类节点的设备连接到FDDI网络上，B类节点包括服务器或工作站等。

FDDI以光纤作为传输媒体，它的逻辑拓扑结构是环型，更确切地说是逻辑计数循环环(Logical Counter Rotating Ring)。FDDI的数据传输速率可高达100 Mb/s，覆盖的范围可达几千米内。FDDI可在主机与外设之间、主机与主机之间、主干网与IEEE 802低速网之间提供高带宽和通用目的的互连。FDDI采用了IEEE 802的体系结构，其数据链路层中的MAC子层可以在IEEE 802标准定义的LLC下操作。

4.4　局域网管理模式

局域网管理模式反映的是计算机网络设备之间的逻辑关系，常见的局域网管理模式有以下3种：①对等网；②客户机/服务器网；③无盘工作站网。

4.4.1　对等网

对等网是一种非结构化访问网络资源的方式，对等网中的每一台设备可以同时作为客户机和服务器。每一台网络计算机与其他联网的计算机是对等的，它们没有层次的区别。网络中的所有设备可以直接访问数据、软件或其他网络资源。

对等网具有构架简单、价格低廉、维护方便和可扩充性好等优点，主要用于一些小型企业。因为对等网不需要服务器，所以成本较低，但是它只是局域网中最基本的一种，许多管理功能难以实现。

对等网一般在实际中很少使用到，但是也可以在紧急的情况下临时使用。例如，当在一个办公地点没有局域网，只有一台计算机和另一台便携式计算机，现在需要从这台计算机上复制一些资料到便携式计算机上，此时可以临时构建一个拥有两台计算机的对等网。由于是相同类型的设备，因此需要使用交叉双绞线对连。然后，将两台设备的IP地址设置成同一个网段，如图4-12所示。

在图4-12的对话框中配置计算机的IP地址、子网掩码和默认网关地址。这里,默认网关地址可以在两台计算机中随便选择一台计算机的IP地址。

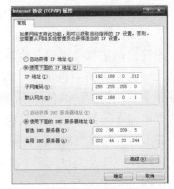

图4-12 两台计算机的对等网

对于多台计算机构建局域网的情况,一般是将每台计算机通过直通双绞线与集线器或者交换机连接,其结构如图4-13所示。

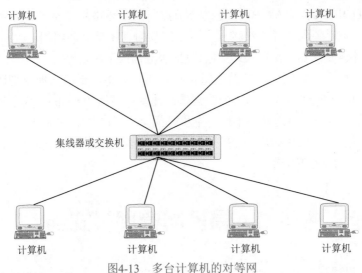

图4-13 多台计算机的对等网

对等网是局域网中最简单的一种,其中的任意一台计算机既充当工作站的角色,又充当服务器的角色,从而节约了对服务器的投入成本。然而,对等网只能支持不大于10台计算机的网络。正是因为这种原因,所以现在使用对等网的环境是越来越少了。

4.4.2 客户机/服务器网

在客户机/服务器网中,计算机被划分为服务器和客户机。基于服务器的网络引进了层次结构,是为了适应网络规模增大所需的各种支持功能而设计的。通常,将基于服务器的网络称为客户机/服务器网。

客户机/服务器网应用于大中型企业,用于实现数据共享、进行网络化管理和召开网络化会议等功能。客户机/服务器网提供了强大的Internet/Intranet Web信息服务,其中包括FTP、WWW等功能,几乎是一种近乎完美的局域网架构方案。由于它需要配备一台或多台高档服务器,因此成本较高,但是对于企业而言,客户机/服务器网给企业的工作效率及业务工作带来了极大的方便,远远超过了对它的投资。

客户机/服务器网是目前使用频率最高的网络,它广泛分布在大中型网络中的应用架构上。它的网络结构拓扑图如图4-14所示。

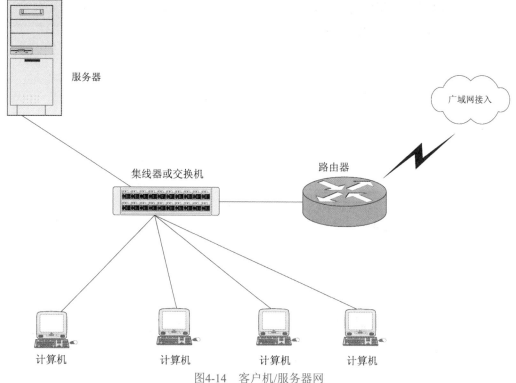

图4-14　客户机/服务器网

如何配置一个客户机/服务器网呢？下面将给出构建此模型网络的基本步骤。

(1) 在每台计算机上配置IP地址、子网掩码以及默认网关地址，其中默认网关地址就是服务器的IP地址，如图4-15所示。

(2) 通过直通线，将网络上的所有计算机同集线器或者交换机相连，如果局域网需要访问互联网，那么需要设置DNS服务器，这个DNS服务器的地址是运营商所提供的，如此即可构成一个简单的客户机/服务器网。

(3) 如果需要访问互联网的话，还必须在前端路由器上进行配置。管理员可以登录到普通路由器的配置界面，如图4-16所示。

图4-15　配置IP地址、子网掩码和默认网关

图4-16　路由器配置界面

(4) 由于需要将路由器作为网关来访问互联网，此时首先设置局域网，单击如图4-16所示界面左边的"LAN设置"按钮，会出现如图4-17所示的界面。

图4-17　设置LAN

设置LAN时，将网关的地址和子网掩码配置好，然后单击"应用"即可。

(5) 配置好LAN后，接下来就需要配置对外网的参数，在图4-16所示的界面上单击"WAN设置"按钮，会出现如图4-18所示的界面。

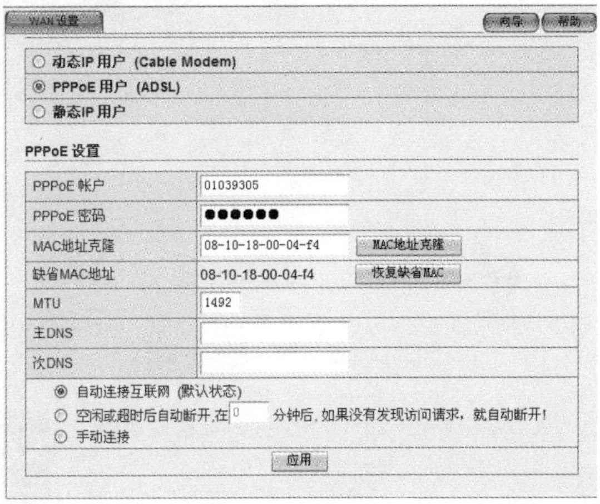

图4-18　设置WAN

在图4-18中，首先选择访问互联网的方式，当使用Cable Modem设备并且是动态IP地址时，应该选择"动态IP地址用户(Cable Modem)"。当是ADSL拨号用户时，选择"PPPoE用户(ADSL)"。当使用固定IP地址时，则选择"静态IP用户"。以ADSL拨号用户为例，当选择这项后，在下面就会出现"PPPoE设置"，在这里输入运营商提供的用户名和密码后，单击"应用"按钮，重启路由器即可完成对整个局域网的配置。

当使用路由器时，所有计算机的默认网关IP地址应该是路由器的IP地址，这一点希望读者能够清楚，不要始终认为默认网关就是服务器地址。

4.4.3　无盘工作站网

无盘工作站，顾名思义，就是没有硬盘的计算机，是基于服务器网络的一种结构，利用网卡上的启动芯片与服务器相连接，使用服务器的硬盘空间进行资源共享。

无盘工作站网可以实现客户机/服务器网所具有的所有功能，在它的工作站上，没有磁盘驱动器，每台工作站都需要从远程服务器启动，对服务器、工作站以及网络组建的要求较高，因而其成本并不比"客户机/服务器网"低，但是无盘工作站网的稳定性、安全性一直为大众所看好，特别是被一些安全系数要求较高的企业所看中。

4.5　虚拟局域网

虚拟局域网(Virtual Local Area Networks，VLAN)指的是在物理网络基础架构上，利用交换机和路由器的功能，配置网络的逻辑拓扑结构，从而允许网络管理员任意地将一个局域网内的任何数量网段聚合成一个用户组，使得这些网段好像同在一个单独的局域网中。

虚拟网在逻辑上等于OSI模型的第2层的广播域，与具体的物理网和地理位置无关。虚拟工作组可以包含不同位置的部门和工作组，不必在物理上重新配置任何端口，真正实现了网络用户与它们的物理位置无关性。VLAN不考虑用户的物理位置，而根据功能、应用等因素将用户在逻辑上划分为一个个功能相对独立的工作组，每个用户主机都连接在一个支持VLAN的交换机端口上，并同属于一个VLAN。

虚拟网技术把传统的广播域按需要分割成各个独立的子广播域，将广播限制在虚拟工作组中，由于广播域的缩小，广播包消耗带宽所占的比例大大降低，网络的性能得到了显著的提高。同一个VLAN中的成员都共享广播，而在不同VLAN之间广播信息是相互隔离的。

如图4-19所示的是构成两个虚拟工作组的情况，构成虚拟局域网的条件是：所有用户都要直接连接到支持虚拟局域网的交换机端口上。

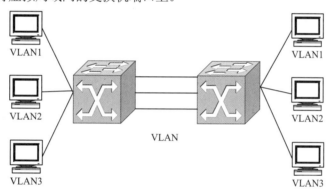

图4-19　VLAN的组成

4.5.1　VLAN的主要特点

在使用带宽、灵活性、性能等方面，虚拟局域网(VLAN)都显示出了极大的优势。使用虚拟局域网能够方便地进行用户的增加、删除、移动等操作，提高网络管理的效率。VLAN具有以下特点。

- ○ 灵活的、软定义的、边界独立于物理介质的设备群。VLAN概念的引入，使交换机承担了网络的分段工作，而不再使用路由器来完成。通过使用VLAN，能够将原来一个物理上的局域网划分成许多个逻辑意义上的子网，而不必考虑具体的物理位置，每一个VLAN都可以对应于一个逻辑单位，如部门、车间和项目组等。

- ○ VLAN的广播流量被限制在定义的边界内，提高了网络的安全性。由于在相同的VLAN内主机间传送的数据不会影响其他VLAN上的主机，因此减少了数据窃听的可能性，极大地增强了网络的安全性。

◯ 在同一个虚拟局域网的成员之间提供低延迟的通信。VLAN技术通过把网络分成逻辑上的不同广播域，使网络上传送的包只能与位于同一个VLAN的端口进行交换。改善网络环境，尤其是在支持广播/多播协议和应用程序的局域网环境中，会遭遇到如潮水般涌来的包；而在VLAN结构中，可以轻松地拒绝其他VLAN的包，从而减少网络流量。

4.5.2 VLAN的实现

按照虚拟局域网的实现方式，常见的虚拟局域网主要有3种形式：基于端口、基于硬件MAC地址层和基于网络层。

1. 基于端口

基于端口的虚拟局域网是最早的一种虚拟局域网划分方式，其特点是将交换机按照端口进行分组，然后将每一组定义为一个虚拟局域网。

目前，端口分组是定义虚拟局域网成员最常用的方法，其配置相当简单明了。但是纯粹用端口分组来定义虚拟局域网的方式，并不允许多个虚拟局域网包含同一个实际网段(或交换机端口)。一个虚拟局域网的各个端口上的所有终端都在一个广播域中，它们可以相互通信，在不同的虚拟局域网之间进行通信需经过路由来进行。这种虚拟局域网划分方式的优点在于简单、容易实现，从一个端口发出的广播，可以直接发送到虚拟局域网内的其他端口，便于直接监控。用端口定义虚拟局域网的局限在于：使用不够灵活，当用户从一个端口移动到另一个端口时，网络管理员必须重新配置虚拟局域网成员。不过这个缺点可以通过灵活的网络管理软件来弥补。

2. 基于硬件MAC地址层

硬件地址层的地址是硬连接到工作站的网络接口卡(NIC)上的，所以基于硬件地址层地址的虚拟局域网使得网络管理者能够把网络上的工作站移动到不同的实际位置，而且可以使这台工作站自动地保持它原有的虚拟局域网成员资格。按照这种方式，由硬件地址层地址定义的虚拟局域网可以被视为基于用户的虚拟局域网。

在这种虚拟局域网中，交换机对终端的MAC地址和交换机端口进行跟踪，在新终端入网时根据已经定义的虚拟局域网——MAC对应表，将其划归到某一个虚拟局域网，这样无论该终端在网络中怎样移动，由于它的MAC地址没变，故不需要对虚拟局域网进行重新配置。这种划分方式减少了网络管理员的日常维护工作量，但其不足之处在于：所有的终端必须被明确分配在一个具体的虚拟局域网，任何时候增加终端或者更换网卡，都要对虚拟局域网数据库进行调整，以实现对该终端的动态跟踪。

基于硬件地址层地址的虚拟局域网解决方案，要求所有的用户必须初始配置到至少一个虚拟局域网中，在一个非常庞大的网络中这个缺点变得非常明显：几千个用户必须逐个地分配到各自特定的虚拟局域网中。

3. 基于网络层

基于第三层信息的虚拟局域网，通过协议类型或网络层地址来确定虚拟局域网成员。虽然这些虚拟局域网是基于第三层信息的，但这并不构成一种"路由"功能，也不应该将它与网络层路由相混淆。交换机通过检查数据包的IP地址以确定虚拟局域网成员，但不会实行路由计算，不会采用RIP或OSPF协议，而是根据生成树算法进行桥接。

在第三层定义虚拟局域网有以下几个优点：第一，它根据协议类型实现分区，这对投入基于服务或应用的虚拟局域网战略的网络管理人员而言是一个具有吸引力的选项；第二，用户可以实际地移动自己的工作站而不必重新配置每台工作站的网络地址，这对TCP/IP用户十分有利；第三，在第三层定义虚拟局域网可以消除为了在交换机之间传达虚拟局域网成员信息对数据帧标记的需求，减少了经常性的传输开销。

与基于硬件地址或基于端口的虚拟局域网相比，第三层定义虚拟局域网的缺点之一可能是其对性能的影响。检查数据包中的第三层地址比查看数据帧中的硬件地址层地址耗时更多。使用第三层信息定义虚拟局域网的交换机一般要比使用第二层信息的交换机运行得缓慢。

使用第三层信息定义的虚拟局域网在涉及TCP/IP协议时特别有效，但在对付那些不能在桌面完成手工配置的网络协议时效果就差一些，如IPX(TM)、DECnet或AppleTalk 等。此外，使用第三层信息定义的虚拟局域网很难处理像NetBIOS这类"不可路由的"协议。

4.5.3　链路聚合技术

链路聚合(Trunk)是一种封装技术，它是一条点到点的链路，链路的两端可以都是交换机，也可以是交换机和路由器，还可以是主机和交换机或路由器。Trunk的主要功能是：仅通过一条链路就可以连接多个VLAN。

要将多条链路合并为一条，交换机必须对通过Trunk传输的每一个数据帧进行标识，这个标识可以是数据帧原来的VLAN号，也可以是VLAN的颜色，因为在整个网络上VLAN号和VLAN颜色都是唯一的。在Trunk的另一端，接收该帧的交换机(或者主机和路由器等)通过该标识即可知道该数据帧原来属于哪一个VLAN，然后将它再转发到相应的端口上。Trunk封装可以有以下几种方式。

1. ISL(Inter-Switch Link)

ISL是Cisco公司的专有封装方式，因此ISL仅在Cisco的设备上才得到支持。ISL在原来的帧上增加一个26字节的帧头和4字节的帧尾，帧头包含VLAN的信息，帧尾包含循环校验码(CRC)，用以保证新帧的数据完整性。ISL主要用于以太网。

2. IEEE 802.1Q

这是一个有关Trunk封装方式的标准，许多厂商的设备都支持该标准。IEEE 802.1Q在数据帧的中间位置加上4字节的标识，前两个字节用于标记协议标识(Tag Protocol Identifier，TPID)，0x8100代表IEEE 802.1Q，后两个字节用于标记控制信息(Tag Control Information，TCI)，其中包含VLAN的信息。

3. LAN仿真

该封装方式主要用于ATM链路，在此不做详细介绍。

4. IEEE 802.10

Cisco提供了在标准的IEEE 802.10 FDDI帧上传送VLAN的信息。该信息存放在IEEE 802.10帧的安全联合标识(Security Association Identifier)域中。

4.5.4　VLAN的应用

由于虚拟局域网具有比较明显的优势，因此被广泛应用在各种企业中。下面根据不同的案例来分析虚拟局域网的应用。

1. 局域网内部的局域网

某企业已经具有一个相当规模的局域网，但是目前企业内部由于安全或者其他的原因，要求将各业务部门或者课题组独立为一个局域网，同时，各业务部门或者课题组的人员不全是在同一个办公地点，各网络之间不允许互相访问。在这种情况下，可能有若干种解决方法，但是虚拟局域网解决方法是最好的。为了完成上述任务，要做的工作是，首先收集各部门或者课题组的人员组成、所在位置、与交换机连接的端口等信息，然后根据部门数量对交换机进行配置，创建虚拟局域网并设置中继，最后，在一个公用的局域网内部划分出若干虚拟局域网，同时减少局域网内的广播，提高网络的传输性能。这样构建起来的虚拟局域网，可以方便地根据需要进行增加、改变、删除节点操作。

2. 共享访问——访问共同的接入点和服务器

在一些大型写字楼或商业建筑(酒店、展览中心等)区域，经常存在这样的现象：大楼出租给各个单位，并且大楼内部已经构建好了局域网，提供给入驻企业或客户网络平台，并通过共同的出口访问Internet或大楼内部的综合信息服务器。由于大楼的网络平台是统一的，使用的客户有物业管理人员以及其他不同单位的客户。在这样一个共享的网络环境下，解决不同企业或单位对网络需求的同时，还要保证各企业之间的信息独立性。在这种情况下，虚拟局域网是很好的解决方案。大厦的系统管理员可以为入驻企业分别创建独立的虚拟局域网，保证企业内部的互相访问和企业之间信息的独立性，然后利用中继技术，将提供接入服务的代理服务器或者路由器所对应的局域网接口，配置成为中继模式，实现共享接入。这种配置方式还有一个优点：可以根据需要设置中继的访问许可，灵活地允许或者拒绝某个虚拟局域网的访问。

3. 交叠虚拟局域网

交叠虚拟局域网是在基于端口划分虚拟局域网的基础上发展而来的，交叠虚拟局域网允许一个交换机端口同时属于多个虚拟局域网。这种技术可以解决一些突发性、临时性的虚拟局域网划分。例如在一个科研机构，已经划分了若干虚拟局域网，但是由于某个科研任务，从各个虚拟局域网里抽调出技术人员以临时组成课题组，要求课题组内部通信自如，同时各科研人员还要保持和原来的虚拟局域网进行信息交流。这时，只需将需要加入课题组的人员所对应的交换机端口设置为支持多个虚拟局域网，然后创建一个新虚拟局域网，将所有的人员划分到新虚拟局域网中，并保持各人员原来所属虚拟局域网不变即可。

4.6 无线局域网

无线局域网指的是利用微波、红外线、无线电等电磁波作为传输介质而构成的局域网络。与有线网络相比，无线局域网具有以下优点。

- 安装便捷：一般在网络建设中，施工周期最长、对周边环境影响最大的是网络布线施工工程。而无线局域网最大的优势就是免去或减少网络布线的工作量，一般只需安装一个或多个接入点(Access Point，AP)设备，即可建立起覆盖整个建筑或地区的局域网络。
- 使用灵活：在有线网络中，网络设备的安放位置受到网络信息点位置的限制。而一旦无线局域网建成后，在无线网的信号覆盖区域的任何一个位置都可以接入网络。
- 经济节约：由于有线网络缺少灵活性，这就要求网络规划者在构建网络时尽可能地考虑到未来发展的需要，这往往导致预设大量利用率较低的信息点。而一旦网络的发展超出了设计规划，又要花费较多的费用进行网络改造。无线局域网可以避免或减少以上情况的发生。
- 易于扩展：无线局域网有多种配置方式，可以根据需要灵活选择。这样，无线局域网就能胜任从只有几个用户的小型局域网到上千用户的大型网络，并且能够提供像"漫游(Roaming)"等有线网络无法提供的服务。

由于无线局域网具有多方面的优点，因此发展十分迅速。在最近几年里，无线局域网已经在医院、商店、工厂和学校等不适合网络布线的地方得到了广泛应用。

4.6.1 WLAN协议标准

无线接入技术区别于有线接入技术的特点之一是标准不统一，不同的标准有不同的应用。目前比较流行的有IEEE 802.11标准、蓝牙(Bluetooth)标准和HomeRF(家庭网络)标准3种。

1. IEEE 802.11标准

1990年IEEE 802标准化委员会成立IEEE 802.11无线局域网(WLAN)标准工作组。IEEE 802.11无线局域网标准工作组的任务是研究1 Mb/s和2 Mb/s数据速率且工作在2.4 GHz开放频段的无线设备和网络发展的全球标准，并于1997年6月公布了该标准。IEEE 802.11标准是第一代无线局域网标准之一。该标准定义了物理层和介质访问控制(MAC)规范，允许无线局域网和无线设备制造商建立起互操作网络设备。

(1) 物理层

在IEEE 802.11标准中，物理层定义了数据传输的信号特征和调制规范。在物理层中，定义了两个RF传输方法和一个红外线传输方法，RF传输方法采用扩频调制技术来满足绝大多数国家工作规范。在该标准中，RF传输标准是跳频扩频(FHSS)和直接序列扩频(DSSS)，工作在2.400 0~2.483 5 GHz频段。直接序列扩频采用BPSK和DQPSK调制技术，支持1 Mb/s和2 Mb/s数据速率，使用11位Barker序列，处理增益10.4 dB。跳频扩频采用2~4电平GFSK调制技术，支持1 Mb/s数据速率，共有22组跳频图案，包括79信道，在美国，规定的最低跳频速率为每秒2.5跳。红外线传输方法工作在850~950 nm段，峰值功率为2 W，使用4或16电平pulse-positioning调制技术，支持1 Mb/s和2 Mb/s的数据速率。

(2) 介质访问控制(MAC)子层

在无线网络中，由于冲突检测比较困难，IEEE 802.11规定介质访问控制(MAC)子层采用冲突避免(CA)协议，而不是冲突检测(CD)协议。为了尽量减少数据的传输冲突和重试发送，防止各站点无序地争用信道，无线局域网采用了和以太网CSMA/CD相类似的CSMA/CA(载波监听多路访问/冲突防止)协议。CSMA/CA通信方式将时间域的划分与帧格式紧密联系起来，保证在任一时刻只能有一个站点进行发送，实现了网络系统的集中控制。由于传输介质不同，CSMA/CD与CSMA/CA的检测方式也不相同。CSMA/CD通过电缆中的电压变化进行检测，当数据发生冲突时，电缆中的电压就会随着变化；而CSMA/CA采用能量检测(ED)、载波检测(CS)和能量载波混合检测3种检测信道空闲的方式。

IEEE 802.11将基本服务群(BSS)定义为无线局域网的基本单元，它的功能包括分布式协调功能(DCF)和无线访问接入点协调功能(PCF)两种。DCF是IEEE 802.11标准中MAC协议的基本介质访问方法，它作用于基本服务群和基本网络结构，可在所有站实现，并支持竞争型异步业务。而PCF可支持无竞争型时限业务和无竞争型异步业务，在PCF模式中，通过一个无线访问接入点(Access Point，AP)来控制对介质的所有访问。当系统处于PCF模式时，负责控制访问的无线访问接入点将接纳每个终端的数据，经过指定的时间后转移到下一站。除非某个终端被接纳，否则它不允许进行发射，也只有当终端被接纳以后，它们才接收来自无线访问接入点的数据。由于PCF按预定的方式为每个终端确定了一个发射顺序，因此保证了每条数据流的最大延迟。PCF的不足之处在于它的可伸缩性较差，因为它是通过单一的无线访问接入点来控制媒体访问且必须接纳所有终端的通信，所以这种做法在较大的网络中效率较低。

IEEE 802.11 MAC层负责客户端与无线访问接入点之间的通信。当一个IEEE 802.11客户端进入一个或多个无线访问接入点的覆盖范围时，它将根据信号强度和检测到的包错误率，选择其中性能最好的一个无线访问接入点并与它联系。一旦被该无线访问接入点接收，客户端会将无线信道调整到设置无线访问接入点的无线信道。它定期检测所有的IEEE 802.11信道，以便确定是否有其他的无线访问接入点能够提供更好的性能，如果检测到存在这样的一个无线访问接入点，它将与新的无线访问接入点重新建立联系，客户端将调整到设置该无线访问接入点的无线信道。出现这样重新连接的情况，通常是由于无线终端在物理位置上偏离了原始无线访问接入点，导致信号变弱。此外，当建筑物中的无线特性发生变化，或者原始无线访问接入点的网络通信量过高时，也会出现重新连接的情况。在后一种情况下，这个功能一般称为"负载平衡"，因为它的主要作用是将总体的无线LAN负载最有效地分布到可用的无线基础设施中。

在IEEE 802.11标准中，MAC提供的服务包括：安全服务、MSDU重新排序服务和数据服务。其中，安全服务提供的服务范围局限于站与站之间的数据交换，它的内容为：加密、验证、与层管理实体相联系的访问控制。IEEE 802.11标准提供了WEP(Wired Equivalent Privacy)加密算法，其目标是为无线LAN提供与有线网络相同级别的安全保护。另外，为了进行访问控制，ESSID(也称为无线LAN服务区别号)将被存储到每个无线访问接入点中，它是无线客户端与无线访问接入点联系所必不可少的。除此之外，每个无线访问接入点中还包括一个关于MAC地址的访问控制列表，只有那些MAC地址在这个列表中的客户端才能对无线访问接入点进行访问。MSDU重新排序服务用于提高成功发送的可能性，只有在节电方式下工作的站，且不处于激活状态，才可先将MSDU缓存起来，等站被激活时再突发出去，对缓存数据进行重新排序。MAC数据服务可使对等LLC实体进行数据单元的交换，本地MAC利用下层的服务将一个MSDU传给一个对等的MAC实体，然后又传给对等的LLC实体。

由于IEEE 802.11标准在速率和传输距离上都不能满足人们的需要，因此，IEEE小组又相继推出了IEEE 802.11b和IEEE 802.11a两个新标准。

(3) IEEE 802.11b

为了支持更高的数据传输速率，IEEE小组于1999年9月批准了IEEE 802.11b标准。IEEE 802.11b标准对IEEE 802.11标准进行了修改和补充，其中最重要的改进就是在IEEE 802.11的基础上，增加了两种更高的通信速率：5.5 Mb/s和11 Mb/s。

IEEE 802.11b主要是工作在2.4 GHz(2.4 to 2.483 GHz)频段的高速物理层规范，它在物理层上其实就是IEEE 802.11的扩展版本，支持5.5 Mb/s和11 Mb/s两个新速率。物理层的调制方式为CCK(补码键控)的DSSS。

IEEE 802.11b规定的是动态速率，允许数据速率根据噪声状况进行自动调整。这意味着IEEE 802.11b设备在噪声条件下将以更低速率、1 Mb/s、2 Mb/s、5.5 Mb/s、11 Mb/s等多种速率进行传输。多速率机制的介质访问控制(MAC)用于确保当工作站之间距离过长或干扰太大、信噪比低于某个门限时，传输速率能够从11 Mb/s自动降到5.5 Mb/s，或者根据直接序列扩频技术调整到2 Mb/s和1 Mb/s。

(4) IEEE 802.11a

IEEE 802.11a扩充了标准的物理层，规定该层使用5 GHz的频带，频段为5.15~5.25、5.25~5.35和5.725~5.825 GHz 频段，其物理层的吞吐量分为6、12、18、24、36、48和54 Mb/s。

高端的5.8 GHz频段，由于输出功率高，适合建筑物之间或室外环境的无线应用；而低端的5.2 GHz和中部的5.3 GHz频段则特别适合建筑物内的产品。对于5.2 GHz 频段的设备，必须使用集成天线。

IEEE 802.11a在5 GHz频段采用正交频分复用(OFDM)来传输数据，代替IEEE 802.11b的DSSS。该技术可以用来帮助提高速度和改进信号质量，并可克服干扰。扩展频谱技术必须以直接序列DSSS来发送信号，而OFDM技术与它不同，它可打破无线信道，将其分成以低数据速率并行传输的分频率，并可把这些频率一起放回接收端。这一方法可大大提升无线局域网的速度和整体信号质量。

IEEE 802.11a和IEEE 802.11b具有相同的MAC技术，它们都采用CSMA/CA协议，但是它们的物理层有着很大的不同。前者使用的是ISM波段的2.4 GHz，而后者则使是U-NII波段的5 GHz，相应的在这两个频段传播的信号才不会相互干扰。因此，这两种技术是不兼容的。但是有各种不同的策略可以使IEEE 802.11b向IEEE 802.11a推进，以使二者能够在一种网络中同时工作。

(5) IEEE 802.11g

2001年11月15日，IEEE小组试验性地批准一种新技术：IEEE 802.11g。该技术可以提升家庭、公司和公共场所的无线互联网接入速度，使无线网络每秒传输最大速度可达54 Mb/s，比IEEE 802.11b要快5倍，并且和IEEE 802.11b兼容。IEEE 802.11g标准方案工作在2.4 GHz频段上。

IEEE 802.11g中规定的调制方式有两种：包括在5 GHz频带无线LAN IEEE 802.11a中采用的OFDM与在IEEE 802.11b中采用的CCK。通过规定两种调制方式，既达到了用2.4 GHz频段实现IEEE 802.11a水平的数据传送速度，也确保了与装机数量超过1100万台的IEEE 802.11b产品的兼容。

IEEE 802.11g其实是一种混合标准，它既能适应传统的IEEE 802.11b标准，在2.4 GHz频率下提供每秒11 Mb/s的数据传输率，也符合IEEE 802.11a标准在5 GHz频率下提供54 Mb/s的数据传输率。

(6) IEEE 802.11n

相比802.11g标准，802.11n在技术产生重大突破，802.11n采用了新的MIMO(Multiple-Input Multiple-Output，多进多出)技术。对比802.11g标准最大理论速度为54Mb/s，802.11n标准将WLAN的传输速率从54Mb/s提升至108Mb/s，最高速率可达600Mb/s。

在传输距离方面，拥有MIMO技术的802.11n标准，通过多组独立天线组成天线阵列，可以将覆盖范围扩大到几平方千米。

802.11n标准使用2.4GHz和5GHz频段、40MHz信道技术，由于在2.4GHz频段只能承载一个40MHz频带，通常使用802.11n的无线路由器在2.4GHz仍使用20MHz频带，在5GHz频段使用40MHz频带，不过5GHz频段覆盖范围较小，更适合在室内使用。

(7) IEEE 802.11ac

IEEE 802.11工作组在2013年发布了802.11ac的标准，802.11ac是基于5G频段的802.11n技术的演进版本，通过物理层、MAC层一系列技术更新实现对1Gb/s以上传输速率的支持，它的最高速率可达6.9Gb/s，并且支持诸如MU-MIMO这样高价值的技术。

802.11ac协议引进了8×8 MIMO的概念，也就是说最多支持8条空间流。而在802.11n协议中最大支持的是4×4 MIMO，因此802.11ac在设备的发送/接收空间流上有了很大的提升。802.11ac每个通道的工作频带由802.11n的40MHz，提高到80MHz甚至160Mhz，理论传输速度由802.11n的600Mb/s提升至1Gb/s，实际传输速度可以接近802.11n的3倍。

MU-MIMO技术是802.11ac中最具价值特性的，MIMO 始于802.11n。MIMO天线技术在链路的发送端和接收端都采用多副天线，搭建多条通道，并行传递多条空间流，从而可以在不增加信道带宽的情况下，成倍提高通信系统的容量和频谱利用率。

802.11ac协议实现了完全向下兼容，即在802.11ac网络中，各种类型的终端都可以正常地工作而不会相互影响。

2. 蓝牙技术

蓝牙(Bluetooth)技术是一种短距离的无线通信技术，它工作在2.4 GHz ISM频段，面向移动设备间的小范围连接，通过统一的短距离无线链路，在各种数字设备间实现灵活、安全、低成本、小功耗的话音以及数据通信。目前，蓝牙技术广泛应用于无线耳机、无线鼠标等设备。其主要技术特点如下。

- 蓝牙的指定范围是10 m，在加入额外的功率放大器后，可以将该距离扩展到100 m。辅助的基带硬件可以支持4个或者更多的语音信道。

- 提供低价、大容量的语音和数据网络，最高数据传输速率为723.2 kb/s。

- 使用快速跳频(1600跳/s)技术避免干扰，在干扰下，使用短数据帧来尽可能地增大容量。

- 支持单点和多点连接，可采用无线方式将若干蓝牙设备连成一个微波网，多个微波网又可互联成特殊分散网，形成灵活的多重微波网的拓扑结构，从而实现各类设备之间的快速通信。

- 任意一台蓝牙设备，都可以根据IEEE 802标准得到一个唯一的48位地址码，确保完成通信过程中设备的鉴权和通信的保密安全。

- 采用TDD方案来实现全双工传输，蓝牙的一个基带帧包括两个分组：发送分组和接收分组。蓝牙系统既支持电路交换也支持分组交换，支持实时同步定向连接和非实时的异步不定向连接。

3. 家庭网络的HomeRF

HomeRF主要为家庭网络设计，是IEEE 802.11与DECT(数字无绳电话标准)的结合，旨在降低语音数据成本。HomeRF也采用了扩频技术，工作在2.4 GHz频带上，能同步支持4条高质量语音信道。但目前HomeRF的传输速率只有1~2 Mb/s，FCC建议增加到10 Mb/s。

与有线网络相比，无线局域网也有很多不足。它还不能完全脱离有线网络，只是有线网络的补充，而不是替换。首先，无线局域网产品比较昂贵，增加了组网的成本；其次，传输速度还比较慢，无法实现有线局域网的高带宽。无线局域网以空气为介质信号在空气中进行传输，难免受到外部其他电信号的干扰，给无线局域网通信的稳定性造成很大的影响。

近年来，无线局域网产品逐渐走向成熟，适用于无线局域网产品的价格也正逐渐下降，相应的软件也逐渐成熟。此外，无线局域网已能够通过与广域网相结合的形式提供移动Internet的多媒体业务。无疑，无线局域网将以它的高速传输能力和灵活性发挥越来越重要的作用。

4.6.2 WLAN硬件

要组建无线局域网，必须要有相应的无线网设备，这些设备主要包括无线网卡、无线访问接入点、无线HUB和无线网桥等，几乎所有的无线网络产品都自含有无线发射/接收功能，且通常是一机多用。

- 无线网卡主要包括NIC(网卡)单元、扩频通信机和天线3个功能模块。NIC单元属于数据链路层，由它负责建立主机与物理层之间的连接；扩频通信机与物理层建立了对应关系，它通过天线实现无线电信号的接收与发射。

- 无线HUB既是无线工作站之间相互通信的桥梁和纽带，又是无线工作站进入有线以太网的访问点。它负责管理其覆盖区域(无线单元)内的信息流量。覆盖彼此交叠区域的一组无线HUB，能够支持无线工作站在大范围内的连续漫游功能，同时还能始终保持网络连接，与蜂窝式移动通信的方式非常相似。另外，在同一位置放置多个无线HUB，可以实现更高的总体吞吐量。

○ 无线网桥主要用于无线或有线局域网之间的连接。当两个局域网无法实现有线连接或使用有线连接存在困难时，可以使用无线网桥实现点对点的连接，在这里，无线网桥起到了网络路由选择和协议转换的作用。

除了上面讲到的几种设备之外，无线Modem也可以用于无线接入，如PDA就可以通过外接无线Modem的方式来访问Internet。

4.6.3　WLAN结构分析

根据不同局域网的应用环境和不同的需求，无线局域网可以采用不同的网络结构来实现互联。常用的网络结构有如下几种。

○ 网桥连接型：不同的局域网之间互连时，由于物理上的原因，若采取有线方式不方便，则可以利用无线网桥的方式实现两者之间的点对点连接。无线网桥不仅提供两者之间的物理与数据链路层的连接，还为两个网络的用户提供较高层的路由与协议转换。

○ 基站接入型：当采用移动蜂窝通信网接入方式组建无线局域网时，各站点之间的通信是通过基站接入和数据交换方式来实现互连的。各移动站不仅可以通过交换中心自行组网，还可以通过广域网与远地站点组建自己的工作网络。

○ HUB接入型：利用无线HUB组建星型结构的无线局域网，具有与有线HUB组网方式相类似的优点。在该结构基础上的WLAN，可利用类似于交换型以太网的工作方式，要求HUB具有简单的网内交换功能。

○ 无中心结构：要求网中的任意两个站点均可直接通信。此结构的无线局域网一般使用公用广播信道，MAC层采用CSMA类型的多址接入协议。

4.7　局域网应用实例

局域网是最常见的网络形式，小到一个家庭，大到一个企业或者校园，都可以用局域网作为其实现信息化的载体。组建局域网最主要的目的是，组织内部信息和资源的共享，实现办公、业务的自动化。通过前面的学习，读者已经基本具备了组建局域网络的基础知识。下面将以一个小型公司内部局域网的组网方案为例，说明组建局域网的一般步骤。

某小型公司现有30多名员工，现在公司需要组建一个内部网络，实现网上办公以及共享一些设备和资源，如网络打印机、文档服务器等。这个网络相对来说比较简单，可以按照以下步骤进行操作。

1. 用户需求分析

该公司为了实现信息化办公，组建内部局域网，以实现资源共享(共享网络打印机、文档服务器等)、网络办公等功能。要求系统性能稳定、使用方便、维护简单。

2. 系统解决方案

根据用户的需求分析，要提供针对用户需求的解决方案。

(1) 确定网络技术标准

通过本章的学习可知，局域网的主要技术标准包括以太网、令牌环和令牌总线等，从网络技术简单性、成本的经济性来看，这里可以选择以太网。以太网是目前最常用的局域网技术，它比使用Token Ring等其他网络更经济，升级更方便，维护复杂度也比较低。同时，考虑到网络主要用于办公，不会有特别大的数据流量，在本例中选择100 Mb/s以太网，这是当前比较成熟的技术，设备成本也比较合理。

(2) 选择网络的拓扑结构

局域网的拓扑结构可以采用星型、环型和总线型结构，这些结构各有特点。现代网络通常综合了总线型拓扑结构的逻辑通信和星型拓扑结构的物理布局，形成星型物理布局中的总线型拓扑结构。它的特点是结构简单，易于维护，并且具有良好的扩展性能。

(3) 由于网络中需要安排服务器等设备，因此在网络模式上选择客户机/服务器模式。

(4) 考虑到公司的个别部门信息的敏感性(如财务部、研发部等部门希望形成独立子网)，可以采用VLAN技术划分虚拟子网。

通过上述分析，可以确定网络的结构图，如图4-20所示。

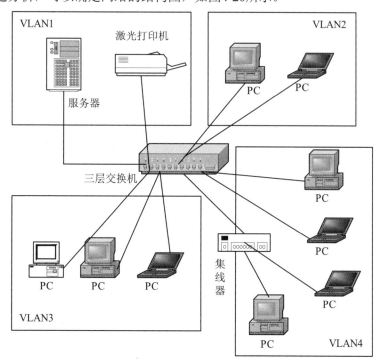

图4-20　网络结构图

在如图4-20所示的网络结构中，采用一台3层交换机构成网络的主干，并根据部门情况划分VLAN。为了便于管理，可以将各个服务器划分在一个VLAN中，并且为了保证服务器的带宽和响应速度，将服务器直接接入骨干交换机。如果端口不足，可以在一个VLAN中加入集线器扩展端口，或者采用交换机进行级联。

3. 设备选型

(1) 交换机选择

在确定了网络技术和拓扑结构之后，即可根据网络需求选择网络设备。局域网的互连设备可以采用集线器、交换机和路由器等。本例所设计的网络规模比较小，结构比较简单，一般不需要路由器，因为路由器主要实现网络间的互连，而且价格比较贵，端口较少，而集线器是一种共享介质的设备，连接几台设备时还是可行的，但是当网络中有几十台设备的时候，就容易产生广播风暴，造成网络拥塞。

在本例所示的环境中，选择交换机实现设备互连。交换机强调端口交换能力，以便有效保护链路带宽。同时，交换机的价格也比路由器便宜，而且端口比较多。考虑采用VLAN技术划分子网，这里可以选择3层交换机，不仅可以显著提高网络性能，而且可以更好地保证数据安全性。

目前，市场上主流的3层交换机很多，选择设备时需要考虑其端口数目和支持VLAN方式等要素。例如，选择Cisco Catalyst 3560系列交换机是一个采用快速以太网配置的固定配置交换机，适用于小型企业布线室或分支机构环境，支持48个快速以太网端口和VLAN。

(2) 服务器设备

可以根据组织需求，考虑价格等因素选择合适的服务器。例如，万全T270服务器非常适用于企业以及行业用户的中小规模网络，该服务器可以在网络中担当文件服务器、电子邮件服务器、Web服务器、Proxy服务器、中小型数据库应用服务器等，是企业信息化建设等应用方面的最佳选择。

4. 操作系统和软件选型

Windows操作系统是用户比较熟悉的，Windows Server网络操作系统支持电子邮件、Web、文件服务器等网络服务，可以提供建设高性能的客户/服务器网络所需的功能，因此可以选择Windows Server操作系统作为服务器。

为了支持Web、电子邮件等服务，还需要安装IIS、SMTP等应用软件或组件。

5. 布线和施工

本网络物理范围不大，可以选择双绞线布线，具体布线要求在后面章节进行介绍。

本例中组建了一个简单的局域网结构，其中涉及以太网、VLAN等技术，当然，一个完善的网络还要有相应的服务做支撑，如Web、Mail服务器。本书将在第8章详细介绍如何配置这些服务。

4.8 本章小结

局域网是计算机网络中应用最广泛的一种局域网技术，本章重点介绍了局域网的基本知识和技术，包括局域网的基本原理、技术标准、局域网拓扑结构等内容，同时介绍了虚拟局域网和无线局域网两种重要的局域网技术。

4.9 思考与练习

1. 填空题

(1) 要构建局域网，必须有其基本组成部件。这些部件包括：_____、_____、_____和_____等。

(2) 以太网的媒体访问控制方法是_____。

(3) FDDI可以发送两种类型的包：_____和_____。_____通信用于要求连续进行的对时间敏感的传输(如音频、视频和多媒体通信)。_____通信用于不要求连续脉冲串的普通的数据传输。

(4) 常见的虚拟局域网分类有3种：_____、_____和_____。

(5) 要组建无线局域网，必须要有相应的无线网设备，这些设备主要包括：_____、_____、无线HUB和_____。

2. 选择题

(1) 用于令牌环网中的集线器的名称是什么？( )

    A. 多址访问单元   B. 多载波控制单元

    C. 多节点访问工作站   D. 介质访问控制单元

(2) 哪种拓扑结构会受到信号反射的影响？( )

    A. 端到端   B. 总线型   C. 环型   D. 星型

(3) 为什么会使用一个层次拓扑结构？( )

    A. 区分连接设备和工作组的级别

    B. 使多协议能够在局域网段间路由

    C. 考虑两个局域网段之间的信号反射

    D. 对关键网络连接保证更高的可靠性

(4) 以下哪一种网络的逻辑拓扑结构或网络传输模型，经常使用到星型总线拓扑结构？( )

    A. 以太网   B. 全网状   C. 半网状   D. 令牌环网

(5) 环型拓扑结构的工作站是如何进行数据传输的协商？( )

    A. 通过使用CSMA/CD   B. 通过使用RARP

    C. 通过使用需求优先权技术   D. 通过使用令牌技术

(6) 网络中过多的数据冲突的结果是什么？( )

    A 异步通信   B. 不能登录到服务器上

    C. 低劣的性能   D. 路由无法处理多种协议

(7) 在以太网帧中填充域的作用是什么？( )

    A. 确保帧和数据无错到达

    B. 确保帧有序到达

    C. 指示帧的长度

    D. 确保帧的数据部分的总长至少为46字节

(8) 在以太网帧中帧校验序列域的作用是什么? (　　)

A. 确保数据无错到达目标节点

B. 确保帧的长度在传输过程中保持不变

C. 确保帧与数据流中的其他帧同步

D. 确保帧到达正确的目标地址

3. 问答题

(1) 列出典型的局域网拓扑结构,并说明它们各自的特点。

(2) 简述当工作站参与CSMA/CD时所采取的步骤。

(3) 简述令牌环的操作过程。

4. 练习题

本练习要求创建一个简单的星型总线网络,它是以太网中最典型的网络形式之一。这个项目准备一个以太网10 Mb/s集线器(其中每个集线器至少包括4个端口)、6根电缆、4台工作站(或者是PC),所有的计算机都带有10/100 Mb/s网络接口卡(已安装及正确配置)。工作站可以运行Windows 2000、Windows XP、Windows 7或Windows 10,并且安装了TCP/IP协议。

(1) 将一根电缆的一端插入集线器的连接端口,另一端插入一台工作站(或者是PC)的网络接口卡,从而将集线器和工作站(或者是PC)连接起来。

(2) 将工作站(或者是PC)的电源打开,注意当工作站(或者是PC)启动时,集线器上的灯会发生什么变化。

(3) 重复上述的过程,即可建立起一个星型拓扑结构的网络。

第 5 章

广域网组网技术

广域网(Wide Area Network，WAN)是建立在一个广泛的范围内的计算机通信网。广泛的范围指的是地理范围广泛，可以超越一个城市、一个国家甚至遍及全球，因此对通信的要求高，复杂性也高。在实际应用中，广域网可以和局域网(LAN)互连，即局域网可以作为广域网的一个终端系统。

组建广域网，必须遵循一定的网络体系结构和相应的协议，以实现不同系统的互连和相互协同工作。本章将主要介绍广域网的相关技术和协议规范。

本章要点:

- ○ 广域网的技术特点
- ○ 广域网的主要标准
- ○ 广域网的设备
- ○ ATM技术
- ○ SONET技术
- ○ MPLS技术
- ○ 无线通信技术
- ○ 广域网路由

5.1 广域网技术概述

广域网(WAN)也称为远程网，它所包括的地理范围从几十千米到几千千米，可以覆盖一个国家、地区，或横跨几个洲，形成国际性的远程网络。广域网通过专用的或交换式的连接方式将计算机连接起来。这种广域网可以通过公众网建立起来，也可以通过服务与某个部门的专用网建立起来。

广域网主要使用分组交换技术。广域网的通信子网可以利用公用分组交换网、卫星通信网和无线分组交换网，它将分布在不同地区的计算机系统互连起来，以达到资源共享的目的。

在大多数广域网中，通信子网由两个不同的部件组成：传输线和交换单元。传输线也称线路、信道或者干线，用于在机器之间传输比特。交换单元是一种特殊的计算机，用于连接两条或更多的传输线。当数据从输入线到达交换单元时，交换单元必须为数据选择一条输出线以传递它们。

在大多数广域网中，包含大量的电缆或电话线，每一条线都连接一对路由器。如果两个路由器之间没有直接的电缆相连接而彼此又希望进行通信，则必须使用间接的方法，即通过其他的路由器相连接。当通过中间路由器把分组从一个路由器发往另一个路由器时，分组会完整地被每个中间路由器接收并保存起来。当需要的输出线路空闲时，该分组就被转发出去。使用这种原理的子网被称作点到点(point-to-point)、存储/转发(store-and-forward)或分组交换(packet-switched)子网。几乎所有的广域网(除了使用卫星的以外)都使用点到点子网。当分组很小并且大小相同时，该分组通常被称作信元(cell)。

选择广域网时，需要权衡许多因素，如传输速率、可靠性和安全性等。

1. 传输速率

广域网连接能提供范围很大的传输速率。从PSTN拨号连接的56 kb/s到全速率SONET连接的10 Gb/s的最大传输速率，都可以提供。每一种广域网技术采用的传输方法将会影响实际的网络吞吐量，所以最大传输速率只是一种理论值，实际的传输速率可能会不同。

2. 可靠性

每一种广域网技术的可靠性都不一样。广域网的可靠性取决于它所使用的传输介质(如光纤比铜线更可靠)、拓扑结构和传输方法(如全网状连接广域网比半网状连接广域网的可靠性更高，这是因为前者在传输数据时，如果其中的一条链接失败，还有其他的传输路径可供选择)。广域网技术可以大致分为以下几种。

- 不是很可靠的广域网技术，适合于个人用户或不重要的传输，通过PSTN拨号连接。
- 足够可靠的广域网技术，适合于每天都要进行的传输，如ISDN、T1、T3、xDSL、线缆、X.25和帧中继。
- 非常可靠的广域网技术，适合于对出错率要求高的应用，如FDDI、ATM和SONET。

尽管PSTN线路是所有广域网技术中最不可靠的，但它足以满足大部分远距离工作的目的，它的可靠性取决于连接用户所在地的本地电话线路的质量。对于需要从跨地区的分支机构接收电子邮件和数据文件的公司员工，通常采用ISDN或T1线路已足够。然而，有些应用则要求最高的可靠性。例如，视频会议传输通常使用如SONET这样高可靠性的技术。

3. 安全性

安全性是在进行广域网设计时必须考虑的重要问题，安全性不仅取决于所用的传输介质的类型，还要考虑如下几个因素。

- 广域网的安全性与网络服务提供商为广域网线路所实施的安全防范措施有一定的关系。当租用T1、帧中继或SONET环时，应该了解它们是如何对传输的信息进行保密的，另外，还应该弄清安全连接设备(如防火墙)是否设置得当。
- 加强对访问局域网和广域网的口令认证，并选择使用难以破译的口令。

○ 为机构用户花时间去开发、公布以及加强安全措施。坚持限制对放置网络设备的房间和数据中心的访问。

上述所有安全措施都利于保证网络的安全性。换句话说，用户选择使用的网络类型不如针对整个网络所进行的安全防范措施更重要。

4. 虚拟专用网络

VPN(虚拟专用网络)是远距离传输的网络，它从逻辑上定义了利用公用传输系统的一个组织的所有用户，使得该组织的传输业务与利用同一公用传输系统的其他用户隔离开来。

VPN提供了利用现有公用传输系统构建广域网的一种途径。例如，一个组织可以在因特网上构建一个私用的广域网来为且仅为自己的业务服务，同时保持数据的安全并与其他(公用)业务隔离。

由于VPN并不需要租用全部的T1线路或帧中继系统，因此它提供了创建远距离广域网的一种并不是十分昂贵的解决方案。VPN采用特殊的协议和安全技术，确保数据只能在广域网的节点处得到解析。所用的安全技术可能是纯软件的，或者是包括了如防火墙这样的硬件。

用来建立VPN的软件价格通常都不高。在有些情况下，这些软件还捆绑有其他用途广泛的软件。例如，Windows 2000 Server都携带有一个叫作RAS的远程接入工具，它允许用户创建一个简单的VPN。

前面章节介绍了WAN技术的基本概念和实施WAN所需要考虑的关键因素，下面的内容将主要介绍广域网传输的常见技术。

5.2　DDN

DDN是数据传输网(Digital Data Network)的英文简称，它是利用光纤、数字微波、卫星等数字信道，以传输数据信号为主的数字通信网络，可以提供2Mb和2Mb以内的全透明的数据专线，并承载语音、传真、视频等多种业务。利用数字信道传输数据信号与传统的模拟信道相比，具有传输质量高、速度快、带宽利用率高等优点，本节首先介绍DDN技术。

5.2.1　DDN的特点

DDN是随着数据通信业务的发展而发展起来的一种新兴网络，是利用数字信道提供永久或半永久性电路，以传输数据信号为主的数据通信网络，其中包含数据通信、数字通信、数字传输、数字交叉连接、计算机和带宽管理等技术。DDN可以为客户提供专用的数字数据传输通道，并为客户建立专用数据网提供条件。

DDN的主要特点如下。

(1) 传输速率高：在DDN内的数字交叉连接复用设备可提供2 Mb/s或$N\times64$kb/s($\leqslant$2 Mb/s)速率的数字传输信道。

(2) 传输质量较高：数字中继大量采用光纤传输系统，用户之间具有固定连接，网络时延小。网络设备之间均使用数字传输电路，具有很强的抗噪声和失真的能力，以及很小的传输比特差错率，并且性能稳定。

(3) 协议简单：DDN采用交叉连接技术和时分复用技术，由智能化程度较高的用户端设备来完成协议的转换，本身不受任何规程所约束，是一种全透明网，并且面向各类数据用户。DDN可以根据客户的需要选择通信速率，并通过数字时分复用技术来建立所需要的数据传输通道。

(4) 灵活的连接方式：DDN可以支持数据、语音、图像传输等多种业务，它不仅可以和用户终端设备相连接，也可以和用户网络相连接，为用户提供了灵活的组网环境。

(5) 电路可靠性高：DDN采用路由迂回和备用方式，使得电路安全可靠。

(6) 网络运行管理简便：DDN采用网管对网络业务进行调度监控。

5.2.2　DDN的业务

DDN以其优质的传输质量、智能化的网络管理以及灵活的组网方式，向客户提供了多种业务服务：除了2.4kb/s~2048kb/s速率的数字数据专线业务以外，DDN还可以提供语音、数据轮询、帧中继、VPN(虚拟专用网)等其他业务。

1. 基本业务

DDN的基本业务就是向客户提供多种速率的数字数据专线服务，它可以提供2.4、4.8、9.6、19.2、$N\times64$(N为1~31)和2048kb/s速率的全透明的专用电路，广泛应用于银行、证券、气象、文化教育等需要用专线业务的行业，适用于LAN/WAN(局域网/广域网)的互连、不同类型网络的互连以及会议电视等图像业务的传输，同时为分组交换网用户提供接入分组交换网的数据传输通路。

2. 扩展业务

DDN除了向客户提供基本业务外，还可以结合其他技术向客户提供丰富的扩展业务，下面将简单介绍常见的扩展业务。

(1) 一点对多点通信的业务

一点对多点通信的业务可分为广播多点通信业务和双向多点通信业务两种，该项业务的主要特点是，数据信息流可以从一点同时传送到多点，使多点同时获得同一种信息，这种信息可以是数据信息、图像信息或语音信息。

广播多点通信业务可被应用于一点发、多点收的通信场合，例如信息公布(股票、新闻等)、传真等。例如，深圳、上海证券交易利用DDN同时向全国证券公司传送股市行情，方便广大股民进行操作。

双向多点通信业务可应用于集中监视、信用卡验证、金融事务、销售点、数据库服务、预定系统、行政管理等领域。例如，城市交通的监视系统利用DDN传送各个交通路口的交通状态，以便及时进行交通管制。

(2) 语音/G3传真业务

DDN可以提供模拟专线业务，在一条线路上同时支持电话和传真，以及标准的语音压缩，质量优良。此外，DDN也适用于用户交换机的连接。该项业务可应用于电话与传真以及长距离的交换机联网等场合，例如，一个集团总公司的所在地在北京，分公司在别处，分公司就可利用DDN的语音/传真业务与总公司直接相连接；分公司也可以利用DDN把自己的用户交换机直接与总公司交换机相连，实现区域内拨号。

(3) VPN业务

VPN是一种虚拟专用网，它基于DDN智能化的特点，利用DDN的部分网络资源，可根据客户的需要进行设置。VPN不仅支持数据、语音和图像业务，也可以支持DDN所具有的其他业务。在DDN网管中心的授权下，VPN可以有自己的网络管理站，客户利用VPN网络管理站，可以对自己租用的VPN进行灵活的调度和管理，该业务主要适用于部门、行业或集团客户，例如银行、铁路、民航、统计局、石化公司等，它们可以利用VPN组建自己的专用计算机网络，不仅通信质量、安全可靠性得到保证，而且避免了重复投资，节省了远距离联网费用。

5.2.3　DDN结构

DDN通常是一种专线业务，它支持数据、语音、图像传输等业务，DDN不仅可以和客户终端进行连接，还可以和用户网络相连接，为客户网络提供灵活的组网环境。DDN有4个组成部分：数字通道、DDN节点、网管控制和用户环路。

1. DDN节点类型

在《TZ 016-94数字数据网(DDN)技术体制》中，将DDN节点分成2兆节点、接入节点和用户节点3种类型。

(1) 2兆节点

2兆节点是DDN的骨干节点，执行网络业务的转换功能。主要向客户提供2048kb/s(E1)数字通道的接口和交叉连接、对$N \times 64$kb/s(N为1~31)电路进行复用和交叉连接以及帧中继业务的转接功能。

(2) 接入节点

接入节点主要为DDN各类业务提供接入功能，这些业务包括$N \times 64$kb/s与2048kb/s数字通道的接口、$N \times 64$kb/s的复用与压缩语音/G3传真以及用户入网等业务。

(3) 用户节点

用户节点主要为DDN用户入网提供接口并进行必要的协议转换，它包括小容量时分复用设备和LAN通过帧中继互连的网桥/路由器等。

在实际组建各级网络时，可以根据网络规模、业务量等具体情况，酌情变动上述节点类型的划分。例如：把2兆节点和接入节点归为一类节点，或者把接入节点和用户节点归为一类节点，以满足具体情况下的需要。

2. DDN结构

DDN结构按网络的组建、运营、管理和维护的责任地理区域，可以分为一级干线网、二级干线网和本地网3级。各级网络应根据其网络规模、网络和业务组织的需要，并参照前面介绍的DDN节点类型，选用适当类型的节点，组建多功能层次的网络。在组建网络时，可由2兆节点组成核心层，用于完成转接功能；由接入节点组成接入层，用于完成各类业务的接入；由用户节点组成用户层，作为用户入网接口。

一级干线网由设置在各省、各自治区和直辖市的节点组成，它提供省之间的长途DDN业务。一级干线节点设置在省会城市，根据网络组织和业务量的要求，一级干线网节点可与省内多个城市或地区的节点互连。

二级干线网由设置在省内的节点组成，它提供本省内长途和出入省的DDN业务。根据数字通路、DDN规模和业务需要，在二级干线网上也可以设置枢纽节点。当二级干线网设置核心层网络时，应该设置枢纽节点。

本地网指的是城市范围内的网络，在省内的发达城市可以组建本地网。本地网为其用户提供本地和长途DDN业务。根据网络规模、业务量的要求，本地网可以由多层次的网络组成，本地网中的小容量节点，可以直接设置在用户的室内。

5.2.4 DDN实例

DDN适用于信息量大、实时性强、保密性能要求高的数据业务，例如商业、金融业和办公自动化系统，图5-1所示是某企业通过DDN建立内部专网的示例图。

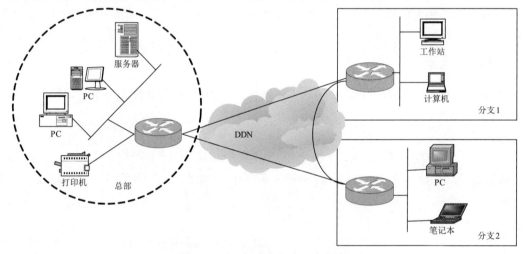

图5-1　DDN组建内部专网实例图

通过DDN可实现企业总部与各办事处以及公司分部的局域网的互连，从而实现公司内部的数据传送、企业邮件服务、语音服务等，并可以通过将DDN连接到Internet以实现电子商务等应用。由于DDN是专用传输通道，因此对用户而言私密性好，安全性高。

5.3 xDSL

数字用户线路(Digital Subscriber Line，DSL)是一种通过在现有的电信网络中使用高级调制技术，以便在用户和电话公司之间形成高速网络连接的技术。DSL支持数据、语音和视频通信，包括多媒体应用。

5.3.1 DSL标准

DSL是一种数字技术，它工作在铜线之上，这些铜线为了提供电话服务已延伸到各个居民区和商业区。要使用DSL，必须在诸如计算机、访问服务器、集线器之类的设备上安装一块DSL网络适配器，然后通过这些设备连接到DSL网络上，如图5-2所示。

该适配器在外观上和调制解调器很相似，但是它完全是数字化的，也就是说，

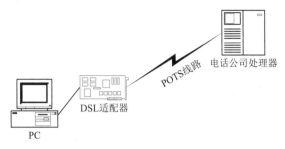

图5-2　计算机通过DSL适配器连接到网络中

它没有把DTE(数据终端设备)的数字信号转换为模拟信号，而是直接在电话线上发送数字信号。两对线被连接到适配器上，然后再引出来连接到电线杆上。在铜线上的通信是单一的，这就意味着一对线仅能用于向外发送数据，另外一对线仅能用于发送数据，这样便形成了到电话公司的上行线路和到用户的下行线路。上行线路传输的最大速率可高达2.3 Mb/s，而下行线路通信速率可以高达60 Mb/s。在不使用中继器的情况下，用户距电话公司的最大距离可长达5.5千米。

5.3.2 DSL服务类型

DSL通过本地环路来提供数据服务，它有5种服务类型，下面我们分别予以介绍。

1. 不对称数字用户线路(ADSL)

ADSL是常见的一种DSL版本。它除了可以用于传统的数据和多媒体应用之外，还非常适用于交互式多媒体和远程教学。

在传输数据之前，ADSL需要检查电话线路，通过前向纠错过程对噪声和差错状况进行检查。当ADSL刚建成时，使用的上行传输速度为64 kb/s，下行传输速度为1.544 Mb/s(和T1的传输速率相同)。现在在上行传输速度可达576~640 kb/s，下行传输速度可达6 Mb/s。ADSL还可以使用第三个通信信道，在进行数据传输的同时进行4kHz的语音传输。

ADSL是通过两种不同的信令技术之一来实现的：无载波的幅度调制(CAP)和离散多音调制(DMT)。CAP结合幅度和相位调制，信号的传输速率可以达到1.544 Mb/s，与有线电视使用的技术相同。由ANSI支持的DMT是一种较新的技术，该技术将整个带宽隔离为256个4kHz的信道，并将传输的数据进行分段，为每一段分配一个唯一的数据ID，然后通过256个信道将数据发送出去。在接收端，设备根据数据ID对数据进行重组。

2. 自适应速率不对称数字用户线路(RADSL)

RADSL最初是为视频点播传输而开发的，它应用了ADSL技术，并根据传输的数据类型(数据、多媒体或者语言)提供可变的传输速率。RADSL建立传输速率的方式有两种：一种是电话公司根据对线路使用的估计，为每一个用户线路设置一个特殊的速率；另一种是电话公司根据线路上的实际需求自动调整传输速率。RADSL对用户十分有利，因为用户只需为他们使用的带宽付费，电话公司可以将没有被使用的带宽分配给其他用户。

RADSL的另外一个优点是，当带宽没有被全部使用时，线路的长度可以很长，因此可以满足那些距离电话公司5.5千米之外的用户，它的下行传输速率高达7 Mb/s，而上行传输速率高达1 Mb/s。

3. 高比特速率数字用户线路(HDSL)

HDSL最初的设计是在两对电话线上进行全双工的通信，发送和接收的速率可高达1.544Mb/s，传输距离长达3.6千米。目前已经有了HDSL的另外一种实现方法，这种实现方法只需利用两对电话线中的一对，即可进行全双工通信，传输速率为768kb/s。

HDSL存在一个局限，即它不支持语音传输。但是，HDSL却是最有望成为T1服务的取代者，因为它可以使用现有的电话线，实现起来的花费比T1要小，对于需要进行局域网连接的公司尤为有用。

4. 超高比特速率用户数字线路(VDSL)

VDSL的目标是成为使用铜线或者光纤电缆的联网技术的一种替代方案。VDSL的下行速度可达51~55 Mb/s，而上行速度可达1.6~2.3 Mb/s。尽管VDSL提供了较大的带宽，但是覆盖的范围比较小，只有300~1800米，这就限制了VDSL在广域网领域的应用。

VDSL的工作方式和RADSL相似，可以根据需求自动分配带宽，同时它和DMT、ADSL也有些类似，可以在双绞线上创建多个信道，并且在传输数据的同时进行语音传输。

5. 对称数字用户线路(SDSL)

SDSL和ADSL相似，但是该服务分配的上行传输速率和下行传输速率相同，都是384kb/s。因为SDSL是一种对称带宽传输技术，所以它对于视频会议和交互式教学尤为有用。

5.4 SONET

SONET(同步光纤网)是一种光纤技术，其数据传输速率可达1Gb/s以上。在1986年，ITU-T开始开发类似SONET的传输和速度的协议，但是最终形成的标准却叫作同步数字序列(SDH)，该标准主要在欧洲得到应用。目前，SONET的数据传输速率可高达10Gb/s(OC-192)。

SONET网络可以连接到ATM、ISDN和其他设备的接口上，为这些设备提供高速通信。SONET的另外一个优点是，它可以在长距离上提供高速的数据传输，例如，在两个城市或地区之间。

5.4.1 通信介质和特性

SONET使用的通信介质是单模光纤电缆和T载波通信(从T-3开始)。主要的传输技术工作在物理层上，这使得其他一些传输技术，例如ATM、FDDI和SMDS等，可以运行在SONET之上。SONET和使用固定信元长度的技术最为兼容(例如，ATM和SMDS)，它和使用可变帧长的技术兼容性较差。

SONET的基本传输速率为51.84Mb/s，即光纤载波级别1(OC-1)，其电子方面的级别称为同步传输信号级别1(STS-1)。从此速率开始，即可将信号切换到特殊类型服务所需要的更高速率上。未来的SONET传输速率有望达到STS级别256，传输速率为13.271Gb/s。OC-3、OC-12和OC-48是现在最常用的选择。ITU-T的SDH版本和SONET十分相似，但是SDH的基本传输速率为155.52 Mb/s，而不是51.84 Mb/s，称为同步传输模型级别1(STM-1)。表5-1所示是SDH与SONET对应的光纤传输速率。

表5-1　SDH与SONET对应的光纤传输速率

SDH级别	SONET级别	传输速率(Mb/s)
STM-1	OC-3	155.52
STM-4	OC-12	622.08
STM-8	OC-24	1244.16
STM-16	OC-48	2488.32
STM-64	OC-192	9953.28

5.4.2　POS技术

POS利用点到点协议PPP(Point to Point Protocol)对IP数据包进行封装，并将HDLC的帧格式映射到SDH/SONET帧上，按照某个相应的线速进行连续传输。POS保留了IP面向非连接的特性。其中，PPP协议(RFC 1661)定义了在点到点链路上传输多协议数据包的标准方法，它是正式的Internet标准。PPP协议在OSI 7层参考模型中位于网络层之下，为了能与网络层平滑地连接，PPP协议在规定了基本接口后，还要为不同的网络层协议提供相应的封装控制协议(NCP)。PPP协议提供了多协议封装、差错控制和链路初始化控制等功能；HDLC帧格式用于实现同步传输链路上PPP封装的IP数据帧的定界。PPP协议可将IP数据包分割成PPP帧，以满足映射到SDH/SONET帧结构上的需要。

参考OSI 7层参考模型，SDH/SONET协议属于物理层上的协议(layer 1)，主要用于在物理层介质上传送字节数据。IP协议是无连接的协议，属于网络层协议(layer 3)。数据链路层(layer 2)负责SDH/SONET协议与IP协议之间的接口，IETF(Internet Engineering Task Force)定义PPP协议来实现此项功能，相应有PPP over SONET/SDH草案用于实现IP over SONET/SDH技术。IP over SONET/SDH技术通过PPP帧数据包映射到SONET/SDH帧结构净负荷区。

IETF制定的RFC1619 PPP over SONET/SDH定义了PPP与SONET/SDH之间的接口，描述了PPP在SONET/SDH网络中的具体应用。当SONET/SDH被配置为点到点的链路时，PPP协议可以很好地支持这种链路。PPP协议将SONET/SDH传输通路视为面向字节的同步链路，提供数据链路层的数据报封装机制。PPP协议向物理层提供一个字节型接口，PPP帧作为字节流映射到SONET/SDH净负荷中。由于PPP封装具有相对低开销的优点，因此相对其他的SONET/SDH净负荷映射方法而言，它能提供更大的网络吞吐量，并且能充分利用现有的设备，降低了线路终端设备的费用。图5-3所示是POS技术结构模型。

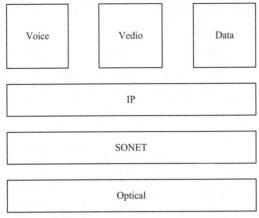

图5-3　POS技术结构模型

　　目前国内外正在建设的SDH/SONET传输网络，是在主干网上实施IP over SDH/ SONET技术的必要的物理基础。SDH/SONET标准具有很好的兼容性，不同体系和不同速率的信号都可以在SDH/SONET信道上复用和解复用，并且在SDH/SONET传输平台上轻松地实现全球性网络互联，充分展示了IP over SDH/SONET技术的优越性。

　　IP over SDH技术具有较高吞吐量、较低协议开销和较高带宽利用率等优点，可以缓解网络中带宽资源紧张的问题，适用于IP业务占主要地位的网络环境。IP Over SDH技术作为Internet主干网的解决方案之一，以Internet网作为无连接IP网，继续采用以路由器为核心的方法构建广域网，简化了网络体系结构，实现起来相对比较容易，大大降低了建设费用。

　　在Internet或IP网中，IP over SDH技术与其他传输方式相比，能提供较高的带宽利用率。大型全球公司、连接着大都市和乡村地区的公司，或ISP需要确保快速可靠地接入因特网的公司，往往更喜欢采用SONET技术。SONET特别适用于音频、视频和图像传输，图5-4所示是一种环型拓扑结构的SONET网络。

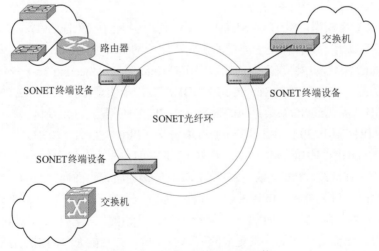

图5-4　采用双环的SONET网络

5.4.3　光以太网应用

光以太网综合了光纤传输和以太网组网模式的最佳性能。借助以太网设备，采用以太网数据包格式实现广域网通信业务，可以适用于任何光传输网络，如光纤直接传输、SDH、DWDM(密波分复用)和SONET(同步光纤网络)等。光以太网可以实现10Mb/s、100Mb/s以及1Gb/s等标准以太网速度，而且目前还可以实现10Gb/s以太网速率，它将成为各种业务的增值点。

光以太网通常应用于广域网、城域网等大型骨干网络中。通常，电信运营商会在城市之间和大型城市中建立光纤网络，然后运用以太网承载在城域型网络、广域网络上，构建成光纤以太网络。

建设光以太网络，以2层/3层局域网交换机、路由器、SONET设备和DWDM(密集波分复用)设备为基础。光纤电路可以是光纤全带宽、一个SONET连接或者DWDM。交换机或者路由器必须具有光纤接口，目前，大多数的高端交换机或者路由器都有光纤接口，或者可以通过模块扩展这种接口。

目前采用最多的是POS技术，即直接在SDH网上传送IP数据包。路由器POS接口一般与ADM设备相连接，是点到点SONET/SDH链路的终点。

5.5　ATM

ATM(Asynchronous Transfer Mode，异步传输模式)是一种转换模式(即前面所说的传输方式)，在这个模式中，信息被组织成信元(Cell)。包含一段信息的信元并不需要周期性地出现在信道上，从这个意义上说，ATM传输是异步的。

ATM是一种用于数据、语音、视频以及多媒体应用程序的高速网络传输方法。ATM包括一个接口和一个协议，该协议能够在一个常规的传输信道上，在比特率不变和比特率变化的通信量之间进行切换。ATM还包括硬件、软件以及与ATM协议标准一致的介质。ATM提供了一个可伸缩的主干基础设施，以便能够适应不同规模、速度及寻址技术的网络。

ATM能够快速地传输各种各样的信息，它将需要传输的数据划分成多个大小相等的信元，并给这些信元附上一个头，以保证每一个信元能够正确地发送到目的地址。这种ATM信元结构能够用于传输声音、视频和数据。可用的ATM传输速率包括25 Mb/s、51 Mb/s、155 Mb/s、622 Mb/s、1.2 Gb/s及2.4 Gb/s。622 Mb/s及其以下的速率用于局域网，而622 Mb/s以上的速率用于广域网。

5.5.1　ATM参考模型

异步传输模式(ATM)使B-ISDN成为可能。在ITU-T的I.321建议中定义了B-ISDN协议参考模型，如图5-5所示，该模型包括3个平面：用户平面、控制平面和管理平面，而在每个面中再进行分层，分为物理层、ATM层、AAL层(ATM适配层)和高层。

B-ISDN协议参考模型中的3个面分别用于完成不同的功能。

○ 用户平面：采用分层结构传送用户信息流，并具有一定的控制功能，如流量控制、差错控制等。

○ 控制平面：采用分层结构，提供呼叫控制和连接控制功能，利用信令进行呼叫和连接的建立、监视和释放。

○ 管理平面：包括层管理和面管理，其中层管理采用分层结构，提供与各协议层实体的资源和参数相关的管理功能，如元信令等。同时，层管理还用于处理与各层相关的OAM信息流。面管理不分层，它提供与整个系统相关的管理功能，并对所有的平面起协调作用。

ATM参考模型由下列ATM层组成，如图5-6所示。

○ 物理层：用于管理介质传输。

○ ATM层：负责建立连接并使信令穿越ATM网络，因此，该层需要使用到ATM信元的头信息。

○ ATM适配层(AAL)：负责将高层协议与ATM处理细节隔离。

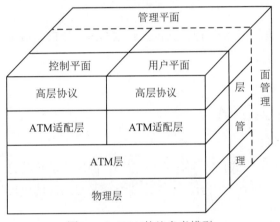

图5-5　B-ISDN协议参考模型

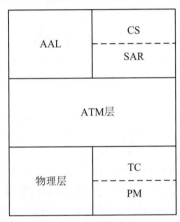

图5-6　ATM参考模型的ATM层结构

下面将分别介绍ATM参考模型各层的结构和功能。

1. 物理层

ATM的物理层大致相当于OSI参考模型的物理层和数据链路层，它包括两个子层：物理介质子层(PM)和传输会聚(TC)子层。物理介质子层提供比特传输能力，它对比特定时和线路编码等方面做了规定，并针对所采用的物理介质(如光纤、同轴电缆、双绞线等)定义自己相应的特性。

ATM的传输介质通常是光纤，此外，100 m以内的同轴电缆或5类双绞线也可以作为它的传输介质。光纤可达数千米远。

2. ATM层

ATM层负责创建ATM信元。这一层决定了信元的结构，信元如何路由以及错误控制技术，并保证了一个电路的QoS。该层的功能由ATM网络的设备来完成。

该层有两个基本ATM设备：ATM交换机和ATM附属设备。ATM交换机的主要任务是保证信元被传递到正确的接收节点，并且接收顺序与发送顺序相同。如果检测到一个丢失的信元，发送节点将要求重新发送该信元。ATM交换机还为每一个电路提供QoS，信元头中的QoS标记使得ATM网络能够辨认出通信类型。每一种类型的通信都有对延迟、准确度以及吞吐量的不同的容错力，QoS标记说明信元中数据类型所要求的QoS的级别。

ATM附属设备将数据流翻译成一个ATM信元流，或者将ATM信元流翻译成数据流。附属设备是包含一个ATM接口的工作站或服务器。一些ATM QoS应用(如多媒体等)要求ATM层通过让传输节点与ATM交换机进行商议来建立服务层。网络的连接管理服务为一个虚拟电路指定一个固定的传输速率和吞吐量。

3. ATM适配层

ATM适配层(AAL)主要用于分割ATM信元格式或将数据重组成ATM信元格式。ATM适配层也保证不同类型的通信量，如语音、视频以及数据都被设置到正确的QoS级别。该层为4种类型的服务提供支持，如表5-2所示。

表5-2　AAL服务类型

AAL服务类型	说明
AAL 1	用于语音和视频的等时的、不变的比特率(CBR)服务
AAL 2	用于应用(如压缩视频等)时的、变化的比特率(VBR)服务
AAL 3/4	用于面向连接或无连接的可变比特率数据服务
AAL 5	用于类型不可保证的服务的，AAL 3/4 的按比例缩减版本

ATM适配层被划分为两个子层：集中子层(CS)和分段重组子层(SAR)，每一个子层都有自己独特的功能。集中子层从更高的层接收包，为不同的数据类型(语音、视频、数据)设置服务类型，并创建一个协议数据部件(PDU)，然后将协议数据部件传递到分段重组子层；分段重组子层将PDU转换成48位的信元有效载荷，并将它们传送到ATM层。在接收端，将接收到的信元转换成包，然后在接收端的高层对其进行处理。

5.5.2　ATM工作原理

ATM的基本原理是以小的、固定长度的分组——信元来传输所有的信息。信元长53字节，其中，信元头为5字节，余下的48字节是所要传输的数据，如图5-7所示。

信元头(5字节)	数据(48字节)

图5-7　ATM信元

ATM信元头的结构如图5-8所示，它的主要功能是向每一个信元提供信道和路径信息。当一个信元进入ATM交换机时，该交换机能够识别出信元所在路由的虚拟连接。信元头的各个域功能如下。

GFC (4位)	VPI (8位)	VCI (16位)	PTI (3位)	CLP (1位)	HEC (8位)

图5-8　ATM信元头

- 类属流控制(GFC)：只用于本地控制，域中的编码值并非从端到端进行传递。
- 虚拟路径标识符(VPI)：包括ATM路由地址的第一部分，以便标识用户之间或者用户和ATM网络之间的虚拟路径。
- 虚拟信道标识符(VCI)：包含ATM路由地址的第二部分，以便标识用户之间或者用户和ATM网络的虚拟信道。
- 有效载荷类型指示符(PTI)：用于标识有效载荷区域内的数据类型，也可能包括用户、网络或者管理等信息。
- 信元丢失优先级(CLP)：表示信元是否能够丢弃。该值为0时，意味着该信元有很高的优先级，故不能丢弃。
- 头错误控制(HEC)：用于检测和纠正通信中的错误。

信元交换技术是对传统电话系统的电路交换的巨大突破。选择信元的理由如下：第一，信元交换灵活，它可以容易地处理固定速率流量(声音、影像)和变化速率(数据)流量；第二，对于高速率的数据传输，信元的数据交换技术比传统的多路复用技术容易，特别是在使用光纤传输数据时；第三，可以实现电视转播和广播功能。

1. ATM虚拟电路

ATM网络使用虚拟电路来创建发送和接收节点之间的路径。一条虚拟电路即一个网络上两个节点之间的一条路径，是一个专用的点到点的连接，对于用户而言，它是透明的。ATM应用了3种类型的虚拟电路：永久性虚拟电路、交换机虚拟电路和灵活永久虚拟电路。

(1) 永久虚拟电路(PVC)

PVC是一个专用电路，它具有一条预先分配的路径，并且，在两个指定的端点之间有一个固定分配的带宽。PVC是由服务提供商或网络管理员手工建立的。要建立一个PVC，用户必须从一个服务提供商或从用户机构的私有网络管理员处申请该PVC，然后手工建立该PVC。该类型的电路一旦创建成功之后就总是向上的，并且是活跃的，能够消除由于安装以及电路的拆卸引起的延迟。PVC的缺点是必须手工进行创建或维护。

(2) 交换机虚拟电路(SVC)

交换机虚拟电路是在需要时创建，不需要时即可拆卸的电路。它是一个临时的连接，是根据传输设备的要求而创建的，只有在设备通信时才活跃。在通信完成之后，电路就被拆卸，并且所有的资源都被返还到资源池中。SVC是条动态建立的电路，由发信号的软件、参数、通信设备以及ATM装置进行创建，其中参数是由设备应用进行定义，并且不需要手工干涉。SVC的创建过程如下。

- ATM交换机从传输设备发送传输要求。交换机提供传输设备所要求的带宽，如果没有所传输设备要求的带宽，交换机将拒绝该请求。如果没有特别的带宽需求，交换机将向设备分配一个默认的带宽。
- 将连接要求发送到接收设备，一旦找到接收设备，交换机立即将有关虚拟信道的VPI(虚拟路径标识符)信息返回发送设备。
- 在发送设备接收到VPI信息后，交换机立即结束设置指定VCI(虚拟信道标识符)的工作。

SVC的一个优点是，用户要求建立或拆卸SVC对用户是透明的，这些电路不需要手工建立，这样，网络管理员就无须干涉。SVC的缺点是要求建立或拆卸会导致延迟，但是如果网络设计得好的话，这些延迟对用户也是透明的。

(3) 灵活永久虚拟电路(SPVC)

这种类型的电路联合了PVC和SVC的特征。一个SPVC，就像一个PVC那样，必须进行手工配置，但是只是在终端设备上有这个要求。而在另一方面，为了到达交换机或者是那些需要经过的交换机，每一个传输都有定义好的路径，这与SVC一样。SPVC建立与拆卸时，不会导致延迟，因为电路是预先手工配置好的，这与PVC一样。与SVC类似，SPVC也提供可选择路由错误的容错力。SPVC的另外一个优点是，SPVC提供了一个专用带宽，但是，与PVC一样，该带宽在空闲或低利用率期间会被浪费。SPVC的缺点是需要管理员进行创建，而网络管理员还要进行培训。

2. ATM交换机

ATM交换机用于建立两个终端设备之间的连接，ATM交换机之间的连接共享同一种介质，该介质被划分成多个虚拟链路，以便在每一个链路上传送信元，如图5-9所示。与共享介质的局域网环境相比，ATM网络中的终端节点并不共享带宽，因为它们有自己的专用带宽和专用连接，也就是虚拟链路。专用连接能够同时进行大量的数据传输，而不会使网络过载，所受的限制只是交换机中的端口数目。

图5-9　虚拟链路

VPI/VCI连接标识符的使用简化了转换过程，提高了ATM交换机的工作效率。当一个输入信元到达交换机的接口时，交换机将处理路由地址信息，然后将该信元引导到正确的输出接口。在转换过程开始之前，ATM交换机并不等待整个信元处理完毕之后才工作，这使得信元的传输快了很多。交换机处理信元的方法是：读取目标地址，然后重新设置信元的方向，确保信元能到达正确的输出接口。

ATM交换机接收一个到达的信元，并决定如何选择该信元的路由，使信元到达一个指定的本地ATM交换机接口，以便该信元能够正确到达目的地。根据网络结构的不同，信元可能会途经一个或多个ATM交换机，直到信元到达其路由上的最后一个交换机，并且在即将到达接收节点的剩余路途中，该信元被转换到一个包中。该信元的目的地可能是另外一个交换机，或者是多个交换机，如多点传送的传输，这一信息是从信元头中得知的。在存在多条路径的网络中，必须使用特定的ATM路由协议，如私有网络到网络接口(PNNI)，这些协议在交换机之间交换连接表，这些连接表包含关于多种路径的信息，这些路径使得每一个交换机能够为每一个传输选择合适的路径。

3. ATM传输特性

ATM是一种逻辑定向连接的技术，因为ATM信元是由一个特定的虚拟电路进行标识的，而且只能通过该电路进行传输。这一特征使得ATM网络比以太网和令牌环网络更加高效，在以太网和令牌环网络中，所有的连接设备都参与到网络通信工作中。

虚拟电路定义了进行ATM通信的逻辑通道，ATM逻辑通道由以下两个组件进行定义。

- 虚拟通道(VC)，它们是设备之间的逻辑连接。
- 虚拟路径(VP)，每一个虚拟路径代表着一个虚拟通道的集合。

ATM信元头包含VPI，它是路由地址中用于标识由一个虚拟路径形成连接的那一部分。可以像查看网络指定端口或接口那样查看VPI。ATM信元头中的VCI部分，用于标识虚拟路径内部的虚拟通道。VPI内部的通道是集成的虚拟路径内部的实体。ATM虚拟电路连接犹如一个建筑物中的输送管道，它容纳了许多独立的电线或电话线。

ATM网络设计和技术的优点在于，ATM交换机输入端口的信元很容易被引导到适当的输出端口上。各个连接被划分成组，共享一条共同的虚拟路径，每一个连接只要求一个管理设备的集合，而不是每一个连接要求一个单独的设备。因为路径的初始配置已完成，ATM可以轻松地添加电路。ATM的另外一个优点是如果由于网络拥塞或崩溃而使得某一条路径出现问题，那么该路径内的所有通道将会自动进行调整，以便弥补该问题引起的后果。

5.5.3 ATM标准网络接口

ATM标准提出了标准网络接口类型，用于将终端节点和ATM交换机连接到公共或私有网络上。目前已付诸使用的两种网络接口类型是：用户/网络接口(UNI)和网络节点接口(NNI)。

UNI是ATM网络中的用户/网络接口，它是用户设备与网络之间的接口，直接面向用户。UNI接口定义了物理传输线路的接口标准，即用户可以通过怎样的物理线路和接口与ATM网络相连，UNI还定义了ATM层标准、UNI信令、OAM功能和管理功能等。根据UNI接口所在位置的不同，又可分为公用网的UNI和专用网的UNI(PUNI)两种，这两种UNI接口的定义基本上相同，只是PUNI由于不必像公用网的接口一样过多地考虑严格的一致性，因此PUNI接口的形式更多、更灵活，发展也更快一些。

NNI是网络节点接口或网络/网络之间的接口，一般是两个交换机之间的接口。和UNI一样，NNI接口也定义了物理层、ATM层等各层的规范，以及信令等功能。但由于NNI接口关系到连接在网络中的路由选择问题，因此NNI特别对路由选择方法做了说明。NNI接口也分为公网NNI和专用网中的NNI(PNNI)两种，公网NNI和PNNI的差别相当大，如公网NNI的信令为3、7号信令体系的宽带ISDN用户部分B-ISUP，而PNNI则完全基于UNI接口，仍采用UNI的信令结构。

5.5.4 ATM的应用实例

ATM经常用来作为主干网络，最常见的局域网实现是在校园网络中，其中的连接都是在扩展地理距离的基础上建立起来的。如果设计完善，将ATM作为主干技术使用能简化网络的管理，因为它降低了互连网络环境的复杂性。

包含在校园网中的独立局域网分段的传输速率通常比主干本身的速率要慢。这种设计使得网络总体性能更好，但是随着网络的发展，变得更加依赖于多媒体，要求满足桌面需要的速度也应当提高。有时候，网络设计者忽略了增加主干传输速率的需要。例如，从100 Mb/s以太网到155 Mb/s或者更快。ATM提供了将主干速度逐渐增加到每秒几Gb的能力。ATM也允许网络设计者更充分地预见未来的网络要求。

大型的多局域网分段的设计包含多个局域网，或者是包含局域网分段，该分段在长距离上进行互连，并且必须有冗余，以保证通信不中断。这些条件要求在主干上实现多个ATM交换机。图5-10所示的是一个多交换机主干网络设计图，该设计方案创建了冗余路径，这样，如果在一个交换机上发生崩溃，数据可以通过其他路径选择路由。

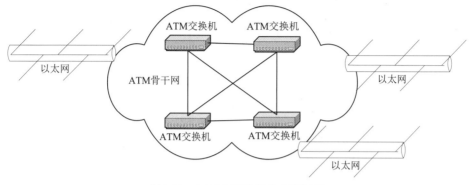

图5-10　ATM主干连接的大型网络

5.6　MPLS(多协议标记交换)

随着互联网的迅速发展和人们对网络质量及服务要求日益增长，很多新兴的宽带技术孕育而生，其中MPLS就是一个典型的代表。它的出现为互联网技术带来了一个崭新的局面，并且取代了被普遍看好的ATM技术，逐步成为IP网络运营商提供增值业务的主要手段。

5.6.1　MPLS概述

MPLS(Multi-Protocol Label Switching)即多协议标记交换。MPLS属于第三代网络架构，是新一代的高速骨干网交换的标准。它是一种IP Over ATM技术，换句话说就是建立在ATM技术上的IP网络。MPLS在帧中继及ATM交换技术上结合路由功能，数据包通过虚拟电路来传送。

MPLS通过在数据链路层上执行硬件式交换，从而取代了在网络层上的软件式交换。它整合了IP路径与第二层标记交换，可以解决互联网路由的问题，使数据包传送的延迟时间减短，网络传输的速度加快，更适合多媒体信息的传输。

MPLS使用标记交换，网络上的路由器只需判断标记后即可进行转送处理。其实MPLS技术的原理是为每一个IP数据包提供一个标记，并由此标记来确定数据包的路径以及其优先级，然后在与MPLS兼容的路由器上根据标记和IP地址将数据包迅速地传送到相应的路径上，从而减少了数据包延迟并通过提供更多样化的服务提升了网络服务品质。

5.6.2　MPLS的工作原理

MPLS是一种比较特殊的包转发机制，它为进入网络中的所有IP数据包分配一个标记，并且通过对这个标记的交换来实现IP数据包的转发。标记作为IP包头在网络中的替代品而存在，在网络内部MPLS数据包所经过的路径沿途通过交换标记来实现转发，当数据包退出了

MPLS网络时，数据包就会被解开，继续按照IP包的路由方式到达目的地。整个MPLS网络如图5-11所示。

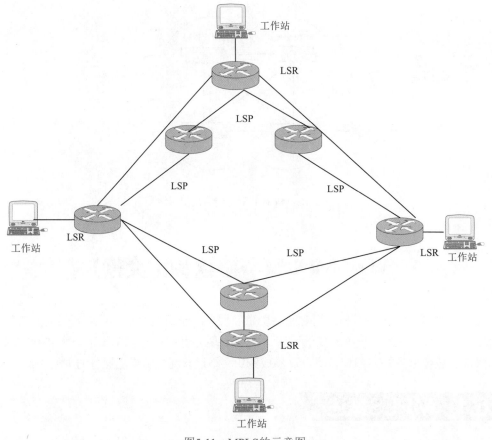

图5-11 MPLS的示意图

MPLS网络包含了一些基本的组成元素。其中，在网络边缘的节点被称为标记边缘路由器(LER)，而网络的核心节点被称为标记交换路由器(LSR)。每一个节点在MPLS网络中完成的其实就是IP数据包的进入和退出的过程。另外，MPLS节点之间的路径被称作标记交换路径(LSP)。一条LSP可以看成是一条贯穿网络的单向通道。

当IP数据包到达一个LER时，MPLS第一次应用标记。首先，LER要分析IP包头的信息，并且按照它的目的地址和业务等级加以区分。在LER中，MPLS使用了转发等价类(FEC)的概念来将输入的数据流映射到一条LSP上。换句话来说，也就是FEC定义了一组沿着同一条路径、有着相同处理过程的数据包，从而能够将所有FEC相同的包都映射到同一个标记中。

对于每一个FEC，LER都建立一条独立的LSP穿过网络，到达目的地。数据包分配到一个FEC后，LER就可以根据标记信息库来为其生成一个标记。标记生成库将每一个FEC都映射到LSP下一跳的标记上。在转发数据包时，LER会检查标记信息库中的FEC，然后将数据包用LSP的标记封装，从标记信息库所规定的下一个接口发送出去。

当一个带有标记的数据包到达LSR时，LSR提取入局标记，同时以它作为索引在标记库中进行查找。当找到相关信息后，取出出局的标记，并由出局标记代替入局标记，从标记库中所描述的下一跳接口送出数据包。MPLS另一端在接收数据包后，LER将会去掉封装的标记，仍然按照IP包的路由方式将数据包继续转发到目的地。

上面提到了一个概念标记——交换路径(LSP)，那么如何建立一个交换路径呢？一般来说建立一个LSP的方式主要有以下两种。

第一种就是所谓的"Hop by Hop"路由，它是从源站点到一个特定目的站点的IP树的一部分。MPLS仿照IP转发数据包的面向目的地的方法建立树。从IP路由来看，每一台沿途的路由器都要检查包的目的地址，并且选择一条合适的路径将数据包发送出去。而MPLS则不一样，数据包虽然也沿着IP路由所选择的路径传送，但是它的数据包的头部没有被检查。MPLS生成的树是通过一级一级为下一跳分配标记，通过它们的对等层交换标记而生成的。交换则是通过标记分配协议的请求以及对应的消息来完成。

第二种是显式路由，MPLS最主要的一个优点就是它可以利用流量设计引导数据包，如避免拥塞或者满足业务的QoS等。MPLS允许网络的运行人员在源节点就确定一条显式路由的LSP(ER-LSP)，以规定数据包将选择的路径。不像Hop-by-Hop的LSP，ER-LSP不会形成IP树。取而代之，ER-LSP从源端到目的端建立一条直接的端到端的路径。MPLS将显式路由嵌入限制路由的标记分配协议的信息中，从而建立这条路径。

为了能够使读者更加透彻地理解MPLS的工作原理，5.6.3节将为大家举一个MPLS的应用案例。

5.6.3　MPLS的应用

MPLS在目前的广域网中主要有三种应用，分别是流量工程、服务等级和虚拟专网。本节将会为读者详细地介绍这三种应用。

1. 流量工程

随着网络资源的需求快速增长以及IP应用需求的扩大，流量工程逐步成为MPLS的一个重要的应用。由于IP网络一旦为一个IP包选择了一条路径后，无论这条链路是否拥塞，数据包都会沿着这条路径传送，这样势必会造成网络资源过度紧张。而MPLS网络中，流量工程能够将业务从由IGP路由协议计算得到的最短路径转移到网络中可能的、无阻塞的物理路径上去，通过控制IP包在网络中所走过的路径避免业务流向已经拥塞的节点，实现网络资源的合理应用。

MPLS的流量管理主要包括路径选择、负载平衡、路径备份、故障恢复、路径优先级及碰撞等。

2. 服务等级

MPLS为处理各种不同类型的业务提供了很大的灵活性，并且可以为不同的客户提供不同的业务。MPLS的QoS是由LER和LSR共同实现的，这是由于在LER上对IP包进行分类，将IP包上的业务类型映射到LSP的服务等级上。并且在LER和LSR上同时进行带宽管理和业务控制，保证了各种业务的服务质量，这一点从根本上改变了IP网络上的尽力而为的情况。

3. 虚拟专网

基于MPLS方式组建VPN网络时，在所有的网络路由器上配置MPLS，各接入点的路由器配置成MPLS VPN PE边界路由器,其余路由器都配置成核心路由器。网络上所有路由器运行内部网关协议IS-IS和MPLS LDP协议。边界路由器可以运行BGP协议,并且建立全网状的BGP连接。VPN用户的路由器连接到边界路由器。用户与边界路由器之间运行EBGP协议。VPN用户的地址空间由用户确定,可以采用私有保留地址。

限于篇幅,有关MPLS VPN方面的知识希望读者能够自行查阅相关资料,在这里就不再多叙述。

5.7 卫星通信技术

在人口稀疏的地区和部分城区,未来的一种选择是使用低轨地球卫星(LEO)网络。目前,大部分的通信卫星都运行在地球表面35 000千米之上的大气层中。这些卫星所处的最大高度和中等高度都会导致较大的传输延迟,这对于时间敏感的数据传输和多媒体应用来说是难以接受的。

LEO大约在地球表面435~1 000千米的轨道上绕地运行,它可以进行较快的双向信号传输。因为是低轨运行,这些卫星可以到达的地理区域受到一定的限制,所以需要上百个LEO才能完全覆盖全球。利用这些网络,Internet和其他的广域网服务可以延伸到世界上的每一个角落。通过LEO进行通信的用户,将使用一种特殊的天线和信号解码设备。LEO将被用于宽带Internet通信、全球视频会议、课堂和教育通信以及其他一些涉及语音、视频和数据的通信。对于大多数用户来说,上行链路和下行链路的通信带宽有望达到2 Mb/s~64 Mb/s。随着LEO技术的发展,传输的速率有望达到155 Mb/s或者更高。

LEO在极高的频率上使用分组无线电技术进行通信,这种做法已经得到美国FCC和世界上其他一些国家中的类似组织所认可。LEO无线电波通信技术已经得到ITU的批准。Teledesic、Motorola、Microsoft和Boeing都曾经着手建设过LEO网络,其中最著名的莫过于Motorola的"铱星"系统。铱星系统(Iridium)由Motorola公司等发起,计划由66颗卫星组成,主要用于语音通信。铱星系统采用了先进的星际传递技术,信息在卫星之间传递,无须落地,可以直接传送。最初的设想是:全球经常旅行的人,包括旅游者,特别是随经济全球化而日益增多的商务出差人士,人手一机,人手一个号码。该系统于1998 年9月发射了47颗卫星后,开始投入商业运行,1999年进入了破产保护,投入资金50亿美元,正式运营一年,用户不到4万个。尽管这个系统最终以失败告终,但是人们对卫星通信的热情并没有因此而消减。

卫星通信系统所具有的全球覆盖、无缝隙通信,卫星技术可靠性高、应用范围广等技术特点,使得卫星通信的前景依然光明。

5.8 无线通信技术

无线技术给人们带来的影响是无可争议的。如今每一天大约有15万人成为新的无线用户。这些人包括大学教授、仓库管理员、护士、商店负责人、办公室经理和卡车司机。他们使用无线技术的方式和他们自身的工作一样都在不断地更新。

从20世纪70年代，人们就开始了无线网的研究。在整个20世纪80年代，伴随着以太局域网的迅猛发展，以具有不用架线、灵活性强等优点的无线网以己之长补"有线"所短，也赢得了特定市场的认可，但也正是因为当时的无线网是作为有线以太网的一种补充，遵循了IEEE 802.3标准，使直接架构于802.3上的无线网产品存在着易受其他微波噪声干扰、性能不稳定、传输速率低、不易升级等弱点，并且不同厂商的产品相互之间也不兼容，这一切都限制了无线网的进一步应用。

这样，制定一个有利于无线网自身发展的标准就提上了议事日程。到1997年6月，IEEE终于通过了802.11标准。

802.11标准是IEEE制定的无线局域网标准，主要是对网络的物理层(PH)和媒质访问控制层(MAC)进行了规定，其中对MAC层的规定是重点。各厂商的产品在同一物理层上可以互操作，逻辑链路控制层(LLC)是一致的，即MAC层以下对网络应用是透明的。这样就使得无线网的两种主要用途——"(同网段内)多点接入"和"多网段互连"，易于质优价廉地实现。对应用来说，更重要的是，某种程度上的"兼容"就意味着竞争开始出现；而在IT这个行业，"兼容"就意味着"十倍速时代"降临了。

在MAC层以下，802.11规定了3种发送及接收技术：扩频(Spread Spectrum)技术，红外(Infrared)技术，窄带(Narrow Band)技术。而扩频又分为直接序列(Direct Sequence，DS)扩频技术和跳频(Frequency Hopping，FH)扩频技术。直接序列扩频技术(简称直扩)，通常又会结合码分多址CDMA技术。

在实际网络项目中，无线通信网络的应用已经越来越广泛了，不但在企业中被广泛使用，甚至很多家庭都已使用了无线网络。一般家庭的无线网络的网络拓扑如图5-12所示。企业的无线网络只不过是家庭无线网络的一个扩大化。

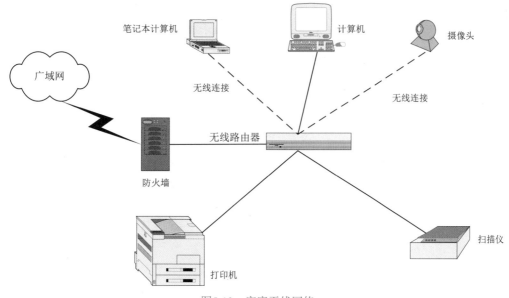

图5-12　家庭无线网络

无线网络的配置主要就是无线路由器的配置，而工作站的无线网卡会自动侦测到网络，几乎不用进行任何配置。下面将为读者介绍如何配置无线路由器。

首先登录到无线路由器的配置界面，如图5-13所示。

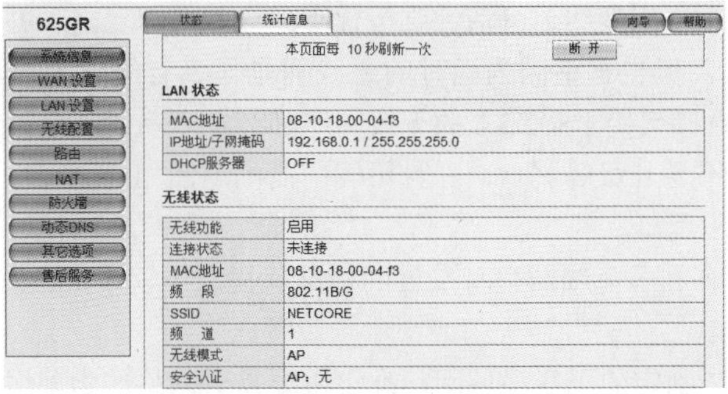

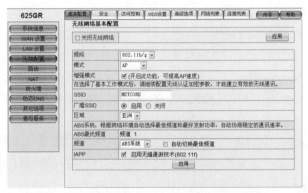

图5-13　无线路由器配置界面

单击左侧"无线配置"按钮后，进入"无线网络基本配置"界面，按照图中进行配置即可，如图5-14所示。

图5-14　无线网络基本配置的界面

配置完成后，重启路由器即可让网络中的计算机通过无线网卡进行无线上网。当要关闭网络中的无线功能时，只需选中无线配置界面中的"关闭无线网络"复选框即可。

5.9　广域网路由

为了保证广域网能够正常地运行，整个网络中所有路由器或者具有路由功能的设备上都必须拥有一张路由表，并且根据路由表来进行转发数据包。路由表中必须拥有完整的路由和最优化的路由信息。

由于广域网中的设备众多，因此会导致每个路由器中的路由表拥有庞大的数据信息，最后使得网络路由器处理速度降低。

为了能够减少路由器中的路由表的容量，在广域网中就出现了各种路由技术，如路由汇聚技术。路由汇聚技术将具有相同功能的路由器划分到同一个区域，然后在这个区域中将所有的路由信息汇聚成几条路由信息，区域外的路由器无法知道区域内的路由器中的具体路由信息，区域内的路由器同样无法知道区域外路由器上的路由信息。这样，网络上所有的路由器中的路由表容量表就会变小，从而加快了网络传输的速度。

广域网的路由技术有很多种，其中包括了OSPF路由技术、BGP路由技术、IS-IS路由技术，每种广域网路由技术都有各自的特点。接下来将为读者详细介绍这些路由技术的知识。

1. OSPF路由技术

OSPF路由协议是一种典型的链路状态(Link-state)的路由协议，一般用于同一个路由域内。在这里，路由域是指一个自治系统(Autonomous System，AS)，它是由一组通过统一的路由政策或路由协议互相交换路由信息的网络。在这个AS中，所有的OSPF路由器都维护一个相同的描述这个AS结构的数据库，该数据库中存放的是路由域中相应链路的状态信息，OSPF路由器正是通过这个数据库计算出其OSPF路由表的。

作为一种链路状态的路由协议，OSPF将链路状态通告(Link State Advertisement，LSA)传送给在某一区域内的所有路由器；而运行距离矢量路由协议的路由器是将部分或全部的路由表传递给与其相邻的路由器。

在OSPF路由协议的定义中，可以将一个路由域或者一个自治系统(AS)划分为几个区域。这样做减少了路由表的大小，从而减少了维护路由所需要耗费的资源。为了能够很好地讲述OSPF路由技术的优点，下面将给出OSPF的一个网络拓扑，如图5-15所示。

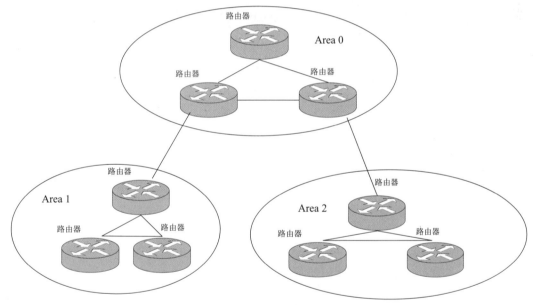

图5-15　OSPF网络拓扑图

在OSPF中，由按照一定的OSPF路由法则组合在一起的一组网络或路由器的集合称为区域(Area)。在OSPF路由协议中，每一个区域中的路由器都按照该区域中定义的链路状态算法来计算网络拓扑结构，所以每一个区域都有着该区域独立的网络拓扑数据库及网络拓扑图。对于每一个区域，其网络拓扑结构在区域外是不可见的，同样，在每一个区域中的路由器对其域外的其余网络结构也不了解。这样做有利于减少网络中链路状态数据包在全网范围内的广播，也是OSPF将其路由域或一个AS划分成很多个区域的重要原因。

另外，在OSPF网络中只有一个中心区域被称为Area0，所有其他的区域都必须要先通过Area0跟另外的区域通信。但是如果遇到类似于图5-16所示的情况该如何处理呢？

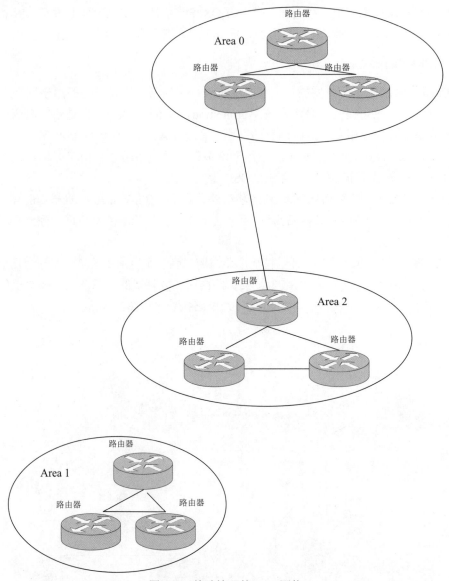

图5-16　特殊情况的OSPF网络

　　在OSPF路由协议中存在一个骨干区域(Area0)，该区域包括属于这个区域的网络及相应的路由器，骨干区域必须是连续的，同时也要求其余区域必须与骨干区域直接相连。骨干区域主要工作是在其余区域间传递路由信息。所有的区域，包括骨干区域之间的网络结构情况是互不可见的，当一个区域的路由信息对外广播时，其路由信息是先传递至区域0(骨干区域)，再由区域0将该路由信息向其余区域广播。

　　在实际网络中，可能会存在骨干区域不连续或者某一个区域与骨干区域物理不相连的情况，在这两种情况下，系统管理员可以通过设置虚拟链路的方法来解决。虚拟链路设置在两个路由器之间，这两个路由器都有一个端口与同一个非骨干区域相连。虚拟链路被认为是属于骨干区域的。在OSPF路由协议看来，虚拟链路两端的两个路由器被一个点对点的链路连在一起。在OSPF路由协议中，通过虚拟链路的路由信息是作为域内路由来看待的。解决上面特殊情况的OSPF网络的方法如图5-17所示。

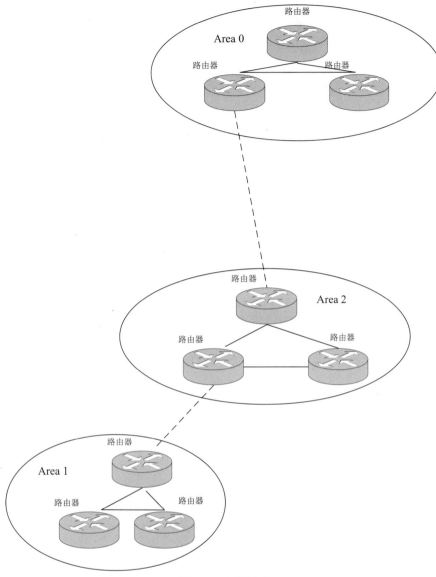

图5-17　虚拟链路

2. BGP路由技术

Internet中的路由分为两部分：由内部网关协议(IGP)如OSPF所控制的自治系统内部路由，以及将各自治系统(AS)互相连接起来的边界路由(如BGP协议)，如图5-18所示。

Internet上每个ISP都至少拥有一个唯一的AS号，并且通过BGP向其对等互连伙伴广播其网络信息。BGP是一种路径向量协议，因为它所广播的是到达某一特定目的地所需的路径信息。BGP并不会告诉数据包是如何在自治区域内传送的，也不会像OSPF那样知道整个网络的情况。BGP也可以被称为一种距离向量协议，除了几个不大的变化，其他都与距离向量协议类似。

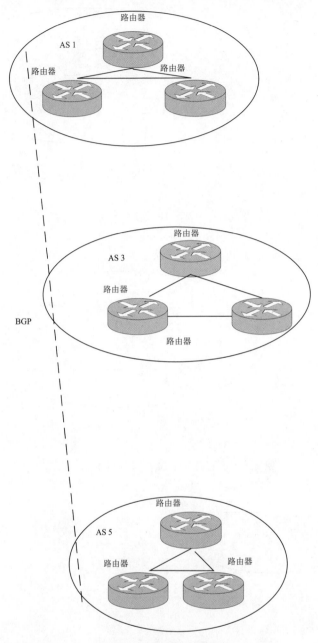

图5-18　BGP网络拓扑图

　　BGP本身是一种第4层协议，运行在TCP之上。因为BGP无须关心TCP要处理的事情，所以要比OSPF简单得多。无论如何，BGP是以连接为导向的，它需要两个手动配置路由器的对等互连伙伴，而这两个伙伴分别配置自己的路由器，然后交换路由信息。通过BGP对等互连的两端(邻居)通常直接相连。

　　BGP-4更新数据包中包含以下信息：一个网络、一个子网，还有一些属性。用户根据属性值(主要是AS-Path)做出路由决策，如BGP更新数据包经由号码为8、19、2000和5的AS到达地址为1.1.1.0/12的网络。关于BGP非常重要的一点是，AS-Path本身采用一种防止产品路由循环的机制，路由器不会导入任何已经在AS-Path属性中所包含的路由。

对路由器来说，如果导入一条路由，然后想把它告诉对等互连关系中的一个伙伴，就必须在宣布这条路由之前，首先把自己的AS号追加到这条AS-Path中。无疑，随着这条路由的信息被传播得越来越远离源AS，它就提供了一条可行的到达源AS的"路径"。路由器通常会选择距离AS最短的路径。BGP仅仅是根据它所收到的更新信息知道这些路径的。与同为距离向量协议的RIP不同，BGP并不发布整个路由表。在引导之时，对等互连伙伴会移交其整个路由表，不过在此之后一切就要靠所收到的更新信息了。

路由更新信息存储在路由信息库(RIB)中。路由表只为每个目的地存储一条路由，而RIB通常包含通往一个目的地的多条路径信息。至于将哪条路由存储到路由表中，也就是实际会用到哪条路径，则取决于该路由器，当某条路由被撤销时，可以从RIB中取出另一条通往同一目的地的路由。

3. IS-IS路由技术

在ISO规范中，一个路由器就是一个IS(中间系统)，提供IS和IS(路由器和路由器)之间通信的协议就是路由协议，即IS-IS路由协议。IS-IS协议和OSPF协议非常类似，都是链路状态路由选择协议。它的出现要比OSPF的原型更早，OSPF在Internet和TCP/IP网络IP通信的路由选择中使用，而IS-IS既可在IP通信中使用，也可在OSI通信中使用，并且可以为同一个域内两个路由器之间传送信息分组提供动态路由。IS-IS路由协议从表面上跟OSPF协议的不同点就是OSPF使用的是IP地址，而IS-IS协议使用的是CLNS地址。IS-IS路由协议不属于本书详细讲解的内容，所以在此不做多述。有兴趣的读者可以自行查阅相关的专业资料。

5.10　本章小结

本章首先介绍了广域网的基础知识和实施广域网需要考虑的基本因素，随后重点介绍了目前主要的广域网技术标准和规范，如DDN、XDSL、MPLS、ATM、SONET等。通过本章的学习，读者应该掌握广域网的基本概念，了解各种广域网技术标准的特点和适用范围，掌握常用的广域网技术。

5.11　思考与练习

1. 填空题

(1) 一般常用的广域网路由有_____、_____、_____等。

(2) DDN有4个组成部分：数字通道、_____、网管控制和_____。

(3) ADSL的上行传输速率可以达到_____，下行传输速率可以达到_____。

(4) ATM模型提出了标准网络接口类型，用于将终端节点和ATM交换机连接到公共及私有网络上，如今付诸使用的两种接口类型是_____和_____。

(5) POS是IP数据包通过_____对IP数据包进行封装，并采用_____的帧格式映射到SDH/SONET帧上，按某个相应的线速进行连续传输。

2. 选择题

(1) 广域网和局域网有什么相同之处？(　　)

  A. 它们通常都使用相同的协议

  B. 它们通常都使用相同的传输介质

  C. 它们通常都有相同的吞吐量需求

  D. 它们通常都使用相同的拓扑结构

(2) 下面哪种用户最适合使用对称DSL？(　　)

  A. 一个想在互联网上查找资料并在家中办公的用户

  B. 一个能够为多家公司提供视频会议便利的招待中心

  C. 一家要从它们在异地的质量控制小组获得规范说明书的汽车制造商

  D. 一家想向异地的一家医院实时传送图像的放射诊所

(3) ATM标准提出了标准网络接口类型，用于将终端节点和ATM交换机连接到公共或私有网络上。目前已付诸使用的两种网络接口类型是(　　)。

  A. 用户/网络接口(UNI)

  B. 网络节点接口(NNI)

  C. 用户/网络接口(UNI)和网络节点接口(NNI)

  D. 用户/网络节点接口

(4) 有一台远程计算机需要一条比普通电话线快的家庭连接。下面哪种技术可以提供所需要的连接？(　　)

  A. SONET   B. ADSL   C. ISDN   D. MPLS

(5) 在一个ATM信元中有效载荷是多大？(　　)

  A. 128字节 B. 256字节 C. 48字节 D. 53字节

(6) 在ATM中，分段重组子层是下面哪一个的一部分？(　　)

  A. ATM适应层(AAL)   B. ATM物理层

  C. 上层   D. 依赖于物理介质的层

3. 问答题

(1) 简述ATM交换机转发信元的过程。

(2) 简述广域网实施过程中所要考虑的关键因素。

4. 实践题

现在有一家公司，在北京、天津、香港有3家分公司，上海是总公司，现在需要将4家公司进行连接，使得公司内部可以相互通信，请读者选择广域网路由方式、链路通信方式并做出整个网络的规划。

第 6 章

网络规划与设计

前面介绍了局域网和广域网的相关知识，这是最常见的网络类型，两者各有侧重。本章将向读者介绍如何根据需求进行网络的规划和设计，以及如何高效地配置网络资源，这是网络建设过程中非常重要的环节，直接涉及后期网络的施工和运行。

本章要点：
- ○ 网络规划理论
- ○ 网络设计原则
- ○ 网络实施和测试技术

6.1 网络规划

网络规划是网络建设过程中非常重要的环节，同时也是一个系统性的工程。一般来说，网络规划以需求为基础，需要同时考虑技术和工程的可行性。

6.1.1 网络规划概要

网络的规划设计工作在整个网络建设中起着举足轻重的作用，一般网络规划需要考虑以下几方面的问题。

- ○ 采用何种或哪几种网络协议的问题。网络协议是网络规划的基础，每种协议都有自己的优势和特点。例如，Ethernet协议比较简单，组网灵活，但是Ethernet在端对端的性能保证、QoS等方面有很大不足，所以，Ethernet通常用于局域网中。ATM则可以提供良好的QoS保证和端到端的保护，但其技术复杂，设备昂贵，所以通常用于电信级的服务网络中。由此可见，网络协议的选择要根据实际需求决定。
- ○ 采用什么类型的网络拓扑结构。在前面章节介绍过的星型拓扑、环型拓扑和总线型拓扑结构各有其优缺点。在实际网络规划中，不可能简单地决定采用哪种结构，通常需要根据需求采用若干种拓扑结构的组合。

- 采用什么样的应用程序，包括何种类型的操作系统。网络需要提供各种服务，如FTP、Web、Mail等，这就需要操作系统和应用程序的支持。从操作系统角度看，有Windows、UNIX等操作系统软件供选择，可以从技术复杂度、成本和稳定性等方面加以考虑。

- 如何加强网络的安全性问题。安全性是在网络建设过程中所不能忽视的重大问题。安全性的含义很广泛，包括物理安全性、设备安全性、信息安全性等多方面。

- 选择什么样的网络速度。网络速度的提高往往是以成本的提高和技术复杂度的提高为代价的，所以在选择网络速度时，要综合考虑系统成本和实现的复杂度等要素。

- 如何在满足网络需求的基础上减少建设费用，这也是非常重要的，用户总是希望以最低的代价获得最高的收益。

在网络规划过程中必须解决如上所述的问题，因此需要考虑的因素包括：整个网络的需求状况、需要的资源、合适的网络协议、适合的网络拓扑结构。

首先需要明确整个网络的需求状况，也就是明确有哪些用户，并需要提供哪些服务。这是建设局域网的基础。在此基础上，再确定需要哪些资源来构建这个网络，然后确定合适的网络协议，并确定网络拓扑结构，保证网络的安全性和可靠性。

在网络设计中还要特别注意以下几个因素。

- 网络的可扩展性：因为网络在未来可能需要扩充，因此必须在网络设计时考虑网络的可扩展性。

- 冗余性：也就是网络在某些资源出现故障时，还能够找到其他的替代资源，以维持网络运行的能力。

- 容错性：指网络对不可避免的各种突发事件的处理能力。

6.1.2　网络工程基础

网络工程指的是在网络规划的基础上，具体实现网络功能，建设一个实际的网络，同时对网络的性能进行整体评价和决策的过程。

1. 工程范围

一个单位或一个部门需要构建计算机网络，总是有目的的，也就是说要解决什么样的问题。用户的问题往往是实际存在的问题或者某种要求，因此，专业技术人员应将用户的要求用网络工程的语言描述出来，使用户对所做的工程有所理解。要使用户对所做的工程有所理解，需要完成以下方面的内容。

(1) 确定用户需要一个多大容量的服务器，并估算该部门可能存在的信息量，预计将来可能存在的容量变化，以此来确定服务器。

(2) 确定网络操作系统。

(3) 确定网络服务软件，如E-mail等。

上述3点只是了解了用户的业务范围和选择的机型、服务器和网络应用软件。而网络工程更加关心的是下面的几个方面。

(4) 了解地理布局。对于地理位置布局，工程施工人员必须亲临现场进行查看，通过现场勘查和与客户交流，确定网络涉及的物理位置因素，包括用户数量及其位置、任何两个用户之间的最大距离、楼与楼之间的布线走向、楼层内的布线走向、HUB供电问题与解决方式，以及对工程施工的材料要求等因素。

(5) 了解用户设备的需求。用户在组网时，所需的网络设备可能很多，包括路由器、服务器、个人计算机和交换机等。每种设备的外形尺寸、规格型号的不同，对使用环境的需求也不同，要根据用户的需求选择合适的设备，同时还要考虑到多种设备之间的兼容性、互通性等问题。

(6) 了解网络服务范围。建设网络是为了有效地提供服务。不同的服务对网络带宽、质量保证等的要求也不同，所以了解客户需要的网络服务，才能正确地决定网络所需的技术和设备资源。用户所需的服务包括：数据库、应用程序的共享程度、文件的传送存取、电子邮件和多媒体服务的要求程度、电子商务需求等。

(7) 通信类型。通信类型包括数字信号、视频信号和语音信号(电话信号)等，它可以满足不同的业务需求。通信类型决定了网络所采用的通信介质，进而可以确定所使用的通信技术。

(8) 网络拓扑结构。网络拓扑结构是整个工程的核心部分，涉及设备、布线等问题，根据客户的需求可以选择星型结构、总线型结构或其他的拓扑结构。

(9) 网络工程经费投资，包括以下几项。

❍　设备投资(软件、硬件)。

❍　网络工程材料费用投资。

❍　网络工程施工费用投资。

❍　安装、测试费用投资。

❍　培训与运行费用投资。

❍　维护费用投资。

2. 网络工程文档

在一个网络建设完成后，需要保留完整的网络文档。网络文档目前在国际上还没有标准可言，国内各大网络公司提供的网络文档内容也不相同。但是，网络文档非常重要，它可为未来的网络维护、扩展和故障处理节省大量的时间。

目前，大多数的网络技术公司可以提供的网络文档由3种文档组成：网络结构文档、网络布线文档和网络系统文档。

(1) 网络结构文档

网络结构文档主要用于描述网络的逻辑关系，由下列内容组成。

❍　网络逻辑拓扑结构图：网络逻辑拓扑结构图描述了所设计网络的逻辑拓扑结构，主要描述的是设备间的逻辑关系。例如，整个网络的总体结构是平面型结构还是分层结构，网络的出口、接入点等信息也都要在拓扑图上描述出来。同样，拓扑结构图也是网络维护中的重要工具，网管人员通过拓扑结构图对整个网络进行了解，网络的配置星级也可以在拓扑图上直观地体现出来。

如图6-1所示的是一个骨干网络拓扑结构图。从图中可以看出，该网络采用了层次化的网络拓扑结构，分别为核心层、汇聚层和接入层，同时还可以看到，在网络的出口处设置了防火墙，这些信息都已体现在拓扑图中。另外需要注意的是，绘制网络拓扑图时要使用规范的符号,对于一些特殊的符号或自定义符号需要添加注释,以便于客户的理解。

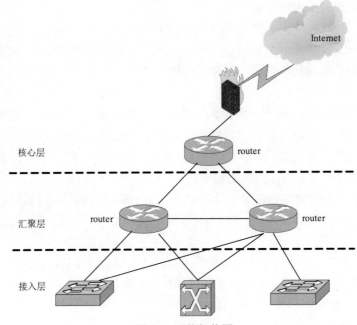

图6-1 网络拓扑图

○ 网段关联图:网段关联图描述了将整个网络划分为子网后,各个子网之间的关系。例如,网络之间是通过路由器还是交换机进行连接。网段关联图还显示有网段的地址结构、互连的地址结构等。如图6-2所示的是一个网络的网段关联图示例。

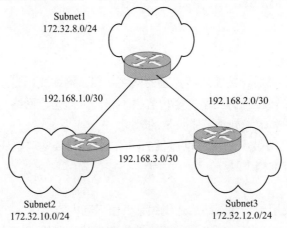

图6-2 网段关联图

从图6-2中,可以看到3个子网通过路由器相连接,各子网所使用的地址范围,以及用于网际互连的地址等信息。

○ 网络设备配置图:网络设备配置图用于描述网络设备的物理配置信息,如服务器的位置,交换机各个端口的使用情况等信息。这类图形通常要结合设备的现场情况,并按照机械作图的要求进行绘制。如图6-3所示的是一个网络设备配置图的示例。

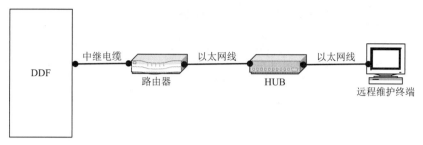

图6-3　网络设备配置图

○ IP地址分配表：为了将来维护方便，需要对IP地址的分配和使用情况做详细的记录。如表6-1所示，一个实用的地址分配表要包括地址、主机名、用途、主机的物理位置等内容。

表6-1　地址分配表示例

IP地址	主机名	用途	物理位置	本机端口	对端端口	VLAN	备注
192.168.10.2	BS-R-01	路由器	机架6-2	FE01	SW01-FE03		
192.168.10.132	BS-SV-1	告警服务器	机架7-1	FE01	SW01-FE04	10	
192.168.10.24	BS-SW-1	接入交换机	机架7-2	FE02	R-FE01		

(2) 网络布线文档

网络布线文档主要用于描述网络工程中的布线、配线架的设置等物理结构和施工的要求，该文档主要由下列内容组成。

○ 网络布线逻辑图和布线工程图(物理图)：布线图纸要根据现场的情况决定，明确表明布线的方向、长度等信息。如图6-4所示的是一个设备布线的逻辑图。

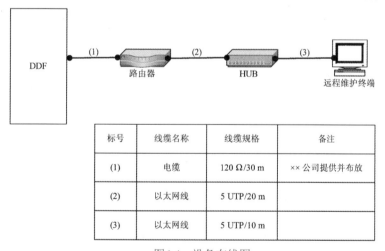

标号	线缆名称	线缆规格	备注
(1)	电缆	120 Ω/30 m	××公司提供并布放
(2)	以太网线	5 UTP/20 m	
(3)	以太网线	5 UTP/10 m	

图6-4　设备布线图

○ DDF配线表：DDF配线表是机房建设的重要文档，它记录了设备之间的中继线路的连接情况，布线施工过程中需要根据配线表选择合适的线路接入，如表6-2所示，该表表现了DDF与设备端之间的连接关系。

表6-2 DDF配线表

设备端						DDF		
机柜编号	框号	槽位号	端口单板编号	端口全局编号	TID	架号	端子板号	系统号
ZK001	01	2	2	2	64	1	1	3
ZK001	02	0	3	3	96	1	1	4
ZK001	04	0	4	4	128	1	1	5
ZK002	02	2	5	5	160	1	2	2
ZK001	06	1	6	6	192	1	1	7
ZK001	09	2	7	7	224	1	1	8
ZK002	01	2	8	8	256	1	2	3
ZK002	04	1	9	9	288	1	2	5
ZK002	05	2	10	10	320	1	2	6
YW001	01	2	11	11	352	2	1	12
YW001	02	2	12	12	384	2	2	13
YW001	06	1	6	262	8384	2	1	7
YW001	08	1	7	263	8416	2	1	8

(3) 网络系统文档

网络系统文档用于描述系统所需的软件环境和资源分配、使用情况，主要包括下列内容。

○ 服务器文档，包括服务器硬件文档和服务器软件文档。

○ 网络设备文档，网络设备指的是工作站、服务器、中继器、集线器、路由器、交换器、网桥、网卡等设备。在制作文档时，必须包含设备名称、购买公司、制造公司、购买时间、使用用户、维护期、技术支持电话等内容。

○ 网络应用软件文档。

○ 用户使用权限表。

6.1.3 局域网规划

局域网是最常见的一种网络形式，在进行局域网设计时，首先要对网络的需求进行分析。需求分析可以从以下几方面进行。

1. 拓扑需求分析

在进行网络的总体设计之前，应当首先弄清要给哪些建筑物布线，要给每座建筑物中的哪些房间布线，每个房间的哪些位置需要预留信息插座，以及建筑物之间的距离、建筑物的垂直高度和水平长度等问题。只有事先调查好这些情况后，才能合理地设计网络拓扑结构，选择适当的位置作为网络管理中心以及作为设备间放置联网设备，有目的地选择组建网络所使用的通信介质和交换机。

2. 数据传输需求分析

用户对数据传输量的需求决定了网络应当采用何种联网设备和布线产品。就目前情况来看，多媒体已经成为局域网所必须支持的功能之一。基于这种大传输量的需求，以1 000 Mb/s

光纤作为主干和垂直布线，以100 Mb/s超5类双绞线作为水平布线，从而实现100 Mb/s交换到桌面的网络，已经成为最普通的网络架构方案。

3. 组织发展需求分析

网络设计者不仅要考虑到网络所要容纳的用户数量，还要为网络保留3~5年的可扩展能力，从而使得网络在用户数量增加时依然能够满足增长的需要。这一点非常重要，因为布线工程一旦完毕，就很难再进行扩充性施工。所以，在埋设网线和信息插座时，一定要有足够的余量。联网设备则可以在需要时随时购置。

4. 性能需求分析

不同厂家乃至同一厂家不同型号的交换机在性能和功能上都有较大的差异：有的安全性高、有的稳定性好、有的转发速率快、有的拥有特殊性能，因此，应当慎重考察和分析网络对性能的根本需求，以便选择相应品牌和型号的交换机。

除了上述基本需求外，在网络规划中还要考虑其他的影响因素，包括设备、应用等。

5. 外围设备

实现网络连接的最大优点是能够在网络中共享诸如打印机、传真机和扫描仪等外围设备。在设计企业网络外围设备时，有3种基本的方法：可以将外围设备与联网计算机连接、直接连接到网络集线器或使用一个外围设备服务器。

(1) 将外围设备与联网计算机连接

在小型网络中，一般将外围设备(如打印机等)直接连接到联网计算机上。所有的打印请求都被传送到这台计算机上。这台计算机既是普通计算机，又是打印机处理器。因为企业内的每个人都连接到网络上，所以每个人都可以共享使用这台打印机。选择一台计算机来连接打印机时需要注意以下问题。

- 通常哪台计算机的打印工作较多。
- 计算机是否能够同时满足打印请求和普通计算机的功能。
- 被选的计算机在办公室中所处的位置到其他设备的距离应当适中。

(2) 网络外围设备

有些打印机和其他外围设备本身携带有10/100 Mb/s以太网网络接口卡(称为网络外围设备)，可以直接将这些外围设备插到网络集线器上。

(3) 外围设备服务器

外围设备服务器管理有关外围设备的所有网络事务。它犹如网络与外围设备之间的接口：一端与网络集线器直接相连，另一端连接外围设备。对于那些外围设备使用频繁的网络而言，外围设备服务器能够管理外设负载和避免网络堵塞，最常用的外围设备服务器是打印和传真服务器等。

6. 远程访问

有时需要利用企业网络拓展公司业务，要求任何人、任何地点、任何时间都可以访问企业网络。例如，许多公司都有一些销售和支持人员在外工作，他们需要与公司进行网络连接。通过远程访问方式，公司的内外人员即可通过便携计算机或台式计算机从公司外部连接到企业网络。如果需要应用远程访问功能，需要估计出有多少人需要拨入，拨入频率如何，以及每次占用多长时间。

7. 文件管理

通过企业网络，可以访问网络内其他计算机上的文件。例如，财务文件在记账员计算机上，库存文件在产品管理员计算机上，其他用户可以通过网络访问这些资源。在组建网络之前设计好文件的管理方案往往能解决今后可能遇到的问题，如以下几种问题。

- 网络将处理多少事务。
- 哪些文件需要备份。
- 哪台计算机连有备份设备。
- 存储和访问多少类型文件，这些文件存放在哪儿备份。

备份企业数据是很重要的。可以通过ZIP压缩、Jazz驱动、刻录CD盘或通过一个存储设备实现备份。无论选择哪一种备份方法，都需要事先列出一个计划，备份网络内的所有重要文件。

8. 办公室布局

在以太网中，如果使用超五类线来布线，两个节点之间(网络设备)的距离不能超过105 m，如果企业内的计算机或者分布在仓库的另一端，或者分布在不同楼层，或者分布在不同的建筑物内，则计算机和网络集线器之间的距离就可能会超过105 m。因此在设计网络时，要确定网络集线器和计算机的位置，以确保它们之间的距离不超过以太网的105 m限制。如果企业网络需要运行在105 m以上的距离时，可以分段应用多个网络集线器来扩展网络的物理范围。

9. 现有设备与所需购买设备

在组建网络时，如果需要利用原有的一部分资源，则需要处理好现有设备与新购设备的如下关系。

(1) 兼容性

设备间的兼容性是很重要的。如果企业内的计算机都是Windows系统，那么就很容易组建一个局域网络。但是，如果在企业内，有的计算机是mac OS系统，有的是Windows系统，还有的是UNIX服务器，那么在选择网络协议时就要考虑到系统的兼容性问题。

(2) 能安装网络接口卡的计算机

如果需要安装网络接口卡来连接企业内的各台计算机，要求计算机的插槽与网络接口卡兼容。

10. 互联网访问

在设计网络时，需要了解企业内的所有或部分员工是否需要访问互联网和有关互联网访问功能的问题，因此，在组建网络之前，需要着重考虑以下几个问题。

(1) 共享式互联网访问

如果企业内的每个员工都要连接互联网，可以选购一个访问路由器，它可以实现以下功能。

- 　　通过一条共享式互联网连接，办公室内的所有员工可以同时访问互联网。
- 　　它可以代替网络集线器，用于连接整个网络。
- 　　节省费用：整个办公室只需一条互联网连接和一个ISP(互联网服务供应商)账号。

(2) 单一互联网访问

如果企业内只有一人需要访问互联网，可以利用现有的调制解调器或购买一个新的调制解调器，并申请一个拨号账号即可。

(3) 互联网接入

目前，可以选择多种互联网连接方式。例如，可以采用DDN专线，也可以采用ADSL或者ISDN等。具体选择哪种互联网接入方式，取决于公司的业务需求，还要考虑到公司的规模以及各种接入方式的费用等因素。

11. 文件处理

局域网中的文件处理是非常重要的一个功能，文件的一些属性可能会影响局域网的性能。

(1) 文件大小

处理的文件大小将会影响网络性能。在对等网络内，不同的计算机之间接收或发送文件，目前常见的100 Mb/s以太网足以满足文件传输的需求。

有些服务器设备需要经常传输大型文件(如图形文件、多媒体文件、大型数据库或视频文件)，这时就需要选择高性能的千兆网络接口卡和一个千兆交换机，从而以更快的速度传输文件。

(2) 账本底线

100 Mb/s网络接口卡和千兆网络接口卡价格相差很大，如果需要一个更快速度的网络，使企业网络从以太网升级到千兆以太网，则需要考虑其升级成本。

(3) 布线

布线类型也会影响网络文件的传输速度。最常用的线缆是双绞线，它不仅能够支持10 Mb/s以太网，还可以支持快速以太网(100 Mb/s)，所以，对小型企业来说，双绞线是一种理想的选择。还可以应用同轴线缆进行对等网络布线，同轴线缆不需网络集线器，所以可以通过一条线缆连接许多台计算机，但是，由于同轴线缆不支持快速以太网，在升级企业网络时就必须更换网络布线。

12. 流量

企业内的计算机少于5台时，使用对等网络即可处理办公室内所有计算机的任务。如果企业内有一个中心数据库，很多人都需要不断地更新它，那么最好的选择是客户机/服务器网络。

13. 可靠性

以太网能够提供高度稳定的数据传输，属于一种相当成熟的技术。为了增强企业网络的稳定性，可以向那些产品稳定、声誉良好的厂商订货。多数厂商提供全套网络产品和解决方案，以满足企业目前和未来发展的网络需求。一般来说，从一个稳定的厂商定购所有的设备会更好一些，这样可以保证设备的兼容性、安装简单等，并在企业发展过程中对网络进行平稳升级。

6.1.4　广域网规划

与广域网连接通常由广域网服务提供商提供，对广域网服务的选择取决于网络对带宽的需求、预算以及局域网接口的类型和速度。大多数服务提供商提供FDDI、ISDN、T载波、SONET和其他服务等各种服务的组合，并包括光纤拓扑结构和不同程度的冗余。

1. 价格构成

广域网服务提供商向用户提供无限制使用和有限制使用两种服务。有限制使用按分钟计费，这基于用户选择的计费方式。一个典型的中等大小的网络连接到广域网服务的全部费用大约占网络总费用的1/3。因为广域网是按月计算费用的，其费用基本保持恒定，就像电话每个月的基本服务费一样，而局域网可能由于升级和新软件的原因，月与月之间费用变化很大。设备升级和添加新设备的费用偶尔会从服务提供商那里转移过来，从而导致费用临时性的增长。

由于存在直接成本和间接成本，安装和维护一个广域网的实际费用构成是很复杂的。每个月的服务费是一个直接成本，对用户进行培训和提供技术支持是间接成本。在分析广域网的成本时，要考虑到下面几项与成本有关的因素。

- ○ 每月的服务费用。
- ○ 局域网连接设备。
- ○ 用户的培训和技术支持。
- ○ 网络职员的培训。
- ○ 网络支持和故障排除。
- ○ 当一个连接中断时损失的运营时间。
- ○ 机器设备升级费用。

WAN服务提供商提供服务标准协议(SLA)，这是一项服务提供商和用户之间关于最低服务标准的保证。典型的SLA包含下面几项。

- ○ 可用性保证。例如，对合同用户来说，线路应该在95%的时间内是可用的。
- ○ 线路的最大延迟。
- ○ 修复故障线路所需的时间或平均时间(被称为平均修复时间或MTTR)。
- ○ 处理能力的保证。
- ○ 如果违反了SLA，服务提供商需向用户进行赔偿。

2. 带宽规划

用户需要的带宽大小由用户使用的应用程序和服务提供商能提供的带宽来决定。在一个地区内，大多数服务提供商大致以同样的价格提供同样的服务。有些服务提供商提供所谓的需求带宽服务，即可以通过扩展或压缩带宽来满足不同时间的需求。需求带宽服务按照实际使用的带宽计费，通常与56 kb/s交换或ISDN相关。

许多广域网服务提供商提供56 kb/s~155 Mb/s的带宽租用服务。例如，可以使用56 kb/s的线路间断地传送简单文件，使用155 Mb/s线路连续地传输多媒体数据。广域网服务提供商也提供各种计费方式供用户选择，这样，小公司用户和大公司用户一样可以使用高速接入。用户所在地区的带宽或世界上任意地方的带宽由那个地方可得到什么样的服务而决定。

对服务提供商的选择依赖于网络需要的带宽大小和服务提供商提供的SLA。大型的全球服务提供商在整个网络体系中提供最小OC-12(622 Mb/s)主干网，在该网络体系中，存在多条备用路径，如果一部分网络失效了，传送设备会自动地重新路由到其他路径上。较小的服务提供商提供64 kb/s~622 Mb/s的低速连接，通常其路由器中继在两路以内。

3. 服务商和用户的设备

广域网服务商设备包括拨号上网用的调制解调器、信道集和路由器接口的组合。所用设备因各服务商的大小而异。服务商的设备也不应该只固定在一个地方，与设备的连接有时在远离控制室的卫星POP中，有时在控制室中。如果选择的ISP规模较小，它们的设备可能被安置在一间经过改造的房间里或位于某人的车库内。应该对这些地方进行充分的调查，因为这些设备的性能和可靠性将直接影响服务的质量。

有些服务商与其他服务商签订协议，将它们的广域网设备放置在别人的地方，通常也在那里安排一些自己不能提供的特殊服务。这种布置可能很费钱，而且需要特殊的安全防范措施。

用户的设备往往由服务商提供，其他的设备必须自行购买。现在的一些工作站和服务器供货商也制造专用设备，如广域网通信所需的调制解调器、TA、X.25和其他适配器等。这些供货商也生产内置调制解调器、TA的专用远程接入服务器和Windows NT远程接入服务一类的远程接入软件。

6.2　网 络 设 计

网络规划只是在理论上论证了实现一个网络的可行性，而网络设计则是对网络规划的进一步深化，其中涉及网络的具体实现的问题，包括网络拓扑、地址规划、路由协议等的选择。本节将分别予以讨论。

6.2.1　网络拓扑设计

选择网络拓扑结构是组建网络的基础和前提。在第4章中介绍了局域网常用的拓扑结构，每种拓扑结构都有自己的优势所在，网络拓扑结构可以决定网络的特点、速度、实现的功能等。

常见的办公室小型局域网一般采用星型拓扑结构，这是因为星型网络的构造简单且连接容易，使用双绞线、网卡和HUB即可架构一个局域网。另外，星型网络的管理也比较简单，建设费用和管理费用较低。这种结构的网络易于改变网络容量，方便增加和减少计算机，并易于扩充和管理，容易发现并排除故障，但是这种结构对中央HUB的依赖性很强，如果中央节点出了问题就会导致整个网络的瘫痪，可靠性较低，不适合用于可靠性要求很高的大型网络上。

总线型拓扑结构具有易于布线和维护、结构简单、易于扩充和管理、可靠性高和速度快的优点，但接入节点有限，发现、排除故障比较困难，实时性较差。

环型拓扑结构也是常用的网络结构之一，经常结合令牌使用，其网络结构也很简单，但是网络速度慢，排除故障也很困难。

掌握了以上3种网络结构的特点后，即可根据需要确定适合自己的拓扑结构。

6.2.2 网络协议的选择

对于局域网来说，最常见的适合局域网的网络协议是Microsoft的NetBEUI和TCP/IP。

NetBEUI是为IBM开发的非路由协议，用于携带NetBIOS通信。NetBEUI缺乏路由和网络层寻址功能，这既是它最大的优点，也是最大的缺点。NetBEUI不需要附加的网络地址和网络层头尾，可以快速有效地应用于只有单个网络或整个环境都桥接起来的小工作组环境。网桥负责按照数据链路层地址在网络之间转发通信，但因为所有的广播通信都必须转发到每个网络中，所以网桥的扩展性较差。结合使用100-BASE-T Ethernet，允许转换NetBIOS网络扩展到350台主机，以避免广播通信成为严重的问题。一般而言，桥接NetBEUI网络很少超过100台主机。

TCP/IP允许用户与Internet完全地进行连接。TCP/IP同时满足了可扩展性和可靠性的需求。不幸的是，它牺牲了速度和效率。Internet的普遍性是TCP/IP至今仍然使用的原因。用户常常在没有意识到的情况下，就在自己的PC上安装了TCP/IP，从而使该网络协议在全球广泛应用。TCP/IP的32位寻址功能方案不足以支持即将加入Internet的主机和网络数，因而开发了IPv6作为下一代Internet网络协议，它可以替代现有的IPv4协议，相比于IPv4协议，它拥有128位地址，能够提供更多地址空间。目前主要应用于云计算、物联网、IPTV等场景。

因为NetBEUI采用的是广播式的信息传播方式，这种方式在网络不是很庞大的情况下，传输速度很快。但是随着目前网络的用户越来越多，网络广播产生的网络风暴往往会造成网络速度的急剧下降。此时TCP/IP更为适用，因为它不采用广播式的发送方法，而采用直接发送的方法，这样可以使网络内的无用噪声减少。更为关键的是，TCP/IP采用寻址传输，因此，它找不到正确地址就不会传输信息，不会造成信息的错误传输和无效传输。当然，传输速度也会较慢。

随着Internet的普及，TCP/IP的优势越来越明显，也越来越为大家所熟悉。由于TCP/IP采用地址来组织网络，因此利用TCP/IP可以很清晰地进行网络的布局、计算机的标识等，对管理员更好地规划、管理和诊断网络都很有好处。

6.2.3 地址分配与子网设计

在网络规划中，IP地址方案的设计至关重要。好的IP地址方案不仅可以减轻网络负荷，还能为以后的网络扩展打下良好的基础。

1. IP地址分配原则

IP地址空间分配需要与网络拓扑层次结构相适应，既需要有效地利用地址空间，又要体现出网络的可扩展性和灵活性，还要考虑到网络地址的可管理性，同时能满足路由协议的要求，以便于网络中的路由聚类，减少路由器中路由表的长度，减少对路由器CPU和内存的消耗，提高路由算法的效率，加快路由变化的收敛速度。具体分配IP地址时，需要遵循以下原则。

- 唯一性：一个IP网络中不能有两个主机采用相同的IP地址。
- 简单性：地址分配应简单且易于管理，降低网络扩展的复杂性，简化路由表项。
- 连续性：连续地址在层次结构网络中易于进行路径叠合，极大地缩减路由表，提高路由算法的效率。
- 可扩展性：地址分配在每一层次上都要留有余量，在网络规模扩展时能保证地址叠合所需的连续性。
- 灵活性：地址分配应该具有灵活性，以满足多种路由策略的优化，充分利用地址空间。

2. 局域网IP地址的规划

网络中的每一台设备都是以IP地址标识自己的网络位置，因此，在组建局域网之前，需要为网上的所有设备包括服务器、客户机、打印服务器等分配一个唯一的IP地址。考虑到今后的扩展、维护等问题，内部网的IP地址不仅要符合流行的国际标准，还应该有规律、易记忆，能反映自己内部网的特点。不同单位的内部网有各自不同的特点，IP地址的规划也需要考虑不同的因素。至于如何规划IP地址，前面的章节已经做过详细叙述了，此处不再赘述。

6.2.4 路由和路由选择协议

典型的路由选择方式有两种：静态路由和动态路由。

静态路由指的是在路由器中设置固定的路由表。除非网络管理员干预，否则静态路由不会发生变化。由于静态路由不能对网络的改变做出反应，因此它一般用于网络规模不大、拓扑结构固定的网络中。静态路由的优点是简单、高效、可靠。在所有的路由中，静态路由优先级最高。当动态路由与静态路由发生冲突时，以静态路由为准。

动态路由指的是网络中的路由器相互进行通信，传递路由信息，利用收到的路由信息更新路由器表的过程。它能实时地适应网络结构的变化。如果路由更新信息表明网络发生了变化，路由选择软件就会重新计算路由，并发出新的路由更新信息，这些信息通过各个网络，导致各路由器重新启动自己的路由算法，并更新各自的路由表以动态地反映网络拓扑结构的变化。动态路由适用于网络规模大、网络拓扑结构复杂的网络。当然，各种动态路由协议会不同程度地占用网络带宽和CPU资源。

静态路由和动态路由有各自的特点和适用范围，在网络中，动态路由通常作为静态路由的补充。当一个分组在路由器中进行寻径时，路由器首先查找静态路由，如果查到静态路由则根据相应的静态路由转发分组；否则查找动态路由。

在一个路由器中，可以同时配置静态路由和一种或多种动态路由。它们各自维护的路由表都提供转发程序，但是这些路由表的表项间可能会发生冲突。这种冲突可以通过配置各个路由表的优先级来解决。通常情况下，静态路由具有默认的最高优先级，当其他路由表表项和它发生冲突时，均按静态路由转发。

1. 内部网关协议和边界网关协议

根据动态路由是否是在一个自治域内部使用，动态路由协议可以分为内部网关协议(Interior Gateway Protocol，IGP)和外部网关协议(Exterior Gateway Protocol，EGP)两种。这里的自治域指的是一个具有统一管理机构、统一路由策略的网络。自治域内部采用的路由选择协议称为内部网关协议，常用的协议有RIP(Routing Information Protocol)和OSPF(Open Shortest Path First)；外部网关协议主要用于多个自治域之间的路由选择，常用的协议是BGP和BGP-4。

当网络启用了路由协议时，网络便具有能够自动更新路由表的强大功能。但是使用如RIP/RIP2、OSPF或IGRP/EIGRP等一些主要的内部网关协议(IGP)时，有一定的规定。

内部网关协议首先适用于在那些只有单个管理员负责网络操作和运行的地方；否则，将会出现配置错误，导致网络性能降低或者导致网络运行不稳定等问题。对于由许多管理员共同分担责任的网络，如Internet，则可以考虑使用外部网关协议(EGP)，如BGP4。

如果在网络中只有一个路由器，不需要使用路由协议；只有当网络中具有多个路由器时，才有必要让它们共享信息。但是如果仅有小型网络，完全可以通过静态路由的方式手动更新路由表。

前面章节已介绍了两种常见的内部网关协议：RIP和OSPF。其实，在网络设计过程中还经常使用到外部网关协议——BGP(Border Gateway Protocol，边界网关协议)。BGP是为TCP/IP互联网设计的外部网关协议，用于多个自治域之间，它既不是基于纯粹的链路状态算法，也不是基于纯粹的距离向量算法。BGP的主要功能是与其他自治域的BGP交换网络可达信息。各个自治域可以运行不同的内部网关协议。BGP更新信息包含网络号/自治域路径的成对信息。自治域路径包括到达某个特定网络须经过的自治域串，这些更新信息通过TCP发送出去，以保证传输的可靠性。

为了满足Internet日益扩大的需要，BGP协议还在不断地发展。在最新的BGP4版本中，可以将相似路由合并为一条路由。

2. 路由算法

路由算法在路由协议中起着至关重要的作用，采用何种算法往往决定了最终的寻径结果，因此，在选择路由算法时一定要仔细，通常需要综合考虑以下几个设计目标。

(1) 最优化：指的是路由算法选择最佳路径的能力。

(2) 简洁性：算法设计简洁，利用最少的软件和开销，提供最有效的功能。

(3) 坚固性：路由算法处于非正常或不可预料的环境，如在硬件故障、负载过高或操作失误时，路由算法都能正确工作。由于路由器分布在网络连接点上，因此在它们出现故障时，会产生严重的后果。最好的路由器算法通常能经受住时间的考验，并在各种网络环境下被证实是可靠的。

(4) 快速收敛：收敛是所有路由器在最佳路径的判断上达到一致的过程。当某个网络事件引起路由可用或不可用时，路由器就会发出更新信息。路由更新信息遍及整个网络，导致重新计算最佳路径，最终达到被所有路由器一致公认的最佳路径。收敛慢的路由算法会造成路径循环或网络中断。

(5) 灵活性：路由算法可以快速、准确地适应各种网络环境。例如，当某个网段发生故障时，路由算法需要能够很快发现故障，并为使用该网段的所有路由选择另一条最佳路径。

路由算法根据种类可分为以下几种：静态和动态、单路和多路、平等和分级、源路由和透明路由、域内和域间、链路状态和距离向量。前面的几种路由算法的特点与字面意思基本一致，下面着重介绍链路状态和距离向量算法。

链路状态算法(也称最短路径算法)发送路由信息到互联网上的所有节点，然而对于每个路由器，仅发送它在路由表中描述其自身链路状态的那一部分。

距离向量算法(也称为Bellman-Ford算法)则要求每个路由器发送其路由表的全部或部分信息，但仅发送到邻近节点上。

从本质上说，链路状态算法将少量更新信息发送到网络各处，而距离向量算法发送大量的更新信息到邻接路由器。

由于链路状态算法收敛更快，因此在一定程度上，它比距离向量算法更不易产生路由循环。但在另一方面，链路状态算法比距离向量算法要求有更强的CPU能力和更多的内存空间，因此链路状态算法将会在实现时显得更昂贵一些。除了这些区别，两种算法在大多数环境下都能很好地运行。

最后需要指出的是，路由算法使用了多种不同的度量标准来决定最佳路径。复杂的路由算法可能采用多种度量来选择路由，通过一定的加权运算，将它们合并为单个复合度量，然后添加到路由表中，作为寻径的标准。通常使用的度量有路径长度、可靠性、时延、带宽、负载和通信成本等。

6.2.5　物理介质设计

在选择网络布线通信介质时，目前主要面临的问题是选择光纤还是铜缆双绞线。首先要考虑通信距离。对于大多数办公环境来说，通常要求的布线长度都低于铜缆的100 m距离的限制。如果不存在保密问题，铜缆发射或接收的电磁信号对大多数办公环境影响不大。因此，目前大多数普通办公环境用户选择的网络布线通信介质仍然是铜缆绞线。对于要求提供千兆位网络通信能力到桌面的用户机构，所遵循的最低标准应该为EIA/TIA和ISO公布的超5类标准。这些性能标准满足了基本的高速网络应用的需要。6类布线系统支持的频率为200 MHz，以200 MHz运行的编码系统能实现的通信速率将更高。

光纤布线的成本较高，但是传输距离更长，通信带宽更高，具有很好的安全性，且不会受到电力电缆的电磁干扰，解决了非屏蔽双绞线通信的许多缺点。为了提高局域网主干系统的通信性能，通常在结构化布线的垂直子系统中采用光纤，在水平子系统布线中也不排斥安装光纤系统。根据具体应用的需求，在安装铜缆的同时也可以安装光纤系统。对于布线距离可能超过100 m限制的远程局域网用户，直接安装光纤信道而不是单独建立一个配线间，在成本上可以更加节约。目前在结构化布线的垂直主干子系统中通常采用多模光纤，但是为了满足未来的带宽要求，不妨稍微增加一点投资，在安装多模光纤主干子系统的同时加装相应的单模光纤系统，并且可以暂时将单模光纤系统隐藏起来或不进行端接，这样，当将来需要更高的带宽时，可以方便地启用这些单模光纤。

6.3 网络工程实施

在完成网络的规划设计后，将进入网络工程实施阶段。要顺利地实施网络工程，需要有完善的网络设计方案作为指导。本节将介绍如何撰写网络设计方案以及实施网络工程的过程。

6.3.1 网络设计方案

在进行网络规划和设计的过程中，网络设计方案的撰写是一件很重要的事情。一份好的网络设计方案不仅有利于工程的具体实施，还利于网络运行中的维护和排错，也影响将来网络的升级和扩展。

撰写网络设计方案主要从以下几方面入手。

○ 网络的需求分析：需求分析是一切工作的基础，前面章节介绍过的需求分析从数据传输需求、网络性能需求、未来发展需求等几方面进行考虑，此外还要考虑用户的费用承担能力等因素。

○ 网络设计原则：这是根据需求分析确定的网络设计的基本方针。

○ 网络系统总体设计方案：总体设计主要包括网络拓扑规划、网络协议的选择、路由和路由协议的选择、网络子网划分和地址分配等内容，总体设计是网络设计方案的关键内容。

○ 服务器及操作系统平台：根据需求分析确定所需的服务器或者操作系统。

○ 网络管理系统设计：网络管理是系统运行维护的主要组成部分，好的网络设计一定要有好的网络管理系统与之配合。

○ 系统安装、测试、验收方案和计划等。

以上内容是网络设计方案的基本内容，在实际工作中，可以根据网络的规模和客户的要求，适当地进行增减。网络设计方案并没有具体的格式要求，它主要用于在网络设计初期更好地与用户交流，充分了解客户的需求，以便更好地实现客户需求，在网络施工中更好地指导网络建设。所以，网络设计方案的撰写需要得到用户和设计者、施工者的共同认同，才算是一份好的设计方案。下面以4.7节介绍的公司内部网络为例，完成网络设计方案的撰写。

××公司内部局域网设计方案

1. 网络需求分析

该局域网为了满足××公司信息化办公的要求，实现资源共享(共享网络打印机、文档服务器等)和网络办公等功能。

系统要求性能稳定、使用方便、维护简单。

2. 网络设计原则

该网络设计的原则如下：

○ 高可靠性和安全性；

○ 先进性和实用性；

○ 可扩展性；
○ 可管理性。

3. 网络拓扑结构分析

局域网的拓扑结构可以采用星型、环型或总线型结构，这些结构各有特点。现代网络通常综合了总线型拓扑结构的逻辑通信和星型拓扑结构的物理布局，形成星型物理布局中的总线型拓扑结构，它的特点是结构简单、易于维护，并具有良好的扩展性能。该网络采用的就是这种拓扑结构方式，如图6-5所示的是该网络的拓扑结构图。

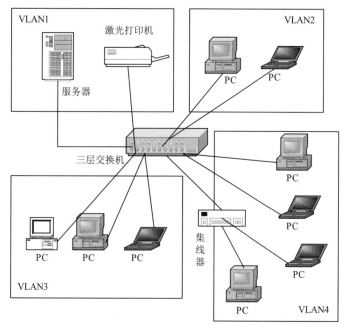

图6-5 网络拓扑结构图

在如图6-5所示的网络拓扑结构中，采用了一台3层交换机构成网络的主干。为了保证服务器的带宽和响应速度，一般需要将服务器直接接入骨干交换机。如果端口不足，可以在一个VLAN中加入集线器扩展端口，或者采用交换机做级联。

4. 设备命名规则

本次工程中的设备命名及接口描述规范根据《××互联网资源命名规范》确定。网络设备命名可以参照以下原则。

(1) 能表示出网络设备的类型。

(2) 能表示出网络设备的物理位置。

(3) 能表示出网络设备所属的网络层次。

(4) 相同物理位置和网络层次的网络设备由不同序号进行区分。

(5) 能反映出该设备的业务属性和网元功能。

5. 设备选型

(1) 交换机的选择

在本例所示的环境中，选择交换机以实现设备互连，交换机需要强调端口的交换能力，有效地保护链路带宽。同时，交换机的价格也比路由器便宜，而且端口比较多。考虑到需要采用VLAN技术来划分子网，可以选择3层交换机，这样不仅可以显著地提高网络性能，而且可以确保数据安全性。

目前市场上主流的3层交换机很多，在选择时需要考虑其端口数目和是否支持VLAN方式等要素。Cisco Catalyst 3560系列的交换机是一种采用快速以太网配置的固定配置交换机，适合作为小型企业布线室或分支机构环境的理想接入层交换机，它支持48个快速以太网端口，并支持VLAN。

(2) 服务器设备

联想万全T270服务器非常适用于企业以及行业用户的中小规模网络，该服务器可以在网络中担当文件服务器、电子邮件服务器、Web服务器、Proxy服务器、中小型数据库应用服务器等，是企业信息化建设等应用的最佳选择。

6. IP规划和VLAN设计

该网络采用内部地址结构，地址段为：192.168.0.0~192.168.3.0。

根据部门情况划分了VLAN，为了便于管理，可以将各服务器划分到一个VLAN中。

- ○ VLAN1：用于服务器区域，地址范围为192.168.0.0~192.168.0.255。
- ○ VLAN2：财务室，地址范围为192.168.1.0~192.168.1.255。
- ○ VLAN3：研发室，地址范围为192.168.2.0~192.168.2.255。
- ○ VLAN4：综合部，地址范围为192.168.3.0~192.168.3.255。

7. 操作系统和应用服务

Windows操作系统是大家比较熟悉的，Windows Server 2019作为网络操作系统，支持电子邮件、Web、文件服务器等网络服务，它可以提供建设高性能的客户/服务器网络，因此服务器可以选择Windows Server 2019操作系统。

为了支持Web和电子邮件等服务，需要安装IIS、SMTP等应用软件或组件。

8. 布线施工

本网络物理范围不大，可以选择双绞线布线。

6.3.2 网络实施过程

在了解网络工程后，应对网络工程进行分析和设计，组建网络时必须解决如下几个问题。

(1) 该网络重点的业务需求有哪些，如办公自动化、文件传输、电子邮件等；要实现这些需求，网络系统需要使用的软件，以及本网络与Internet的连接方式等。需要根据业务需求来选择一个能够满足业务需求的软件和网络体系，并做好网络规划。

(2) 网络的用户情况，包括用户的数量及分布状态，各业务部门之间、各部门与整个网络之间的关系等。

(3) 设备需求分析，包括如下几个方面。

- ○ 选择Ethernet或Token Ring，或是Arcnet网络产品。

- 原有设备(PC、打印机)需做何种改变。
- 需要新购哪些设备。
- 网上需要多少网络共享资源,服务器的选择和分布位置如何。
- 局域网与远程网或其他网络的连接方式以及需要什么连接设备。
- 网络布线计划:布线配置必须要有详细的网络节点图和设备安装地点。
- 经费预算。
- 今后的扩展计划。

(4) 信息安全性考虑:包括信息的备份系统、信息保密系统和计算机病毒的防范。

(5) 网络管理:可分为人工管理和智能型网络管理两种。人工管理方式需要有一个网络管理者,专门负责整个网络的运行、维护、规划以及不同网络的协调;智能型网络管理方式则需要购买网管软件。

(6) 网络规划。在进行网络规划时,必须根据原先确定的目标,对以下几个方面做出适当的决定。

- 网络系统和硬件结构的评估和选择。
- 网络操作系统的评估与选择。
- 网络应用软件的评估与选择。

(7) 安装设计。在完成规划工作后,需要考虑安装设计问题。这时应该综合了解网络用户的业务和环境位置,进行初步的布线结构设计。

(8) 招标、施工和验收。在网络工程招标时,应该慎重选择经验丰富且售后服务良好的厂家。目前各种各样的公司很多,选择厂家时需要考虑如下几个因素。

- 厂家的技术力量和背景(如技术支持等)。
- 工程经历,有必要进行实地考察。
- 服务质量如何(包括维护服务)。
- 价格问题,价格不是决定一切的因素,需要从价格/质量比的角度来综合考虑问题。一个高素质的厂家当然要比名声小的厂家要价高,应当允许高出10%~15%。
- 厂家在理论研究和应用方面的成就或特点,如果选择素质不高的厂家将会给工程带来隐患。

(9) 网络的使用和教育培训。网络系统建成后,首要任务就是使用网络。一个网络系统建设成功与否,主要取决于用户的使用情况。网络的使用首先是教育培训,培训一般分为如下4种情况。

- 管理阶层的培训(领导层)。
- 管理人员的培训。
- 网络软件开发人员的培训。
- 一般用户的培训。

6.4　网络性能评价

当组建好一个网络后,需要了解网络的实际运行效果,也就是对网络的性能进行评价。

评价网络性能不能简单地用"不错"或"不行"等模糊词语来描述,而要采用具体量化的指标,如时延、丢包率、IP不可达性、非忙率、不可预测性等指标,将这些指标与网络正常运行时的指标值进行对比,对比的结果可作为网络建设与管理的重要参考信息。

6.4.1 网络性能的测试

要了解网络的运行状态,就需要对相关的对象进行测量。测量数据显示了网络性能及其变化,通过这些测量数据,可以对网络性能做进一步评估。对于网络性能的测量,基本有以下几种分类。

1. 主动测量与被动测量

根据进行网络测量时所采用的手段,可以将网络测量分为主动测量和被动测量两种。

(1) 主动测量

主动测量指的是通过向网络、服务器或应用程序发送测试流量,以获取与这些对象相关的性能指标。例如,可以向网络发送数据包,并不断地提高发送速率直到网络饱和,以此来测量网络的最大负载能力。

主动测量的主要优点是不依赖于被测对象的测量能力。但这种测量会给网络增加额外的通信流量,这在一定程度上也可能影响测量结果。

(2) 被动测量

被动测量需要通过监测网络通信状况进行,因此不会影响网络。被动测量通常用于测量通信流量,即经过指定源和目的地之间的路由器或链路的数据包或字节数,也可用于获取网络节点的资源使用状况的信息。

被动测量可以通过以下3种方式获得。

- ❑ 服务器端测量:通常是在服务器端安装测试代理,实时监测服务器的性能和资源使用等状况。
- ❑ 用户端测量:将监测功能封装到客户应用中,从特定用户的角度实时监测相关的业务性能。
- ❑ 利用网络探针:网络探针可用于监测网络的传输状态,并分析捕获的数据包,以实现对网络及相关业务的测量。

2. 单点测量与多点测量

网络测量的另一方面在于测量所处的位置。一些测量依赖于在网络的多个节点上进行监测。例如,要测量一个数据包从主机A到主机B所需的传送时间,则需使用准确、同步的时钟记录数据包离开主机A和到达主机B的时间。

对于大型网络上通信流量的测量,也可以考虑在多个节点监测流量,以便收集数据包通过该网络的详细信息,但是这并不是理想的办法,因为要使不同测量点上同一时间的测量值彼此关联是很难的。更简单的方法是监测网络的入口和出口链路的通信流量,以避免对单个数据包经过网络的详细路径信息进行跟踪,同时也可以建立一个通信矩阵,以获得整个网络的通信流量。

3. 网络层测量与应用层测量

应用层测量可以使管理员对整个应用的性能有一个清楚的认识，而这是很难从底层测量数据综合得到的。同时应用层测量也能提供客户机和服务器之间、网络链路之间的性能参考。例如，Web下载是一种网络业务，但测量其性能也能间接反映网络层的性能。

采用应用层测量的另一个原因是，一些ISP在其网络内使用通信过滤(Traffic Filtering)技术。例如，阻止ICMP响应包或限制其传送速率。虽然用ping做一些网络测量还是有用的，但通信过滤技术的使用日益广泛，在一定程度上减少了此类测量的使用。因此，对于ISP提供的骨干网一般采用网络层测量，以评估其提供的网络链路或路由器、服务器等网络节点的性能；而对于基于网络平台的各种业务，其应用层性能的测量正变得越来越重要。

4. 采样技术

在网络上监测数据包，其目标是通过测量，实时监测通信状况，不因任何原因错过任何数据包，但是，随着通信速率的日益提高，这个目标变得越来越难以实现。如果由于速率太高以至于难以可靠地监测数据包，则使用测量工具应至少能报告错过的数据包数目。在这种情况下，需要对数据包进行采样。

常用的采样方法是周期性采样，遵循采样定理，即"采样频率必须大于所采样信号的最高频率的两倍"，但是这种采样方法可能会受到同步效应的影响。同步效应指的是当被测量的指标的变化规律与采样频率同步时，将导致采样数据只能部分地反映真实的测量数据；另一种情况是，当采取主动测量时，测量发出的测试流量对网络产生的影响，使网络进入一种周期性的变化状态，也可能发生同步效应。

6.4.2 网络性能指标

对于不同的网络业务或应用，其涉及的性能指标也不相同。以下将介绍的是几个常用于描述网络性能的指标，这些指标对各种网络业务或应用的性能都有一定的影响，但由于同一种性能指标对于不同的业务类型其影响程度有很大的区别，因此还需根据具体的业务类型或应用进行分析。

1. 延迟(Latency)

通常情况下，延迟指的是等待某动作发生所需的时间。对很多种网络通信而言，一个数据包(或一组数据包)一旦从一台主机发送到另一台主机，发送主机就必须等待直到收到一个应答包。网络延迟的确定需要测量往返时间(round-trip time，RTT)，即一个数据包在客户机和服务器之间往返所需的时间间隔。

网络延迟由以下几部分组成。

(1) 数据包沿物理链路传输所需的时间。

(2) 数据包经过路由器时排队及转发所需的时间。

(3) 服务器处理数据包并产生响应包所需的时间。

通常情况下，不必测量网络上每个路由器上每一跳的延迟，而是分别测量延迟的每一部分，如下所示。

○ 前向延迟，即数据包从客户机到服务器过程中时间(1)和时间(2)之和。

○ 服务器延迟，即时间(3)。

○ 反向延迟，即数据包从服务器到客户机过程中时间(1)和时间(2)之和，通常不同于前向延迟。

```
D:\>ping www.sina.com.cn
Pinging jupiter.sina.com.cn [221.130.6.84] with 32 bytes of data:
Reply from 221.130.6.84: bytes=32 time=214ms TTL=54
Reply from 221.130.6.84: bytes=32 time=219ms TTL=54
Reply from 221.130.6.84: bytes=32 time=203ms TTL=54
Reply from 221.130.6.84: bytes=32 time=218ms TTL=54
Ping statistics for 221.130.6.84:
    Packets: Sent = 4, Received = 4, Lost = 0 (0% loss),
Approximate round trip times in milli-seconds:
    Minimum = 203ms, Maximum = 219ms, Average = 213ms
```

图6-6　ping命令测试从本机到sina网站的网络延迟

ping命令常用于测量延迟。ISP通常用ping命令来测量响应时间，并假定服务器延迟与前向和反向延迟相比很小。如图6-6所示，用ping命令测试了本机到sina网站的网络平均延时为213 ms。虽然测量结果只是大致表示了网络的性能。但仍然是一种广泛使用的性能指标。需要注意的是，ping命令使用的是ICMP协议，用ping命令得出的测量结果并不能准确反映使用其他协议的业务性能。对于使用TCP相关协议的应用，如Web、E-mail、Telnet等，可以考虑使用TCP建立时间来表示延迟。

网络延迟并不是固定不变的，它随着网络状态的变化而变化。例如，如服务器空闲，则响应快；如服务器繁忙，则响应慢(影响服务器响应时间)；如网络路径无拥塞，则排队时间最少；如网络路径拥塞，则路由器排队时间将延长(影响排队时间)；由链路故障引起的路由变化可能导致数据包的往返路径不一致。

路由变化会影响到传输时间。例如，路由器确定的最佳路径可使数据包经过更多的路由器，从而延长数据包花在路由器和路由器间跳动的时间。

可以对某一段时期的网络延迟进行监测，如果出现网络延迟的突升或突降，通常意味着网络出现故障或受到安全攻击等。

2. 丢包率(Packet Loss)

IP网上的传输基本是一种"尽力而为"的工作方式。路由器尽力而为地转发数据包，但也可能根据即时情况而将一些包丢弃。"尽力而为"是IP协议的一个重要设计思想，而需要可靠数据包传输的业务就必须检查丢包率并重发丢失的数据包。TCP就是为高层的应用提供可靠的传输。

数据包经过网络时，可能因路由器排队而延迟。如果队列已满，由于没有足够的空间，路由器将丢弃一些包。其他的网络故障也可能引起丢失包，但没有那么普遍。

网络丢包率指的是在一特定的时间间隔中，从客户机到服务器往返过程中丢失的数据包占所发送数据包的百分比数。数据包丢失一般是由于网络拥塞引起的。丢包率一般在0~15%(严重拥塞)间变化。更高的丢包率可能导致网络不可用。

少量的丢包率并不一定表示网络故障，很多业务在少量丢包的情况下也能继续进行。例如，一些实时应用或流媒体业务(如VoIP)，就可以忍受少量的丢包，并且不重发所丢失的包；另外，TCP协议正是靠检测丢包率来发现网络拥塞的，这时它会以更低的速率重发被丢失的包。

丢包率也可以使用ping命令进行测试，如图6-6所示，本机到sina网站的丢包率(lost)等于零，这也就意味着该链路没有出现丢包现象。

3. 吞吐量(Throughput)

吞吐量一般指的是链路上所有通信数据的总传输速率，有时也可以用于表示某特定业务的数据传输速率。吞吐量一般以bps(位/秒)、Bps(字节/秒)或pps(包/秒)表示。

吞吐量通过监测某特定时间间隔内所传输的字节数来测量。需要注意选择适当的测量时间间隔。过长的时间间隔会平滑掉突发速率，过短的时间间隔又会夸大突发速率。折中的办法是选择1~5min的时间间隔。

4. 链路使用率(Link Utilization)

互联网业务通常是通过若干条物理链路接入的。简单地说，链路使用率指的是特定时间间隔内的吞吐量占链路接入速率的百分比。

一些链路，如T1和T3，它们的最大速率是预先定义好的；另一些链路，如帧中继PVC，则还有一个速率，即约定信息速率(Committed Information Rate，CIR)。CIR是与提供商约定的速率，它允许瞬时的突发速率，其链路使用率基于CIR计算。

5. 可用性(Availability)

可用性是指在某特定时间段内，系统正常工作的时间段占总时间段的百分比，如业务的可用性、主机的可用性、网络的可用性等。

对于可用性指标，可以通过发送相应的数据包并检测响应包进行测试，如下所示。

- ○ Web业务可用性测试：用Web浏览器(如Windows系统中的IE)从目标服务器下载指定页面，测量其响应时间、丢包率和吞吐量。
- ○ 主机可用性测试：在Windows环境下，可以ping目标主机，确认该主机对ICMP包是否有响应。
- ○ 网络可用性测试：对目标主机进行路由跟踪(tracert)，以确定目标主机与目标网络之间的连通性。如图6-7所示的是使用tracert命令测试本机到202.108.47.26的网络连通性，使用tracert命令，记录了从本机到202.108.47.26所经过的路径，并且可以看到本机到链路的上个节点所需的时间延迟。

```
D:\>tracert 202.108.47.26
Tracing route to 202.108.47.26 over a maximum of 30 hops
  1    902 ms    170 ms    186 ms  10.5.250.129
  2    171 ms    171 ms    171 ms  211.136.24.3
  3    171 ms    171 ms    171 ms  211.136.94.1
  4    171 ms    171 ms    171 ms  218.200.254.1
  5    172 ms    171 ms    171 ms  218.200.251.14
  6    172 ms    170 ms    171 ms  219.158.28.17
  7    187 ms    186 ms    171 ms  219.158.11.93
  8    172 ms    171 ms    171 ms  202.96.12.154
  9    187 ms    186 ms    171 ms  202.108.47.26
Trace complete.
```

这些测量都会产生延迟和丢包率，可以根据需要，确定系统正常进行所能容忍的最大延迟和丢包率，当超过这些值时，就认为该网络或业务是不可用的。

图6-7　使用tracert测试本机到
202.108.47.26的网络连通性

还有两个与可用性相关的概念是：平均修复时间和平均故障间隔时间。

平均修复时间(MTTR)指的是业务故障后用于恢复正常的时间；平均故障间隔时间(MTBF)指的是业务正常至下次故障之间的时间。

MTTR和MTBF都是与可用性相关的重要指标。每两年故障1次但MTTR为1周的业务固然不是很理想(故障次数少但故障后修复时间长)；但对于MTTR更小、而MTBF也很小的业务(故障次数多，但每次故障修复时间短)，虽然可能有很好的可用性数据，但这种频繁故障、频繁修复的业务对用户来说却是更加无法容忍的。

6.4.3 统计分析

当了解了有关网络性能的指标及如何测量这些指标后，下一步工作就是如何将收集到的原始数据经统计、处理和分析，得出相关网络或业务的总体情况以及性能指标数据的变化与业务性能、网络故障之间的关系，以达到进一步隔离、排除故障、提高服务质量的目的。在这里，将会用到一些统计分析技术。

1. 汇总统计(Mean，Median，Percentile)

统计是量化一个指标的重要方法，在进行汇总统计时，可以采用以下3种方法。

○ Mean：算术平均(arithmetic mean or average)是一种常用的统计方法，但这种方法适用于状态较平稳、越界情况不多的数据统计，因为越界数据对算术平均值的影响极大。另一种简单的平均方法是几何平均(geometric mean)，这种方法受越界数据影响较小。它是N个数据之积的N次方根，一般采用先计算各数据对数的平均值、再取幂的方法进行计算。

○ Median：对于大多数情况而言，中值(Median，即50th percentile)是一个很好的选择，它指的是将数据进行排序后，位置在最中间的那个数值；如果数据中有偶数个数字，中值为位于中间的两个数的平均值。中值基本不受越界数据的影响。

○ Percentile：可以用百分位区域(percentile ranges)来表示测量数据的分布情况，如5%和95%、10%和90%或25%和75%等。当百分位为95th时，表明数据中95%的数据小于或等于该百分位值，5%的数据大于该百分位值。

2. 阈值(Threshold)

阈值也称门限值，它是网络性能分析中经常用到的一个参数。阈值通常是由网络管理人员指定的一个指标数值，这个数值反映了网络处于临界状态时的情况。当测量值高于(或低于)该值时，表明此时网络有异常。为了表示测量值的异常程度，往往还要围绕阈值定义一些条件，依据不同的条件定义不同级别的异常，如严重异常、重大异常或轻微异常等。

3. 基线值(Baseline)

基线值指的是某时间上某测量指标的"标准"值，它是通过对一定时期的历史数据进行采样并统计分析得来的。一旦基线值被确定，则可以基于基线值定义一个范围，其边界就是最高阈值和最低阈值，当测量值超越此边界时，则认为此时网络有异常。在这里，阈值是基于基线值建立的，这样更能反映网络性能的真实状况。

4. 权重因子(Weighting Factors)

对网络性能数据的统计分析，往往还要考虑来源不同的测量数据对网络总体性能的影响。同一种性能指标在不同区域和不同网络位置，使用不同的主机或不同的测量工具进行测量时，其测量结果是不同的，所以往往还要引入权重因子的概念。权重因子取值的大小，反映了该测量值对网络总体性能的影响程度。

6.5 网络规划与设计实例

学习了网络规划和设计的知识后，就可以开始进行网络规划和设计。下面来看一个规划和设计网络的实例。

某企业进行信息化建设，需要实现网络办公。该企业总部覆盖面积为十几公顷地，其中有一座办公大楼、4个生产厂房和两个仓库。此外，该公司在外地有3个分公司。目前该公司还没有建成完整的局域网和广域网，不仅总部的各个业务部门没有网络连接，总部与各个分支机构之间也没有网络连接，因此该公司打算组建一个企业网，不仅把内部各个业务部门连接起来，总部与分公司之间也要实现连接。在接到一个网络规划的任务后，即可根据本章所学的知识着手进行工作。

首先，要准确、全面地了解用户的需求，这是规划和设计网络的基础。为此，需要与客户进行良好的沟通，了解客户的企业规模，从而对整个网络规模有个初步的了解。用户提出的需求通常是业务需求，而且是非常具体的。第一，网络建设要满足办公自动化、远程办公、电子邮件及互联网访问等基础网络应用需求。作为企业内部的办公应用，尤其是远程办公，需要使用公共网络资源进行接入，对数据的完整性及保密性提出了高保障的要求，因此在解决方案上需要考虑防火墙及VPN等数据加密和隔离措施。第二，企业规模较大，厂房分布在较大的范围内，其中办公大楼集中了主要的管理部门，如经理室、财务、计划、采购、销售、研发等，而生产车间则分布在几个生产厂房中，管理部门要向生产部门下达生产计划，生产部门又要向采购部门提出采购计划等。公司在各个地区的主要大城市有办事处或分公司，也需要接入总部的内部网络，各分部之间也有信息流。在与用户的沟通中需要详细记录用户的需求。通过以上各种信息收集，大概就可以确定了整个网络的基本框架，确定相关的拓扑结构和技术。

确定了网络的拓扑结构和采用的技术后，即可进行具体的网络子网规划和地址分配。通常，各部门划分独立子网，网络内部可以采用私有地址(10.0.0.0/8)，在局域网边界使用NAT技术实现访问Internet。对于服务器类设备则使用固定地址，对PC可以设置DHCP以方便用户进行设置。在网络中采用动态路由协议，可以选择OSPF来实现。

为了网络管理和维护的方便，可以选择使用网络管理软件，实现集中式网络管理。此外，还要根据现场情况，规划网络的物理介质和布线结构。

为了能够更好地规划和设计整个网络，首先针对上面所述的情况画出整个网络拓扑，如图6-8所示。

从图6-8所示的拓扑图以及本章前面所讲述的知识，可以总结出所需要规划和设计的内容。

- 整理各个部门人员数目的文档，以便于策划IP地址、选择服务器和VLAN。
- 服务器、交换机的设备选型。
- 整个系统规划。
- 工程布线的具体路由。

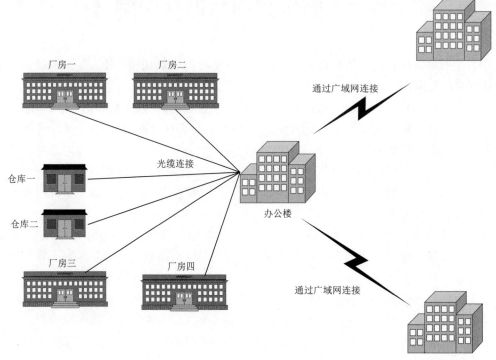

图6-8　某企业信息化建设网络拓扑图

1. 整理各个部门的人员数目，从而策划IP地址和VLAN

经过调查，现将整个企业中各个部门包括各个分公司的人员数目统计如表6-3所示。

表6-3　企业人员统计表

名称	部门名称	人员数目
总公司办公楼	技术部	32
	销售部	21
	厂长办公室	2
	书记办公室	2
	财务部	5
总公司厂房一	生产部	20
总公司厂房二	生产部	30
总公司厂房三	生产部	20
总公司厂房四	生产部	30
分公司一	技术部	10
	销售部	5
	财务部	3
	厂长办公室	2
分公司二	技术部	9
	销售部	5
	财务部	2
	厂长办公室	2

根据以上统计的表格，为了规划好IP地址，现将上面的表格整理成如表6-4所示。

表6-4　按照相同类型统计的人数表

部门名称	人数
领导办公室(包括厂长、书记办公室)	8
技术部	51
销售部	31
财务部	10
生产部	100

根据以上的统计表格，可以为每个部门规划IP地址和VLAN。首先，可以将每个不同的部门规划成一个VLAN，如表6-5所示。

表6-5　VLAN规划表

部门名称	VLAN号
领导办公室(包括厂长、书记办公室)	2
技术部	3
销售部	4
财务部	5
生产部	6

这里需要说明的是，由于很多交换机上的VLAN 1是默认的，所有的接口都默认在VLAN 1中，所以这里VLAN号从2开始。

下面开始规划IP地址，首先给定这个企业的IP地址段为10.10.100.0/24。

首先，部门人数最多的是生产部，这个部门总共100人。根据$2^n<100$的原理，可以得知n为6，所以主机位为7位，其子网掩码为255.255.255.128，根据IP地址段10.10.100.0/24可以分为10.10.100.0/25和10.10.100.128/25两个网段。在此，生产部选择10.10.100.128/25作为IP地址段。

其次，技术部门的人数是第二多的，所以，接下来将从10.10.100.0/25中规划技术部的IP地址段，根据$2^n<51$，可以计算出n为5，所以主机位为6位，其子网掩码为255.255.255.192，根据IP地址段10.10.100.0/25可以分为10.10.100.64/26和10.10.100.0/26两个网段。在此，技术部选择10.10.100.64/26作为IP地址段。

接下来，规划销售部的IP地址，根据$2^n<31$，得出n为4，所以主机位为5，其子网掩码为255.255.255.224，根据10.10.100.0/26地址段可以分为10.10.100.32/27和10.10.100.0/27两个网段，在此，销售部选择10.10.100.32/27作为IP地址段。

最后，来规划财务部和领导的IP地址段，依然根据$2^n<10$，得知n为3，所以其主机位为4，其子网掩码为255.255.255.240，将10.10.100.0/27分成10.10.100.16/28和10.10.100.0/28两个网段，分别作为两个部门的IP地址段。

到此，IP地址的规划就完成了，其规划的网络逻辑拓扑图如图6-9所示。

2. 服务器、交换机的设备选型

(1) 服务器的设备选型

服务器的设备选型主要根据3点：网络内用户的个数、使用服务器的频率、服务器本身的用途。

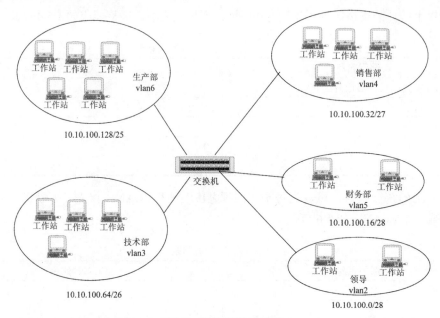

图6-9　网络逻辑拓扑图

(2) 交换机的设备选型

交换机的选择一般是根据网络的结构，在本实例中的企业中，可以考虑在每个VLAN中使用多台带VLAN功能的交换机，最后所有的交换机都连接在主交换机上。这样就可以将所有的VLAN交换机制作成一个域。在这个域中，将主交换机配置为服务器类型的VLAN交换机，其他都配置成客户端型的VLAN交换机。这样方便管理和控制。

另外，为了满足可靠性和可用性的要求，在网络上要有冗余的部件和设备。在这里包括了电源冗余、路由冗余、链路冗余、主控引擎冗余等。

为了能够达到企业网络的稳定性、可用性、可靠性，接下来将给出一个技术拓扑图，如图6-10所示。

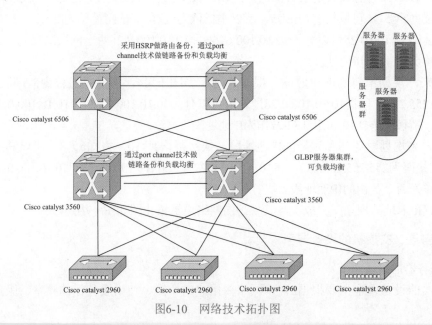

图6-10　网络技术拓扑图

3. 整体规划

在准确地分析用户需求后，即可开始规划网络。整个网络很庞大，而且很复杂。可以采用分层网络结构，分为骨干网和各部门网。其中，骨干网通常需要较大的带宽和较高的稳定性，而且，需要通过骨干网提供统一的Internet接口。各部门和分支机构通过骨干网连接在一起。这样就确定了网络的拓扑结构：复合型的星型网络。

由于Ethernet的简单和普及性，考虑选择Ethernet技术组建用户局域网，这样可以降低用户的运营成本和技术复杂度，其中骨干网络使用千兆以太网，实现高带宽和低延时，而各部门内部可以选择快速以太网以降低成本。

办公大楼集中了主要的管理部门，其中的业务流量比较大，可以把中心机房设在办公大楼，主要服务器设备集中在中心机房。中心机房放置千兆以太网交换机，在办公大楼各层和厂区的各厂房和仓库布设支持光纤接口的接入交换机。以中心机房为核心，到办公楼的各层布设千兆光纤连接各层接入交换机。在中心机房设置路由器以接入Internet，如果用户需要访问Internet的量很大，可以选择DDN专线接入ISP。各分支机构与总部之间采用VPN接入，分支机构之间的流量通过总部进行疏通。

4. 工程布线系统

工程布线系统在这里就不再多叙述了，只要读者牢记楼层之间需要使用光缆来连接，楼层内垂直使用光缆敷设，水平使用超五类线来敷设即可。

其实，一个网络工程项目远远比这个要复杂得多，在这里只是为读者做了个简化实例，有机会还是需要读者亲自去实践。

6.6 本章小结

本章主要介绍网络规划和设计的基础知识，包括网络规划的内容、在网络规划中需要考虑的因素，并介绍了网络拓扑、网络协议、路由协议选择和子网划分等网络设计中的基本问题。然后对网络工程的实施进行了讲解，最后还介绍了如何对网络性能进行测试和评价。

6.7 思考与练习

1. 填空题

(1) 网络工程文档主要包括：网络结构文档、_____和_____。

(2) 以太网内两节点之间(网络设备)连线的距离不能超过_____m。

(3) 对于局域网来说，适合局域网的网络协议最常见的3个是：_____、_____和TCP/IP。

(4) BGP的主要功能是_____。

2. 选择题

(1) 在所有的路由中，(　　)优先级最高。

　　A. 动态路由　　　　B. 静态路由　　　　C. 默认路由　　　　D. RIP路由

(2) 用于动态IP地址分配的协议是(　　)。

　　A. DHCP　　　　　B. ARP　　　　　　C. RARP　　　　　　D. ICMP

(3) 管理员为一台主机指定的地址范围是192.168.10.39，子网掩码是255.255.255.224，该主机所在的网段地址范围是(　　)。

　　A. 192.168.10.0~192.168.10.63　　　　　B. 192.168.10.16~192.168.10.48

　　C. 192.168.10.32~192.168.10.63　　　　　D. 192.168.10.32~192.168.10.47

(4) 下列路由协议可以用于自治域间路由信息交换的是(　　)。

　　A. RIP　　　　　　B. OSPF　　　　　　C. IGP　　　　　　　D. BGP

3. 问答题

(1) 网络规划过程中需要考虑的主要因素包括哪些？

(2) 简述在网络设计过程中IP地址分配的基本原则。

(3) 评价一个网络的主要性能指标有哪些，简述各指标的含义。

4. 实践题

有一家外贸公司，在全国拥有3家分公司，其中在上海地区的为总公司。每家分公司拥有4个部门，分别为财务部、技术部、销售部和市场部，而在总部拥有5个部门，分别为领导办公室、财务部、技术部、销售部和市场部。接下来，希望读者能够为其公司做一个合理的网络规划方案。

第 7 章

综合布线

无论是局域网还是广域网，网络节点是其中的重要元素，而要实现互相通信，节点之间的通信介质也是至关重要的因素。这些通信介质的安装涉及了布线的问题。建筑物综合布线系统(Premises Distribution System，PDS)的兴起与发展，是在计算机技术和通信技术发展的基础上，为了进一步适应社会信息化和经济国际化的需要而发展起来的，它是办公自动化进一步发展的结果，同时也是建筑技术与信息技术相结合的产物，是计算机网络工程的基础。

前几章介绍了关于局域网和广域网的基本理论，本章将主要介绍综合布线技术。

本章要点：
- ❑ 综合布线系统的特点
- ❑ 综合布线系统的标准
- ❑ 综合布线系统的组成
- ❑ 结构化布线理论

7.1 综合布线的技术特点

布线系统的对象是建筑物或楼宇内的传输网络，以使语音和数据通信设备、交换设备和其他信息管理系统能够彼此相连，并使这些设备与外部通信网络互相连接。它包括了建筑物内部和外部线路(网络线路、电话局线路)之间的民用电缆和相关的设备连接措施。

7.1.1 综合布线概述

随着Internet网络和信息高速公路的发展，各国的政府机关和大集团公司也都在针对自己的楼宇特点进行综合布线，以适应新的需要。综合布线系统是跨学科跨行业的系统工程，作为信息产业体现在以下几个方面：楼宇自动化系统(BA)、通信自动化系统(CA)、办公室自动化系统(OA)和计算机网络系统(CN)。

综合布线是一种模块化的、灵活性极高的、在建筑物内或建筑群之间的信息传输通道。它既能使语音、数据、图像设备和交换设备与其他信息管理系统彼此相连，又能使这些设备与外部相连接。它包括建筑物外部网络、电信线路的连接点和应用系统设备之间的所有线缆以及相关的连接部件。综合布线由不同系列和不同规格的部件组成，包括传输介质、相关连接硬件(如配线架、连接器、插座、插头、适配器等)和电气保护设备等。这些部件可以用来构建各种子系统，它们都有各自的具体用途，不仅易于实施，而且还能随需求的变化而平稳升级。

大楼的综合布线系统是将各种不同组成部分的布线系统组成一个有机的整体，而不是像传统的布线那样自成体系，互不相干。理想的布线系统表现为：支持语音应用、数据传输、影像影视，而且能支持综合型的应用。由于综合型的语音和数据传输的网络布线系统使用的线材、传输介质是多样的(屏蔽双绞线、非屏蔽双绞线、光缆等)，一般情况下，单位可以根据自己的特点选择布线结构和线材。目前布线系统被划分为以下6个子系统。

1. 工作区子系统

工作区子系统又称为服务区子系统，它是由RJ45跳线和信息插座所连接的设备(终端或工作站)组成。其中，信息插座有墙上型、地面型、桌上型等多种。在进行终端设备和I/O连接时，可能需要某种传输电子装置，但这种装置并不是工作区子系统的一部分，例如，调制解调器能为终端与其他设备之间的兼容性、传输距离的延长提供所需的转换信号，但它并不是工作区子系统的一部分。

2. 水平干线子系统

水平干线(Horizontal Backbone)子系统也称为水平子系统。水平干线子系统是整个布线系统的一部分，它是从工作区的信息插座开始到管理间子系统的配线架。水平干线子系统一般采用星型结构，它与垂直干线子系统的区别在于：水平干线子系统总是在一个楼层上，仅与信息插座和管理间相连接。在综合布线系统中，水平干线子系统由4对UTP(非屏蔽双绞线)组成，支持大多数现代化通信设备，当有磁场干扰或有信息需要保密时可以使用屏蔽双绞线。在高宽带应用时，可以采用光缆。

3. 管理间子系统

管理间子系统(Administration Subsystem)由交连、互连和I/O组成。管理间为连接其他的子系统提供了手段，它是连接垂直干线子系统和水平干线子系统的设备，其主要设备是配线架、HUB、机柜和电源。

交连和互连允许将通信线路定位或重定位到建筑物的不同部分，以便更容易地管理通信线路。I/O位于用户工作区和其他房间或办公室，在移动终端设备时能够方便地进行插拔。

4. 垂直干线子系统

垂直干线子系统也称骨干(Riser Backbone)子系统，它是整个建筑物综合布线系统的一部分。它提供建筑物的干线电缆，负责连接管理间子系统到设备间子系统，一般使用光缆或选用非屏蔽双绞线。它还提供了建筑物垂直干线电缆的路由。

垂直干线子系统通常是在两个单元之间，特别是在位于中央节点的公共系统设备处，提供多个线路设施。该子系统由所有的布线电缆组成，或者由导线、光缆以及将此光缆连到其他地方的相关支撑硬件组成。传输介质包括一栋多层建筑物的楼层之间的垂直布线的内部电缆，或从主要单元(如计算机房或设备间)和其他干线接线间来的电缆。

为了与建筑群的其他建筑物进行通信，干线子系统将中继线的交叉连接点和网络接口(由电话局提供的网络设施的一部分)连接起来。网络接口通常放在设备相邻的房间。

5. 楼宇(建筑群)子系统

楼宇(建筑群)子系统也称校园(Campus Backbone)子系统，它是将一个建筑物中的电缆延伸到另一个建筑物的通信设备和装置，通常由光缆和相应设备组成。建筑群子系统是综合布线系统的一部分，它支持楼宇之间进行通信所需的硬件，其中包括导线电缆、光缆和防止电缆上的脉冲电压进入建筑物的电气保护装置。

在建筑群子系统中，会遇到室外敷设电缆的问题，一般可采取的对策有：架空电缆、直埋电缆、地下管道电缆，或者是这3种的任何组合，具体情况需要根据现场的环境来决定。楼宇子系统在设计时的要点与垂直干线子系统相同。

6. 设备间子系统

设备间子系统也称设备(Equipment)子系统。设备间子系统由电缆、连接器和相关支撑硬件组成。它把各种公共系统设备的多种不同设备互连起来，其中包括邮电部门的光缆、同轴电缆、程控交换机等。

7.1.2 综合布线系统特点

综合布线和传统的布线相比较，有许多优越性是传统布线所无法相比的，主要表现在其兼容性、开放性、灵活性、可靠性、先进性和经济性方面，而且它在设计、施工和维护方面也给人们带来了许多方便。

1. 兼容性

综合布线的首要特点是它的兼容性。所谓兼容性，指的是它自身是完全独立的，与应用系统相对无关，可以适用于多种应用系统。

综合布线将语音、数据与监控设备的信号线经过统一规划和设计后，采用相同的传输媒体、信息插座、交连设备、适配器等，把这些不同的信号综合到一套标准的布线中。在使用时，用户可以不用定义某个工作区的信息插座的具体应用，只需把某种终端设备(如个人计算机、电话、视频设备等)插入这个信息插座，然后在管理间和设备间的交接设备上接线，这个终端设备即可接入各自的系统中。

2. 开放性

对于传统的布线方式，只要用户选定了某种设备，也就选定了与之相适应的布线方式和传输媒体。如果需要更换设备，原来的布线也要进行更换。对于一个已经完工的建筑物而言，这种更换是十分困难的，需要增加很多投资。

综合布线由于采用的是开放式体系结构，符合国际上多种现行的标准，因此它对所有著名厂商的产品几乎都是开放的,如计算机设备、交换机设备等;并支持所有的通信协议,如 ISO/IEC8802-3,ISO/IEC8802-5等协议。

3. 灵活性

传统的布线方式是封闭的,其体系结构是固定的。如果需要迁移设备或增加设备将非常困难,甚至是不可能实现的。

综合布线采用标准的传输线缆和相关的连接硬件以及模块化设计。因此,所有的通道都是通用的。每条通道都可以支持终端、以太网工作站和令牌环网工作站。所有设备的开通和更改均不需要改变布线,只需增减相应的应用设备和在配线架上进行必要的跳线管理即可。

4. 可靠性

传统的布线方式由于各个应用系统互不兼容,在一个建筑物中往往需要有多种布线方案,因此,应用系统的可靠性需要由所选用的布线系统的可靠性来保证,当各个应用系统布线不当时,还会造成交叉干扰。

综合布线由高品质的材料和组合压接的方式构成一条高标准的信息传输通道。所有的线槽和相关连接部件均需通过ISO认证,每条通道都要采用专用仪器测试链路阻抗及衰减率,以保证其电气性能。应用系统布线全部采用点到点端接,任何一条链路出现故障均不影响其他链路的运行,为链路的运行维护及故障检修提供了方便,确保了应用系统的可靠运行。各应用系统往往采用相同的传输媒体,因而可互为备用,提高了备用冗余。

5. 先进性

综合布线采用光纤与双绞线混合布线方式,合理地构成一套完整的布线。

所有布线均采用目前世界上最新的通信标准,链路均按八芯双绞线配置。5类双绞线带宽可达100 MHz,6类双绞线带宽可达200 MHz。对于用户的特殊需求,可把光纤引到桌面。语音干线部分用钢缆,数据部分用光缆,为同时传输多路实时多媒体信息提供了足够的带宽容量。

6. 经济性

综合布线比传统布线经济,可适应相当长时间的需求,而传统布线改造很费时间,由此而造成的损失更大。

通过上面的分析可知,综合布线较好地解决了传统布线方式存在的许多问题。随着科学技术的迅猛发展,人们对信息资源共享的要求越来越迫切,尤其是以电话业务为主的通信网逐渐向综合业务数字网(ISDN)过渡,使人们越来越重视能够同时提供语音、数据和视频传输的集成通信网。因此,综合布线取代单一、昂贵、复杂的传统布线,是"信息时代"的要求,是历史发展的必然趋势。

7.1.3 综合布线系统标准

1983年之前的布线系统没有得到标准化,造成这一局面的原因有:首先,本地电话公司总是关心他们的基本布线要求;其次,使用主机系统的公司要依靠其供货商来安装符合系统要求的布线系统。随着计算机技术的日益成熟，越来越多的机构安装了计算机系统，而每个系统都需要自己独特的布线方式和连接器。客户们开始抱怨他们每次更改计算机平台的同时也不得不相应改变其布线方式。为了赢得并保持市场的信任，计算机通信工业协会(CCIA)与EIA联合开发了建筑物布线标准。

目前综合布线系统标准一般为CECS72:97和美国电子工业协会、美国电信工业协会的EIA/TIA为综合布线系统制定的一系列标准，这些标准主要有下列几种。

- ○ EIA/TLA-568：民用建筑线缆标准。
- ○ EIA/TIA-569：民用建筑通信通道和空间标准。
- ○ EIA/TIA-607：民用建筑中有关通信接地的标准。
- ○ EIA/TIA-606：民用建筑通信管理标准。

此外，我国制定的综合布线标准包括以下两种。

- ○ GB30511-2000：建筑与建筑群综合布线系统工程设计规范。
- ○ GB30512-2000：建筑与建筑群综合布线系统工程施工和验收规范。

同时这些标准还支持下列计算机网络标准。

- ○ IEEE 802.3：总线型局域网络标准。
- ○ IEEE 802.5：环型局域网络标准。
- ○ FDDI：光纤分布数据接口高速网络标准。
- ○ CDDI：铜线分布数据接口高速网络标准。
- ○ ATM：异步传输模式。

在布线工程中，常常提到的是CECS72:95或CECS72:97。CECS72:95(建筑与建筑群综合布线系统工程设计规范)是由中国工程建设标准化协会通信工程委员会北京分会、中国工程建设标准化协会通信工程委员会智能建筑信息系统分会、冶金部北京钢铁设计研究总院、邮电部北京设计院、中国石化北京石油化工工程公司共同制定的综合布线标准，CECS72:97则是它的修订版。随着网络标准的不断提高，已被GB 50311-2016综合布线系统工程设计规范替代。

美国国内标准委员会(ANSI)与TIA/EIATR-41委员会内的TR-41.8分委会的TR-41.8.2工作组于1991年5月份制定首个ANSI/TIA/EIA 570的家居布线标准，并于1998年9月由TIA/EIA协会正式修订更新，将它重新定为ANSI TIA/EIA-570A-家居电信布线标准(Residential Telecommunications Cabling Standard)。

TIA/EIA 570-A所草议的要求主要是给予新一代的家居电信布线以现今及将来的电信服务。标准主要提出有关布线的新等级，并建立一个布线介质的基本规范和标准，主要应用支持话音、数据、影像、视频、多媒体、家居自动系统、环境管理、音频、电视、探头、警报和对讲机等服务。标准主要规划于新建筑、更新增加设备、单一住宅和建筑群等。

TIA 570-A标准适用于目前的综合大楼布线标准和有关的管道，空间的标准规划于建筑群内，可支持不同种类的电信应用于不同的家居环境中。标准中主要包括室内家居布线和室内主干布线。

EIA/TIA 568国际综合布线标准是一系列关于建筑布线中电信产品和业务的技术标准之一。该标准对一座建筑内部通信插口和建筑物间的综合布线规定了最低限度的要求，对一个带有被认可的拓扑和距离的布线系统做了规定，对以限定参数为依据的媒体进行了说明。

这个标准确定了一个可以支持多品种、多厂家的商业建筑的综合布线系统，同时也提供了为商业服务的电信产品的设计方向。即使对随后安装的电信产品不甚了解,该标准仍可帮助用户对产品进行设计和安装。在建筑建造和改造过程中进行布线系统的安装,比建筑落成后实施布线更节省人力、物力和财力。这个标准确定了各种各样的布线系统配置的相关元器件的性能和技术标准。为了达到一个多功能的布线系统,已对大多数电信业务的性能要求进行了审核。业务的多样化及新业务的不断出现会对所需性能做某些限制。用户为了了解这些限制,应知道所需业务的标准。

标准分为强制性和建议性两种。所谓强制性,是指要求是必需的,而建议性则意味着也许可能或希望。强制性标准通常适于保护、生产、管理和兼容:它强调了绝对的最小限度可接受的要求。而建议性或希望性的标准通常针对最终产品。在某种程度上,在统计范围内确保全部产品与使用的设施设备相适应体现了这些准则。另一方面,建议性准则被用于在产品的制造中提高生产率。无论是强制性的要求还是建议性的要求,都是同一标准的技术规范。建议性的标准是为了达到一个目的:未来的设计要努力达到特殊的兼容性或实施的先进性。

7.1.4　综合布线系统的设计等级

对于建筑物的综合布线系统,一般定为3种不同的布线系统等级,它们分别是基本型综合布线系统、增强型综合布线系统和综合型综合布线系统。

1. 基本型综合布线系统

基本型综合布线系统适用于综合布线系统中的配置标准较低的场合,使用铜芯双绞线来组网,其配置如下。

- 每个工作区有一个信息插座。
- 每个工作区配线电缆为1条4对双绞电缆。
- 采用夹接式交接硬件。
- 每个工作区的干线电缆至少有2对双绞线。

基本型综合布线系统大都支持话音/数据业务,其特点如下。

- 能支持所有话音和数据的应用,是一种富有价格竞争力的综合布线方案。
- 应用于话音、话音/数据或高速数据。
- 便于技术人员管理。
- 采用气体放电管式过压保护和能够自恢复的过流保护。
- 支持多种计算机系统的数据传输。

2. 增强型综合布线系统

增强型综合布线系统适用于综合布线系统中的中等配置标准的场合,使用钢芯双绞线来组网,其配置如下。

- 每个工作区有两个或两个以上信息插座。
- 每个工作区的配线电缆为2条4对双绞线电缆。
- 采用直接式或夹接式交接硬件。
- 每个工作区的干线电缆至少有3对双绞线。

增强型综合布线系统不仅具有增强功能，而且还可以提供发展空间。它支持话音和数据应用，并且可以根据需要利用端子板进行管理。增强型综合布线系统具有以下特点。

- 每个工作区有两个信息插座，不仅机动灵活，而且功能齐全。
- 任何一个信息插座都可以提供语音和高速数据应用。
- 可统一色标，根据需要可以利用端子板进行管理。
- 是一种能为多个数据设备创造部门环境服务的经济有效的综合布线方案。
- 采用气体放电管式过压保护和能够自恢复的过流保护。

3. 综合型综合布线系统

综合型综合布线系统适用于综合布线系统中的配置标准较高的场合，使用光缆和铜芯双绞线来组网。综合型综合布线系统应该在基本型和增强型综合布线系统的基础上增设光缆系统。综合型布线系统的主要特点是引入光缆，能适用于规模较大的智能大厦，其余的特点与基本型或增强型的相同。

所有基本型、增强型和综合型综合布线系统都支持语音/数据等业务，能随智能建筑工程的需要升级布线系统，它们之间的主要差异体现在以下两个方面。

- 支持语音和数据业务所采用的方式。
- 在移动和重新布局时实现线路管理的灵活性。

7.2 布线系统工程设计

综合布线系统是开放式结构，能支持电话及多种计算机数据系统，还能支持会议电视、监视电视等系统的需要。

7.2.1 综合布线工程概述

综合布线是一个系统性的工程，其中涉及各个方面的内容。综合布线系统的设计方案不是一成不变的，而是随着环境、用户要求来确定的，其基本的要点可以概括为如下几点。

- 尽量满足用户的通信要求。
- 了解建筑物、楼宇间的通信环境。
- 确定合适的通信网络拓扑结构。
- 选择适用的介质。
- 以开放式为基准，尽量与大多数厂家的产品和设备相兼容。
- 将初步的系统设计和建设费用预算告知用户。

1. 综合布线工程需考虑的问题

综合布线工程首先要考虑用户的需求，如系统所需的带宽、传输速率等，还要根据现场情况进行具体设计。综合布线系统在工程实施时要考虑如下问题。

(1) 带宽与传输速率

提到如何选择综合布线系统，首先有两个概念要弄清，那就是带宽(以MHz来度量)和数据传输速率(以Mb/s来度量)。二者之间的关系和编码方式等技术相关，但不一定是一对一的关系。例如ATM155，其中155指的是数据传输的速率，即155 Mb/s，而实际的带宽只有80 MHz；又如1 000 Mb/s千兆位以太网，由于采用4对线全双工的工作方式，对其传输带宽的要求只有100 MHz。在计算机网络作业中，广泛使用的是数据传输速率，而在电缆行业中使用的则是带宽。

(2) 传输介质选择

传输介质的选择和介质访问控制方法有密切关系。传输介质决定了网络的传输速率、网络段的最大长度、传输的可靠性(抗电磁干扰能力)、网络接口板的复杂程度等，对网络成本也有巨大的影响。

网络传输介质的选择，就是根据性能价格比的要求对(屏蔽)双绞线电缆、基带同轴电缆和光缆进行选择，以确定采用何种传输介质，使用何种介质访问方法更合适。

(3) 要选用成熟的产品

无论选择网络设备还是传输介质，都应该选用成熟的产品，其优点如下。

○ 减少开发时间。

○ 用户能够得到长期的支持。

○ 价格便宜。

○ 有完备的技术资料。

(4) 关于质量保证的问题

布线系统的质量保证，每个厂商都有各自的独特表现，有的提供若干年的产品质保，有的提供若干年的系统质保，还有的提供终身质保。各个厂商对质保的内容和方法的解释各有不同。不要把厂商提供的若干年产品或系统质保，当作是保证产品多少年不落后。随着人类科学技术日新月异的变化和通信技术的飞速发展，没有谁能预知几年、十几年甚至几十年后会发生什么，也就是说厂家的若干年质保，并不保证系统不会在一段时期内过时。

布线系统本身是一种无源的物理连接系统，一旦安装完成并通过测试，一般情况下无须进行维护，只需要对其进行正确的管理即可，所以厂家所谓的若干年质保，主要是针对自己在工程项目中所提供的全系列市线产品本身的质量而言。对于由非人为因素造成的产品质量问题，厂家是完全负责的；而真正意义的售后服务，应该是由负责实施该项目的系统集成商来完成的。所以用户应选择品质优良的产品，通过厂家提供的正规渠道拿货，并选择国内信誉好、技术水平高的系统集成商来施工，让他们在得到合理的利润后，使用户也得到这些集成商所提供的增值服务以及售后的长期服务和质保。

前面叙述了综合布线工程的基本原则和要求，布线系统的6个子系统(工作区子系统、水平子系统、垂直子系统、管理间子系统、设备间子系统和建筑群子系统)有各自不同的用途，因而设计要求也不相同。下面将分别进行介绍。

7.2.2　工作区子系统

应将需要独立设置终端的区域划分为一个工作区，工作区子系统由配线(水平)布线系统的信息插座、延伸到工作站终端设备处的连接电缆和适配器组成。它包括信息插座、信息模块、网卡和连接所需的跳线，并在终端设备和输入/输出(I/O)之间搭接，相当于电话配线系统中连接话机的用户线和话机终端部分。典型的终端连接系统如图7-1所示。终端设备可以是电话、计算机和数据终端，也可以是仪器仪表、传感器的探测器。

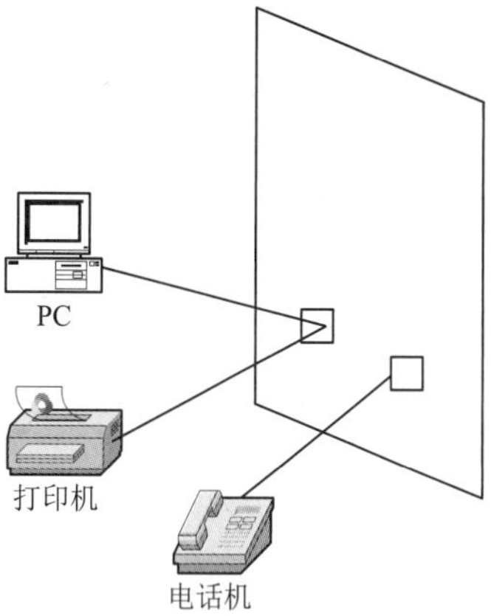

1. 工作区子系统设计要点

一个工作区的服务面积可按5~10 m^2进行估算，每个工作区设置一个电话机或计算机终端设备，或根据用户需求另行设置。工作区的每一个信息插座均要支持电话机、数据终端、计算机、电视机和监视器等终端的设置和安装。

工作区适配器的选用需要符合下列要求。

图7-1 典型的终端连接系统

- 在设备连接器处采用不同信息插座的连接器时，可以使用专用电缆或适配器。
- 当在单一信息插座上开通ISDN业务时，宜用网络终端适配器。
- 在配线(水平)子系统中选用的电缆类型(媒体)不同于工作区子系统设备所需的电缆类型(媒体)时，宜采用适配器。
- 在连接使用不同信号的数模转换或数据速率转换等相应的装置时，宜采用适配器。
- 对于网络规程的兼容性，可以配合使用适配器。
- 根据工作区内不同的电信终端设备可以配备相应的终端适配器。

2. 信息插座连接技术的要求

每个工作区至少需要配置一个插座盒。对于难以再增加插座盒的工作区，需要安装至少两个分离的插座盒。信息插座是终端(工作站)与水平子系统连接的接口。每个对线电缆必须都连接在工作区的一个8脚(针)的模块化插座(插头)上。

综合布线系统可以采用不同厂家的信息插座和信息插头。这些信息插座和信息插头基本上都是一样的。在终端(工作站)将带有8针的RJ45插头跳线插入网卡；在信息插座一端将跳线的RJ45头连接到插座上。

8针模块化信息输入/输出(I/O)插座是向所有的综合布线系统推荐的标准I/O插座。它的8针结构向单一I/O配置提供了支持数据、语音、图像或三者组合所需的灵活性。

虽然适配器和其他设备可以使用在一种允许安排公共接口的I/O环境之中，但是，在做出设计承诺之前，必须仔细考虑将要集成的设备类型和传输信号类型。此外，在做出上述决定时，还须考虑以下3个因素。

- 每种设计选择方案在经济上的最佳折中。
- 系统管理中的一些比较难以捉摸的因素。
- 在布线系统寿命期间移动和重新布置所产生的影响。

7.2.3 水平子系统

水平子系统也称为配线子系统，由工作区用的信息插座、每层配线设备到信息插座的配线电缆、楼层配线设备和跳线等组成。水平干线子系统的设计涉及水平子系统的传输介质和部件集成，主要有以下6个因素。

- 确定线路的走向。
- 确定线缆、槽、管的数量和类型。
- 确定电缆的类型和长度。
- 订购电缆和线槽。
- 如果用吊杆走线槽,确定需要用多少根吊杆。
- 如果不用吊杆走线槽,确定需要用多少根托架。

应根据下列要求进行水平(配线)子系统设计。

- 根据工程提出近期和远期的终端设备要求。
- 每层需要安装的信息插座数量及其位置。
- 终端将来可能产生的移动、修改和重新安排的详细情况。
- 一次性建设与分期建设的方案比较。

水平(配线)子系统根据整个综合布线系统的要求,应当在二级交接间、交接间或设备间的配线设备上进行连接,以构成电话、数据、电视系统并对其进行管理。通常采用的线缆类型如下:

- 100 Ω非屏蔽双绞线(UTP)电缆。
- 100 Ω屏蔽双绞线(STP)电缆。
- 50 Ω同轴电缆。
- 62.5/125 μm光纤电缆。

水平布线指的是将电缆线从管理间子系统的配线间连接到每一楼层的工作区的信息输入/输出(I/O)插座上。设计者要根据建筑物的结构特点,从路由(线)最短、造价最低、施工方便、布线规范等几方面进行考虑。但是,由于建筑物中的管线比较多,经常遇到一些矛盾,因此,设计水平子系统时必须要折中考虑,以选择最佳的水平布线方案。一般可采用如下3种类型。

- 直接埋管式。
- 先走吊顶内线槽,再走支管到信息出口的方式。
- 适合大开间和后打隔断的地面线槽方式。

这3种是基本的施工方案,在实际工程实施中可以根据需要对它们进行改进,或者综合使用。

1. 直接埋管布线方式

直接埋管布线方式如图7-2所示,它由一系列密封在现浇混凝土里的金属管道或金属线槽组成。这些金属管道或金属线槽从水平间向信息插座的位置辐射。根据通信和电源布线的要求、地板厚度和占用的地板空间等因素,直接埋管布线方式可能需要采用厚壁镀锌管或薄型电线管。这种方式在老式的设计中非常普遍。

现代楼宇不仅有较多的电话语音点和计算机数据点,而且语音点与数据点还可能要求互换,以提高综合布线系统使用的灵活性。因此,综合布线的水平线缆比较粗。例如,3类4对非屏蔽双绞线外径为1.7 mm,截面积为17.34 mm²;5类4对非屏蔽双绞线外径为5.6 mm,截面积为24.65 mm²,对于目前使用得较多的SC镀锌钢管及阻燃高强度PVC管,建议容量为70%。

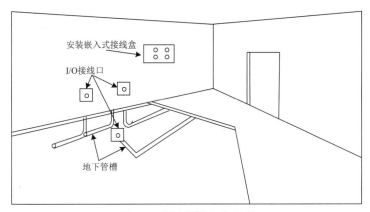

图7-2 直接埋管布线方式

对于新建的办公楼宇，要求每8~10 m²便拥有一对语音、数据点，要求稍差的是10~12 m²便拥有一对语音、数据点。在设计布线时，要充分考虑到这些因素。

2. 先走线槽再走支管方式

线槽由金属或阻燃高强度PVC材料制成，有单件扣合方式和合式两种类型。

线槽通常悬挂在天花板上方的区域，用于大型建筑物或布线系统比较复杂而需要有额外支撑物的场合。用横梁式线槽将电缆引向所要布线的区域。由弱电井出来的缆线先走吊顶内的线槽，将电缆引到各房间后，经分支线槽从横梁式电缆管道分叉后将电缆穿过一段支管，然后引向墙柱或墙壁，贴墙而下到本层的信息出口(或贴墙而上，在上一层楼板钻一个孔，将电缆引到上一层的信息出口)，最后端接在用户的插座上，如图7-3所示。

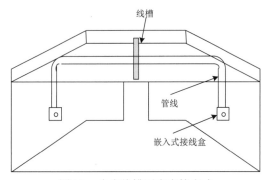

图7-3 先走线槽再走支管方式

在设计、安装线槽时应进行多方面的考虑，尽量将线槽放在走廊的吊顶内，并且引向各房间的支管应适当集中到检修孔附近，便于维护。如果是新楼宇，应赶在走廊吊顶前施工，这样不仅减少布线工时，还利于已穿线缆的保护，不影响室内装修；一般走廊处于中间位置，故布线的平均距离最短，节约了线缆费用，提高综合布线系统的性能(线越短传输的质量越高)，尽量避免线槽进入房间，否则不仅费钱，而且影响房间装修，不利于今后的维护。

弱电线槽能走综合布线系统、公用天线系统、闭路电视系统(24 V以内)及楼宇自控系统信号线等弱电线缆，这样可以降低工程造价。同时由于支管经房间内吊顶贴墙而下到信息出口，在吊顶与其他的系统管线交叉施工，减少了工程协调量。

3. 地面线槽方式

地面线槽方式就是从弱电井出来的线走地面线槽到地面出线盒，或由分线盒出来的支管到墙上的信息出口。由于地面出线盒、分线盒或柱体直接走地面垫层，因此这种方式适用于大开间或需要打隔断的场合。

地面线槽方式就是将长方形的线槽打在地面垫层中，每隔4~8 m拉一个过线盒或出线盒

(在支路上出线盒起分线盒的作用)，直到信息出口的出线盒。线槽有两种规格：70型外形尺寸为70 mm×25 mm，有效截面积为1470 mm²，占空比取30%，可穿插24根水平线(3、5类混用)；50型外形尺寸为50 mm×25 mm，有效截面积为960 mm²，可穿插15根水平线。分线盒与过线盒均由两槽或三槽分线盒拼接。

地面线槽方式有如下优点。

- ○ 使用地面线槽方式，信息出口离弱电井的距离不限。地面线槽每隔4~8 m接一个分线盒或出线盒，在布线时拉线非常容易，因此距离不限。强、弱电可以走同路由相邻的地面线槽，而且可接到同一线盒内的各自插座。当然，地面线槽必须接地屏蔽，产品质量也要过关。

- ○ 适用于大开间或需打隔断的场合。如果大厅面积大，计算机离墙较远，用较长的线接墙上的网络出口及电源插座，显然是不合适的。这时在地面线槽的附近留一个出线盒，联网和取电问题都得到了解决。又如，一个楼层要装修，需要根据办公家具来确定房间的大小与位置来打隔断，这时离办公家具搬入和住入的时间已经比较近了，为了不影响工期，使用地面线槽方式是最好的方法。

- ○ 地面线槽方式可以提高商业楼宇的档次。大开间办公是现代流行的管理模式，只有高档楼宇才能提供这种无杂乱无序线缆的大开间办公室。

地面线槽方式的缺点也很明显，主要体现在如下几个方面。

- ○ 地面线槽做在地面垫层中，需要至少6.5 cm以上的垫层厚度，这对于尽量减少挡板及垫层厚度是不利的。

- ○ 地面线槽由于做在地面垫层中，如果楼板较薄，有可能在装潢吊顶的过程中，被吊杆打中，影响使用。

- ○ 不适合用于楼层中信息点特别多的环境。如果一个楼层中有500个信息点，按70号线槽穿25根线进行计算，需20根70号线槽，线槽之间有一定空隙，每根线槽大约占100 mm宽度，20根线槽就要占2.0 m的宽度，除了门可走6~10根线槽外，还需要开1.0~1.4 m的洞，但弱电井的墙一般是承重墙，开这样大的洞是不允许的。另外地面线槽多了，被吊杆打中的概率会相应增大。因此建议，超过300个信息点，应同时用地面线槽与吊顶内线槽两种方式，以减轻地面线槽的压力。

- ○ 不适合用于石质地面。地面出线盒犹如大理石地面长出了几只不合时宜的眼睛，地面线槽的路径应避免经过石质地面或不在其上放出线盒与分线盒。

- ○ 造价昂贵。如地面出线盒为了美观，盒盖是铜的，一个出线槽盒的售价为300~400元，这是墙上出线盒所不能比拟的。总体而言，地面线槽方式的造价是吊顶内线槽方式的3~5倍。

目前，地面线槽方式大多数用于资金充裕的金融业楼宇中。

在选型与设计中还应注意以下几个问题。

- ○ 选型时，应选择那些有工程经验的厂家，其产品要通过国家电气屏蔽检验，避免强、弱电同路对数据产生影响；敷设地面线槽时，厂家应派技术人员到现场指导，避免打上垫层后再发现问题而影响工期。

- ○ 应尽量根据甲方提供的办公家具布置图进行设计，避免地面线槽出口被办公家具挡住，没有办公家具图时，地面线槽应均匀地布放在地面出口；对有防静电地板的房间，只需布放一个分线盒即可，出线走敷设静电地板下。

○ 地面线槽的主干部分尽量打在走廊的垫层中。楼层信息点比较多时，应同时采用地面管道与吊顶内线槽两种方式相结合。

7.2.4 垂直子系统

垂直干线子系统的任务是通过建筑物内部的传输电缆，把各个服务接线间的信号传送到设备间，再到最终接口，最后通往外部网络。它必须满足当前的需要，又要适应今后的发展。垂直干线子系统包括以下两部分。

○ 供各条干线接线间之间的电缆走线用的竖向或横向通道。

○ 主设备间与计算机中心间的电缆。

1. 垂直子系统的结构

垂直干线子系统的结构是一个星型拓扑结构，如图7-4所示。垂直干线子系统负责把各个管理间的干线连接到设备间。

图7-4 垂直干线子系统的结构

2. 垂直子系统布线方式

确定从管理间到设备间的干线路由，应该选择干线段最短、最安全和最经济的路由，在大楼内通常有如下两种方法。

(1) 电缆孔方法：干线通道中所使用的电缆孔是很短的管道，通常使用直径为10 cm的刚性金属管做成。它们被嵌在混凝土地板中，这是在浇注混凝土地板时嵌入的，比地板表面高出2.5~10 cm。电缆往往被捆在钢绳上，而钢绳又固定到墙上已铆好的金属条上。当配线间上下都对齐时，一般采用电缆孔方法，如图7-5所示。

(2) 电缆井方法：电缆井方法常用于干线通道。电缆井指的是在每层楼板上开出一些方孔，使电缆可以穿过这些方孔并从某层楼伸到相邻的楼层，如图7-6所示。电缆井的大小根据所用电缆的数量而定。与电缆孔方法一样，电缆也是被捆在或箍在支撑用的钢绳上，钢绳靠墙上的金属条或地板三脚架固定住。离电缆井很近的墙上立式金属架可以支撑很多电缆。电缆井的选择性非常灵活，它允许粗细不同的各种电缆以任何组合方式通过。电缆井方法虽然比电缆孔方法灵活，但在原有建筑物中通过开电缆井来安装电缆的造价较高，它的另一个缺点是使用的电缆井很难防火。如果在安装电缆的过程中没有采取措施来防止损坏楼板支撑件，则楼板结构的完整性将受到破坏。

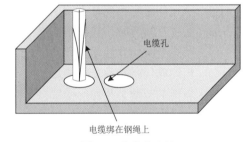

图7-5 电缆孔方法

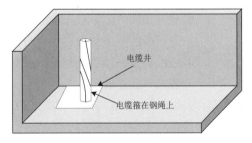

图7-6 电缆井方式

在多层楼房中，经常需要使用干线电缆的横向通道才能从设备间连接到干线通道，以及在各个楼层上从二级交接间连接到任何一个配线间。需要注意的是，横向走线需要寻找一个易于安装的方便通道，因而两个端点之间很少是一条直线。

3. 垂直子系统的设计要点

垂直干线子系统由设备间的配线设备和跳线、设备间到各楼层配线间的连接电缆组成。在设计垂直子系统时要注意以下问题。

- 明确每层楼的干线要求。
- 明确整座楼的干线要求。
- 确定从楼层到设备间的干线电缆路由。
- 确定干线接线间的接合方法。
- 确定干线电缆的长度。
- 确定敷设附加横向电缆时的支撑结构。

在敷设电缆时，对不同介质的电缆要区别对待。

(1) 敷设光纤电缆时需要注意以下问题。

- 光纤电缆敷设时不应该铰结。
- 在室内布线时光纤电缆要走线槽。
- 在地下管道中穿过光纤电缆时要用PVC管。
- 光纤电缆需要拐弯时，其曲率半径不能小于30 cm。
- 光纤电缆的室外裸露部分要加铁管进行保护，铁管要固定牢固。
- 光纤电缆不要拉得太紧或太松，并且需要有一定的膨胀收缩余量。
- 将光纤电缆埋地时，要加铁管保护。

(2) 敷设同轴粗电缆时需要注意以下几个问题。

- 敷设同轴粗电缆时不应扭曲，要保持自然平直。
- 粗缆在拐弯时，其弯角曲率半径不能小于30 cm。
- 粗缆接头的安装要牢靠。
- 粗缆布线时必须走线槽。
- 粗缆的两端必须加终接器，其中的一端应接地。
- 连接在粗缆上的用户间隔必须在2.5 m以上。
- 粗缆室外部分的安装与光纤电缆室外部分的安装方法相同。

(3) 敷设双绞线时需要注意以下几个问题。

- 敷设双绞线时要平直，走线槽，不能扭曲。
- 对双绞线的两个端点进行标号。
- 双绞线的室外部要加套管，严禁搭接在树干上。
- 双绞线不要拐硬弯。

(4) 同轴细缆的敷设与同轴粗缆的敷设有以下几点不同。

- 细缆弯曲半径不能小于20 cm。
- 细缆上各站点之间的距离不小于0.5 m。
- 一般细缆长度为183 m，粗缆为500 m。

7.2.5 管理间子系统

管理间子系统设置在每层配线设备的房间内。管理间子系统由交接间的配线设备、输入/输出设备等组成。管理间子系统也可以应用于设备间子系统。

管理间子系统宜采用单点管理双交接。交接场的结构取决于工作区、综合布线系统的规模和选用的硬件。在管理规模大、复杂、有二级交接间时，才需要设置双点管理双交接。在管理点处，宜根据应用环境使用标记插入条来标出各个端接场。

交接区应当有良好的标记系统，如建筑物名称、建筑物位置、区号、起始点和功能等标志。交接间及二级交接间的配线设备宜采用色标来区别各类用途的配线区。

交接设备连接方式的选用需要符合下列规定：对楼层上的线路进行较少修改、移位或重新组合时，宜使用夹接线方式；在经常需要重组线路时，宜使用插接线方式。在交接场之间应留出空间，以便容纳未来扩充的交接硬件。

在不同类型的建筑物中，管理间子系统常采用单点管理单交连、单点管理双交连和双点管理双交连3种方式。

1. 单点管理单交连

这种方式使用的场合较少，它的结构图如图7-7所示。

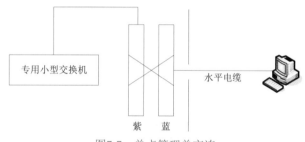

图7-7 单点管理单交连

2. 单点管理双交连

管理间子系统宜采用单点管理双交接。单点管理位于设备间里面的交换设备或互连设备附近，通过线路不进行跳线管理，直接连到用户工作区或配线间里面的第二个接线交接区。如果没有配线间，第二个交连可以放在用户间的墙壁上，如图7-8所示。

这种方式是用于构造交接场的硬件所处的位置、结构和类型决定综合布线系统的管理方式。交接场的结构取决于工作区、综合布线规模和选用的硬件。

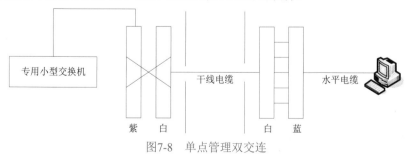

图7-8 单点管理双交连

3. 双点管理双交连

当低矮而又宽阔的建筑物管理规模较大、较复杂(如机场、大型商场)时多采用二级交接间，设置双点管理双交接。双点管理除了在设备间里有一个管理点之外，在配线间仍为一级管理交接(跳线)。在二级交接间或用户房间的墙壁上还有第二个可管理的交接。双交接要经过二级交接设备。第二个交连可能是一个连接块，它用于对一个接线块或多个终端块(其配线场与站场各自独立)的配线和站场进行组合，如图7-9所示。

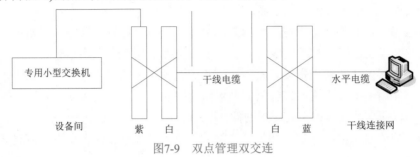

设备间   紫   白   白   蓝   干线连接网

图7-9 双点管理双交连

7.2.6 设备间子系统

设备间是在每一幢大楼的适当位置设置进线设备、进行网络管理以及管理人员值班的场所。设备间子系统由综合布线系统的建筑物进线设备、电话、数据、计算机等各种主机设备和保安配线设备等组成。

设备间子系统是一个存放公用设备的场所，也是日常管理设备的地方，在设计设备间时应注意以下因素。

(1) 设备间应当设在位于干线综合体的中间位置。

(2) 应尽可能靠近建筑物电缆引入区和网络接口。

(3) 设备间应设在服务电梯附近，便于装运笨重的设备。

(4) 在设备间内需要注意以下问题。

❑ 室内无尘土，通风良好，要有较好的照明亮度。

❑ 要安装符合机房规范的消防系统。

❑ 使用防火门，墙壁使用阻燃漆。

❑ 提供合适的门锁，至少要有一个安全通道。

(5) 防止由于水害(如暴雨成灾、自来水管爆裂等)带来的灾难。

(6) 防止易燃、易爆物的接近和电磁场的干扰。

(7) 设备间空间(从地面到天花板)应保持2.55 m高度的无障碍空间，门高为2.1 m，宽为90 m，地板承重压力不能低于500 kg/m²。

在设计设备间子系统时要对环境问题进行认真考虑。主要考虑因素如下。

1. 温度和湿度

网络设备间对温度和湿度是有要求的，一般将温度和湿度分为A、B、C三级，设备间可按某一级执行，也可按某几级综合执行，具体指标如表7-1所示。

表7-1　设备间的温度和湿度

项目	A级		B级	C级
	夏季	冬季		
温度(°C)	22±4	18±4	12~30	8~35
相对湿度(%)	40~65	35~70	30~80	
温度变化率(°C/h)	<5 不得凝露		>0.5 不得凝露	<15 不得凝露

2. 尘埃

设备对设备间内的尘埃量是有要求的，一般可将尘埃量分为A、B两级，具体指标如表7-2所示。

表7-2　设备间的尘埃量度表

项目	A级	B级
粒度	>0.5	>0.5
个数(粒/dm^2)	<10 000	<18 000

设备间的温度、湿度和尘埃对微电子设备的正常运行和使用寿命都有很大的影响，过高的室温会使元件失效率急剧增加，使用寿命下降；过低的室温又会使磁介发脆，容易断裂。温度的波动会产生"电噪声"，使微电子设备不能正常运行。相对湿度过低，容易产生静电，对微电子设备造成干扰；相对湿度过高，会使微电子设备的内部焊点和插座的接触电阻增大。尘埃或纤维性颗粒积聚，微生物的作用还会使导线被腐蚀断掉。所以在设计设备间时，除了需要按照GB/T 2887-2011《计算机场地通用规范》执行外，还需要根据具体情况选择合适的空调系统。

热量主要有如下几个来源途径。

- ❍ 设备发热量。
- ❍ 设备间外围结构发热量。
- ❍ 室内工作人员发热量。
- ❍ 照明灯具发热量。
- ❍ 室外补充新鲜空气带来的热量。

计算出上列总发热量再乘以系数1.1，即可得到空调负荷，以此作为选择空调设备的依据。

3. 照明

设备间内在距地面0.8 m处，照明度不能低于200 lx。还要设事故照明，在距地面0.8 m处，照明度不能低于5 lx。

4. 噪声

设备间的噪声应小于70 dB。如果长时间在70~80 dB噪声的环境下工作，不但影响人的身心健康和工作效率，还可能造成人为的噪声事故。

5. 电磁场干扰

设备间内无线电干扰场强，在频率为0.15~1 000 MHz范围内不能大于120 dB。设备间内磁场干扰场强不大于800 A/m。

6. 供电

设备间供电电源应满足下列要求。

- ❍ 频率：50 Hz。
- ❍ 电压：380 V/220 V。
- ❍ 相数：三相五线制或三相四线制、单相三线制。

设备间内供电容量：将设备间内存放的每台设备用电量的标称值相加后，再乘以系数。从电源室(房)到设备间所使用的电缆，载流量应减少50%。设备用的配电柜应设置在设备间内，并采取防触电措施。

设备间内的各种电力电缆应为耐燃铜芯屏蔽的电缆。各电力电缆(如空调设备、电源设备所用的电缆等)和供电电缆不得与双绞线走向平行。交叉时，应尽量以接近于垂直的角度进行交叉，并采取防延燃措施。各种设备应选用铜芯电缆，严禁铜、铝混用。

7. 安全

设备间的安全可分为以下3个基本类别。

- ❍ 对设备间的安全有严格的要求，有完善的设备间安全措施。
- ❍ 对设备间的安全有较严格的要求，有较完善的设备间安全措施。
- ❍ 对设备间有基本的要求，有基本的设备间安全措施。

根据设备间的要求，设备间安全可以按某一类执行，也可以按某些类综合执行。

8. 建筑物防火与内部装修

建筑物的防火和内部装饰按耐火等级分为3级，分别如下。

- ❍ A类，其建筑物的耐火等级必须符合GB 50016-2014(2018版)《建筑设计防火规范》中规定的一级耐火等级。
- ❍ B类，其建筑物的耐火等级必须符合GB 50016-2014(2018版)《建筑设计防火规范》中规定的二级耐火等级。与A、B类安全设备间相关的其余工作房间及辅助房间，其建筑物的耐火等级不能低于GB 50016-2014(2018版)《建筑设计防火规范》中规定的二级耐火等级。
- ❍ C类，其建筑物的耐火等级应符合GB 50016-2014(2018版)《建筑设计防火规范》中规定的二级耐火等级。与C类设备间相关的其余基本工作房间及辅助房间，其建筑物的耐火等级不应低于GB 50016-2014(2018版)《建筑设计防火规范》中规定的三级耐火等级。

根据A、B、C三类等级的要求，设备间在进行装修时，装饰材料应符合GB 50016-2014(2018版)《建筑设计防火规范》中规定的难燃材料或非燃材料，应能防潮、吸噪、不起尘、抗静电等。

9. 地面

为了方便表面敷设电缆线和电源线，设备间地面最好采用抗静电活动地板，其系统电阻应为1~10 W。带有走线口的活动地板称为异形地板，其走线应做到光滑，防止损伤电线、电缆。设备间地面所需异形地板的块数，可根据设备间所需引线的数量来确定。

设备间地面切忌铺地毯，其原因有二：容易产生静电和容易积灰。放置活动地板的设备间地面应平整、光洁、防潮、防尘。

10. 墙面

墙面应选择不易产生尘埃也不易吸附尘埃的材料。目前大多数是在平滑的墙壁上涂阻燃漆，或在平滑的墙壁覆盖耐火的胶合板。

11. 顶棚

为了吸噪及布置照明灯具，设备顶棚一般在建筑物梁下加一层吊顶。吊顶材料应满足防火要求。目前，我国大多数采用铝合金或轻钢作为龙骨，安装吸声铝合金板、难燃铝塑板、喷塑石英板等。

12. 隔断

根据设备间放置的设备和工作需要，可用玻璃将设备间分隔成若干房间。隔断可以选用防火的铝合金或轻钢作为龙骨，安装10 mm厚玻璃，或从地板面至1.2 m安装难燃双塑板，1.2 m以上安装10 mm厚玻璃。

13. 火灾报警及灭火设施

A、B类设备间应当设置火灾报警装置。在机房内、基本工作房间、活动地板下、吊顶地板下、吊顶上方、主要空调管道中和易燃物附近部位，应当设置烟感和温感探测器。

在A类设备间内应当设置卤代烷1211、1301自动灭火系统，并备有手提式卤代烷1211、1301灭火器。

在条件许可的情况下，B类设备间应当设置卤代烷1211、1301自动消防系统，并备有卤代烷1211、1301灭火器。

C类设备间应当备置手提式卤代烷1211或1301灭火器。

A、B、C类设备间除了纸介质等易燃物质外，禁止使用水、干粉或泡沫等易产生二次破坏的灭火剂。

7.2.7 建筑群子系统

建筑群子系统是由两个及两个以上建筑物的电话、数据、电视系统组成的建筑群综合布线系统，包括连接各建筑物之间的缆线和配线设备。

1. 建筑群子系统的电缆布线方式

在建筑群子系统中，电缆的布线方法有如下4种。

(1) 架空电缆布线

架空安装方法通常只用于现成电线杆，而且电缆的走法不是主要考虑内容的场合，从电线杆到建筑物的架空进线距离不超过30 m为宜。建筑物的电缆入口可以为穿墙的电缆孔或管道。入口管道的最小口径为50 mm。建议另设一根同样口径的备用管道，如果架空线的净空有问题，可以使用天线杆型的入口。该天线的支架一般不应高于屋顶1 200 mm。如果高度再高，就应当使用拉绳固定。此外，天线型入口杆高出屋顶的净空间应有2 400 mm，该高度正好使工人可摸到电缆。通信电缆与电力电缆之间的距离必须符合我国室外架空线缆的有关标准。架空电缆通常穿入建筑物外墙上的U型钢保护套，然后向下(或向上)延伸，从电缆孔进入建筑物内部，电缆入口的孔径一般为50 mm，建筑物到最近的电线杆的距离应小于30 m。

(2) 直埋电缆布线

直埋电缆布线法优于架空布线法，影响选择此方法的主要因素如下：初始价格、维护费、服务可靠性、安全性和外观。

切不要把任何一个直埋施工结构的设计或方法看作是提供直埋布线的最好方法或唯一方法。在选择某个设计或几种设计的组合时，重要的是采取灵活的、思路开阔的方法。这种方法既要经济实用，又要能够可靠地提供服务。直埋布线的选取地址和布局实际上是针对每项作业对象专门设计的，而且必须对各种方案进行研究后再做决定。工程的可行性决定了何者为最实际的方案。

在选择最灵活、最经济的直埋布线线路时，主要的物理影响因素如下。

- 土质和地下状况。
- 天然障碍物，如树林、石头和不利的地形。
- 其他公用设施(如下水道、水、气、电)的位置。
- 现有或未来的障碍，如游泳池、表土存储场或修路。

由于发展趋势是使各种设施不再出现在人的视野里，因此，将语音电缆和电力电缆埋在一起的做法日趋普遍，这样的共用结构要求有关部门从筹划阶段直到施工完毕，甚至未来的维护工作中密切合作。这种协作将增加一些成本，但是，这种共用结构也日益需要用户的合作。PDS(建筑物综合布线系统)是一种为改善所有公用部门的合作而提供的建筑性方法，将有助于使这种结构既吸引人，又经济。

必须遵守所有的法令和公共法规。有关直埋电缆所需的各种许可证书应妥善保存，以便在施工过程中可立即取用。

需要申请许可证书的事项如下。

- 挖开街道路面。
- 关闭通行道路。
- 把材料堆放在街道上。
- 使用炸药。
- 在街道和铁路下面推进钢管。
- 电缆穿越河流。

(3) 管道系统电缆布线

管道系统的设计方法指的是把直埋电缆设计原则与管道设计步骤结合在一起。当考虑到建筑群管道系统时，还要考虑接合井。

在建筑群管道系统中，接合井的平均间距约为180 m，或者在主接合点处设置接合井。接合井可以是预制的，也可以是现场浇筑的。应当在结构方案中标明需要使用哪一种接合井。预制接合井是较佳的选择。现场浇筑的接合井只在下述几种情况下才被允许使用。

- 该处的接合井需要重建。

- 该处需要使用特殊的结构或设计方案。
- 该处的地下或头顶空间有障碍物，因而无法使用预制接合井。
- 作业地点的条件(如沼泽地或土壤不稳固等)不适于安装预制入孔。

(4) 隧道内电缆布线

在建筑物之间通常有地下通道，大多是供暖和供水的，利用这些通道来敷设电缆不仅成本低，而且可以利用原有的安全设施。例如，考虑到暖气泄漏等条件，电缆应当安装在尽可能高的地方，与供气、供水、供暖的管道保持一定的距离，可以根据民用建筑设施的有关条例进行施工。

建筑群子系统宜采用地下管道敷设方式。管道内敷设的铜缆或光缆应当遵循电话管道和入孔的各项设计规定。此外，安装系统时至少需要预留1~2个备用管孔，以供扩充之用。建筑群子系统采用直埋沟内敷设时，如果在同一沟内埋入了其他的图像和监控电缆，需要设立明显的共用标志。电话局来的电缆应进入一个阻燃接头箱，再接到保护装置上。

2. 电缆线的保护

当电缆从一建筑物到另一建筑物时，需要考虑是否易受到雷击、电源碰地、电源感应电压或地电压上升等因素，并且用保护器去保护这些线对。如果电气保护设备位于建筑物内部(不是对电信公用设施实行专门控制的建筑物)，那么所有保护设备及其安装装置都必须标有UL安全标记。

有些方法可以确定电缆是否容易受到雷击或电源的损坏，以及有哪些保护器可以防止建筑物、设备和连线因火灾和雷击而遭到毁坏。当发生下列任意一种情况时，线路就被暴露在危险的境地。

- 雷击所引起的干扰。
- 工作电压超过300 V以上而引起的电源故障。
- 地电压上升到300 V以上而引起的电源故障。
- 60 Hz感应电压值超过300 V。

如果出现上述所列情况，就应当对其进行保护。

7.3 综合布线系统的实现

本节为读者介绍如何实现综合布线系统，布线系统实现的关键是如何将布线设计和实施合理化，并且要保证整个综合布线系统能够正常运行。要达到这个目的，就必须要对布线的原理十分清楚，并且要有很丰富的现场经验。

7.3.1 结构化布线

结构化布线系统指的是在一个建筑群中的传输网络，这个网络既能使语音、数据通信设备、交换设备和其他信息设备系统彼此相连，又能使这些设备与外部通信网络连接，包括建筑物到外部网络，电话局线路上的连线点，与工作区的语音或数据终端之间的所有电缆接线关联的布线部件。

结构化布线系统与智能大厦的发展紧密相关，它是智能大厦的实现基础。智能大厦具有舒适性、安全性、方便性、经济性和先进性等特点，一般包括：中央计算机控制系统、楼宇自动控制系统、办公自动化系统、通信自动化系统、消防自动化系统、保安自动化系统和结构化布线系统等，它通过对建筑物的4个基本要素(结构、系统、服务和管理)以及它们内在联系最优化的设计，向用户提供一个投资合理同时又拥有高效率、优雅舒适、便利快捷、高度安全的环境空间。

结构化综合布线系统向用户提供了最合理的布线方式，并依靠其高品质的材料，一改传统布线的面貌，为现代化的大厦能够真正地成为智慧型的楼宇奠定了传输介质基础。结构化布线的主要特征包括如下几点。

- 实用性：将要实施的通信布线系统，不仅目前可使用而且将来能适应技术的不断发展，并且可以实现数据通信、语音通信、图像通信的传输。

- 灵活性：布线系统能够满足灵活应用的要求，即任一信息点须能够连接不同类型的设备，如计算机、打印机、终端或电话、传真机等；计算机网络应当可以随意划分网段，对网络内部资源可动态地进行分配。

- 模块化：在布线系统中，除了敷设在建筑内的线之外，其余的所有接插件都应该是积木式的标准件，以便管理和使用。

- 扩充性：布线系统是可扩充的，以便将来有更大的发展时，可轻易地将设备扩充进去。系统具有良好的可扩充和可升级性，使本期建设的投资在未来的升级与扩充之后可得到保护。

- 经济性：在满足应用要求的基础上降低造价。本着对业主负责的态度，对制定的多个方案进行对比，采用性价比最高的合理方案。

- 先进性：采用国际上先进成熟的技术，使系统的设计建立在一个高起点上，系统所采用的体系结构和选用的设备，应具有国际先进水平和发展潜力，并处于上升趋势。系统的设计有一定的超前性，技术起点要高，生命周期要长，其采用的技术和基本设施在21世纪处于领先地位。

- 开放性：为了使中心机房能通过网络获得更多的信息，必须使本系统能畅通无阻地与国内外的网络互联。同时，所选用的软、硬件平台应当具有开放性和通用性，能够与当今的大多数主流软、硬件系统相兼容，以实现跨平台操作。

- 高速性：系统能处理和传输多媒体信息，采用6类双绞线或光缆进行组网，尽可能地提高网络的吞吐量。同时，应采用客户机/服务器结构模式，减轻网络通信资源的开销。

- 可靠性：需具有足够的可靠性冗余、后援存储能力和容错能力，必须保证系统能长期稳定地运行，使故障的影响局部化。网络的设计应利于故障的分析与排除。

- 安全性：有牢靠的安全防范措施，计算机网络应能通过防火墙有效地阻止非授权的访问，并能抵抗病毒的攻击。

- 管理性：系统中心采用了配线架，管理和控制操作都十分灵活。

7.3.2 线槽与线缆

在计算机之间联网时，首先遇到的是通信线路和通道传输的问题。目前，计算机通信分为有线通信和无线通信两种。有线通信是利用电缆、光缆或电话线来作为传输导体，无线通信是利用卫星、微波、红外线来作为传输导体。本书第3章对主要的传输线缆的特性进行了介绍，布线系统中除了线缆之外，槽管是一个重要的组成部分，本节将主要介绍在综合布线工程中线槽的选择和敷设注意事项。

可以说，金属槽、PVC槽、金属管、PVC管是综合布线系统的基础性材料。在综合布线系统中，主要使用的线槽有以下几种。

1. 金属槽和塑料槽

金属槽由槽底和槽盖组成，每根槽的长度一般为2m，槽与槽连接时，使用相应尺寸的铁板和螺丝进行固定。槽的外形如图7-10所示。

在综合布线系统中，一般使用的金属槽的规格有：50 mm×100 mm、100 mm×100 mm、100 mm×200 mm、100 mm×300 mm、200 mm×400 mm等。

塑料槽的外形与图7-10类似，但它的品种规格更多，型号上有PVC-20系列、PVC-25系列、PVC-25F系列、PVC-30系列、PVC-40系列、PVC-40Q系列等。规格上有20 mm×12 mm、25 mm×12.5 mm、25 mm×25 mm、30 mm×15 mm、40 mm×20 mm等。

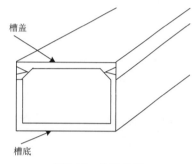

图7-10 槽的外形

2. 金属管和塑料管

金属管用于分支结构或暗埋的线路，它也有多种规格，以外径mm为单位，工程施工中常用的金属管有D16、D20、D25、D32、D40、D50、D63、D110等规格。在金属管内穿线比线槽布线难度更大，在选择金属管时，要选择管径大一点的金属管，一般管内填充物占30%左右，以便于穿线。还有一种金属管是软管，供弯曲的地方使用。

塑料管产品分为两大类：PE阻燃导管和PVC阻燃导管。PE阻燃导管是一种塑制半硬导管，按外径分类有D16、D20、D25、D32共4种规格。其外观为白色，具有强度高、耐腐蚀、挠性好、内壁光滑等优点，明、暗装穿线兼用。它还以盘为单位，每盘质量为25kg。

PVC阻燃导管是以聚氯乙烯树脂为主要原料，加入适量的助剂，经加工设备挤压成型的刚性导管，小管径PVC阻燃导管可以在常温下进行弯曲，便于用户使用。按外径分类有D16、D20、D25、D32、D40、D45、D63、D110等规格。与PVC管安装配套的附件有接头、螺圈、弯头、弯管弹簧、一通接线盒、二通接线盒、三通接线盒、四通接线盒、开口管卡、专用截管器、PVC粗合剂等。

3. 桥架

桥架是布线行业中的一个术语，是在建筑物内布线不可缺少的一部分。桥架分为普通型桥架、重型桥架、槽式桥架3种。在普通桥架中，还可以分为普通型桥架和直通普通型桥架两种。

在普通型桥架中，有以下主要配件供组合：梯架、弯通、三通、四通、多节二通、凸弯通、凹弯通、调高板、端向连接板、调宽板、垂直转角连接件、连接板、小平转角连接板、隔离板等。

在直通普通型桥架中有以下主要配件供组合：梯架、弯通、三通、四通、多节二通、凸弯通、凹弯通、盖板、弯通盖板、三通盖板、四通盖、凸弯通盖板、凹弯通盖板、花孔托盘、花孔弯通、花孔四通托盘、垂直转角连接板、小平转角连接板、端向连接板护板、隔离板、调宽板、端头挡板等。

4. 槽管的敷设

在综合布线中槽管的敷设是非常重要的工作，它与土建施工联系在一起，在土建施工完成后开始实施。

(1) 线槽安装要求

安装线槽应在土建工程基本结束以后，与其他管道(如风管、给排水管)的实施同步进行，也可比其他管道的实施稍迟一段时间安装。但尽量避免在装饰工程结束之后进行安装，造成敷设线缆的困难。安装线槽应符合以下要求。

- 线槽安装位置应符合施工图的规定，左右偏差视环境而定，最大不超过50 mm。
- 线槽水平度每米偏差不得超过2 mm。
- 垂直线槽应当与地面保持垂直，并且无倾斜现象，垂直度偏差不得超过3 mm。
- 线槽节与节之间用接头连接板拼接，并拧紧螺丝。两线槽拼接处的水平偏差不得超过2 mm。
- 当直线段桥架超过30 m或跨越建筑物时，应有伸缩缝。其连接宜采用伸缩连接板。
- 线槽转弯半径不得小于其槽内的线缆最小允许弯曲半径范围的最大者。
- 盖板应紧固，并且要错位盖槽板。
- 支吊架应保持垂直、整齐牢固、无歪斜现象。

(2) 金属槽的敷设

金属桥架多由厚度为0.4~1.5 mm的钢板制成。与传统的桥架相比，具有结构轻、强度高、外形美观、无须焊接、不易变形、连接款式新颖、安装方便等特点，它是敷设线缆的理想配套装置。

金属桥架分为槽式和梯式两类。槽式桥架指的是由整块钢板弯制成的槽形部件；梯式桥架指的是由侧边与若干个横挡组成的梯形部件。桥架附件是用于直线段之间以及直线段与弯通之间连接所必需的连接固定或补充直线段、弯通功能部件。支、吊架指的是直接支承桥架的部件，它包括托臂、立柱、立柱底座、吊架以及其他固定用的支架。

为了防止金属桥架腐蚀，其表面可采用电镀锌、烤漆、喷涂粉末、热浸镀锌、镀镍锌合金纯化处理或采用不锈钢板。设计者可以根据工程环境、重要性和耐久性，选择适宜的防腐处理方式。一般腐蚀较轻的环境可采用镀锌冷轧钢板桥架；腐蚀较强的环境可采用镀镍锌合金纯化处理桥架，也可以采用不锈钢桥架。在综合布线中，所用线缆的性能对环境有一定的要求。为此，在工程中常选用有盖无孔形槽式桥架。

(3) 金属管敷设

金属管的敷设包括暗设和明敷两种方式，它们的要求是不同的。

① 金属管暗设的要求

金属管的暗设需要满足以下要求。

- 预埋在墙体中间的金属管的内径不宜超过50 mm，楼板中的管径宜为15~25 mm，在直线布管30 m处设置暗线盒。

○ 敷设在混凝土、水泥里的金属管，其地基要坚实、平整、不能有沉陷，以保证敷设后的线缆能安全运行。

○ 连接金属管时，管孔应当对准，接缝应当严密，不得有水和泥浆渗入。管孔对准无错位，以免影响管路的有效管理，以确保在敷设线缆时穿设顺利。

○ 金属管道应当有不小于0.1%的排水坡度。

○ 在建筑群之间埋设的金属管深度不应小于0.8 m；在人行道下面敷设金属管时，深度不应小于0.5 m。

○ 在金属管内需要安置牵引线或拉线。

○ 金属管的两端需要有标记，用于标示建筑物、楼层、房间和长度等。

② 明敷金属管时的要求

应用卡子固定金属管，这种固定方式比较美观，并且在需要拆卸时便于拆卸。对金属的支持点间距有要求时，应当按照规定进行设计，在没有设计要求时不应超过3 m。在距接线盒的0.3 m处，用管卡将管子固定。在弯头的地方，弯头的两边也应该用管卡固定住。

(4) 光缆的敷设

当综合布线系统需要在一个建筑群之间敷设较长距离的线路，或在建筑物内的信息系统要求组成高速率网络，或者与外界其他网络特别是与电力电缆网络一起敷设有抗电磁干扰的要求时，宜采用光缆作为传输介质。光缆传输系统需要满足建筑与建筑群环境对电话、数据、计算机、电视等综合传输的要求，当用于计算机局域网时，宜采用多模光缆；当用于作为远距离电信网的一部分时，应采用单模光缆。

当采用光缆部件作为综合布线系统的交接硬件时，设备间可用来作为光缆主交接场的设置地点。干线光缆从这个集中的端接和进出口点出发延伸到其他楼层，在各楼层经过光缆级连接装置沿水平方向分布光缆。

光缆传输系统应当使用标准单元光缆连接器。连接器可端接于光缆交接单元。对于陶瓷头的连接器，应当保证每个连接点的衰减不大于0.4 dB；对于塑料头的连接器，应当保证每个连接点的衰减不大于0.5 dB。

综合布线系统宜采用光纤直径为62.5 μm与光纤包层直径为125 μm的缓变增强型多模光缆，其标称波长为850 nm或1 300 nm，也可以采用标称波长为1 310 nm或1 550 nm的单模光缆。

光缆数字传输系统的数字系列比特率和数字接口特性，需要符合以下系列规定。

① PDH数字系列比特率等级需要符合国家标准GB 4110-83《脉冲编码调制通信系统系列》的规定。

② 数字接口的比特率偏差、脉冲波形特性、码型、输入口和输出口规范等，应当符合国家标准GB 7611-2016《数字网系列比特率电接口特性》的规定。

光缆传输系统宜采用松套式或骨架式光纤束合光缆，也可以采用带状光纤光缆。

光缆传输系统中的标准光缆连接装置硬件交接设备，除了应当支持连接器之外，还要直接支持束合光缆和跨接线光缆。各种光缆的接续应当采用通用光缆盒，为束合光缆、带状光缆或跨接线光缆的接合处提供可靠的连接和保护外壳。通用光缆盒提供的光缆入口需要能同时容纳多根建筑物光缆。

7.3.3 综合布线测试

局域网的安装从电缆开始,电缆是整个网络系统的基础。对结构化布线系统的测试,实质上就是对电缆的测试。据统计,约有一半以上的网络故障与电缆有关,电缆本身的质量和电缆安装的质量都直接影响网络能否"健康"地运行,而且,线缆一旦施工完毕,想要进行维护是很困难的。

一般采用5类无屏蔽双绞线来完成结构化布线。用户当前的应用环境大多体现在10 Mb/s网络基础上,因此,有必要对结构化布线系统的性能运行进行测试,以保证将来的应用。

测试内容主要包括以下内容。

(1) 工作间到设备间的连通状况。

(2) 主干线的连通状况。

(3) 跳线测试。

(4) 信息传输速率、衰减、距离、接线图、近端串扰等。

1. 测试相关标准

由于所有的高速网络都支持5类双绞线,因此,用户需要找一个方法来确定电缆系统是否满足5类双绞线的规范。为了满足用户的需要,EIA(美国电子工业协会)制定了EIA568和TSB-67两个标准,它适用于已安装好的双绞线连接网络,并提供一个用于"认证"双绞线电缆是否达到5类线所要求的标准。随后EIA 568又进一步发展到EIA 568A和EIA 568B,分别定义了超5类线和6类线的标准。在确定了电缆布线已满足新的标准后,用户就可以确定他们目前的布线系统可以支持高速网络(100 Mb/s)了。随着TSB-67标准的通过,它对电缆测试仪的生产商提出了更严格的要求。

TSB-67包含了验证TIA/568标准定义的UTP布线中的电缆与连接硬件的规范。对UTP链路测试的主要内容有以下几个方面。

(1) 接线图测试

该测试用于确认链路的连接。这不是一个简单的逻辑连接测试,而是要确认链路一端的每一针与另一端相应针的连接,它不连在任何其他导体或屏幕上。此外,连接图测试要确认链路缆线的线对是否正确,且不能产生任何串绕。保持线对正确铰接是非常重要的测试项目。

(2) 链路长度

每一个链路长度都应记录到管理系统中,链路的长度可以利用电子长度测量方法来估算,电子长度测量是基于链路的传输延迟和电缆的额定传播速率(Nominal Velocity of Propagation,NVP)值来实现的。NVP表示的是电信号在电缆中的传输速度与光在真空中的传输速度的比值。当测量到一个信号在链路往返一次的时间后,即可得知电缆的NVP值,从而计算出链路的电子长度。这里要进一步说明的是,在处理NVP的不确定性时,实际上至少有10%的误差。为了正确解决这个问题,必须以一个已知长度的典型电缆来校验NVP值。Basic Link的最大长度为90 m,外加4 m的测试仪误差,专用电缆区的长度为94 m,Channel的最大长度为100 m。

(3) 衰减

衰减指的是对信号损失的度量，即信号在一定长度的线缆中的损耗。衰减与线缆的长度有关，随着长度的增加，信号衰减也随之增加，衰减用dB作为单位，同时，衰减随着频率而变化，所以应当测量应用范围内的全部频率上的衰减。例如，测量5类线缆的Channel的衰减，要从1~100 MHz以最大步长为1 MHz来进行。如表7-3所示的是双绞线的衰减测试数据。

表7-3　双绞线的衰减测试数据

类型	衰减(dB)
5类线	≤1.926 7sqrt(f) + 0.075(f)
超5类线	≤1.905 0sqrt(f) + 0.069(f)

TSB-67定义了链路衰减的公式。TSB-67还附加了一个Basic Link和Channel的衰减允许值表。该表定义了在20 ℃时的允许值。随着温度的增加，衰减也相应地增加：对于5类线缆每增加1 ℃，衰减则增加0.4%，当电缆安装在金属管道内时，链路的衰减增加2%~3%。

(4) 近端串扰(NEXT)损耗

NEXT损耗用于测量一条UTP链路中从一对线到另一对线的信号耦合，是对性能评估的最主要的标准。对于UTP链路而言，这是一个关键的性能指标，也是最难精确测量的一个指标，尤其是随着信号频率的增加，它的测量难度就更大。

TSB-67中定义了对于5类线缆链路必须在1~100 MHz的频宽内进行测试。如表7-4所示的是在特定频率下5类线的NEXT损耗极限。

表7-4　特定频率下5类线的NEXT损耗极限

频率(MHz)		1	4	8	10	16	20	25	31.25	62.5	100
最小 NEXT	信道 (100 m)	60	50.6	45.6	44	40.6	39	37.4	35.7	30.6	27.1
	链路 (90 m)	60	51.8	47.1	45.5	42.3	40.7	39.1	37.6	32.7	29.3

在一条UTP的链路上，NEXT损耗的测试需要在每一对线之间进行，也就是说，对于典型的4对UTP需要6对线关系的组合，即测试6次。

串扰分为近端串扰和远端串扰(FEXT)两种，测试仪主要是测量NEXT，由于线路损耗，FEXT的度量值影响较小。NEXT并不表示在近端点所产生的串扰值，它只是表示在所在端点所测量的串扰数值。该度量值会随电缆长度的增长而衰减变小，同时，发送端的信号也会衰减，对其他线对的串扰也相对变小。实验证明，只有在40 m内测得的NEXT是较真实的，如果另一端是远于40 m的信息插座，它会产生一定程度的串扰，但是测试器可能无法测试到该串扰值。基于这个原因，最好在两个端点都要对NEXT进行测量，现在的测试仪都有能在一端同时进行两端的NEXT的测量的功能。

2. 电缆的测试

局域网的安装是从电缆开始的，电缆是网络最基础的部分。据统计，大约50%的网络故障与电缆有关，所以，电缆本身的质量和电缆安装的质量都直接影响网络能否"健康"地运行。此外，很多布线系统是在建筑施工时进行的，电缆经过管道、地板或地毯被敷设到各个房间。当网络运行时发现故障是由电缆引起，就很难或根本不可能再对电缆进行修复。即使可以修复，其代价也相当昂贵，所以，最好的办法就是把电缆故障消灭在安装之中。目前使用最广泛的电缆是同轴电缆和非屏蔽双绞线(UTP)。根据所能传送信号的速度，UTP又分为3、4和5类。目前绝大部分用户安装的是UTP 5类线。那么，如何检测安装的电缆是否合格，它能否支持将来的高速网络，用户的投资是否能得到保护就成了关键问题。电缆测试一般可分为两部分：电缆的验证测试和电缆的认证测试。

对于电缆的测试，一般遵循"随装随测"的原则。根据TSB67的定义，现场测试一般包括接线图、链路长度、衰减和近端串扰(NEXT)等几部分的测试。

(1) 电缆的验证测试

电缆的验证测试指的是测试电缆的基本安装情况，包括电缆有无开路或短路，UTP电缆的两端是否按照有关规定正确进行连接，同轴电缆的终端匹配电阻是否连接良好，电缆的走向如何等情况。这里要特别指出的一个特殊错误是串绕。所谓串绕，指的是将原来的两对线分别拆开再重新组成新的绕对。因为这种故障的端与端连通性是好的，所以用万用表是查不出来的，只有用电缆测试仪(如Fluke的620/DSP100)才能检查出来。串绕故障不易发现，是因为当网络低速度运行或流量很低时其表现不明显，但是当网络繁忙或高速运行时它的影响极大，此时串绕会引起很大的近端串扰(NEXT)。电缆的验证测试要求所使用的测试仪器方便、快速。例如Fluke620，它在不需要远端单元时也可以完成多种测试，为用户提供了极大的方便。

(2) 电缆的认证测试

所谓电缆的认证测试，指的是电缆除了正确的连接之外，还要满足相关的标准，即已安装好的电缆的电气参数(如衰减、NEXT等)是否能达到有关规定所要求的指标。这类标准有TIA、IEC等。关于UTP 5类线的现场测试指标已于1995年10月正式公布，这就是TIA568A、TSB67标准。该标准对UTP 5类线的现场连接和具体指标都做了规定，同时对现场使用的测试仪器也做了相应的规定。对于网络用户、网络安装公司或电缆线安装公司，都需要对所安装的电缆进行测试，并出示可供认证的测试报告。

3. 光缆的测试

光纤的种类很多，但是，光纤及其系统的基本测试方法大体上都是一样的，所使用的设备也基本相同。对光纤或光纤系统进行测试的基本内容有：测试光纤的连续性和衰减/损耗，测量光纤的输入功率和输出功率，分析光纤的衰减/损耗，确定光纤的连续性和发生光损耗的部位等。

对光纤的各种参数进行测量之前，必须做好光纤与测试仪器之间的连接。目前，有各种各样的接头可以使用，但是，如果选用的接头不合适，就会造成损耗，或者造成光学反射。例如，在接头处光纤不能太长，即使长出接头端面1 μm，也会因压缩接头而使之损坏；反之，如果光纤太短则会产生气隙，影响光纤之间的耦合。因此，应该在进行光纤连接之前，仔细地平整及清洁端面，并使之适配。

目前，绝大多数的光纤系统都采用标准类型的光纤、发射器和接收器。例如，纤芯为62.5 μm的多模光纤和标准发光二极管(LED)光源，工作在850 nm的光波上，这样即可大大地减少测量中的不确定性，而且，即使是使用不同厂家的设备，也可以很轻易地将光纤与仪器进行连接，可靠性和重复性也很好。

(1) 测试仪器

光纤测试仪由两个装置组成：一个是光源，它被接到光纤的一端，用于发送测试信号；另一个是光功率计，它被接到光纤的另一端，用于测量发来的测试信号。测试仪器的动态范围指的是仪器能够检测的最大和最小信号之间的差值，通常为60dB。高性能仪器的动态范围可达100 dB，甚至更高。在这一动态范围内，功率测量的精确度通常被称为动态精确度或线性精度。

功率测量设备有一些共同的缺陷：高功率电平时，光检测器呈现饱和状态，此时增加输入功率并不能改变所显示的功率值；低功率电平时，只有在信号达到最小阈值电平时，光检测器才能检测到信号。在高功率和低功率之间，功率计内的放大电路会产生3个问题：偏移误差、量程的不连续和斜率误差。常见的问题是偏移误差，它使仪器恒定地读出一个稍高或稍低的功率值；在大多数情况下，最值得注意的问题是量程的不连续，当放大器切换增益量程时，它会使功率的显示值发生跳变，无论是在手动还是在自动(自动量程)状态下，典型的切换增量为10 dB；较少见的误差是斜率误差，它会导致仪器在某种输入电平上读数值偏高，而在另一些电平上却偏低。

(2) 光纤的连续性

光纤的连续性是对光纤的基本要求，因此对光纤的连续性进行测试是基本的测试之一。当进行连续性测量时，通常是把红色激光、发光二极管(LED)或其他可见光注入光纤，并在光纤的末端监视光的输出。如果在光纤中有断裂或其他的不连续点，光纤输出端的光功率就会下降或者根本没有光输出。

在购买电缆时，人们通常用4节电池的电筒从光纤一端进行照射，从光纤的另一端查看是否有光源：如果有光源，则说明该光纤是连续的，中间没有断裂；如果光线较弱，则需要用测试仪进行测试。光通过光纤传输后，功率的衰减大小也能显示出光纤的传导性能。如果光纤的衰减太大，则系统将不能正常工作。光功率计和光源是进行光纤传输特性测量的一般设备。

(3) 光纤布线系统测试

光纤布线系统的测试是工程验收的必要步骤，也是工程承包者向房地产业主兑现合同的最后工序，只有通过了系统测试，才能表示布线系统的完成。

布线系统测试可以从多个方面进行考虑，设备的连通性是最基本的要求。ANSI/TIA/EIA 568-B定义了光纤布线系统的部件和传输性能指标，包括光缆、光跳线和连接硬件的电气与机械性能要求，器件可靠性测试规范，现场测试性能规范等。

通常，在具体的工程中，对光缆的测试方法有4种：连通性测试、端-端损耗测试、收发功率测试和反射损耗测试，现简述如下。

① 连通性测试：连通性测试是最简单的测试方法，只需在光纤的一端导入光线(如手电光)，在光纤的另外一端查看是否有光闪即可。连通性测试的目的是确定光纤中是否存在断点。在购买光缆时都是采用这种方法进行测试的。

② 端-端损耗测试：端-端损耗测试采取插入式测试方法，使用一台功率测量仪和一个光源，先将被测光纤的某个位置作为参考点，测试出它的参考功率值，然后再进行端-端测试，

并记录下信号增益值，两值之差便是实际端到端的损耗值。将该值与FDDI标准值相比，即可确定这段光缆的连接是否有效。

③ 收发功率测试：收发功率测试是测定布线系统光纤链路的有效方法，使用的测试设备主要是光纤功率测试仪和一段跳接线。在实际的应用情况中，链路的两端可能相距很远，但是只要测出发送端和接收端的光功率，即可判定光纤链路的状况，该测试具体操作过程如下。

○ 在发送端将测试光纤取下，用跳接线取代，跳接线的一端为原来的发送器，另一端为光功率测试仪，使光发送器工作，即可在光功率测试仪上测出发送端的光功率值。

○ 在接收端，用跳接线取代原来的跳线，接上光功率测试仪，在发送端的光发送器工作的情况下，即可测出接收端的光功率值。发送端与接收端的光功率值之差，就是该光纤链路所产生的损耗。

④ 反射损耗测试：这是光纤线路检修的非常有效的手段。它使用光纤时间区域反射仪(OTDR)来进行测试工作，其基本工作原理就是利用导入光与反射光的时间差来测定距离，如此可以准确判定出现故障的位置。虽然FDDI系统验收测试没有要求测量光缆的长度和部件损耗，但它也是非常有用的数据。OTDR将探测脉冲注入光纤，在反射光的基础上估计光纤的长度。

OTDR测试适用于故障的定位，特别是用于确定光缆断开或损坏的位置。OTDR测试文档为网络诊断和网络扩展提供了重要的数据。

光缆的测试方法中，第1种方法和第3种方法较为常用。

(4) 光纤连接与链路损耗

连接损耗是采用光纤传输媒体时必须考虑的问题，连接光纤的任何设备都可能使光波的功率产生不同程度的损耗，光波在光纤中传播时，自身也会产生一定的损耗。FDDI要求任意两个端节点之间的总连接损耗应控制在一定范围内。例如，多模光纤的连接损耗不应超过11 dB。因此，有效地计算光纤的连接损耗是FDDI网络布线面临的一个非常重要的课题。

一般情况下，端-端之间的连接损耗包括以下几个方面的内容。

① 节点到配线架之间的连接损耗，如各种连接器。

② 光纤自身的衰减。

③ 光纤与光纤互连所产生的损耗，例如光纤熔接或机械连接的部分。

④ 为将来预留的损耗富余量，包括检修连接、热偏差、安全性方面的考虑，以及发送装置的老化所带来的影响等。

关于光纤链路的基本参数有两个：带宽和功率损耗。FDDI PMD标准规定：光纤的距离为2 km，模态带宽至少为500 MHz/1300 μm。在规划和施工时，需要选择合适且符合标准的光纤。链路损耗指的是端口到端口之间光功率的衰减，包括链路上所有器件的损耗。FDDI链路在光信号发送器、接收器、光旁路开关、接头、终端处和光纤上都可能产生损耗。FDDI PMD标准定义了两节点之间所允许的最大损耗值。多模光纤的最大损耗值为11 dB，而单模光纤分为两类收发器：类型I收发器所允许的最大损耗值为11 dB；类型II收发器所允许的损耗值小于33 dB并大于14 dB，链路损耗值为两节点之间所有部件损耗值之和，包括以下主要因素。

① FDDI节点到光纤的连接(如ST、MIC连接器)。

② 光纤损耗。

③ 无源部件,如光旁路开关。

④ 安全、温度变化、收发器老化、计划整修的接头等。

在FDDI网络的设计和规划中,要估算链路的损耗值,检查链路是否符合FDDI PMD标准。如果不符合FDDI PMD标准的规定,就要重新考虑布线方案,如使用单模光纤类型Ⅱ收发器,在连接处增加有源部件,撤掉光旁路开关,甚至改变网络的物理拓扑结构,然后重新计算链路的损耗值,直到符合标准为止。在计算链路的损耗值时,并不需要计算每条链路的损耗值,只要计算出最坏情况下的链路损耗值即可。最坏情况链路指的是光纤最长、连接器和接头的个数最多以及光旁路开关的个数最多等造成光功率损耗值最大的链路。当然,如果计算并记录下所有链路的损耗值,对于将来的故障诊断和故障排除是非常有用的。在网络设计中,计算链路的损耗值是必要的。如果在安装完成后才发现链路有错误,代价将会很大,需要增加或替换器件,甚至需要重新设计和安装。

4. 测试仪的种类

目前,用于布线测试的测试仪很多,既有测试电缆的,也有测试光纤的;既有数字测试仪,也有电子测试的。下面介绍几种常用的测试仪器。

(1) Fluke DSP-100测试仪

Fluke DSP-100采用了专门的数字技术对电缆进行测试,主要用于5类线标准测试,不仅完全满足TSB-67所要求的二级精度标准(已经过UL独立验证),而且还具有强大的测试和诊断功能。

在测试电缆时,DSP-100发送一个和网络实际传输的信号一致的脉冲信号,然后,DSP-100再对所采集到的时域响应信号进行数字信号处理(DSP),从而得到频域响应。这样,一次测试就可以替代上千次的模拟信号。

DSP-100可以精确定位NEXT(近端串扰)的故障,并指出NEXT故障的原因,如不良的安装工艺、性能差的部件和局部电缆的损坏等。Fluke专利的TDX技术在8 s之内就可以找出这类故障,极大地节省了查找故障所需的时间。DSP-100提供了极快的测试速度,双向测试在17 s之内,并且比其他测试仪测试得更加彻底。

在测试电缆NEXT时,DSP-100是唯一能够识别外部环境(如荧光灯、无线电通信等噪声)干扰的测试仪。一般的测试仪在测试NEXT时,会将所有的外部噪声干扰认为是NEXT,这将误导布线故障的查找,同时在噪声干扰环境下,测试也会出现精度问题。

(2) Fluke DSP-4000系列数字式电缆分析仪

DSP-4000系列数字式电缆分析仪能够快速准确地测试高性能的超5类、6类电缆链路和光纤链路。有了高级的数字平台,无论对一条链路重复测试多少次,DSP-4000系列数字式电缆分析仪都可以保证测试的准确性。频率可达350 MHZ的高带宽测试能力、高级的诊断功能和详尽的测试报告,使得DSP-4000系列数字式电缆分析仪可向用户提供一套完整的测试、验证电缆和光缆并进行文档备案的方案。

新的DSP-4300可向高速铜缆及光纤网络提供最全面的测试和验证解决方案,其扩展的内置存储卡,可以方便地下载电缆ID号,提高工作效率以及准确性。增强的6类通道适配器和永久链路适配器,都包含在标准的DSP-4300中。

(3) Agilent WireScope 350手持式线缆测试仪

WireScope 350根据TIA和国际布线与网络标准实现全面线缆/光纤认证测试，它具有杰出的测试性能、简便易用性和便捷的报表功能，是业内最快的6类线认证测试仪器之一，它支持全中文真彩触摸屏、高速USB接口和串口数据传输。

通用的6类线缆适配探头兼容5类、超5类线缆测试，并适配各类布线厂商的线缆要求，测试精度超过TIA III标准的40%。它提供了单、多模等多种光纤认证测试，适配探头为光源与光功率计一体化而设计。

WireScope 350可以结合ScopeData Pro软件，这是一种专业统计分析和报表生成软件，可以迅速概括分析布线质量及余量和门限，还可以生成图形化的详细报告，并可以直接与打印机连接，实现标签打印。

(4) Fiber Smartprobe光纤测试系列模块

Fiber Smartprobe光纤模块使WireScope 155真正成为现代高速网络测试的全面解决方案。该系列模块用于局域网和城域网的光纤布线质量验证或维护，可用于验证单模和多模光纤，波长分别为850 nm、1 300 nm、1 310 nm和1 550 nm，每次可测试单根或成对光纤，不但可以测试传播衰减，而且还能测量光纤的长度和传播延迟等。在众多品牌的网络测试仪器中，它实现了体积最小、无须电池、单端测试、一次测量整对光纤、测量长度与延迟、验证安装质量和网络环境可用性等特点。

① 它有多模850 nm和1 300 nm以及单模1 310 nm和1 550 nm多种型号，涵盖了所有的光纤应用模式，每一种均为光源、功率计一体的形式，结构小巧，无须外加电池或连接。

② 对于光纤长度，单模测量可达50 km，多模也可达4 km，超过局域网的应用范围(2 km)。另外，对快速以太网十分敏感的传播延迟也可以进行准确测量。

③ 每次可测量一对光纤，也可一次测量单根光纤。在使用中随时有提示引导操作报告连接状态，加快测试工作的进度。测试结果明确直观，并有图形化显示，不但报告通过/失败的情况，而且还具体给出安全余量的分析。

④ 可对光纤布线质量按照TIA 568A或ISO 11801标准进行安装质量验证。

⑤ 可对光纤布线质量按照25种网络协议进行应用环境通过/失败验证，包括10Base-F、100Base-F、Token Ring、ATM-155、Fiber Channel-133/266/1063、Sonet OC-3/12/48、FDDI等，甚至包括ATM 622和千兆以太网标准。

⑥ 光纤测试模块的接口与测试仪主机自动匹配，在测试时不但能选择光纤类型，而且还能针对不同批号的光纤校对线径、NVP等参数，并且提供用户自定义线型与标准。

⑦ 可存储500条测试记录。

⑧ 具有优秀的数据管理软件，可以方便地接收和管理测试仪输出的结果。随机附送的网络数据管理软件运行在Windows平台上，其界面美观易用。

7.4 综合布线实例

前面为读者讲述了很多有关综合布线的知识，本节将会融合前面所讲解的知识，为读者举出几个实际的综合布线的例子，其中有办公室综合布线系统、网吧布线系统，从而让大家能够真正地理论联系实际。

7.4.1　办公大楼综合布线实例

前面介绍了综合布线的基本知识，综合布线系统应以计算机系统等为服务对象，同时，尽可能为各个弱电系统提供统一信息传输布线平台。它应有利于各个系统的自身组网和传递信息，有利于各个系统之间的互连，有利于各个系统与外界的联网。综合布线系统的结构、性能需要符合国内、国际标准和规范，满足各个系统的目前和未来发展的需要。

本节将对某办公大楼的综合布线系统设计进行分析，以进一步说明如何进行综合布线的设计。

某新建办公大楼，地上有10层、地下有2层，总计12层，建筑总面积为2.98万平方米。大楼内共有4个弱电间(Ⅰ、Ⅱ、Ⅲ、Ⅳ弱电间)。其中，Ⅱ弱电间、Ⅳ弱电间供综合布线走线使用。整栋楼的信息处理机房设在大楼第6层，位于Ⅱ弱电间旁边。程控机房设在大楼第1层，位于Ⅳ弱电间旁边。保安监视间设在大楼第1层大厅总值班室。为了能够让读者可以清楚办公大楼的综合布线的布线路由，下面将给出办公大楼的逻辑网络电话拓扑图，如图7-11所示。

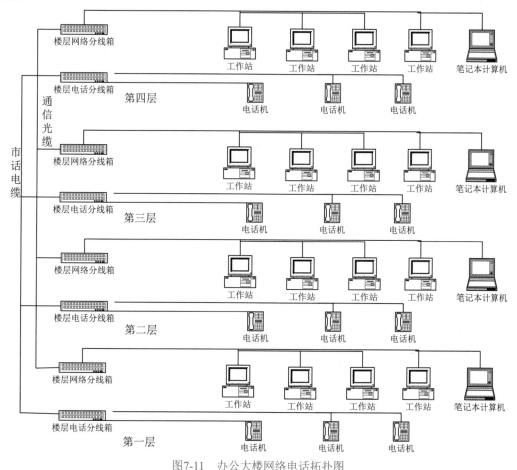

图7-11　办公大楼网络电话拓扑图

要求在综合布线上传输的信号种类有：数据、语音、图像等信号。根据楼层各房间功能的不同，设置每个房间的工作区信息点数量和各楼层监控点的数量。每个房间内的工作区提供一个双孔信息插座，分别支持数据和语音信号的传输，还能支持多媒体信号的传输。

根据以上的需求，可以选用产品全面、技术成熟、性能优越的综合布线系统。数据系统从端到端采用全5类连接硬件产品，以保证信息传输速率达到155 Mb/s，并支持ATM、多媒体等宽带传输技术；语音系统选用能够传输10 Mb/s速率的产品，以保证低速网络信息的传输和通信；监控系统采用5类产品，以保证高品质图像的传输。

从功能上看，综合布线系统包括工作区子系统、水平干线子系统、垂直干线子系统、管理间子系统、设备间子系统和建筑群子系统6个部分，每一部分的设计如下。

1. 工作区子系统

工作区由各个办公区域构成，每个工作区根据具体的需求分设1孔至4孔信息插座，其中，选用5类信息插座(RJ45接口)以支持100 Mb/s高速数据通信和图像通信，同时设置3类信息插座以连接电话线。

此外，每一信息插座均可通过400 K分插座支持一部低速数据终端或两部电话(终端)，使综合布线具有极强的可扩充性。

2. 水平干线子系统

数据传输选用优质的5类4对非屏蔽双绞线电缆，数据传输速率可达155 Mb/s，可支持目前及未来的数据系统和监控系统的需求。结合具体土建结构的特点、弱电间的位置和信息出口的位置，并考虑到端接富余量，确定水平干线子系统的电缆长度。

3. 垂直干线子系统

垂直干线子系统的数据干线采用6芯62.5/125 μm室内多模光缆，传输速率可达600 Mb/s，最大限度地满足了高速率传输的需求。采用3类100对大对数双绞电缆作为语音传输干线，每层由楼层配线间配出一条线缆，可支持10兆传输速率，既满足了目前的需求，又为多媒体技术的应用打下了坚实的基础。

4. 管理间子系统

根据大楼的具体特点，在每层设置一个配线间，在配线间内分别设有综合布线的弱电间。每个配线间设110型电缆配线架、光纤配线架和必要的网络互连设备，110型电缆配线架由两部分组成：一部分用来端接干线(大对双绞电缆)；另一部分用来端接水平干线。光纤配线架则用来端接干线光纤。

各层管理配线架通过大对数电缆连接到程控交换机房，与电话交换机相连接，构成大楼内部和外部的通信，保证大楼内的信息畅通。

5. 设备间子系统

设备间子系统是一个集中化的设备区，用于连接系统公共设备和通过垂直干线子系统连接到管理子系统。设备间安装机柜式光纤配线架，端接各层汇集的光纤并与大楼核心交换机连接，通过主机管理整个大楼的局域网，构成大楼内高速信息系统。通过简单的跳线管理，可以很方便地配置楼内的计算机网络的拓扑结构。

由于这是在一座大楼内部进行布线，故不涉及建筑群子系统。

7.4.2 网吧综合布线

很多大型网吧的布线系统是非常复杂的，相当于是一个小的楼宇布线系统，下面将为读者详细讲述网吧的布线系统。

1. 网络布线的设计

网络布线首先要根据网吧的网络拓扑架构来设计。一般来说，网吧的网络架构由路由器、主交换机、交换机、客户机组成。在布线之前，要熟悉不同的传输介质所能够容许的最大长度以及交换机最大的级联数目。接下来给出一个网吧的网络拓扑图，如图7-12所示。

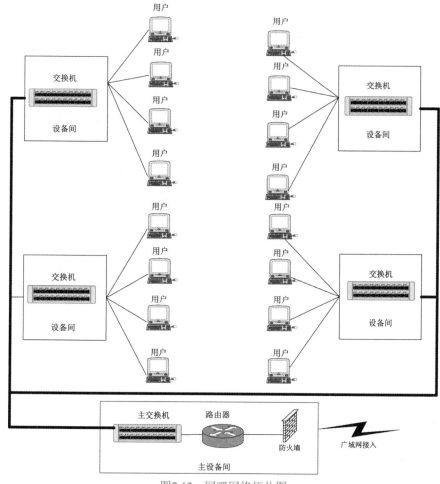

图7-12　网吧网络拓扑图

2. 具体实施

(1) 设备间

在网吧中必须寻找一个空间来作为设备间，在设备间中放置路由器和主交换机以及电源系统等。无论是主交换机还是普通交换机，在选择安放位置时，一定要把它放到节点的中间位置，这样可以节约网线的使用量，另外还可以将网络的传输距离减少到最小，从而提高网络传输质量。

(2) 强电和弱电布线

在布线时，把双绞线放在PVC管或者专业的线槽中，在双绞线经过的地方，尽量要避免有强大磁场或者大功率的电器、电源线等。但是如果真的在实际中遇到强电的情况，要学会如何处理。首先要尽量保证强电和弱电线路交叉，这样可以抵消强电对于网线的干扰，但是当平行的时候，最好让强电和弱电能够相聚30 mm左右。

(3) 备份线路的建立

由于在网吧中设备或者线缆的使用率非常之高，因此比较容易老化或损坏。在这种情况下，建议布线工程师要为所有的线路建立一条备份线路，这样的话，在紧急情况下，可以使用备份线路，而不影响正常使用。

(4) 线缆的标记

在布线的过程中，一定要把每条双绞线与交换机以及交换机与主交换机之间端口对应起来，并且要使用线标，以备维护方便。

(5) 测试

布线完毕后，布线工程师要使用网络测试仪逐个测试每一个节点的接通情况，建议使用FLUCK，因为它能够提供足够多的参数，让工程师清楚整个布线系统的具体情况，包括损耗、最长距离、每对线缆的接通率等。

7.5　本章小结

综合布线是一种模块化的、灵活性极高的建筑物内或建筑群之间的信息传输通道。它既能使语音、数据、图像设备和交换设备与其他信息管理系统彼此相连，也能使这些设备与外部设备相连接。本章介绍了综合布线系统的特点和标准。通过本章的学习，读者应该掌握综合布线系统的组成和设计规则、线缆的敷设和测试等技术，同时了解结构化布线的特性。

7.6　思考与练习

1. 填空题

(1) 综合布线系统应该说是跨学科跨行业的系统工程，作为信息产业体现在以下几个方面：楼宇自动化系统(BA)、_____、_____和计算机网络系统(CN)。

(2) 对于建筑物的综合布线系统，一般定为3种不同的布线系统等级。它们是：_____、_____和综合型综合布线系统。

(3) 垂直干线子系统应由_____的配线设备和跳线以及设备间至各楼层配线间的连接电缆组成。

(4) 金属桥架分为_____和_____两类。_____桥架是指由整块钢板弯制成的槽形部件；_____桥架是指由侧边与若干个横挡组成的梯形部件。

(5) 对于电缆的测试，一般遵循_____的原则。根据TSB67的定义，现场测试一般包括：_____、链路长度、_____和_____等几部分。

2. 选择题

(1) (　　)子系统的任务是通过建筑物内部的传输电缆，把各个服务接线间的信号传送到设备间，再传送到最终接口，最后通往外部网络。

　　A. 水平　　　　　　B. 管理间　　　　　　C. 垂直　　　　　　D. 设备间

(2) (　　)是连接垂直干线子系统和水平干线子系统的设备，其主要设备是配线架、HUB和机柜、电源。

　　A. 工作区子系统　　　　　　　　B. 管理间子系统

　　C. 设备间子系统　　　　　　　　D. 建筑群子系统

(3) 电缆测试一般可分为两部分：电缆的验证测试和电缆的(　　)。

　　A. 安全测试　　　B. 连接测试　　　C. 认证测试　　　D. 听证测试

(4) FDDI要求任意两个端节点间总的连接损耗应控制在一定范围内，如多模光纤的连接损耗应不超过(　　)。

　　A. 11 dB　　　　B. 14 dB　　　　C. 8 dB　　　　D. 22 dB

3. 问答题

(1) 简述综合布线系统的主要特点。

(2) 综述综合布线工程分析和设计的过程和注意事项。

(3) 光纤布线系统测试的主要内容包括哪些？

4. 实践题

有一个两层楼的网吧，现将互联网接入的设备放到二楼的总机房中，服务器也放在二楼总机房中，请读者来为这个网吧制作一个网络综合布线的规划方案。

第 8 章

网络应用服务器构建

建立网络系统之后，虽然已将服务器、交换机、路由器和PC等都连接在一起了，实现了物理上的互连，但这仅仅是建立了网络系统的物质基础，此时的网络仍然无法提供有价值的服务。若要提供这些服务，还需要软件的支持，所以如果把网络设备看成整个网络的"身躯"，那么软件就是网络系统的"灵魂"。

本章首先介绍网络操作系统的基本知识，然后介绍如何在这些网络操作系统上构建应用服务器，提供互联网服务。

本章要点：
○ 网络操作系统
○ 局域网服务器的配置原则
○ 常用网络服务器的配置

8.1 网络操作系统

计算机系统由硬件(物理设备)和软件(程序和文档)两部分组成，硬件包括CPU和各种外围设备；而软件又可分成系统软件、应用软件和支撑软件。在计算机系统中，所有的这些软、硬件资源(泛称资源)必须有一个统一的管理者来协调它们，使之能够正确、可靠、高效地工作，这就是操作系统的作用。

操作系统是计算机系统中的一个系统软件，用于管理和控制计算机系统的硬件及软件资源，合理地组织计算机的工作流程，以便有效地利用这些资源，为用户提供一个功能强大、使用方便的工作环境，它在计算机与用户之间起到了一个接口的作用。

网络操作系统是使网络上各计算机能方便而有效地共享网络资源，并为网络用户提供所需的各种服务的软件和有关规程的集合。网络上的计算机由于硬件特性不同、数据表示格式及其他方面要求的不同，在互相通信时，为了能正确进行并相互理解通信内容，相互之间有许多约定。这些约定被称为协议或规程。

操作系统的功能主要有：处理器管理、存储器管理、设备管理、文件管理和作业管理。网络操作系统除了具有通常操作系统应具有的上述功能外，还具有以下两大功能。

○ 提供高效、可靠的网络通信能力。

○ 提供多种网络服务功能，如远程作业录入，并对作业进行处理的服务功能，以及文件传输服务功能、电子邮件服务功能和远程打印服务功能。

总而言之，网络操作系统要为用户提供访问网络资源的各种服务。

8.1.1 网络操作系统的特点

网络操作系统是网络用户与计算机网络的接口。当今的网络操作系统具有如下特点。

(1) 从体系结构的角度来看，当今的网络操作系统具有一般操作系统的所有职能，如任务管理、缓冲区管理、文件管理，以及磁盘、打印机等外设管理。

(2) 从操作系统的角度看，大多数网络操作系统都是围绕核心调度的多用户共享资源的操作系统，包括磁盘处理、打印机处理、网络通信处理等面向用户的处理程序和面向多用户系统的核心调度程序。

(3) 从网络的角度看，可以将网络操作系统与标准的网络层次模型做比较：在物理层和链路层上，网络操作系统支持多种网络接口卡，如Novell公司、3Com公司以及其他厂家的网卡，其中有基于总线的网卡，也有基于令牌环的网卡以及支持星型网络的ARCNET网卡。

从拓扑结构来看，网络操作系统可以运行于总线型、环型、星型等多种拓扑类型的网络上。也就是说，网络操作系统独立于网络的拓扑结构。为了提高网络的互连性，网络操作系统提供了多种复杂的桥接、路由功能，可以将具有相同或不同的网络接口卡，支持不同协议和不同拓扑结构的网络连接起来。

一个典型的网络操作系统，一般具有以下特征。

○ 硬件独立：网络操作系统可以在不同的网络硬件上运行。

○ 桥/路由连接：可以通过网桥、路由功能和别的网络连接。

○ 多用户支持：在多用户环境下，网络操作系统向应用程序及其数据文件提供了足够的、标准化的保护。

○ 网络管理：网络操作系统支持网络实用程序及其管理功能，如系统备份、安全管理、容错、性能控制等。

○ 完全性和存取控制：网络操作系统对用户资源进行控制，并提供控制用户对网络进行访问的方法。

○ 用户界面：网络操作系统向用户提供丰富的界面功能，具有多种网络控制方式。

总之，网络操作系统为网络用户提供了便利的操作和管理平台。

8.1.2 网络操作系统的分类

网络操作系统可以分为以下两类：

○ 面向任务型网络操作系统；

○　通用型网络操作系统。

面向任务型网络操作系统是为某一种特殊的网络应用要求而设计的。通用型网络操作系统能够提供基本的网络服务功能，支持网络在各个应用领域的需求。

通用型局域网操作系统又可以分为以下两类：

○　变形系统；

○　基础级系统。

变形系统是以原来的单机操作系统为基础，通过增加网络服务功能构成局域网操作系统。基础级系统则是以计算机裸机的硬件为基础，根据网络服务的特殊要求，直接利用计算机硬件与少量的软件资源进行专门的设计而开发的局域网操作系统。

纵观局域网操作系统的发展，局域网操作系统经历了从对等结构向非对等结构演变的过程。

1. 对等结构的局域网操作系统

对等(Peer-to-Peer)结构的局域网操作系统的特点是：联网节点的地位平等，安装在每个网络节点的局域网操作系统软件都是相同的。联网计算机的资源在原则上是可以相互共享的。每台联网计算机都以前台和后台方式进行工作，前台为本地用户提供服务，后台为其他节点的网络用户提供服务。网络中任意两个节点之间可以实现直接通信。典型的对等结构局域网的结构如图8-1所示。对等结构的网络操作系统可以提供共享硬盘、共享打印机共享屏幕与共享CPU等服务。

Host A　　　　　Host B

图8-1　对等结构网络

对等结构局域网操作系统的优点是：结构简单，网络中的任意两个节点均能实现直接通信。其缺点是：每台联网计算机既要完成工作站的功能，又要完成服务器的功能，节点计算机除了要完成本地用户的信息处理任务外，还要承担较重的网络通信管理和共享资源管理任务，加重了联网计算机的负荷。对于联网的微型机而言，由于同时要承担繁重的网络服务与管理任务，因而信息处理能力明显降低。因此，对等结构局域网操作系统支持的信息系统规模都比较小。

2. 非对等结构的局域网操作系统

针对对等结构的缺点，人们进一步提出了非对等结构局域网操作系统的设想，即将联网的节点分为如下两类：

○　网络服务器；

○　网络工作站。

在非对等结构的网络中，联网计算机有明确的分工。网络服务器Server采用高配置与高性能的计算机，以集中的方式管理局域网的共享资源，向网络工作站提供服务。网络工作站Workstation可以使用配置较低的微型机，它主要向本地用户访问本地资源与访问网络资源提供服务。非对等结构局域的网操作系统软件分为协同工作的两部分：一部分运行在服务器上，另一部分运行在工作站上。由于服务器用于集中管理网络资源与服务，因此它是局域网的逻辑中心。安装并运行在网络服务器上的局域网操作系统软件的功能与性能，直接决定着网络服务功能的强弱、系统性能与安全性，它是局域网操作系统的核心部分。

3. 基于硬盘服务的局域网结构

对于早期的非对等结构局域网操作系统，人们通常是在局域网中安装一台或几台具有大容量硬盘的硬盘服务器来向网络工作站提供服务。硬盘服务器的大容量硬盘可以被多个网络工作站的用户所共享。硬盘服务器将被共享的硬盘空间划分成多个虚拟盘体，虚拟盘体可以分为以下3部分：

- ○ 专用盘体；
- ○ 公用盘体；
- ○ 共享盘体。

专用盘体被分配给不同的用户。用户可以通过特定的网络命令，将专用盘体"链接"到自己的工作站。用户可以通过口令、盘体的读/写属性和盘体属性来保护存放在专用盘体上的用户数据。公用盘体为只读属性，它允许多个用户同时进行读操作。共享盘体为可读/写属性，它允许多个用户同时进行读/写操作。提供共享硬盘服务的局域网操作系统，能够提供共享硬盘、共享打印机、电子邮件与通信服务等基本服务功能。共享硬盘服务系统的缺点是：用户每次使用服务器硬盘之前先要进行"链接"，用户需要使用DOS命令来建立专用盘体上的DOS文件目录结构并且自己进行维护。因此，它使用起来很不方便，系统效率较低，安全性较差。为了克服这些缺点，人们提出了基于文件服务的局域网操作系统的设想。

4. 基于文件服务的局域网结构

基于文件服务的局域网操作系统软件可以分为以下部分：

- ○ 文件服务器软件；
- ○ 工作站软件。

文件服务器应该具有分时系统文件管理的全部功能，并支持文件的概念与标准的文件操作，提供网络用户访问文件和目录的并发控制和安全保密措施，因此，文件服务器应该具备完善的文件管理功能，能够对全网实行统一的文件管理，各工作站的用户可以不参与文件管理工作。文件服务器能为网络用户提供完善的数据、文件和目录服务。

8.1.3　Windows NT的系统结构

Windows NT是Microsoft公司推出的操作系统软件，它不再基于DOS，而是直接构造一个新的操作系统内核。网络软件不再是只作为操作系统的附加层，而是Windows NT的核心成分，即内置网络。Windows NT是开放的体系结构，与其他网络有很好的互操作性。

Windows NT内置网络功能主要通过远程过程调用RPC、命名管道以及多种网络应用编程接口来实现，它可以向用户提供安全的文件、打印机共享、电子邮件和网络动态数据交换等服务。Windows NT Server是一种可以提供更强的安全模型、远程访问等可靠性机制的服务器。

目前，在Windows NT架构的基础上，微软将个人操作系统和服务器操作系统分开，分别推出了更新的、功能更加强大的Windows 2000/XP/Vista/7/10，以及Windows 2000 Server、Windows Server 2003、Windows Server 2008、Windows Server 2019等服务器系统，但是它们的基本体系架构并未发生根本性的改变。

1. Windows NT Server网络体系结构

Windows NT Server是网络操作系统，主要用作局域网的服务器。在服务器平台上，它向用户提供了强大的功能和易使用性以及可伸缩能力，并具有集中或安全管理以及强有力的容错管理等功能。和Windows NT一样，它也是内置网络结构，可运行在Intel X86系统、精简指令集计算机(RISC)和DEC Alpha处理机上，其内部是完全的32位体系结构。Windows NT Server将网络管理和基本操作有效地结合起来，它是用于网络服务器的理想操作系统。

Windows NT Server的体系结构是开放的网络体系结构，它支持网络驱动器接口规范(NDIS)和传输驱动器接口(TDI)标准，并允许配置各类网卡。网卡是安装在计算机内的硬件设备，用于向系统提供网络功能。与网卡配套的网卡驱动程序是控制网卡的软件。每种网卡驱动程序都和某个特定类型的网卡共同工作，但是这些网卡驱动程序必须遵循统一的NDIS标准。网卡对应于OSI模型的物理层，驱动程序和NDIS接口标准对应于OSI模型的数据链路层和其上的网络层协议的界面。

任何一台工作站(客户机)都可以使用支持NDIS的协议驱动程序和支持NDIS的网卡驱动程序的任意组合。Windows NT提供的所有网卡驱动程序和协议都支持NDIS。网络中的不同计算机可能具有不同类型的网卡，因此需要不同的网卡驱动程序。有了NDIS，可以利用与每台工作站完全相同的协议驱动程序，而不必为每种网卡准备不同版本的协议。NDIS也允许多种协议使用同一个网卡。通常，当多种协议使用同一个网卡时，在某段时间内，总是某一协议独占网卡，而不允许其他协议使用该网卡。

在单个网卡上可使用多种网络协议，目前遵循NDIS标准的网络协议主要有：TCP/IP、Microsoft NW Link、NETBIOS扩展用接口(Net BEUI)和数据链路控制DLC。

TDI接口在传输层协议和会话层协议(如服务器和重定向器)之间工作。使用TDI后，重定向器和服务器无须直接通信，也不用知道网络协议相关的所有其他内容。TDI通过为不同的传输协议和高层网络组件(如服务系统和重定向系统)通信提供公共接口，从而使得Windows NT网络更加通用。遵循TDI的不同协议，可以与支持TDI的高层网络组件共同工作。当重定向系统或服务系统向传输层发出调用请求时，它通过TDI接口进行调用，因此并不需要了解正在使用的传输协议。

2. Windows NT Server的主要技术特点

微软公司对Windows NT Server操作系统的设计定位在高性能工作站、台式机、服务器，以及政府机关、大型企业网络、异型机互连设备等多种应用环境中。Windows NT Server的主要功能与特点表现在以下几方面。

(1) 内存与任务管理

Windows NT Server内部采用了全32位体系结构，使得应用程序访问的内存空间可高达4GB。内存保护通过为操作系统和应用程序分配分离的内存空间，来防止它们之间产生冲突。通过采用线程与抢先式多任务的方法对NTS进行管理，使应用程序更有效地运行。

(2) 开放的体系结构

Windows NT Server支持网络驱动接口NDIS标准与传输驱动接口TDI标准，并允许用户同时使用不同的网络协议进行工作。NDIS内置有以下4种标准网络协议：

- ❍　TCP/IP；
- ❍　Microsoft NWLink；
- ❍　NetBIOS的扩展用户接口NetBEUI；
- ❍　数据链路控制。

(3) 内置管理

Windows NT Server通过操作系统内部的安全保密机制，使得网络管理人员可以为每个文件设置不同的访问权限，规定用户对服务器操作的权限与用户审计。

(4) 集中式管理

Windows NT Server利用域与域的信任关系对大型网络进行集中式管理。

(5) 用户工作站管理

Windows NT Server通过用户描述文件对工作站用户的优先级、网络连接、程序组与用户的注册进行管理。Windows NT Server以域为单位对网络资源进行集中管理，同时允许工作站之间使用WFW构成对等通信关系。域的组成非常灵活，域中有一台运行NTS的计算机作为主域控制器(Primary Domain Controller)，同时有后备域控制器(Backup Domain Controller)与普通的服务器。主域控制器向域用户与用户组提供信息，同时具有类似于NetWare的文件服务器的功能；后备域控制器的主要作用是提供系统容错，它保存着域用户与用户组的信息，它可以像主域控制器一样处理用户的注册请求，它在主域控制器失效时可以自动升级为主域控制器。

Windows NT Server在文件、打印、备份、通信、网络性能监控与网络安全性方面具有很多优点，应用领域也很广泛。

8.1.4　UNIX的系统结构

UNIX系统是美国麻省理工学院在1965年开始开发的分时操作系统Multics的基础上不断演变而来的。UNIX操作系统作为工业标准，已经被很多计算机厂商所接受，并且被广泛应用于大型机、中型机、小型机、工作站与微机上，特别是在工作站中，几乎全部采用了UNIX操作系统。TCP/IP作为UNIX的核心部分，UNIX与TCP/IP共同得到了普及与发展。

UNIX操作系统具有很好的网络通信功能，用户可以从它的终端使用调制解调器拨号进入UNIX主机系统，也可以通过直接连接使用UNIX主机系统。如果要将一台UNIX计算机变成一台文件服务器，用户可以在UNIX主机上运行文件服务器软件。文件服务器软件可以从工作站接收服务请求并处理请求，对工作站做出正确的响应。如果计算机的速度足够快，用户还可以在运行文件服务器软件的同时，运行UNIX应用程序。

目前的UNIX系统和早期版本相比，已经发生了巨大的变化，但作为UNIX系统的基本特点仍然被保留了下来。其主要特点表现在如下几个方面。

(1) UNIX是允许多个用户同时操作的交互式分时操作系统，即不同的用户分别在不同的终端上进行交互式操作，就好像是各自单独占用主机一样。

(2) 开放式系统，UNIX具有统一的用户界面，因此UNIX用户的应用程序可以在不同的执行环境下运行。此外，其核心程序和系统的支持软件大多使用C语言进行编写。

(3) 它向用户提供了两种友好的界面。其一是程序级的界面，即系统调用。它使得用户能够充分利用UNIX系统的功能，它还是程序员的编程接口，编程人员可以直接使用这些标准实用子程序。例如，对有关设备管理的系统调用read、write命令，便可对指定设备进行读或写操作，使用open和close命令可以打开或关闭指定的设备。其二是操作级的界面，即命令，为用户提供交互式功能。程序员可以使用编程的高级语言直接调用它们，大大减少了编程难度和设计时间。对于操作级的界面来说，UNIX提供一个非内核的Shell解释程序，它不仅用于终端，成为和系统进行交互执行命令以及输出结果的界面，而且具有控制变量和编写程序的功能。

(4) 具有可装卸的树形分层结构文件系统。该文件系统具有使用方便，检索方法简单的特点。

(5) UNIX系统将所有的外部设备都当作文件看待，分别赋予它们相应的文件名。用户可以像使用文件那样使用任意一台设备，而不必了解设备的内部特性，这样既简化了系统设计，又方便了用户使用。

UNIX系统结构分为3层，如图8-2所示。最内层是UNIX操作系统的核心，它包括文件控制系统和进程控制系统两大部分。这两部分的实现因厂家和版本而异，其程序量大多在几千行到几万行的范围内。最外层是应用程序，它包括许多应用软件。中间层是Shell命令解释程序、实用程序、库函数等。该层中的Shell解释程序是用户和UNIX操作系统的操作界面。

图8-2　UNIX系统结构

8.2　局域网服务

如果需要将办公室里的若干台个人计算机连接成一个局域网，那么需要为每台个人计算机购买一个网络适配器(简称为网卡)，并购买传输介质与传输介质连接设备，然后将它们安装好，这样就构成了一个局域网的硬件环境。

完成局域网的硬件安装工作后，还需要为局域网选择和安装局域网操作系统，这样才能提供局域网的应用服务。

尽管不同的计算机公司所推出的局域网操作系统都有各自的特点，但它们所提供的网络服务功能有很多相同之处。局域网操作系统通过文件服务器向网络工作站提供各种有效的服务，这些服务主要包括以下几种。

1. 文件服务(File Service)

文件服务是局域网操作系统中最重要、最基本的网络服务功能。文件服务器以集中方式管理共享文件。网络工作站可以根据所规定的权限对文件进行相应的读、写以及其他各种操作。文件服务器为网络用户的文件安全与保密提供了必要的控制方法。

2. 打印服务(Print Service)

打印服务也是局域网操作系统提供的最基本的网络服务功能之一。共享打印服务可以通过设置专门的打印服务器来完成，或由工作站兼任，也可以由文件服务器担任。通过打印服务功能，在局域网中可以设置一台或几台打印机，这样，网络用户就可以远程共享网络打印机了。通过打印服务实现对用户打印请求的接收、打印格式的说明、打印机的配置、打印队列的管理等功能。网络打印服务在接收到用户打印请求后，按照先到先服务的原则，将多个用户需要打印的文件排队，使用排队队列管理用户的打印任务。

3. 数据库服务(Database Service)

网络数据库服务变得越来越重要，选择适当的网络数据库软件，按照客户端/服务器工作模式，开发出客户端与服务器端数据库应用程序。这样，客户端就可以使用结构化查询语言SQL向数据库服务器发送查询请求了，服务器进行查询后将查询结果发送到客户端。客户端/服务器模式优化了局域网系统的协同操作模式，有效地改善了局域网的应用系统性能。

4. 通信服务(Communication Service)

局域网提供的通信服务主要有：工作站与工作站之间的对等通信服务，工作站与主机之间的通信服务等。

5. 信息服务(Message Service)

局域网可以利用存储转发方式或对等的点到点通信方式完成电子邮件服务，已发展为文本文件和二进制数据文件，以及图像、数字视频与语音数据的同步传输服务。

6. 分布式服务(Distributed Service)

局域网操作系统为了支持分布式服务功能，提出了一种新的网络资源管理机制，即分布式目录服务。它将分布在不同地理位置的互连局域网中的资源组织在一个全局性的、可复制的分布数据库中，网中的多个服务器都有该数据库的副本。用户在一个工作站上注册，便可与多个服务器进行连接。对于用户来说，在一个局域网系统中的分布在不同位置的多个服务器资源都是透明的，用户可以使用简单的方法访问一个大型互连局域网系统。

7. 网络管理服务(Network Management Service)

局域网操作系统具有丰富的网络管理服务工具，可以向用户提供网络性能分析、网络状态监控、存储管理等多种管理服务。

8. Internet/Intranet服务(Internet/Intranet Service)

为了适应Internet与Intranet的应用，局域网操作系统一般都支持TCP/IP，提供各种Internet

服务和支持Java应用开发工具，使局域网服务器成为Web服务器，全面支持Internet与Intranet的访问。

8.3 云计算

8.3.1 云计算概念

2006年，27岁的Google高级工程师克里斯托夫·比希利亚第一次向Google董事长兼CEO施密特提出"云计算"的想法。2006年8月9日，Google首席执行官埃里克·施密特在搜索引擎大会(SES San Jose 2006)上首次提出云计算概念。2008年，云计算的概念全面进入中国。美国国家标准与技术研究院(National Institute of Standards and Technology，NIST)提出的云计算概念为：云计算是一种按使用量付费的模式，这种模式提供可用的、便捷的、按需付费的网络访问，进入可配置的计算资源共享池(资源包括网络、服务器、存储、应用软件和服务)，这些资源能够被快速提供，只需投入很少的管理工作，或与服务供应商进行很少的交互。

维基百科也对云计算概念提出了定义：云计算是一种基于互联网的计算方式，通过这种方式，共享的软、硬件资源和信息可以按需求提供给计算机和其他设备。云计算依赖资源的共享以实现规模经济。

云是一种比喻，云计算分狭义云计算和广义云计算。狭义云计算指IT基础设施的交付和使用模式，指通过网络以按需、易扩展的方式获得所需资源。广义云计算指服务的交付和使用模式，指通过网络以按需、易扩展的方式获得所需服务，这种服务包括大数据服务、云计算安全服务、弹性计算服务、应用开发的接口服务、互联网应用服务、数据备份服务等。

简单来说，云计算是使用虚拟化技术，通过互联网以服务的方式提供动态可伸缩的虚拟化资源的计算模式。

8.3.2 云计算架构

一般来说，大家比较公认的云架构是划分为基础设施层、平台层和软件服务层三个层次的，对应名称为IaaS(Infrastructure as a Service)，PaaS(Platform as a Service)和SaaS(Software as a Service)。

IaaS中文名为"基础设施即服务"。其主要包括计算机服务器、通信设备、存储设备等，能够按需向用户提供计算能力、存储能力或网络能力等IT基础设施类服务，也就是能在基础设施层面提供的服务。IaaS能够得到成熟应用的核心在于虚拟化技术，通过虚拟化技术可以将形形色色的计算设备统一虚拟化为虚拟资源池中的计算资源，将存储设备统一虚拟化为虚拟资源池中的存储资源，将网络设备统一虚拟化为虚拟资源池中的网络资源。当用户订购这些资源时，数据中心管理者直接将订购的份额打包提供给用户，从而实现了IaaS。

PaaS，中文名为"平台即服务"。如果以传统计算机架构中"硬件+操作系统/开发工具+

应用软件"的观点来看待,那么云计算的平台层应该提供类似操作系统和开发工具的功能。实际上也的确如此,PaaS定位于通过互联网为用户提供一整套开发、运行和运营应用软件的支撑平台。就像在个人计算机软件开发模式下,程序员可能会在一台装有Windows或Linux操作系统的计算机上使用开发工具开发并部署应用软件一样。微软公司的Windows Azure和谷歌公司的GAE,可以算是PaaS平台中最为知名的两个产品了。

SaaS,中文名为"软件即服务"。Saas是一种通过互联网络提供软件的模式,用户无须购买软件,而是向提供商租用基于Web的软件,来管理企业经营活动。可以将它理解为一种软件分布模式,在这种模式下,应用软件安装在厂商或者服务供应商那里,用户可以通过某个网络来使用这些软件,通常使用的网络是互联网。这种模式通常也被称为"随需应变(on demand)"软件,这是最成熟的云计算模式,因为这种模式具有高度的灵活性、已经证明可靠的支持服务、强大的可扩展性,因此能够降低客户的维护成本和投入,而且由于这种模式的多宗旨式的基础架构,运营成本也得以降低。

作为基于互联网的云计算服务,SaaS、PaaS、IaaS面对了不同类型的用户。

它们并不是简单的继承关系(SaaS基于PaaS,而PaaS基于IaaS),因为首先SaaS可以是基于PaaS或者直接部署于IaaS之上,其次PaaS可以构建于IaaS之上,也可以直接构建在物理资源之上。

如图8-3所示,通常的应用系统架构自底而上,包括Networking、Storage、Servers、Virtualization、O/S、Middleware、Runtime、Data、Applications这9大层次。云计算服务从架构上分别提供了其中的部分架构服务组合,为企业用户的应用系统提供支持。

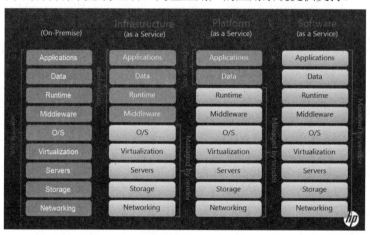

图8-3　IssS、PaaS、SaaS架构示意图

8.3.3　云计算产品

当网络中需要运行服务时,可自行采购硬件和软件部署,如果是短暂、临时性服务,可以使用云计算产品,显著降低部署时间和成本。

目前国内云计算市场,主要产品有阿里云、腾讯云、华为云、京东云、网易云、青云、Ucloud、百度云等。以阿里云为例,提供了涵盖弹性计算、存储、数据库、安全、大数据、人工智能、网络与CDN、视频服务、容器与中间件、开发与运维、物联网IoT、混合云、企业应用与云通信,相比自行部署方式,提供了更多种、专业的产品选择。

阿里云成立于2009年9月，处于国内公有云服务商领先位置。依托于强大的基础设施，遍布全国的CDN节点，提供优质的云计算服务，主要介绍如下。

1. 弹性计算

弹性计算服务(Elastic Compute Service，ECS)是基于阿里云提供的大规模分布式计算系统，通过虚拟化技术共享IT资源，可弹性伸缩、简单高效地为客户提供互联网基础设施服务。云服务器分布在不同的地域和可用区，由多个产品组成，包括实例、磁盘、快照、镜像，以及网络安全组合虚拟专用网络等，并提供ECS的API接口为客户提供二次开发。弹性计算是阿里云的主要服务模式。

2. 大数据

关系型的云数据库服务(Relational Database Services，RDS)基于分布式系统和SSD盘的高性能存储，支持关系数据库(SQL Server、MySQL、PostgreSQL等)，具有主备架构、异地容灾、自动备份、在线迁移、实时监控及告警，并提供API接口进行二次开发。云数据库适用于结构化数据较强、数据量较轻和传统数据库兼容较好的场景，可以结合中间件解决分布式大数据存储问题。

对象存储(Object Storge Service，OSS)是一种海量的非结构化分布式存储服务，特别适合存储非结构化的音频视频文件、图像、日志等，单个文件的存储能力可达到TB级别。对象中的数据以键值对的形式存储在文件中，逻辑结构类似于目录中的树形结构，可以直接使用URL访问。

阿里云MaxCompute是一种基于云计算的大数据计算服务，它提供了海量数据存储和计算能力，支持PB级别的数据处理和分析。类似于Hadoop架构，它提供Graph MapReduce分布式编程模型、自定义函数、类SQL的开发语言和数据的导入、导出等功能，为数据分析、数据挖掘、商业智能等领域提供服务。

3. 云安全

云安全提供信息安全、服务安全、运维安全等保障。在保障自身产品(淘宝、支付宝等)云安全的同时积累了大量的云安全方面经验，阿里云安全提供包括DDos防护、网络流量监控、主机入侵防护、多组合隔离、VPC隔离、操作系统加固、内核防止入侵、漏洞修复、堡垒机、双因素认证、应用防火墙、数据加密、数据库安全设计等功能。

8.4 FTP服务器

FTP服务是目前互联网上的几大服务之一，它主要是被作为文件传输来使用。FTP是File Transfer Protocol的简称，也就是文件传输协议。它主要是让用户连接上一个远程的运行着FTP协议的计算机，并且能够查看和下载此计算机上的文件到本地，或者能够将本地的文件传输到远程计算机上。下面将详细地为读者讲述如何配置FTP服务器。

8.4.1 FTP服务器简介

FTP服务器也就是运行着FTP协议的服务器。用户通过一个支持FTP协议的客户端程序，连接到远程的主机上的FTP服务器程序。用户通过这个客户端程序向远程的FTP服务器发出命令，FTP服务器执行用户发出的命令，并将执行的结果返回到客户机上。在使用FTP时，用户经常遇到两个概念，即下载(Download)和上传(Upload)。下载，也就是从远程主机复制文件至本地计算机。而上传，也就是将本地计算机上的文件复制到远程计算机上。

使用FTP时，必须要先登录，在远程主机上获得相应的权限后，方可上传或下载文件。通俗地说，就是要想在哪一台计算机下载或上传文件，首先必须要获得那台计算机的相应的权限，要获得权限就必须要获得远程计算机的用户名和密码。但是有一种方式是可以不使用用户名和密码就可以使用FTP服务的，这就是匿名FTP。

匿名FTP使得用户可以通过它连接到远程主机上，并且从其下载文件，而无须成为其注册用户。系统管理员建立了一个特殊的用户ID，名为anonymous。匿名用户在任何地方都可以使用该用户ID。通过FTP程序连接匿名FTP主机的方式同连接普通FTP主机的方式差不多，只是在要求提供用户ID时必须输入anonymous，该用户ID的口令可以是任意的字符串。需要注意的是，匿名FTP不是适用于所有的主机，它只适用于那些提供了匿名FTP服务的主机。

当远程主机提供匿名FTP服务时，会指定某些目录向公众开放，允许匿名存取。系统中的其余目录则处于隐匿状态。作为一种安全措施，大多数匿名FTP主机都允许用户从其上面下载文件，而不允许用户向其上传文件。

8.4.2 安装FTP服务器

本节首先以Windows Server 2019为例，为读者讲述如何安装FTP服务器。Windows Server 2019中所有的服务器角色都以组件的形式安装和删除，使用起来非常简便。Windows Server 2019默认安装时包含IIS组件，但是没有安装，所以需要用户自行手工安装。

单击桌面左下角的Windows徽标，在右侧单击"服务器管理器"，在"服务器管理器"窗口左侧选择"仪表板"选项，并单击"添加角色和功能"来添加IIS服务。首先打开"添加角色和功能向导"对话框，单击"下一步"按钮，在打开的对话框中选中"基于角色或基于功能的安装"单选按钮并单击"下一步"按钮，在打开的"选择目标服务器"对话框中选中"从服务器池中选择服务器"单选按钮，通常默认选择为本地计算机，单击"下一步"按钮，在打开的"服务器角色"对话框右侧勾选"Web服务器(IIS)"复选框添加服务，之后单击"下一步"按钮，在弹出的对话框中单击"添加功能"确认添加，返回"服务器角色"对话框后，单击"下一步"按钮，在"功能"选择中，保持默认，继续单击"下一步"按钮，在"Web服务器角色(IIS)"对话框中单击"下一步"按钮，在"角色服务"对话框的"角色服务"列表框中勾选"FTP服务器"复选框，单击"下一步"按钮，在"确认"对话框右侧单击"安装"按钮，执行添加服务操作，等待"结果"提示"已在WIN-N6V3NR0CB36上安装成功"（"WIN-N6V3NR0CB36"为本地主机名），完成FTP服务器的安装，如图8-4所示。

图8-4　安装IIS服务

FTP服务器安装完成后，FTP服务就可以启用了。

8.4.3　配置FTP服务器

在Windows Server 2019下，安装FTP服务后，FTP服务器就可以运行了，在运行前要对
FTP服务进行配置。单击桌面左下角的Windows徽标，在右侧单击"控制面板"，依次单击
"系统和安全"→"管理工具"→"计算机管理"，在界面左侧单击"服务和应用程序"，

然后单击"Internet Information Services(IIS)管理器"，在右侧窗口"起始页"下方的"WIN-N6V3NR0CB36"右击，在弹出的菜单中选择"添加FTP站点"命令，会弹出"添加FTP站点"的向导对话框。在弹出的如图8-5所示的向导对话框中，可以配置FTP服务器的名称、FTP目录位置，这两项是必须配置的，图中名称为"test"，物理路径为"C:\User\Administrator\Desktop\test"。接下来，配置IP地址、端口、是否使用SSL连接，如图8-6所示。IP地址这一栏选择当前服务器IP地址即可。端口是21端口。SSL是一种安全协议，用

图8-5　FTP名称及路径设置

于防范文件在传输过程中被窃取，所以尽量使用SSL连接FTP。如果使用SSL需要另行生成SSL证书，这里选择无SSL，单击"下一步"按钮，打开"身份验证和授权信息"对话框，其中，"身份验证"选择"匿名"选项，"允许访问"选择"所有用户"，"权限"至少要选择"读取"，否则无法浏览FTP服务器内容，如图8-7所示。FTP服务权限设置后，需要将物理路径文件夹权限设置"everyone"角色可访问，这样最基本的FTP服务配置完成。

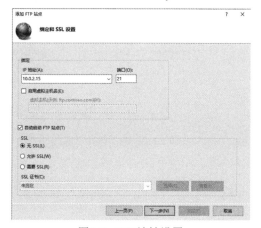

图8-6　FTP地址设置

图 8-7　配置 FTP 服务器

通过上述过程，一个基本的FTP服务器就搭建好了，但这还远远不够。在Windows Server 2019中，提供了中部的功能选项和右侧的操作选项，如图8-8所示。其中，FTP相关的功能选项有：FTP IP地址和域限制、FTP SSL设置、FTP 当前会话、FTP防火墙支持、FTP目录浏览、FTP请求筛选、FTP日志、FTP身份验证、FTP授权规则、FTP消息、FTP用户隔离，操作选项有：编辑权限、绑定、基本设置、高级设置和查看虚拟目录。以上选项主要可归纳为：FTP站点基本设置和FTP站点安全设置。

图8-8　FTP站点概览

1. FTP站点基本设置

(1) "FTP目录浏览"用于设置FTP内容的列表样式和是否显示虚拟目录、可用字节、四位数年数，这部分一般不需要设置。

(2) "FTP请求筛选"用于设置FTP的筛选规则，包括允许的文件扩展名、文件大小范围以及URL的长度，这部分可按照实际需要来设置。

(3) "FTP授权规则"用于添加允许规则和拒绝规则，实现限制不同用户或组对于文件的权限，如图8-9所示。

(4) "FTP消息"用于设置FTP服务器针对用户会话时显示的消息。

(5) 绑定、基本设置、高级设置操作项用于设置FTP的名称、物理路径、绑定端口等网络参数。

图8-9　FTP安全设置

2. FTP站点安全设置

(1) "FTP防火墙支持"可以为FTP连接配置端口范围和外部IP地址。

(2) "FTP SSL设置"指定对SSL的要求，FTP站点可以设置是否必须通过SSL安全协议来连接FTP。

(3) "FTP当前会话"可以查看正在进行的会话。

(4) "FTP用户隔离"用于指定用户登录目录。所谓的FTP登录目录，也就是用户登录FTP后的初始位置。如图8-10所示，可以定义用户进入FTP后访问的目录是根目录还是FTP用户名对应的目录。

图8-10　FTP用户隔离

8.5　Web服务器

WWW(World Wide Web)服务，也称为Web，中文称为"万维网"。

在出现WWW之前，Internet上的信息查询、传递不是很方便，要靠FTP、Archie等字符界面的工具，且检索也不方便、直观。随着超文本技术、多媒体技术和交互式应用程序的发展，Web已经成为信息交换的一种主流方式。在Web上的信息有图形、图像、视频、音频等多种格式，易于浏览和理解。例如，在讨论问题时，不仅可以使用文本资料，还可以使用图表、影像甚至交互式应用程序，使人一目了然。

目前，Web应用已成为Internet上最受欢迎的应用之一，它的出现极大地推动了Internet的发展。

8.5.1　Web服务器简介

作为Internet上最常见的服务，Web的主要特点包括如下几个方面。

1. 超文本信息

Web的一个主要概念就是超文本链接：它使得信息不再像书一样呈固定的线性，而可以从一个主题转到另一个主题、从一个位置跳到另外一个位置。用户可以根据自己的爱好浏览不同类型和不同内容的网页。

2. 图形化

Web非常流行的一个重要原因在于：它可以在同一个网页上同时显示色彩丰富的图形和文本。众所周知，在Web出现之前，Internet上的信息只有文本形式，而Web可以将图形、音频、视频信息集合于一体。

3. 与平台无关

无论用户的主机是何种机型、何种操作系统，都可以通过Internet访问Web。对Web的访问是通过叫作浏览器(Browser)的软件来实现的，如Netscape的Navigator、Microsoft的Internet Explorer等。

4. 交互性

用户可以向Web服务器提交自己的请求而获得有个人特色的服务，并且随着交互技术的发展，Web服务器可以自动向用户提供个人特色网页。

8.5.2　安装Web服务器

IIS(Internet Information Services)是由微软公司提供的基于Windows的互联网基本服务组件，可以提供架构Web、FTP、SMTP服务器等功能。Windows Server 2003、Windows Server 2008、Windows Server 2012、Windows Server 2016、Windows Server 2019的默认安装都包含IIS组件，用户可以在Windows安装完毕后添加IIS组件。

在前面"8.4.2 安装FTP服务器"节中已对用户如何安装IIS组件进行了详细介绍，此处不再赘述。

8.5.3　配置Web服务器

要实现Web服务，需要选择合适的软件系统，目前适合作为Web服务器的软件很多，常见的Web服务器软件包括Apache、微软的Internet信息服务(IIS)等。其中包括很多免费版本，在选择时要考虑如下因素：操作系统、硬件、性能、需求、安全要求、预算和已有软件。尽管每个程序具有不同的安装和配置方法，但所有的程序都具有用户账号管理、访问管理(安全)和内容管理等功能。

本节将以Windows Server 2019下IIS的配置为例，讲述Web服务器的配置步骤。

依次单击"系统和安全"→"管理工具"→"计算机管理"命令，在"计算机管理"界面中单击"Internet信息服务(IIS)管理器"，进入IIS管理器的主界面，选择Default Web Site选项，打开的界面如图8-11所示。从图中可以看出，Windows Server 2019的IIS的配置菜单，如果切换到"内容视图"，就可以看到默认支持的静态网站。

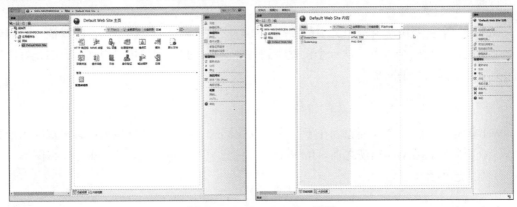

图8-11　Default Web Site界面

若要执行动态页面，还需要设置Web服务的扩展属性，如要执行ASP网站则要安装ASP。默认情况下，服务器是没有安装ASP的，需要在Web服务器角色中添加进来，如图8-12所示，当前ASP的状态为"未安装"，单击"添加角色服务"按钮即可启用该功能，这时IIS就可以支持ASP动态网页了。

图8-12　安装ASP

使用同样的方法，可以启动CGI、"Internet数据连接器"等功能。配置Web站点的具体步骤如下。

1. 网站基本配置

依次单击"系统和安全"→"管理工具"→"计算机管理"命令，在打开的"计算机管理"界面中单击"Internet信息服务(IIS)管理器"，进入IIS管理器的主界面，选择Default Web Site选项，在最右侧栏目中选择"基本设置"选项，如图8-13左图所示，打开如图8-13右图所示的"编辑网站"对话框。由于在这里是配置IIS默认提供的网站，因此名称项不能更改。物理路径就是网站的"主目录"，主目录用于存放站点文件的位置，默认的路径是C:\inetpub\wwwroot，用户可以通过"浏览"按钮选择其他的目录作为存放站点文件的位置。

图8-13 网站配置

2 设置IIS的默认启动文档

选择Default Web Site选项，在右侧出现的
功能菜单中选择"默认文档"可以设置IIS的
默认启动文档，如图8-14所示。每个网站都有
默认文档，默认文档指的是当访问者访问站点
时首先打开的那个文件，如index.htm、index.
asp、default.asp等，可以通过在空白处右击，
选择"添加"命令来添加自定义的启动文档。
在这还需要指定默认文档的顺序。需要注意的
是，这里的默认文档是按照从上到下的顺序读
取的。

图8-14 设置默认的启动文档

这样就完成了一个默认站点的Web服务
的基本配置。完成这些配置之后，就可以在本地IE浏览器中输入"http://127.0.0.1"来测试该
Web服务。

8.6 WINS服务器

WINS(Windows Internet Name Service)是由微软公司开发出来的一种网络名称转换服务，
它可以将NetBIOS计算机名称转换为对应的IP位置。通常，WINS服务是与DHCP服务一起协
同工作的。当用户向DHCP服务器要求一个IP地址时，WINS服务器会将其记录下来，从而使
得WINS服务器可以动态维护计算机名称地址与IP地址的一一对应关系。

8.6.1 WINS服务器简介

在网络中一般使用IP地址来代表不同的计算机，但是人们不可能将所有的主机的IP地址

都记住，因为作为IP地址它是毫无特征的，于是人们开始为主机命名一个方便记忆的名称，也就是NetBIOS名。那么，如何让NetBIOS名同IP地址一一对应呢？WINS服务就解决了上述的问题。

当使用NetBIOS名来访问网络上的主机时，就可以通过WINS服务来实现。因为它通过将主机名和IP地址一一对应，来实现网络上的访问。例如，www.sohu.com就是通过访问主机名来访问这个网站的IP地址。WINS服务一般是在Windows Sever版本才可以提供的，例如Server 2000、2003、2008、2012、2016、2019。

WINS服务的工作过程主要分为名字注册、更新、释放和解析服务。

1. 名字注册

名字注册就是客户端从WINS服务器获得信息的过程。在WINS服务中，名字注册是动态的。当一个客户端启动时，会向所配置的WINS服务器发送一个名字注册信息，其中包括客户机的IP地址和计算机名。如果WINS服务器正在运行，并且没有其他客户计算机注册相同的名称，则会返回一个成功注册的信息。如果出现系统名称，则会返回失败信息。

2. 名字更新

当注册后，客户端会被WINS服务器分配一个TTL(存活期)，如果超过了期限，收不到任何响应，WINS客户端会从数据库中删除这个名字的注册信息。

3. 名字释放

在客户端的正常关机过程中，WINS客户端向WINS服务器发送一个名字释放的请求，以请求释放其映射在WINS服务器数据库中的IP地址和NetBIOS名称。收到释放请求后，WINS服务器验证在其数据库中是否有该IP地址与主机名的映射，如有则正常释放。

4. 名字解析

当客户端计算机要解析一个名字时，首先会检查本地主机名缓存器。如果不存在，就发送一个名字查询到首选WINS服务器，共发送3次，每次相隔15秒。如果请求失败，则向次WINS服务器发送请求。如果也失败了，则通过其他途径进行解析，如本地广播、Imhosts文件、Hosts等。

总之，WINS服务器的主要功能是将主机名与IP地址一一对应。

8.6.2 安装WINS服务器

安装WINS服务器的方式同前面FTP服务器和Web服务器的方法一样，在Windows Server 2019中，单击桌面左下角的Windows徽标，在右侧单击"服务器管理器"，然后选择"添加角色和功能"来添加WINS服务。首先进入"服务器管理器"窗口，选择"添加角色和功能"，进入"添加功能向导"，在选择服务器功能的对话框中选择"WINS服务器"，之后单击"下一步"按钮即可，如图8-15所示。

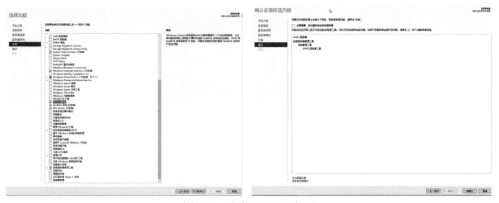

图8-15 安装WINS服务器

8.6.3 配置WINS服务器

创建WINS服务器需要对WINS服务器的属性进行一些相关的设置，如指定WINS数据库的备份路径、指定WINS服务器统计数据自动更新的时间间隔、是否启用记录WINS数据库变化功能等。

首先，单击桌面左下角的Windows徽标，找到并打开"控制面板"，依次单击"系统和安全"→"管理工具"→"计算机管理"，在左侧"服务和应用程序"中选中WINS，如图8-16所示，即可看到已安装的WINS服务。右击WINS选项，在右键菜单中选择"属性"命令，打开该服务器的属性对话框，如图8-17所示。

图8-16 WINS服务器

图8-17 服务器属性对话框

在"常规"选项卡中，选中"自动更新统计信息的时间间隔"复选框，并在"刷新时间(时:分:秒)"微调器中设置时间间隔(一般要求时间间隔比较短)。这样，WINS服务器就会自动按照管理员的设置定时对网络上的统计信息进行刷新。

为了能够解决WINS数据库被损坏而导致网络注册信息丢失问题，管理员通过设置来备份WINS数据库。在"数据库备份"选项区域中，单击"浏览"按钮选择备份路径或者在"默认备份路径"文本框中输入备份路径。如果希望在服务器关闭时系统自动备份WINS数据库的话，可选中"服务器关闭期间备份数据库"复选框。

分别选择"间隔"和"数据库验证"选项卡，如图8-18所示。

图8-18 "间隔"和"数据库验证"选项卡

可通过调整微调器的值来设置记录更新时间间隔、消失时间间隔、消失超时时间以及验证时间间隔;如果要使用系统默认值,可单击"还原默认值"按钮。为了避免WINS数据库与实际网络不一致而导致的网络连接错误,可以选中"数据库验证"选项卡中的"数据库验证间隔"复选框;在"每一周期验证的最大记录数"文本框中输入阶段检查次数。在"验证根据"选项区域中选中"所有者服务器"单选按钮,则对所有的WINS服务器进行数据库检查。在检查间隔文本框中输入检查时间间隔,并调整起始值。

选择"高级"选项卡,如图8-19所示。

选中"将详细事件记录到Windows事件日志中"复选框,使系统将详细事件记录到事件日志中。如果用户需要启用WINS服务器的突发事件处理功能,可选定"启用爆发处理"复选框,并选择处理级别。在"数据库路径"文本框中输入数据库路径。为了和LAN Manager计算机名称兼容,选中"使用和LAN Manager兼容的计算机名"复选框。

通过以上设置,一个简单的WINS服务器就搭建成功了。

图8-19 "高级"选项卡

8.7 DNS服务器

在网络中的每台计算机被赋予一个互联网协议地址,该地址将出现在每个发向该计算机的IP数据报中。虽然IP地址是TCP/IP的基础,但是用户并不必记住或输入这些IP地址。计算机也被赋予符号名字,当需要指定一台计算机时,应用软件允许用户输入这个符号名字,这也是DNS服务器出现的原因。

8.7.1 DNS服务器简介

因特网的命名方案称为域名系统(Domain Name System,DNS)。每台计算机的域名由一系列用点分开的字母或数字段组成。例如，常用的一个门户网站www.sohu.com，这就是一个域名。域名是有层次的，域名中最重要的部分位于右边。域名中最左边的段是单台计算机的名字。域名中的其他段标识了拥有该域名的组织，如sohu为组织的名字。

域名系统规定了最重要域的值，称作DNS的顶层(top-level)。国际互联网工程任务组(IETF)给出了可能的顶层域，包括com、edu和org等。当一个组织希望拥有域名系统时，它必须申请其中一个顶层域下的一个域名。大多数公司选择登记在com域下。一旦一个组织被指派到一个域，这个后缀将为该组织保留，其他组织将不会被指派到相同的后缀。例如，一旦foobar.com被指派，另一个名为foobar的组织可以申请foobar.edu或foobar.org，但不能申请foobar.com。所以为了获得一个域名，组织必须向因特网管理机构进行登记。每一个组织都被指派一个唯一的域后缀。

除有层次的域名之外，DNS运用客户机/服务器交互来帮助自治。本质上，整个域名系统以一个庞大的分布式数据库的方式进行工作。大多数与因特网连接的组织都有一个域名服务器。每个服务器包含有与其他域名服务器连接的信息，因此，这些服务器形成一个大的协调工作的域名数据库。

当应用需要将域名翻译为IP地址时，该应用成为域名系统的一个客户。这个客户将待翻译的域名放在一个DNS请求信息中，并将这个请求发给DNS服务器。服务器从请求中取出域名，查找自己的域名数据库，将它翻译为相应IP地址，通过一个回答信息将结果地址返回给应用。

通常，使用一个服务器的结构是最简单的，组织可以通过将它的所有域的信息共同放在一个服务器上来减少开销。本节将介绍如何在Windows Server 2019上架构DNS服务器。

8.7.2 安装DNS服务器

在Windows Server 2019中，单击桌面左下角的Windows徽标，在右侧单击"服务器管理器"，在"服务器管理器"窗口左侧选择"仪表板"选项，并单击"添加角色和功能"来添加DNS服务器，如图8-20所示，单击"下一步"按钮，最终单击"安装"按钮即可安装DNS服务器。DNS服务安装前提是要求DNS服务器IP地址为静态地址，自动获取地址在安装前会有警告提示。

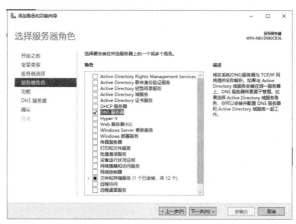

图 8-20 安装DNS服务器

8.7.3 配置DNS服务器

本节以建立一台适应于以下企业情况的主域名服务器为例展开讲解。

企业IP地址网段为192.168.0.1~192.168.0.254，主域服务器IP地址为192.168.0.1，主机名为dns.abc.com，等待解析的服务有以下几种。

- www.abc.com (IP地址为192.168.10.2)——Web服务器。
- mail.abc.com (IP地址为192.168.10.3)——E-mail服务器。
- ftp.abc.com(IP地址为192.168.10.4)——FTP服务器。

配置该DNS服务器的具体步骤如下。

1. 建立"abc.com"区域

单击桌面左下角的Windows徽标，在右侧单击"控制面板"，然后依次单击"系统和安全"→"管理工具"→"DNS"，在打开的"DNS管理器"窗口的本服务器名称(WIN-N6V3NR0CB36)上右击，在弹出的快捷菜单中选择"新建区域"命令，打开"新建区域向导"对话框，如图8-21所示。

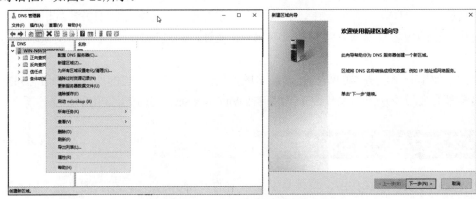

图8-21　打开"新建区域向导"对话框

当向导提示选择"区域类型"时，选中"主要区域"单选按钮，如图8-22所示。单击"下一步"按钮切换到"正向或反向查找区域"向导对话框。

在"正向或反向查找区域"向导对话框中选中"正向查找区域"单选按钮，如图8-23所示。单击"下一步"按钮，切换到下一个设置界面。

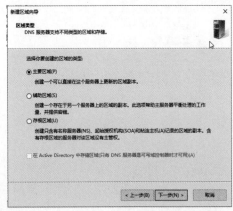

图8-22　选择"区域类型"

图8-23　选中"正向查找区域"单选按钮

进入"区域名称"设置界面，如图8-24所示。在"区域名称"文本框中输入abc.com，然后单击"下一步"按钮。

向导对话框被切换到"区域文件"设置界面，系统会自动选中"创建新文件，文件名为"单选按钮，并在它下面的文本框中自动输入abc.com.dns(abc.com部分就是在上个步骤中所输入的"区域名称")的内容，如图8-25所示。

图8-24　设置区域名称　　　　　　　　　　图8-25　创建区域文件名

2. 新建主机

创建abc.com区域后，在DNS管理界面的左边列表框内出现刚才建立的区域名abc.com，如图8-26所示。在区域名列表abc.com上右击，选择"新建主机"命令，打开"新建主机"对话框。

在如图8-27所示的"新建主机"对话框的"名称"文本框中输入www，将IP地址设置为Web服务器地址192.168.10.2，单击"添加主机"按钮返回管理界面，即可看到成功创建的主机地址记录"192.168.10.2"，如图8-28所示。

图8-26　DNS管理器中添加了域abc.com

图8-27　添加主机　　　　　　　　　　图8-28　DNS管理器

其他两个服务器也可以参照上一个步骤依次添加。

可以在本机上使用nslookup命令来测试地址解析是否正确，nslookup是系统自带的一个DNS服务测试工具。在Windows命令行中输入nslookup，进入nslookup命令行，如图8-29所示。使用命令"server 127.0.0.1"将DNS服务器设置为本机。输入需要解析的域名"www.abc.com"，可以看到DNS成功地将其IP地址192.168.10.2翻译出来。这台服务器就可以作为本网络中的DNS服务器使用了。

图8-29　使用nslookup验证DNS服务器

8.8　DHCP服务器

DHCP(Dynamic Host Configuration Protocol，动态主机配置协议)是Windows Server 系列系统内置的服务组件之一。DHCP服务器能为网络内的客户端自动分配TCP/IP配置信息，如IP地址、子网掩码、默认网关和DNS服务器地址等，从而帮助网络管理员省去手动配置相关选项的工作。

8.8.1　DHCP服务器简介

DHCP服务器使用了客户机/服务器模式，网络管理员建立一个或多个DHCP服务器，在这些服务器中保存了可以提供给客户的TCP/IP的配置信息。这些信息包括网络客户的有效配置参数、分配给客户的有效IP地址池、服务器提供的租约持续时间等。

如果将TCP/IP网络上的计算机设定为从DHCP服务器获得IP地址，这些计算机则成为DHCP客户机。DHCP服务器有3种DHCP客户机IP地址分配方式。

1. 手工分配

在手工分配中，网络管理员在DHCP服务器通过手工方法配置DHCP客户机的IP地址。当DHCP客户机要求网络服务时，DHCP服务器把手工配置的IP地址传递给DHCP客户机。

2. 自动分配

在自动分配中，不需要进行任何的IP地址手工分配。当DHCP客户机第一次向DHCP服务器租用IP地址后，这个地址就永久地分配给了该DHCP客户机，而不会再分配给其他客户机。

3. 动态分配

当DHCP客户机向DHCP服务器租用IP地址时，DHCP服务器只是暂时分配给客户机一个IP地址，只要租约到期，这个地址就会还给DHCP服务器，以供其他客户机使用。如果DHCP客户机仍需要一个IP地址来完成工作，则可以再要求另外一个IP地址。动态分配是唯一可以重复使用IP地址的方法，对于暂时连接到网上的DHCP客户机来说尤其方便，同时也可以解决IP地址不够用的困扰。

8.8.2 安装DHCP服务器

　　默认安装的Windows Server 2019系统中，DHCP服务器并没有被添加进去。在Windows Server 2019中，单击桌面左下角的Windows徽标，在右侧单击"服务器管理器"，在"服务器管理器"窗口左侧选择"仪表板"选项，并单击"添加角色和功能"来添加DHCP服务，如图8-30所示。

图8-30　添加DHCP服务器

　　按向导步骤单击"下一步"按钮，直到安装进度完成，在完成安装后，需要配置DHCP服务，单击桌面左下角的Windows徽标，在右侧单击"控制面板"，依次单击"系统和安全"→"管理工具"→"DHCP"，在打开的窗口的服务器名称上右击，在弹出的快捷菜单中选择"新建作用域"命令，如图8-31所示，进入"新建作用域向导"界面，如图8-32所示。

图8-31　选择"新建作用域"命令

图8-32　新建作用域向导

　　单击"下一步"按钮，进入"作用域名称"配置界面，名称为必填内容，如图8-33所示。

　　再次单击"下一步"按钮进入DHCP作用域范围设置界面，如图8-34所示。要想为子网内的所有客户端计算机分配IP地址，首先需要创建一个IP作用域，这也是事先确定一段IP地址作为IP作用域的原因。配置完成后单击"下一步"按钮，可以添加排除IP范围、租期、默认网关、域名称和DNS服务器、WINS服务器，最后单击"下一步"按钮完成配置，查看作用域属性如图8-35所示。

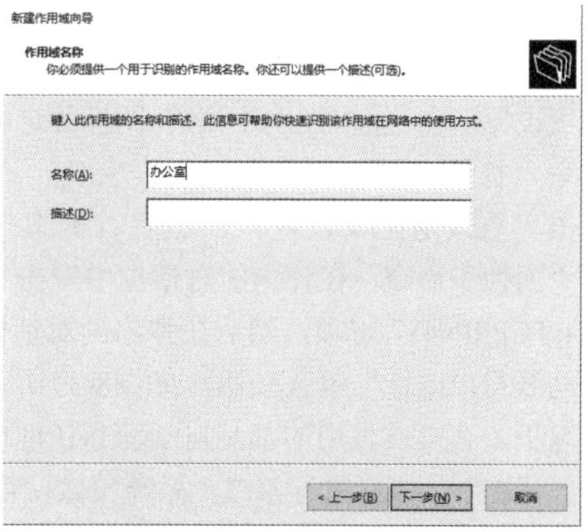

图8-33　输入作用域名称

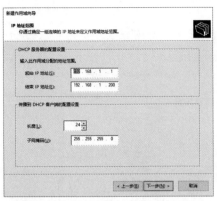

图8-34　DHCP IP地址作用域范围设置

图8-35　查看作用域属性

如果使用IPv6形式的DHCP，则需配置类似的信息如图8-36所示。最后单击"下一步"按钮完成配置。

如果是在Active Directory(活动目录)域中部署DHCP服务器，还需要进行授权，DHCP服务器才能生效。本例的网络基于工作组管理模式，因此无须进行授权操作即可进行创建IP作用域的操作。

图8-36　IPv6 相关设置

8.8.3　配置DHCP客户端

安装了动态主机配置协议(DHCP)后，本网络中的客户端就可以采用DHCP方式自动获取IP地址了。这需要在客户端进行相应的设置，使其成为DHCP客户端。

在一台运行Windows Server 2019的客户端进行如下设置：在桌面右击"网络"图标并选择"属性"命令，打开"网络和共享中心"窗口，在窗口左侧单击"更改适配器设置"，然后右击本地网卡并选择"属性"命令，在弹出的对话框中双击"Internet协议4(TCP/IPv4)"选项，然后在弹出的对话框中选中"自动获得IP地址"单选按钮，如图8-37所示。在默认情况下，客户端使用的都是自动获得IP地址的方式。一般情况下，不必进行修改，只需稍做检查即可。

至此，DHCP服务器端和客户端已经全部设置完毕。在DHCP服务器正常运行的情况下，首次开机时客户端会自动获取一个IP地址并拥有8天的使用期限。

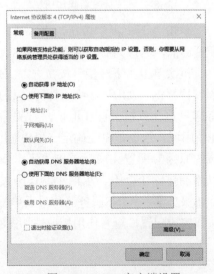

图8-37　DHCP客户端设置

8.9 邮件服务器

简单邮件传输协议(Simple Mail Transfer Protocol，SMTP)是为网络系统之间的电子邮件进行交换而设计的。UNIX、VMS、基于Windows的操作系统都可以通过SMTP在TCP/IP上发送电子邮件。本节将学习如何使用SMTP和POP3构建邮件服务系统。

8.9.1 邮件服务器简介

其实，架设邮件服务器的软件有很多种，但其工作原理基本差不多，多半都是使用STMP和POP3两个协议。STMP负责邮件的发送和传输，使用的是TCP的25端口，首先需要写好邮件之后发送给STMP服务器，STMP服务器会将邮件转换成ASCII码并且添加上报头后发送出去，邮件在互联网中路由交换到达目的地的邮件服务器，对方的STMP服务器将邮件的ASCII码解码即可获得原始的邮件。

POP3服务器负责保存用户的邮件，并提供客户端登录下载邮件，使用的是TCP的110端口，当本地服务器收到外界发送过来的邮件，就暂时存储在POP3服务器中，等到客户机通过密码账号认证登录后，再传送到客户手中。

STMP服务和POP3服务是邮件服务器的两个主要组件，缺一不可。

8.9.2 安装邮件服务器

因为微软开发了独立的邮件客户端软件Exchange，需要额外购买，Windows Server 2008系统后续版本已无法通过组件方式完成邮件服务器配置，所以，这里使用Windows Server 2008 系统中邮件服务器的搭建来做演示。默认情况下，Windows Server 2008没有安装SMTP和POP3，需要用户手工添加。

1. 安装POP3服务组件

在"添加/删除Windows组件"|"电子邮件服务"中，共包括两项内容：POP3服务和POP3服务Web管理，选中这两个复选框，单击"确定"按钮即可安装POP3服务，如图8-38所示。

2. 安装SMTP服务

需要依次选择"添加/删除Windows组件"|"应用程序服务器"|"Internet信息服务"|SMTP Service进行安装，如图8-39所示。如果需要对邮件服务器进行远程Web管理，还要选中"万维网服务"中的"远程管理(HTML)"选项。

图8-38 安装POP3服务

图8-39 安装SMTP服务

8.9.3 配置邮件服务器

下面将为读者介绍如何配置POP3服务和SMTP服务。

1. 配置POP3服务

依次单击"开始"|"管理工具"|"POP3服务"选项，打开"POP3服务"窗口。然后在窗口左边单击POP3服务下的主机名(Local-SERVER)，接着在右边单击"新域"按钮，打开"添加域"对话框。在"添加域"对话框内输入欲建立的邮件服务器主机名，即@后面的部分，然后单击"确定"按钮即可。如def@abc.com，就需要输入"abc.com"，如图8-40所示。

图8-40　设置域名

2. 创建邮箱

在POP3服务管理器的左边列表框中，右击创建好的域名(abc.com)，在打开的快捷菜单中选择"添加邮箱"命令，打开"添加邮箱"对话框。在该对话框中输入邮箱名(即@前面部分)。在这里输入def，并设置邮箱密码，如图8-41所示。

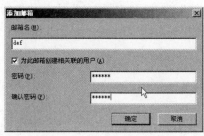

图8-41　"添加邮箱"对话框

此外，也可以使用第三方软件Winmail Server进行搭建。Winmail是一款安全易用、功能齐全的邮件服务器软件，它既可作为局域网邮件服务器、互联网邮件服务器，也可以作为拨号ISDN、ADSL宽带、FTTB、有线通(CableModem)等接入方式的邮件服务器和邮件网关。

8.10 本章小结

本章主要介绍网络操作系统的特点和分类，重点讲述了Windows、UNIX两种网络操作系统的特点，随后又介绍了局域网的主要服务，如Web、DNS、DHCP、邮件服务器和FTP服务器，并介绍了Windows环境下网络服务的安装与配置方法。

8.11 思考与练习

1. 填空题

(1) 操作系统的功能主要有：处理器管理、_____、_____、_____和作业管理。

(2) 网络操作系统可以分为两类：_____和_____。

(3) Windows NT Server开放的网络体系结构，它支持_____和_____，允许配置各类网卡。

(4) 局域网操作系统提供了丰富的网络管理服务工具，可以提供_____、_____和存储管理等多种管理服务。

(5) 云计算的三种架构分别是_____、_____、_____。

2. 选择题

(1) FTP使用端口( )作为默认控制端口，可以控制数据如何发送。
    A. 20   B. 25   C. 21   D. 23

(2) 网络系统之间的电子邮件交换使用的协议是( )。
    A. DHCP   B. SMTP   C. POP3   D. SSH

(3) 用于动态自动配置主机IP地址的协议是( )。
    A. DHCP   B. SMTP   C. POP3   D. ARP

(4) 将域名解释成IP地址的应用服务是( )。
    A. SSH   B. POP3   C. SMTP   D. DNS

3. 问答题

(1) 简述网络操作系统的主要特点。

(2) 局域网的主要服务有哪些？

(3) 云计算三种架构分别是什么？它们的区别在哪里？

4. 实践题

按照本章讲解的Web、DNS、DHCP和邮件服务器的配置方法，在一台计算机上安装Windows Server 2019，然后在Windows Server 2019系统上配置Web、DNS、DHCP、FTP和邮件等服务。

第 9 章

网络组建

前面的章节分别从网络的硬件和软件方面讲述了计算机网络的基本知识：在硬件方面，介绍了各种网络设备、系统布线等知识；在软件方面，介绍了主要的网络操作系统和网络服务器的架设。通过前面章节的学习，大家已对局域网和广域网的知识有了充分的了解。本章结合实例介绍具体的网络组建过程，重点介绍的是校园网的组建过程，并对其他组网方式进行简要介绍。

本章要点：
- 各种常见局域网的组建过程
- 网络协议的设置
- 网络软硬件的设置

9.1 家庭网络的组建

如今，计算机的普及率越来越高，在同一地点拥有两台或两台以上的计算机是很平常的事情。如果大家都住在同一栋楼里或距离很近(如在办公室里、办公室之间、大学的宿舍甚至是家庭之间)，有没有想过试着把这些单机连成网络呢？这种小规模局域网的组建并不难。本节将介绍如何在家庭环境搭建小型的局域网系统。

9.1.1 家庭组网概述

家用和小型办公网络可以配置为多种形式。下列因素均可影响最终网络配置。
- 设备可用性和花费：在许多情况下，为将一组计算机连成网络以共享文件、打印机和Internet而提供的财务支持是有限的，需要考虑购买和安装网络适配器、集线器和其他网络设备(如住宅网关和电缆)所需的费用。

○ Internet可接入性：网络配置还会受到可用的Internet连接方式的限制。尽管标准调制解调器和拨号接入已经非常普遍，并且只要求极少的投入，但是随着带宽要求的提高，可能需要如"数字用户线路(DSL)"或电缆连接宽带连接方式。由于宽带提供商的不同，有时会要求使用如电缆调制解调器、DSL调制解调器或住宅网关等附加设备。

○ 配置的简单性：大多数家庭或小型网络并非由IT部门进行管理。最终选择的配置必须与安装和维护网络时可以使用的资源情况相符合。只要配置正确，任何人都可以完成。

○ 网络的环境：不管是在公司还是在家中安装网络，环境因素都会影响可选择的设备。例如，有些建筑物可能对安装电缆有限制，或者要求使用现有的电缆。其他地方则可能会因电子屏蔽或干扰等原因而限制无线网络设备的使用。

○ Internet连接的安全性：当内部网络上一台或多台计算机接入Internet时，将转换功能和防火墙技术组合使用，可以使机器免受Internet攻击。

○ 安装者的个人偏爱和知识：网络配置不可避免地会受到网络组件安装者的知识、经验和个人偏爱的影响。

9.1.2 确定组网方案

在组建家庭网络时，需要选择一种联网技术使得计算机彼此之间能发送信息。用于家庭网络连接的最常见的联网技术包括以太网、电话线和无线技术3种。

1. 以太网

以太网目前用于多种局域网环境中，它已得到了广泛的认同、支持和了解，在家庭网络中，选择以太网比较简单。以太网设备包括以太网适配器和同轴电缆(10Base2，用于以串行方式连接各台计算机)或双绞线电缆(10BaseT或100BaseT，用于将计算机连接到集线器上)。使用双绞线电缆并连接两台以上的计算机时，需要使用集线器或者交换机。目前，同轴电缆已经几乎被用户淘汰，绝大多数的家庭网络包括企业网络都使用双绞线作为传输介质，并且随着网络连接设备的价格不断下跌，交换机也逐步代替了集线器成为家庭网络的首选产品。

2. 电话线

电话线技术主要用于家庭和小型办公室网络，它使用电话线作为通信介质，运行速度最高可达10 Mb/s。电话线设备包括各台计算机上安装的电话线适配器和与标准电话插孔相连接的标准电话线。目前，在很多家庭网络中为了使布线简便，使用双绞线来代替电话线。由于双绞线拥有8芯，而普通的电话线只有两芯，因此，一根网线可以接四部电话，而布网线时，只需布一根。从布线工程设计角度来选择，当然是选择网线比较合适，但是从价格上来看，网线的价格又稍微比电话线昂贵一点，为了减少网络故障排错的复杂性，很多家庭仍然使用网线当电话线使用。

3. 无线技术

无线技术既可用于公司网络，也可用于家庭网络，它使用无线电信号进行通信，因此无须电缆连接。无线解决方案日渐普及，并且价格也更实惠。无线产品很多，基于IEEE 802.11标准的无线网络日渐成为首选解决方案。公司或大型企业无线网络更倾向于使用IEEE 802.11标准。如果家庭或小型网络也基于IEEE 802.11标准，则可以使用相同的网络适配器来访问工作网络、家庭网络或小型办公室网络。IEEE 802.11b的运行速度可高达11 Mb/s。无线设备包括各台计算机上安装的无线适配器。

4. 混合媒体

尽管理想的情况是在家庭或小型办公室网络上对所有的计算机都使用同一种联网技术，但由于计算机类型、电缆选项和其他因素的混杂，这样做有时是不可能的。在存在多种介质的情况下，有多个连接或局域网段需要通过某台安装相应类型适配器的公用计算机进行桥接。

如图9-1所示，这个网络是由以太网集线器、电话线和无线网络组成，其中，有两台计算机带有以太网卡通过HUB组成一个以太网局域网段，两台计算机带有电话线适配器通过电话线组成电话线局域网段；笔记本计算机带有无线网卡可以接入无线接入点，组成无线局域网段。这些局域网段可以通过网桥设备以透明方式连接在一起，看起来如同位于同一个局域网段上。

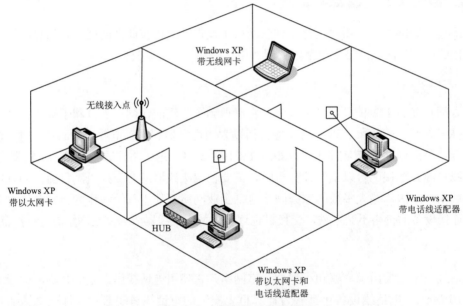

图9-1　混合媒体组建的局域网

9.1.3　家庭共享上网

家庭网络除了实现内部网络之间的资源共享，还要实现Internet的连接，以便访问Internet上丰富的资源。小型或家庭办公室一般以下列方式连接Internet：

- 对每台计算机使用独立的Internet连接；
- 使用住宅网关；
- 使用主机。

1. 对每台计算机使用独立的Internet连接

一种将各台计算机分别连接Internet的方式是在各台计算机上安装模拟调制解调器，并使每台计算机分别以拨号方式连接Internet，这种方法的缺点在于：可接入Internet的计算机数等于家庭或小型办公室的独立电话线数。如果只有一根电话线，每次只有一台计算机能接入Internet。

典型的外置DSL或电缆调制解调器都有用于连接以太网集线器(或者交换机)的以太网端口，如图9-2所示，将内部网络的所有计算机连接到同一集线器上，集线器与一个外置DSL或电缆调制解调器连接，则每台计算机都能与Internet直接收发信息。在这种情况下，每台计算机分别拨号才能连接Internet。

该配置的优势在于：它不需要一台计算机始终处于运行状态即可接入Internet。每台计算机都可独立接入Internet，而无须任何干预设备。需要注意的是，只有用户的宽带供应商为网络中的每台计算机都分配了一个IP地址后，此配置才起作用。如果宽带供应商没有为用户分配足够的地址，就必须使用住宅网关。

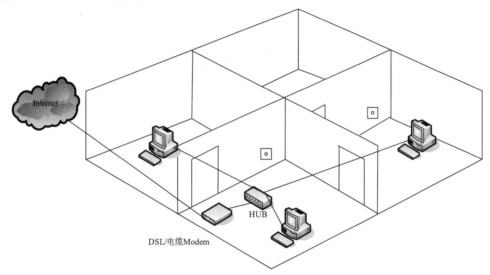

图9-2 使用独立拨号接入Internet

使用该网络配置的缺点包括下列几点。

❍ 网络中的每台计算机必须分别维护各自的Internet安全，使之免受攻击。运行Windows XP的计算机可以启用其Internet连接上的Internet连接防火墙(ICF)，以实现自我保护。对于运行早期版本Windows的计算机，本书建议使用其他的防火墙。

❍ 如果Internet连接上未启用ICF或其他防火墙，则在默认情况下，可以在Internet上看到共享的文件和文件夹。为防止Internet上看到共享文件和文件夹，应禁用Internet协议(TCP/IP)中的文件和打印共享功能。

❍ 如果每个Internet 连接上都使用了ICF或其他防火墙，就可能会阻碍内部网络各计算机之间的文件和打印机共享，以及通用即插即用设备的使用。

在上述两种情况中，文件和打印机共享都被禁用，要在本地网络计算机中启用文件和打印共享功能，可以在Internet 连接中添加NWLink IPX/SPX NetBIOS Compatible Transport Protocol。

2. 使用住宅网关

住宅网关是一种将家庭或小型办公室网络连接到Internet上的硬件。与Windows XP Internet连接共享(ICS)类似，住宅网关可提供转换功能，并使用户能够与内部网络上的所有计算机共享DSL或电缆调制解调器Internet连接。住宅网关位于DSL或电缆调制解调器与内部网络之间。也可以将DSL或电缆调制解调器集成到住宅网关中。如图9-3所示的是在DSL或电缆调制解调器与集线器之间设置住宅网关，这样只需要使用网关拨号接入Internet，内部网络中的计算机即可通过网关接入Internet。

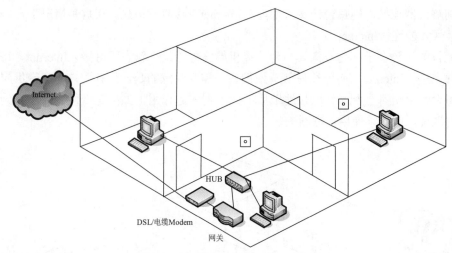

图9-3 使用住宅网关接入Internet

使用住宅网关的优势包括以下几点。

○ 住宅网关对于Internet而言可视为Internet上的一台计算机，从而隐藏内部网络上的计算机。

○ 住宅网关与网络中的所有计算机共享同一个Internet连接。

○ 在所有的计算机中，不必有一台计算机始终处于打开状态即可提供Internet连接。

○ 在家庭或小型办公室中，可以使用通用即插即用功能。

使用住宅网关的缺点在于，因购置住宅网关硬件而增加额外的费用。

9.2 组建网吧局域网

随着网吧行业的不断发展，网吧的经营者们面临着越来越多的崭新课题，网吧的接入方式、运营模式和网吧规模等都在发生日新月异的变化。如何让自己的网吧能紧跟上时代的需要，而在激烈的竞争中屹立不倒，成为网吧经营者们极为关注的问题。

对于网吧来说，网络就是核心。早期的网吧一般规模较小、档次较低、出口带宽较窄。随着网民视野的开阔，兴趣的转移，他们的需求不断提高。在线电影、视频聊天、网络游戏等网络应用的增多，对网络的速度和稳定性提出了越来越高的要求。而近期国家为了规范网吧的正常运作，引导这个行业的健康发展，在政策上对大中型网吧进行了扶持，以便进行统一管理，因此，网吧的规模化和规范化经营已经成为一种趋势。

9.2.1　网吧网络概述

网吧是网络应用中一个比较特殊的环境。网吧中的节点经常同时不间断地进行浏览、聊天、下载、视频点播和网络游戏，数据流量巨大，尤其是出口流量。在网吧消费的网民，上网的需求各异，应用十分繁杂。

网吧的网络应用类型呈多样化，对网络带宽、传输质量和网络性能有很高的要求。网络应用要集先进性、多业务性、可扩展性和稳定性于一体，不仅需要满足顾客在宽带网络上同时传输语音、视频和数据的需要，还要支持多种新业务数据处理能力、上网高速畅通以及大数据流量下不掉线、不停顿。这样的应用就要求网络设备具有丰富的网吧特色功能和兼顾高度的稳定性、可靠性，保证网络能长时间不间断地稳定工作，而且配置简单、易管理、易安装、用户界面友好易懂，并且还要具有优异的性价比。

1. 网吧建设的关键因素

目前，网吧的网络建设有很多的需求，其中以下几个方面是应考虑的关键因素。

(1) 稳定高速的需求

网吧作为一个提供互联网信息服务和娱乐的场所，稳定高速的网络是其经营的基本条件。广大网民到网吧消费都是期望着能体验到一种网上冲浪的感觉，因此保证网络的稳定可靠、不掉线和高速度，是网吧网络建设需要考虑的首要问题。

(2) 管理的需求

网吧往往缺少专业网络技术人员，因此，网络的维护对网吧经营者具有一定的难度。所以，如何能够更好地管理和维护网络就成为网络建设时需要考虑的重要问题，选择具有友好用户界面的网络设备是解决这一难题的最好方式。

(3) 易扩充的需求

现在网吧的数量不断增多，规模大的网吧在竞争中占有较大优势，所以，网吧的规模化已经成为一种趋势。而且随着网吧经营的不断发展，每一家网吧都有扩大规模的可能，因此，在网吧最初组网时，就要考虑到未来的网吧扩充问题。

(4) 接入方式的考虑

早期的网吧通常采用ADSL拨号接入，但是这种方式不稳定，而且传输速率通常受到ISP的限制。现在的接入方式越来越丰富，常见的有ADSL专线、光纤接入和宽带双绞线接入等接入方式，有的网吧还有多条宽带接入。因此在组网时，需要做好负载均衡和线路备份，以适应不同接入方式的需要。

2. 大型网吧建设目标

大型网吧网络系统建设的主要目标是将网络建设成为主干跑千兆、百兆交换到桌面，同时，在大型网吧的范围内建立一个以网络技术、计算机技术与现代信息技术为支撑的娱乐、管理平台，将现行的以游戏网为主的活动发展到多功能娱乐这个平台上来，大幅度提高网吧竞争和盈利能力，将网吧建设成为一流的高档网吧，为吸引高端消费群打下强有力的基础。

根据这一目标，大型网吧网络系统的主要目标和任务如下。

○ 在大型网吧管辖范围内，采用标准网络协议，并结合应用需求，建立大型网吧内联网，并通过中国电信宽带网与Internet相连。

○ 在大型网吧内联网上，建立支持娱乐活动的服务器群(包括Web、FTP、DNS、流媒体服务器、十六频道有线电视转播服务器组及SF和各种游戏战网服务器等)和具有信息共享、传递迅速、使用方便、高效率等特点的处理系统。

○ 视市场环境的许可，向中、小型网吧和网络的固定客户提供服务器群资源有偿共享服务，在小范围内尝试为小私营企业主提供一体化的网站解决方案(如空间、域名、网站、数据库及更新等)。

系统应具有高可靠性、安全性、可维护性和可扩充性，并具有良好的用户界面。

9.2.2 网吧的网络结构

由于网吧的条件千差万别，规模可大可中，配置灵活，因此，在设备的选择上也十分灵活，有多种设备可供用户选择，对解决方案的要求也五花八门。这就要求网络设备提供商具有强大的网络产品和解决方案定制能力。此外，网吧经费有限，因此也不会有很多财力用于网络建设，这就要求网络产品还必须具有极高的性价比优势。

虽然网吧的规模可大可小，条件也各不相同，但是其网络结构有许多相似之处。下面介绍一个中等规模的网吧解决方案，其规模可根据实际需求任意调节，并对设备和网络带宽进行调整。如图9-4所示的是一个典型的网吧结构解决方案。

网吧内部局域网核心部分采用模块化千兆3层交换机作为核心交换机，下行千兆链路连接接入各个千兆交换机，交换机与各PC之间采用快速以太网链路。网吧内部的视频服务器、内部游戏服务器等通过千兆链路接入核心交换机，网吧内实现主干千兆交换、百兆到点，实现整个网吧内无阻塞通信，并且可以通过划分VLAN、MAC地址绑定来控制不同类别用户的访问权限和浏览站点。网络设备支持IGMP组播与IEEE 802.1p优先级协议，为VOD、多媒体娱乐等丰富应用的开展打下坚实的基础。在核心交换机上接入计费系统，实现用户上网的计费功能。

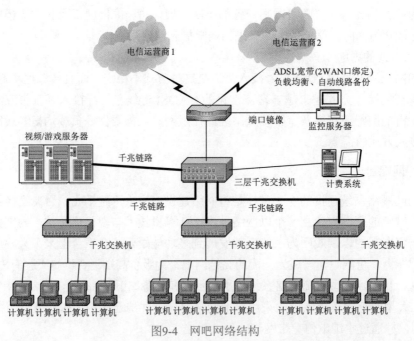

图9-4 网吧网络结构

9.2.3 确定网吧的网络接入方式

在众多的Internet接入方式中,网吧的经营者通常会选择DDN专线和ADSL接入方式,或者采用光纤直接接入运营商网络。但是DDN不如ADSL的性价比高,并且ADSL通过多WAN口的捆绑技术很容易实现低成本、高带宽。在本例中,网吧规模较大,对速度要求较高,选择两个不同的ISP,分别采用2WAN口的多路捆绑,共计4个WAN口,同时,在这两条链路上采用了负载均衡和自动链路备份设计,这样既能实现各种网站的高速浏览,又增强了Internet接口的可靠性。在出口路由器(或交换机)上,采用了支持端口镜像的技术,实现对Internet访问的监控,这也是目前国家对网吧信息安全的要求。

9.2.4 组建有盘网吧

组建有盘网吧其实就是组建一个稍微大点的局域网,如拥有上百台机器的网吧。下面将从硬件和软件以及应用方面来为读者讲述如何组建有盘网吧。

1. 硬件设备

硬件设备主要包括网卡、交换机、路由器和双绞线。下面分别介绍这些设备在对等网中的配置。

(1) 网卡的安装

目前的计算机大都支持PCI网卡,所以,只要把网卡插入PCI插槽固定好即可。安装了网卡后,如果不进行驱动程序的安装与系统的配置,就不能起到网络连接的作用。

不过,随着微软Windows系统对硬件支持范围的扩大,许多网卡的驱动程序都已内置,所以通常情况下不需要另外提供网卡的厂家驱动程序,当进入系统后即可检测到硬件,然后安装相应Windows系统中自带的驱动程序,真正实现即插即用。但是,为了实现网卡的真正性能,如果有网卡厂家的驱动程序,建议还是安装厂家提供的驱动程序;如果没有,当然可以使用Windows系统自带的网卡驱动程序,网卡也可以正常工作;如果Windows系统没有提供该型号网卡的驱动程序,则一定要安装厂家的驱动程序,或者选择一个兼容该型号网卡的其他型号的驱动程序。目前,各厂家的驱动程序一般都被做成安装向导,用户只要按照它提供的步骤完成相应的设置即可。

(2) 交换机的布置

交换机是一种被动式的设备,它不直接与计算机相连。交换机连接着每一块网卡,充当着信息导航员的作用,控制着数据的流向。

交换机需要一个独立的电源供电,且当网络运行时,交换机的电源必须是接通的,所以,最好将交换机放在一个安全的地方,并且使用独立的、不间断的电源。

(3) 网线

既可以使用双绞线也可以使用同轴电缆连接对等网。目前,大多数使用的是双绞线,如果使用的是双绞线,双绞线的制作过程如下:剪裁适当长度的双绞线,用剥线钳剥去其端头1cm左右的外皮(注意不要剥除内芯的绝缘层),一般内芯的外皮上有颜色的配对,按颜色排列好,将线头插入RJ45接头,用钳子压紧,确定没有松弛后,接头的安装就完成了。如果有了双绞线,将双绞线的一头接在交换机上,另一头接在网卡上即可。

需要注意的是,有些交换机上有一个"交叉连接口",其线路排布方式与其他端口的正好相反,它是用于连接另一个交换机的。另外,最好不要用完交换机的每一个端口,因为交换机在具有80％以上的负载时,有时会变得不稳定,这就是说,如果交换机已经插满,那就需要考虑再购买一个交换机,两个交换机之间通过"交叉连接口"相连。

2. 软件设置

在安装完网卡后,主要的工作是对网卡进行设置,这是网络配置的关键。对计算机的网络配置包括:添加网络用户、配置网络协议、配置网络地址和设置工作组等。下面分别予以介绍。

(1) 添加网络用户

在对等网中,需要确定使用何种方式连接到网络,Windows系统采用微软的连接方式,这样能够发挥Windows的所有特性。要采用微软的连接方式,首先要添加"Microsoft网络用户",添加了Microsoft网络用户的计算机即可与其他使用此方法连接的Windows NT/2000以及Windows XP/Vista/7/10进行通信。

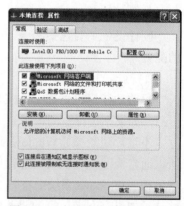

图9-5   "本地连接 属性"对话框

在Windows XP系统中,只要安装好了网卡,系统就添加了Microsoft网络用户。在控制面板的网络连接项目中,右击"本地连接"图标,选择"属性"命令,打开"本地连接 属性"对话框,这时可以看到"此连接使用下列项目"列表框中包括"Microsoft网络客户端"或者"Microsoft网络用户"选项,如图9-5所示,不同的系统可能名称稍有区别,但是它们的作用是一样的。

当然如果没有这个选项,也可以自行添加,操作很简单。只需要在如图9-5所示的"本地连接 属性"对话框中,单击"安装"按钮,弹出"选择网络组件类型"对话框,在其中选择"客户端"或者"用户"选项后,单击"添加"按钮,按照系统的提示进行操作,即可完成网络用户的添加。

(2) 配置网络协议

在组建网络时,必须选择一种网络通信协议,使得用户之间能够相互进行"交流"。协议(Protocol)是网络设备用来通信的一套规则,这套规则可以理解为一种计算机彼此都能听得懂的公用语言。有了适当的协议,网络才能正常地工作,而且,网络中的每台计算机必须安装相同的协议,如Internet普遍使用TCP/IP。

① 常见的网络协议

目前,常见的局域网协议包括:NetBEUI、IPX/SPX及其兼容协议和TCP/IP。

NetBEUI(NetBIOS Extended User Interface,用户扩展接口)由IBM于1985年开发完成,它是一种体积小、效率高、速度快的通信协议。NetBEUI是专门为几台到百余台PC所组成的单网段部门级小型局域网而设计的,它不具有跨网段工作的功能,即NetBEUI不具备路由功能。如今微软的主流产品,如Windows NT/2000/XP/Vista/7/10中,NetBEUI已成为其固有的默认协议。

　　TCP/IP(Transmission Control Protocol/Internet Protocol, 传输控制协议/网际协议)是目前最常用的一种通信协议, 它是计算机世界里的一个通用协议, 是Internet的基础协议。TCP/IP最早出现在UNIX系统中, 现在几乎所有的厂商和操作系统都支持它。

　　TCP/IP具有很高的灵活性, 支持任意规模的网络, 几乎可以用于连接所有的服务器和工作站。但其灵活性也为它的使用带来了许多不便, 在使用NetBEUI和IPX/SPX及其兼容协议时都不需要进行配置, 而在使用TCP/IP协议时, 首先要进行复杂的设置。每个节点至少需要一个IP地址、一个子网掩码、一个默认网关和一个主机名。和IPX/SPX及其兼容协议一样, TCP/IP也是一种可路由的协议, 但是, 两者之间存在着一些差别。TCP/IP的地址是分级的, 这使得它很容易确定并找到网上的用户, 同时也提高了网络带宽的利用率。当需要时, 运行TCP/IP协议的服务器(如Windows NT服务器)还可以被配置成TCP/IP路由器。与TCP/IP不同的是, IPX/SPX协议中的IPX使用的是一种广播协议, 它的使用经常会导致广播包堵塞, 所以无法获得最佳的网络带宽。

　　在如图9-5所示的"本地连接 属性"对话框中, 单击"添加"按钮, 打开"选择网络组件类型"对话框, 如图9-6所示, 然后选择"协议"选项, 单击"添加"按钮, 弹出"选择网络协议"对话框, 如图9-7所示。选择"NWlink IPX/SPX/NetBIOS Compatible Transport Protocol"选项, 单击"确定"按钮, 按照系统的提示进行设置可完成IPX/SPX和NetBEUI协议的安装。

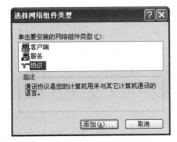

图9-6　"选择网络组件类型"对话框

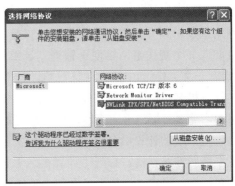

图9-7　选择要安装的网络协议

② 网络协议的选择

在实际的网络中选择何种协议, 除了考虑网络的用途之外, 还要遵循以下原则。

○　所选用的协议要与网络结构和功能相一致。如网络存在多个网段或要通过路由器相连时, 就不能使用不具备路由和跨网段操作功能的NetBEUI协议, 而必须选择IPX/SPX或TCP/IP等协议。另外, 如果网络规模较小, 且只是为了简单的文件和设备的共享, 此时最关心的就是网络速度问题, 所以在选择协议时, 应选择占用内存小和带宽利用率高的协议, 如NetBEUI。当网络规模较大, 且网络结构复杂时, 应选择可管理性和可扩充性较好的协议, 如TCP/IP。

○　除特殊情况外, 一个网络尽量只使用一种通信协议。在现实应用中, 许多用户一次选择多个协议, 或选择系统所提供的所有协议, 其实这样做是很不可取的。因为每个协议都要占用计算机的内存, 选择的协议越多, 占用计算机的内存资源就越多。这一方面影响了计算机的运行速度, 另一方面不利于网络的管理。事实上, 一个网络中一般使用一种通信协议即可满足需要。

○ 注意协议的版本。每个协议都有它的发展和完善过程，因而出现了不同的版本，每个版本的协议都有它最为合适的网络环境。从整体来看，高版本协议的功能和性能要比低版本好，所以在选择时，在满足网络功能要求的前提下，应尽量选择高版本的通信协议。

○ 协议的一致性。如果要让两台实现互连的计算机进行对话，它们两者使用的通信协议必须相同。否则中间还需要一个"翻译"进行不同协议的转换，这样不仅影响了通信速度，也不利于网络的安全和稳定运行。

(3) 配置网络地址

安装网络协议后，还要配置网卡的地址。在如图9-5所示的"本地连接 属性"对话框中，选择"TCP/IP协议"选项，单击"属性"按钮，打开如图9-8所示的"Internet协议(TCP/IP)属性"对话框，在其中设置"IP地址"和"子网掩码"选项。在对等网环境中，不必设置"默认网关"选项。

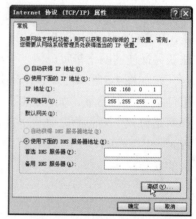

图9-8 设置网卡的地址

(4) 设置工作组

在网络中，与现实中的社会类似，每台计算机需要有一个名称(计算机名)和所属单位(工作组)。工作组是用于在网络上逻辑划分计算机的，用户可以将每一个部门的计算机归入一个工作组，以便于管理。计算机名用于区分网络(或者一个工作组)中的一台计算机，计算机名在网络中必须唯一，以便和其他计算机相区分。计算机名可以采用数字和字母组合进行命名，最长为15个字符，且中间不可有空格。在网络中，需要有标识来向其他计算机发送短消息或接收来自其他计算机的短消息。

设置系统的计算机名和工作组，只需要在"我的计算机"上右击，选择"属性"命令，打开系统属性对话框，打开"计算机名"选项卡，单击"更改"按钮，打开"计算机名称更改"对话框，设置"计算机名"和"工作组"选项，如图9-9所示。更改计算机名称和工作组名只有在重启系统后才有效。值得注意的是，在对等网中，工作组名必须相同，而计算机不能重名。

至此，已基本完成对等网的设置。这时在命令行对话框中，可以使用ping命令检查两台计算机之间的连接。

3. 应用设置

组建对等网主要是为了共享资源，为了完成对等资源的共享安装，要把文件及打印的共享服务程序添加进去。在Windows XP环境下，在默认情况下已经安装了文件及打印的共享服务程序。可以在"本地连接属性"对话框中进行查看，如图9-10所示，系统已经安装了"Microsoft网络的文件和打印机共享"。

如果系统没有安装这一项服务，可以单击"安装"按钮，在"选择网络组件类型"对话框中选择"服务"选项，打开"选择服务"对话框，选择安装"Microsoft网络的文件和打印机共享"选项，单击"确定"按钮，按照系统提示进行设置即可。

图9-9　设置工作组和计算机名

图9-10　"本地连接 属性"对话框

在对等网中只是通过共享文件夹的设置来实现资源的共享。设置文件或者文件夹的共享很简单，只需要在资源管理器中，在需要共享的文件上右击，选择"共享和安全"命令即可打开"共享文件"对话框。选择"在网络上共享该文件"选项，单击"权限"按钮可以打开"共享权限"对话框，为共享的文件选择访问权限，这些权限包括以下几项。

- ○ 只读：如果选中此单选按钮，则用户可以共享此共享文件夹，但不能修改共享文件夹中的内容，更不能进行删除。系统默认选中此单选按钮。为了安全起见，也建议采用此共享类型。

- ○ 完全：如果选中此单选按钮，则用户可以完全控制共享文件夹中的文件，包括进行任何修改和删除操作。

- ○ 根据密码访问：如果选中此单选按钮，则可在"只读密码"文本框中输入只读密码。这样，其他用户要共享此共享文件夹中的文件，就必须先输入该只读密码，而且用户只能以只读的方式打开其中的文件，不能进行修改和删除。

4. 服务器的设置

服务器上要安装和配置各种各样的服务，如FTP、Web、DNS、WINS等。其具体设置的方法见第8章内容。

5. 路由器的设置

路由器的设置比较简单，只需要设置路由器的本地IP地址为网吧所有机器的网关地址。另外，将路由器的内网使用DHCP动态地分配IP地址。对路由器广域网的设置根据实际的情况进行设置。

总之，组建有盘网吧从技术角度来说相当于组建一个普通的局域网。

9.2.5　组建无盘网吧

对于网络的经营者来说，每天上网的顾客不同，网上病毒传输又泛滥，这样总会给网络带来很多不安全的因素，还有上网顾客不正确的操作更加会引起系统崩溃等事件发生。甚至，有的顾客会使用U盘来传输数据，这样也无形地将病毒带入网络中。由于种种的顾虑，目前多数网吧采用无盘技术来组建网络。

在传统的网络建设中，除了网络建设必备的网络服务器(或配置较高的主机)、网络拓扑结构(包括交换机、路由器的设备)外，还有一项投资是非常庞大的，那就是硬盘的费用，如果一个网吧有100台电脑的话，就需要有100个硬盘。

为了能够在激烈的竞争中立足，保证良好的系统(本地、网络)运行速度和稳定性，并承受长时间连续运行的能力，一种新型的网络解决方案应运而生，即：具有RAID功能的无盘网络系统。它的解决方案最基本的特点是：降低架构成本、提高上网速度、管理方便。

RAID的无盘网络就是采用一台具有磁盘整列服务器，所有的软件都安装在服务器上，而下面的工作则无须光驱、硬盘。每台客户机只要配有一块网卡，所有内容都从服务器上读取、共享资源。那RAID是什么技术呢？RAID就是冗余的磁盘阵列技术，它是使用多块硬盘利用各种不同的技术存储数据，以防数据丢失，这些技术包括镜像、奇偶校验等。

网吧中所有的计算机使用网卡上的远程芯片以及无盘的软件，连接到磁盘阵列，从而使用磁盘阵列上各种各样的资源。

9.3 组建企业网络

组建一个企业网络同组建一个网吧或者家庭网络是不同的，因为组建企业网络所需的技术含量要比前者要高，其中包括VPN技术、虚拟局域网技术等。本节将为读者介绍如何组建企业网络。

9.3.1 企业网络概述

对于大多数企业来说，网络建设是信息化的一个基础工作。企业网是一个非常广泛的概念，根据企业规模的不同，对网络功能的要求也不同，企业网的结构也有较大的变化。对于小型的公司，可能只有几间办公室，一个小型的局域网即可满足需求，这种网络的组建可以参考前面学过的小型C/S局域网设计。对于一些大型公司，可能有多个办公大楼、多个生产车间需要实现网络互联，甚至有多个分支机构，分布在不同的地区或者不同的城市，因此网络复杂性就大大提高，将涉及局域网和广域网的多种知识。本节将主要介绍这种情况的企业网络组建的基本原则，然后结合具体实例，分析一个企业网建设过程。

9.3.2 企业网络的结构选择

企业网络的构建是一个系统性的工程，涉及网络拓扑规划、设备选型、综合布线等多方面的知识。

1. 拓扑结构

网络拓扑结构指的是网络中各个站点相互连接的方式，包括总线型拓扑结构、星型拓扑结构、环型拓扑结构以及混合型拓扑结构。每种拓扑结构各有优缺点和适用范围：总线型拓扑结构采用单根传输线作为介质，其结构简单、可靠性高、电缆长度短、易于布线和维护、造价低、易于扩充，但是故障诊断和隔离比较困难；星型拓扑结构中的所有站点都连接到一个中心点，控制介质访问的方法简单，访问协议也十分简单，单个站点的故障只影响一个站点，容易检测和隔离故障，重新配置网络也十分方便，但对中心站点的可靠性和冗余度要求很高，需要使用大量的电缆，费用较高；环型拓扑结构中所有站点彼此串行连接，就像连成链一样，构成一个回路，大大简化了路径选择的控制，同时软件控制比较简单，可靠性高，但由于环路是封闭的，因此不方便扩充，另外，当环中所接的站点过多时，将会影响到信息传输效率，使网络的响应时间变长。

网络拓扑结构的选择往往和传输介质的选择、介质访问控制方法的确定等因素紧密相关。选择拓扑结构时，需要考虑费用、灵活性、可靠性等因素。

2. 设备选型

设备选型原则包括：性能价格比最优原则、保修期最长原则、售后服务最近原则、功能实用性原则、品牌机原则、成本核算原则等。企业信息化建设涉及的设备种类较多，这里只针对一些主要的设备进行选型比较，包括集线器、服务器、工作站等。

(1) 网络技术和产品选型

网络技术和网络产品选型，不仅要考虑满足当前的需要，还要考虑未来企业发展和应用变化的需要，同时还要考虑自身的实际需求，切不可一味追求产品技术的先进和高档次，以致投入过大又不能充分利用，造成资源浪费。

以太网技术经过几十年的快速发展，已经成为局域网中性价比最高的技术。FDDI及ATM等局域网方式由于在价格及灵活性方面处于劣势，应用范围局限于对服务质量有极高要求的核心网络，不适用于一般的企业网应用。企业要对整个网络系统进行综合分析，合理配置网络资源，以最小的投入获得最佳的网络性能，同时还要注意主干交换、楼层分支和桌面的速度协调，以免形成瓶颈。

目前，计算机通信技术和网络技术发展十分迅速，以太网技术更是异常活跃，可以实现从百兆发展至千兆乃至万兆的平滑升级，而且具有很高的性价比。它不仅成本低、速度快，而且容易管理和升级，无论是企业主干网还是局域子网都可以使用以太网技术。

在以太网技术中，有共享式和交换式之分。传统的以太网技术采用CSMA/CD网络访问协议，该协议建立在共享带宽和广播的基础上，本身存在很多缺点，只能适应规模较小的网络环境。交换式网络为每个端口提供了固定带宽，解决了共享式网络的缺点。

网络设备的选用是系统质量的关键，3COM在以太网的交换机领域影响较大。Cisco的路由器产品占有市场优势，在广域网互连时采用Cisco设备不失为明智的选择。

(2) 服务器选型

服务器是系统中至关重要的核心设备，其作用是为各类应用提供硬件运行平台。对服务器的选择不仅要满足当前已开展的各项业务的需要，更要着眼于未来的需要。对网络服务器的选择，首先应该从系统性能入手，通过客观的分析比较，确定一款或者一系列具有令人满意的主频处理速度和I/O吞吐量的服务器。产品质量要有保证，需要符合国际质量认证体系，以确保产品稳定可靠。由于各项业务属于对外开放，因此作为集中放置数据载体的服务器系统，一旦出现数据丢失或者差错，将给用户造成重大的经济损失和极坏的影响，因此在服务器选型和系统配置时，应该充分考虑到系统可靠性在今后系统运行时的重要地位。

当前计算机技术的发展日新月异，各种功能的服务器和软件产品层出不穷。服务器所采用的操作系统和通信接口等应遵从国际标准，并符合技术发展潮流。信息系统不能仅仅局限在本行业、本系统内自成体系，还要达到能够实现异种主机、异种网和异种体系的互连。

在选择服务器时，不仅要看服务器的性能，还要看生产厂商的服务能力，这种能力包括两个方面：一方面是基本的安装和调试能力；另一方面是开发和升级能力。后一种能力是最为重要的，企业系统的每一次升级换代都可能面临着产品升级后功能的增减。如果厂商有升级能力，则企业的每一次升级都有相应的保障，否则就会给企业造成很大的浪费和损失。

服务器可选择的厂商比较多，如HP、IBM、Compaq都是很有实力的厂商，国产服务器也应受到足够的重视，如联想、浪潮、方正等品牌在PC服务器市场也已形成优势。

(3) PC选型

PC作为网络的终端设备，其技术已经非常成熟，产品也已标准化。从理论上讲，市场上各个正规品牌的PC在性能和技术上没有原则上的区别，也正因如此，选择PC反而成了一件难事。如果非要说出选购注意事项不可的话，可以从PC的安全性、易用性、扩展性、可管理性和多媒体功能几个方面进行考虑。

PC要有很好的操作性和易用性。试想，一台功能强大的PC需要一个高素质的专业人员来操作与管理，这对任何企业来说都是一种人才浪费。

可扩展性也是PC的一项重要指标，如果设备在使用半年或一年内，因系统升级而面临淘汰，就会给公司造成巨大损失，那么唯一可行的方案就是增加少量投资，对PC进行扩展，使其达到系统的需求。

对有多媒体应用要求(如网上会议)的用户，要选用针对音频、视频以及网络传输应用进行优化的处理器，如HP、Dell的产品，它们采用了CPU占用极小的Sound Blaster Live声卡，为网络会议提供逼真的声音交流。

3. 系统软件选型

常见的网络操作系统有Windows NT、UNIX等。其中，Windows NT目前已发展到Windows Server 2000/2003/2008/2012/2016/2019/2022。

9.3.3　企业网络中的安全规划

随着黑客对网络的攻击和威胁日益增长，企业逐步将网络安全问题放到了首位。有些攻击或威胁不是一般简单的防火墙等设备可以抵制的。例如，携带后门程序的蠕虫病毒是简单的防火墙/VPN安全体系所无法对付的。因此，建议采用立体多层次的安全系统架构。这种多层次的安全体系不仅要求在网络边界设置防火墙/VPN，而且还要设置针对网络病毒和垃圾邮件等应用层攻击的防护措施，这种主动防护可以将攻击内容完全阻挡在企业内部网络之外。

1. 整体安全防护体系

基于以上的规划和分析，建议企业网络安全系统按照系统的实现目的，采用一种整合型、高可靠性的安全网关来实现以下系统功能：防火墙系统、VPN系统、入侵检测系统、网络行为监控系统、病毒防护系统、垃圾邮件过滤系统、移动用户管理系统、带宽控制系统。

2. 方案具体实施内容

通过如上需求分析，建议采用如下网络安全方案，其整个框架由以下几部分组成。

(1) 防火墙系统：采用防火墙系统实现对内部网络和广域网进行隔离保护。对内部网络中的服务器子网通过单独的防火墙进行保护。

(2) VPN系统：对远程办公人员以及分支机构，将提供IPSEC VPN方式接入，保护数据传输过程中的安全，实现用户对服务器系统的受控访问。

(3) 入侵检测系统：采用入侵检测设备，作为防火墙的功能补充，提供对网络攻击进行监控、实时报警和积极响应。

(4) 网络行为监控系统：对网络内的上网行为进行规范，并监控上网行为，过滤网页的访问，过滤邮件，限制上网聊天行为，阻止不正当的文件下载。

(5) 病毒防护系统：强化病毒防护系统的应用策略和管理策略，增强病毒防护有效性。

(6) 垃圾邮件过滤系统：过滤邮件，阻止垃圾邮件及病毒邮件的入侵。

(7) 移动用户管理系统：对内部笔记本电脑在外出后，接入内部网进行安全控制，确保笔记本设备的安全性，有效防止病毒或黑客程序被携带进内网。

(8) 带宽控制系统：使网管人员对网络的实时数据流量情况能够清晰了解，能够及时发现异常流量并且控制好整个带宽。

9.3.4　配置虚拟局域网

虚拟局域网又被称为VLAN，其全称为Virtual Local Area NetWork。它之所以被称为虚拟局域网，是因为普通的局域网是根据地理位置来划分网络的。而虚拟局域网不在乎网络中的客户机在何处，只要认为其有必要放到一个局域网中，那么就可以通过虚拟局域网将该客户机放入此局域网中，与客户机的位置无关。

一个VLAN中的成员是无法与另一个VLAN中的成员相互通信的。当然如果在两个VLAN中添加一个第三层网络设备如路由器，那么就可以让两个VLAN的成员相互访问。对于同一个VLAN的成员都拥有共同的VLAN ID。

在企业网络中，可以通过VLAN的方式划分网络，如一栋大楼是一家公司，三楼有一个分公司的财务部，一楼也有一个分公司的财务部，此时，可以通过虚拟局域网将它们划分到同一个VLAN中，以方便管理。其实，在企业网络中，绝大多数是将应用相同的划分到同一个VLAN中，如图9-11所示。

一般来说，在企业网络中，会在交换机中配置VLAN，但是不是所有的交换机都能支持VLAN功能的。目前，使用得比较多的支持VLAN的交换机有CISCO、3COM、华为等。

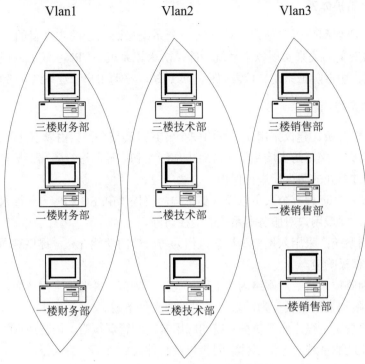

图9-11　虚拟局域网的示意图

9.4　组建多媒体教室网络

信息技术的发展正在深刻地推动着社会变革，大力发展信息化教育是教育工作者的重要任务。促进计算机多媒体教育技术在学校中的普及与应用，组建校园网和开展远程教育是信息化教育的首要工作。多媒体网络教室是一种有效的多媒体教学平台，目前它已经成为现代化电教室的主流构思。

9.4.1　多媒体教室网络的需求

为了使多功能网络教室尽可能地满足所有的教学需求，假设学校已经拥有校园网，各个教室已经和校园网连通，用计算机实现与校园网的融合(网卡)，校园网的所有资源都可以引进到每一个教室；采用投影机等大屏幕显示设备和结构灵活、功能多样的教学(会议)视频展台，不仅需要满足计算机多媒体教学和实物资料的演示，还要能够演示幻灯片、胶片、负片、生物切片、各种类型的图片、各类理化生实验过程和现象，配备有关AV设备，还可以演示视音频媒体；教室内的设备接入有线电视电缆，既可以收看有线电视节目，还可以接收远程教育卫星节目；除了在整体设计时需要考虑方案的先进性，还要考虑学校的资金承受能力。

9.4.2　多媒体教室网络的实现

根据以上分析和用户需求，可以将计算机多功能网络教室分成以下7部分。

1. 多媒体教学系统

该部分由计算机网络系统和多媒体教学系统软件组成。在局域网中安装多媒体网络教学系统软件后，可实现以下功能。

- 广播教学：把教师计算机的屏幕广播给所有或指定的学生。
- 转播教学：转播某一个学生的屏幕。
- 屏幕监视：监视单个、多个学生或轮流监视多个学生。
- 助教功能：指定助教，可实现学生之间互相辅导。
- 资源共享：共享校园网、课件服务器上的资源。
- 控制功能：教师可以控制学生计算机的鼠标和键盘，使指定学生的计算机黑屏、重启或关闭。教师可以方便地管理学生计算机，把教师计算机的屏幕广播给学生计算机，还具有对学生进行监视、转播、辅导等功能，方便教师教学和学生学习。

2. 大屏幕投影系统、集中控制系统

利用集中控制系统，可以方便地在多种功能设备之间进行功能切换，把需要显示的图形通过高亮度彩色投影仪，实时地放映出来。所以，投影仪也是多功能教室的一个关键设备，且其照明及分辨率要足够高，以满足教学需求。

3. 数字化讲台系统

数字化讲台由教师机、实物展台和电子白板组成，教师使用这些数字教学设备，使教学过程生动形象。

利用实物投影仪可以把三维物体投影到大屏幕上，还可以投影彩色或黑白底片、照片、讲稿等。投影仪要具有背光补偿，使图像更加清晰，物品的投影图像可以直接输出到计算机中。

通过电子白板可以把白板上的文字、图像等捕捉到计算机中，以供下次重复使用，还可以作为触摸屏使用，代替鼠标和键盘来操作微机。白板软件最好能结合符合ITU-TT.120的许多数据会议软件一起使用，如微软的NetMeeting。

4. 网络实时播录系统

可以把老师讲课的计算机画面、声音、图像实时地录制到网视宝计算机中。可以将录制的内容制成光盘，供今后使用，学生也可以在网络上观看或点播老师讲课的内容。

这种开放式的教学方式使老师和学生可以不在同一间教室，即现在的远程教育。通过互联网，学生能够远隔万里接受教师的教学，看到计算机屏幕及听见教师的声音，完成课程学习。

5. 音响和监视系统

监视系统利用教室中安放的摄像头，在监控室可以看到教室内上课的情景，采用MPEG4

压缩技术，使图像传输更流畅，具有自动白平衡、逆光补偿和自动电子快门调节等功能。

6. 中控系统

由于多功能网络教室要实现不同的功能，分别使用不同的数据和视频音频设备，因此要熟练使用这些设备对上课的教师来说有一定的难度。其中，控制系统采用系统集成的方法，把整个多媒体演示教室的设备集成到一个平台上，对所有设备的操作均可在这个平台上完成。这可使操作集合化，多重保护系统安全，也使系统在工作时稳定可靠。

7. 电视节目播放系统

在计算机上加一块电视信号接收卡和有线信号相连电视卡，可以实现电视节目的播放。

9.4.3 多媒体教室网络的结构

多媒体演示教室网络需要实时高速地传送视频信号，对数据传输要求很高。在建设多媒体教室的网络时，骨干网络通常采用千兆交换机，接入部分采用多端口交换机，一般不采用集线器设备，以避免网络广播拥塞。网络使用TCP/IP，以便接入校园网，网络结构如图9-12所示。

多媒体教室网络选用了总线型结构，同时支持对等网结构，可脱离服务器工作。网络设备支持IGMP组播与IEEE 802.1p优先级协议，支持网上播放VCD和实时传送功能。VOD服务器通过高速链路接入网络。控制机控制视频摄像头或投影仪等设备，可以用于演示课件。教师计算机可以对网上的所有活动进行监视，支持多达10个窗口以同时监看10个学生。教师可遥控学生计算机，以进行任何操作。

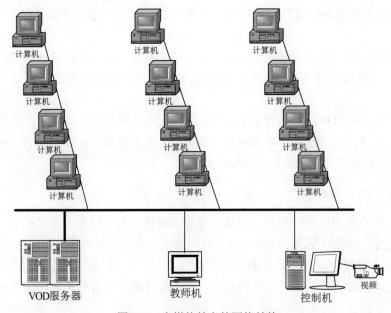

图9-12　多媒体教室的网络结构

9.5 数据中心组网

9.5.1 数据中心组网概述

在传统的园区网络，基本都采用三层网络架构，早期大型数据中心网络沿用了园区网络，这个模型包含以下三层。

- 接入层(Access Layer)：接入交换机通常位于机架顶部，所以它们也被称为ToR(Top of Rack)交换机，主要负责物理机和虚拟机的接入、VLAN标记，以及二层流量转发。
- 汇聚层(Aggregation Layer)：汇聚交换机连接接入交换机，同时提供其他服务，例如安全、QoS、网络分析等。
- 核心层(Core Layer)：核心交换机为进出数据中心的流量提供高速的转发，同时为多个汇聚层提供连接性。

如图9-13所示，汇聚交换机通常作为二层网络与三层网络的分界点，汇聚交换机以下是二层网络，以上是三层网络。每组汇聚交换机管理一个或几个VLAN。服务器在VLAN内迁移不必修改IP地址和默认网关，因为同一个VLAN对应一个二层广播域。

如图9-14所示，汇聚交换机和接入交换机之间通常使用STP(Spanning Tree Protocol)生成树协议。STP算法在冗余的链路中，防止链路出现环路，在交换机有多条可达链路时只保留一条链路，其他链路作为冗余只在故障时启用。因此在水平扩展性上不足，加入多台汇聚层交换机只有一台工作。一些私有的协议，例如Cisco 提出了Virtual Port Channel (VPC) 技术可以提升汇聚层交换机的利用率。

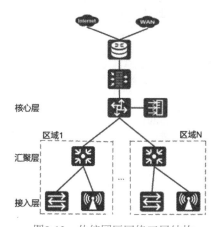

图9-13 传统园区网络三层结构

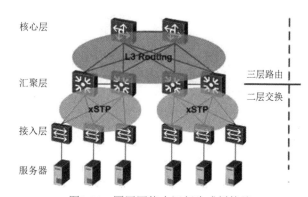

图9-14 园区网络中运行生成树协议

总体而言，三层网络架构因其实现简单、配置的工作量低、广播控制能力较强等优势，在传统数据中心网络中得以大量应用。但是在云计算背景下，传统的网络架构已经无法满足云数据中心对网络的诉求，主要的原因有以下两点。

1. 无法支撑大二层网络构建

三层网络架构可以对广播进行有效的控制，在汇聚层通过VLAN将广播控制在一个Pod内。但是在云计算背景下，计算资源已经资源池化，这就要求虚拟机能够在任意地点创建、迁移，而不能对其IP地址或者网关进行修改，因此必须构建一个大二层网络来满足虚拟机迁移的需求。

2. 无法支持流量的无阻塞转发

云计算中心或大型数据中心流量可以分成下面几种：云计算中心或数据中心之外的客户端与数据中心内部服务器之间的流量，或者内部服务器访问外部的流量、云计算中心或数据中心内部服务器之间的流量、跨多个中心的流量。第二类流量在三层架构网络中传输时效率并不高，为了提高这类数据交换有可能在投入很大的情况下效果并不好。

基于上述原因，三层网络架构并不适合作为云计算或数据中心的网络架构。在现代云计算或数据中心构建网络时，较为流行的方案是Spine-Leaf架构。

9.5.2 数据中心Spine-Leaf架构

数据中心是现代软件技术的基石，在扩展企业能力的过程中扮演着关键角色。传统的数据中心使用三层架构，根据物理位置将服务器划分为不同的 Pod。如图9-15所示。2003年开始，随着虚拟化技术的引入，原来三层数据中心中，在二层(L2)以 Pod 形式做了隔离的计算、网络和存储资源，现在都可以被池化。这种革命性的技术产生了从接入层到核心层的大二层域的需求。

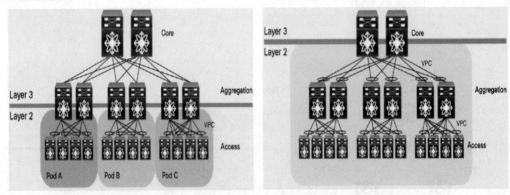

图9-15　传统三层结构和Spine-Leaf结构

随着Layer2被扩展到所有Pod，数据中心可以创建一个集中式的、更加灵活的、能够按需分配的资源池。物理服务器被虚拟化为许多虚拟服务器(VM)，无须修改运维参数就可以在物理服务器之间自由迁移。

虚拟机的引入，使得应用的部署方式越来越分布式，导致东西向流量越来越大。这些流量需要被高效地处理，并且还要保证低的、可预测的延迟。然而，VPC 只能提供两个并行上行链路，因此三层核心设备带宽就成为数据中心架的瓶颈。三层架构的另一个问题是服务器到服务器延迟随着流量路径的不同而不同。

针对以上问题，提出了一种新的数据中心设计，称作基于 Clos 网络的 Spine-and-Leaf 架构。事实已经证明，这种架构可以提供高带宽、低延迟、非阻塞的服务器到服务器连接。

在Spine-Leaf架构中，Leaf交换机相当于传统三层架构中的接入交换机，直接连接物理服务器，并通常作为网关设备。Spine和Leaf之间采用ECMP(Equal cost Multi Path)技术，主要解决在到达同一地址存在相同开销路径均衡转发的问题。和传统的三层网络核心交换机不同，Spine交换机是整个网络流量转发的核心，相当于Clos架构的中间级。同时可以看出南北向的流量不再通过Spine网络转发到网络外部，而是通过Leaf交换机来完成。

Spine-Leaf架构相对于传统三层架构具有如下优势。

(1) 基于Clos架构实现无阻塞转发：Spine-Leaf架构对于东西向和南北向流量处理模式完全一样，无论何种类型的流量，只需经过Leaf-Spine-Leaf三个节点就可实现转发。

(2) 弹性和可扩展性强：Spine-Leaf具有很好的横向扩展能力，只需满足合适的Spine-Leaf比例即可对现有结构进行复制。对于3层的Spine-Leaf架构，可满足大部分数据中心带宽需求。在初期数据中心流量不大时，可以适当减少Spine交换机数量。针对超大型数据中心，可以扩展为5层，下面介绍基于5层Clos的数据中心架构。

(3) 网络可靠性高：传统的三层网络架构中，汇聚层和核心层一般采用高可用设计，但是汇聚层的高可用一般是采用STP，不能充分利用交换机性能，并且汇聚层交换机出现故障的话会存在整个Pod瘫痪的风险。但是在Spine-Leaf架构中，跨Pod存在多条通道，架构可靠性比传统三层网络架构可靠性高。

基于Facebook 2014公开的数据中心架构资料，Facebook采用5-Stage的Clos架构来实现超大规模数据中心，如图9-16所示。其中，每个Server Pod中都由48台Rack Switch和4台Fabric Switch做40GB全互连，Pod间的组网被划分为4个Spine Plane，每个Spine Plane中由各个Pod内相同编号的Fabric Switch和48台Spine Switch做40GB的全互连。单独从各个部分看，每个Pod以及每个Spine Plane中都是Leaf-Spine的组网；不过从整体上看，Fabric Switch和Spine Switch并不是全互连的。从严格意义上来讲，Facebook这种网络设计并不属于5-Stage Leaf Spine。

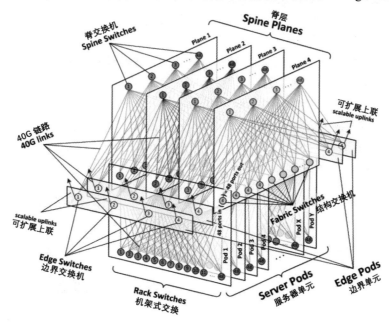

图9-16 Facebook数据中心网络立体架构图

9.5.3 软件定义网络

要理解SDN(Software Defined Network，软件定义网络)的概念，需要明白SDN与传统网络的区别在哪里。在传统的网络中，由硬件设备加上附加在硬件设备的操作系统组成整个网络，它们由不同厂商制造，遵循统一的标准协议，实现相互的兼容性，整个网络是分布式的，用户在组建网络前必须购买设备，并进行配置和测试。SDN变革了这种交付模式，使用SDN构建的网络具有三大特征：转发与控制分离、网络可编程性、集中式控制。

传统路由器上，控制流量和数据流量是集成在一起的，主要体现就是集中在同一个设备里，其实内部也是由不同的模块组成的。

以路由器三层转发为例，路由器收到报文后，检查发现如果报文的目的MAC是自己(路由器)的接口的MAC，路由器就按三层转发流程处理这个报文。接下来就是查FIB表、查ARP表等一系列过程。传统设备控制体现在路由器生成或维护路由表、ARP表的过程就是控制，这些过程都是放在路由器上完成的。

在SDN中，以openflow为例，路由器收到一个报文，先去自己的缓存里查openflow流表：如果能够找到，路由器就按流表的定义对这个报文进行处理；如果路由器在自己的缓存里查不到对应的流表，说明这个报文是某条流的首包，就把这个报文的信息通过openflow协议上传给控制器，然后控制器根据这个报文生成一条新的流表信息下发到路由器上，以后路由器再碰到这种报文就可以直接查流表转发了。

为实现控制转发分离，要满足以下条件。

(1) 要有一个集中的、独立的大脑(即控制器)，以及转发器(即路由器，因为只做转发，所以叫转发器)，这是两台不同的设备，一般分开放置。

(2) 控制器和转发器之间要定义一套用于通信的标准协议，比如openflow、I2RS。

(3) 要给转发器定义一套转发规则，比如按照openflow流表转发(此时，路由器就不再关心路由表、ARP表等传统表项了)，或者路由器还是按传统的方式去转发，只是把路由计算等控制工作集中到控制器上去做。

SDN的可编程性让SDN变得更加智能，从概念上来说，只要编了码都可以算是广义上的SDN。SDN打破网络设备原有的硬件与软件结构，将硬件设备与操作系统分离，从而实现控制平面和转发平面的分离，如图9-17所示。

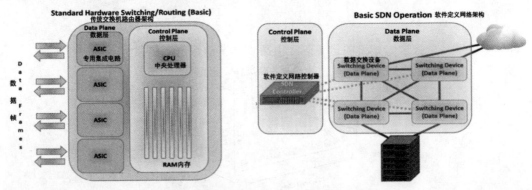

图9-17　原有网络设备结构与SDN网络结构

9.6 本章小结

本章介绍了一些重要的网络环境的建设，并结合实例介绍了各种组网方案。通过本章的学习，读者应该具备网络需求分析的能力和根据需求提出网络架设方案的能力。

9.7 思考与练习

1. 填空题

(1) Windows系统采用Microsoft的连接方式时，需要添加_____用户。

(2) _____计算模式采用请求-响应工作模式。

(3) 网络集成方案主要包括两个方面：结构化布线与设备选择和_____。

(4) 数据中心组网区别于传统园区网络，使用_____架构。

2. 选择题

(1) 在C/S结构的网络中，如果配置了Windows Server 2019，同时需要将该服务器配置成(　　)。

　　A. 域控制器　　　B. 工作组管理器　　C. DHCP服务器　　D. Web服务器

(2) 企业网采用TCP/IP协议，应使用(　　)协议来进行网络管理。

　　A. ICMP　　　　　B. CMIP　　　　　C. SNMP　　　　　D. SMTP

(3) 大型网络的骨干网为了实现数据高速交换，通常采用(　　)设备。

　　A. 路由器　　　　B. 千兆交换机　　C. 高速集线器　　D. 3层交换机

(4) 软件定义网络SDN的三大特征为(　　)。

　　A. 网络可编程性　　　　　　　　B. 转发与控制分离

　　C. 分布式部署　　　　　　　　　D. 集中式控制

3. 实践题

根据本章家庭网络组建实例的内容，组建一个家庭局域网环境，并实现接入Internet，写出网络建设方案，并绘制出网络结构图。

第 10 章

网络调测与故障排查

一个网络建成后，人们总是希望了解它的实际运行情况，如网络的最大吞吐量、延时情况等基本的网络性能指标。要实现这个目的，就需要使用到网络的测试技术。通过网络测试，不仅可以客观地评价这个网络的性能，还可以在网络出现故障时，及时地寻找到故障点。所以，网络测试是网络维护工作的一项重要内容。

本章要点：
- 网络测试内容
- 网络测试工具
- 交换机和路由器测试技术
- 网络故障的排查和排除

10.1　网络综合测试

近年来，以TCP/IP为核心的Internet取得了飞速的发展。随着网络规模的扩大、网络带宽的增加、异构性和复杂性的不断提高、网络新业务的不断出现，人们对互联网的流量特征、性能特征、可靠性和安全性特征、网络行为模型缺乏理解和精确描述的问题日益突出，严重影响网络的科学发展和有效利用。

建立高效、稳定、安全、可靠、互操作性强、可预测、可控的网络是网络研究的目标，而网络测试是获得网络行为第一手指标参数的有效手段。在测量和测试的基础上建立网络行为模型，并用模拟仿真的方法建立理论到实际的桥梁，是理解网络行为的有效途径。网络测试和网络行为分析是高性能协议设计、网络设备开发、网络规划与建设、网络管理和操作的基础，也是开发高效网络应用的基础。

10.1.1　网络测试的范围

网络测试技术的研究涵盖了网络协议测试、网络设备测试、网络系统测试、网络应用测试、网络安全测试等方面。

1. 网络协议测试

网络协议指的是计算机在网络中进行通信时必须遵守的约定，即通信协议。通信协议主要是对信息传输的速率、传输代码、代码结构、传输控制步骤、出错控制等做出规定并制定标准。只有运行相同的网络协议的计算机，才能进行信息的沟通与交流。

协议测试是从软件测试的基础上发展而来的，它是一种功能性测试，即黑盒测试。协议测试有3种类型：一致性测试、互操作性测试和性能测试。一致性测试指的是通过观察具体实现在不同的环境和条件下的反应行为，来验证协议实现与相应的协议标准是否一致。一致性测试只关心协议实现呈现于外部的性能。要保证不同的协议在实际网络中能成功地进行通信，还需要检测某一协议与其他系统之间的交互过程是否正常，这就是互操作性测试。另外，还要对协议的性能进行测试，如健壮性、吞吐量等。

2. 网络设备测试

网络设备是网络组成的物质基础，设备的性能直接关系到网络的整体性能，网络的设备测试也是网络测试的一个重要组成部分。设备测试的对象是网络中的所有设备，包括路由器、交换机和服务器等设备，还包括网络的链路，如双绞线、光纤等。设备测试的内容可能因设备的不同而不同，如交换机的交换能力、背板容量等，光纤的测试则侧重于其传输性能。

3. 网络系统测试

网络系统测试主要是对网络性能的总体测试，包括数据传输速率、链路的利用率、流量特性等。对各个网段进行利用率及错误状态分析，主要是为了分析当前网段的网络带宽利用率、冲突、广播和错误的帧情况，对网段物理层和数据链路层的健康状况进行评估。对各网段进行流量分析，可以知道各网段的网络带宽的最大占用者，以便于今后的网络管理和用户跟踪。

4. 网络应用测试

网络测试的最终目的是确保网络能够承载各种各样的业务。目前网络测试越来越重视网络应用测试，特别是在大型的网络中。例如，在宽带城域网中测试语音、数据、图像、多媒体、IP接入和各种增值业务、智能业务流量和性能及其用户行为，建立网络应用与用户行为模型，从而验证网络对业务的承载能力。

5. 网络安全测试

网络安全测试是目前网络测试中一项日益被关注的重点内容。网络的安全性主要是从终端的安全性做起，然后是防火墙，目前的路由器设备普遍集成了安全功能。当网络中间的中转设备(至少要在各网络的入口设备上)具备安全能力时，安全问题才有可能得到更好的解决。安全功能的转移给测试工作带来了很多新的课题，如安全和性能之间如何平衡等。

10.1.2 网络评测指标

网络测试的目的在于全面评价网络的功能和性能。网络性能的评测需要有客观的指标，才能从量化的角度评价一个网络的性能。网络的测试指标很多，从测试内容的角度来看，网络测试的指标包括以下几方面。

○ 吞吐量：指的是网络设备处理各种尺寸的数据封包的能力。吞吐量通常有两种表达方式，第一种是在网络测试点处监测到的单位时间内通过的数据包数量；第二种是在网络测试点处监测到的单位时间内通过的所有数据包的字节数量。例如，在以太网中，以太网吞吐量的最大理论值被称为线速，指的是交换机有足够的能力来全速处理各种尺寸的数据封包转发。千兆交换机产品都应达到线速。

○ 时延：指的是数据包穿过一个基本段或网络段集合所需要的时间，与该包传送成功与否无关。平均传输时延指的是一个数据流中的所有数据包的传送时延的算术平均值。

○ 时延变化：也称时延抖动，它是反映网络稳定性的一个重要指标。在同一条网络路径中，所有的数据包从原节点到目的节点所经历的时延并不是固定的，可能由于各种因素的影响，导致时延的变化。在IP数据包传送应用中，利用IP包时延变化范围的信息，可以避免出现节点缓冲的溢出和读空；IP包时延变化会导致TCP层重传定时器门限的增高，也可能导致数据包重传的时延或造成没有必要的数据包重传。

○ 带宽：带宽一般分为瓶颈带宽和可用带宽两种。瓶颈带宽指的是当一条路径(通路)中没有其他背景流量时，网络能够提供的最大吞吐量。可用带宽指的是在网络路径(通路)存在背景流量的情况下，网络能够提供给某个业务的最大吞吐量。瓶颈带宽反映了路径的静态特征，而可用带宽反映了在某一段时间内链路的实际通信能力，所以，可用带宽的测量具有更重要的意义。但是，因为背景流量的出现与否和它所占用的带宽都是随机的，所以可用带宽的测量比较困难。

○ 丢包率：指的是丢失的数据包与所有数据包的比值。许多因素会导致数据包在网络中传输时被丢弃，如数据包的大小和在发送数据时链路拥塞状况等。网络的丢包率，一般采用直接发送测量包来进行测量。

○ 误差率：指的是错误数据包传送结果与成功数据包传送加错误数据包传送结果之和的比值。传输错误通常由于网络物理环境造成，目前有一些技术(如校验和重传等机制)可以降低误差率。

上述是评测一个网络的主要参数指标，针对协议的不同层次，这些指标的具体含义也有差别。此外，在网络测试中，按照具体的协议层，不同的协议层测试的重点也有所不同。

○ 物理层：在物理层最值得关注的是网络的连通性、物理带宽(传输介质的传输能力)、误码率等信息。

○ 链路层：链路层的数据传输单元是帧，测试的重点是帧吞吐量、帧传输时延、帧丢失率等信息。

○ 网络层：网络层的数据传输单元是数据包，最值得关注的是包吞吐量、传输时延、包丢失率等。此外，在网络层上还要测试路由协议、包转发能力等指标。

- 传输层：传输层的数据传输单元主要是TCP和UDP数据报，在传输层上最值得关注的是TCP/UDP报文的处理能力。
- 应用层：在应用层进行的主要是网络应用测试，如Telnet、FTP、Web等。

10.1.3　网络测试范畴

网络测试的概念非常广泛，前面介绍了网络评测的一些指标，从网络测试的范畴角度来看，包括节点测试、链路测试、路径测试和网络测试4个范畴。

- 节点测试：节点测试是针对网络中的具体节点或设备所进行的测试。例如，对交换机、路由器和服务器等进行测试。节点测试关注的是网络中单点的吞吐量、时延等性能指标和协议处理能力、接口类型等功能指标，节点的性能将直接影响网络性能。
- 链路测试：链路指的是两个直接相邻节点之间的连接，链路测试首先关注的是链路的连通性，这是最基本的能力。链路测试还要测量链路的带宽、丢包率和误码率等指标。
- 路径测试：路径指的是从原点到目的点所经过的节点和链路的集合。路径测试也要测试路径的连通性，但这里不仅指物理上的连通性，还包括逻辑上的连通性。此外，还要测试路径的带宽、时延、丢包率等性能指标，还要测量其最大的传输单元(MTU)、传输协议等功能指标。
- 网络测试：网络测试的范畴最大，它是前面3种测试的组合，反映的是整个网络的性能。

10.1.4　网络测试方法

网络测试的方法很多，针对不同的测试项目需要不同的测试方法，在网络测试中，需要根据实际情况选择合适的测试方法。网络测试的方法可以概括为以下4种类别。

1. 从选择的网络测试点可分为入点测试和出点测试两种

测试网络时通常需要选择一个监测点，当监测点选择在网络或者链路的入口处时，称为入点测试；反之，如果测试点选择在网络的出口处，称为出点测试。但是在测试过程中，这两者并不是相互独立的，在很多测试中需要将两者结合起来才能实现。例如，要测试一条网络路径的丢包率，就要在入口处监测流入网络的数据包数量，在出口处测试实际收到的数据包数目，两者之比就是丢包率。

2. 从测试手段可分为主动测试和被动测试两种

主动测试指的是在选定的测试点上，利用测试工具有目的地主动产生测试流量，注入网络，并根据测试数据流的传送情况来分析网络的性能。被动测试指的是在链路或设备(如路由器，交换机等)上，利用测试设备对网络进行监测，而不使用产生多余流量的测试方法。

主动测试的优点是对测试过程的可控性比较高，灵活、机动，易于进行端到端的性能测试；缺点是，注入的测试流量会改变网络本身的运行情况，使得测试的结果与实际情况存在偏差，且测试流量还会增加网络负担。被动测试的优点在于理论上它不产生多余流量，不会增加网络负担；其缺点在于，被动测试基本上是基于对单个设备的监测，很难对网络端到端的性能进行分析，并且可能实时采集的数据量过大，另外还存在用户数据泄露等安全性和隐私问题。

主动测试和被动测试各有优缺点，因此适用的范围不同。主动测试在性能参数的测试中应用得比较广泛，被动测试主要用于流量测试。

3. 从网络测试的路径角度可以分为单程测试和环回测试两种

单程测试用于测试网络路径上源端到目的端的单向网络情况；环回测试用于测试从源端向目的端发出请求，直到目的端返回相应的双向网络情况。单程测试主要用于网络流量、吞吐量、速率等性能的测试，环回测试主要用于功能性测试。但是，有些项目在单程测试和环回测试中都有重要的意义。如网络时延，其中，单程时延反映了网络中一个方向的时延，环回测试则反映了网络中的双向时延，但因受到网络中各种因素的影响，环回时延通常并不是单程时延的两倍。

4. 从网络测试对业务的影响情况看可以分为离线测试和在线测试两种

在线测试不影响当前网络的运行，主要用于测试网络或设备的实际性能指标；离线测试则是将网络或设备脱离当前的业务环境，测试网络规定的性能指标。离线测试通常用于测试设备或网络的理想指标。

10.1.5 网络测试工具

网络测试的方法和手段因测试的目的不同而不同，所采用的网络测试工具也各不相同。用于进行网络测试的工具很多，针对不同的测试内容，既有专门的测试工具，也有综合性的测试工具，既有专业化的测试仪器，也有免费的软件测试工具，很多系统本身还集成了简单的网络测试工具。一般来说，广义上的网络测试工具可以分为物理线缆测试仪、网络运行模拟工具、协议分析仪、专用网络测试设备、网络协议的一致性测试工具和网络应用分析测试工具等。

1. 主要的测试仪器

目前，用于网络测试的仪器很多，这些仪器通常是由专业测试设备厂家生产，既有主要用于网络性能测试的网络性能分析仪，如SmartBits 2000、IXIA 1600等；又有针对网络协议进行测试的专业网络协议分析仪，如Agilent J6800A网络协议分析仪等；还有针对网络系统的布线、物理连通性和故障监测的专门测试工具，如Fluck Nettool网络万用表等。下面简单介绍几种常用的测试仪器。

(1) Fluck NetTool网络万用表

Fluck公司推出的NetTool网络万用表将电缆测试、网络测试、PC设置测试集成在一个手掌大小的工具中，它可以迅速验证、诊断PC与网络的连通性问题，判定接口的类型和以太网、电话、令牌环等接口类型，还可以检查连接脉冲、网络速度、通信方式(半双工或全双工)、电平和接收线对。同时还能迅速显示PC所使用的网络关键设备(如服务器、路由器和打印机等)，并检查PC到网络的连通设置问题(如IP地址、默认网关、E-mail和Web服务器)，显示PC和网络之间不匹配的问题，识别那些浪费网络带宽的不需要的协议。此外，NetTool万用表还可以对PC和网络通信的每个帧进行计数，同时监测全双工网络的健康问题(如发送的帧、利用率、广播、错误、冲突等)，连续记录所发现的PC和网络问题。

(2) Agilent J6800A网络分析仪

Agilent J6800A网络分析仪用于安装部署、维护与优化当前数据网络，适用于电信运营商的现场安装与维护、企业网络的网络管理与设备制造商研发部门的各类工程技术人员。该分析仪既支持集中式的网络故障诊断，又支持分布式网络状况监测，它涵盖了局域网、广域网、ATM、IP电话、移动、NGN等各类应用。

J6800A可以对速率高达1Gb/s接口的数据全线速率捕获、实时传送、处理、显示和存储，支持LAN/WAN/ATM/VoIP/WCDMA/CDMA2000等多个应用领域的测试。该仪表可以嵌插和更换各种通用测试接口，其中，包括10/100/1000M以太网、STM-1、E1/E3和V系列接口等，由同一个控制平台实现测试控制。J6800A支持监测分析OSI参考模型7层的400余种协议，其中包括协议解码、参数统计、网络节点自动发现、带宽使用方式和通信过程统计分析。支持的协议种类覆盖多种协议体系，包括以太网、FDDI、ATM、Frame Relay等。其先进的流量发生、智能缓存捕获功能，多任务处理功能可以在流量发生的同时监测网络。

此外，J6800A能实现集中式故障定位和分布式监测分析功能。集中式测试具备双端口测试功能，能实现LAN-LAN、LAN-WAN、LAN-ATM等多种组合测试；分布式测试能够同时测试网络中多个测试点的协议与网络性能状况，采集网络数据信息，排查间歇性与深层网络问题，全方位地管理与监测网络。

(3) Spirent SmartBits

思博伦通信(Spirent Communications)的SmartBits系列数据网络测试平台提供了以太网业务所必需的测试功能，它能快速地验证以太网业务，可选择的POS和ATM接口卡还可以完成部分SDH和ATM的功能及性能测试。

SmartBits可以用于测试设备及网络性能，如吞吐量、延迟、丢包等指标，还可以在一个端口中模拟上千、上万个网络的数量，并对它们各自的性能进行分析，测试出在不同的QoS下不同流量的表现。

SmartBits测试系统可分为2X系列和6X系列两大类机箱，每个系列中又分别有机架式和便携式两种机箱。2X系列机架式机箱有20个槽位，最多可以支持20个10/100 Mb/s接口；2X系列便携式机箱有4个槽位，最多可以 支持4个10/100 Mb/s接口；6X系列机架式机箱有12个槽位，最多可以支持96个10/100 Mb/s接口；6X系列便携式机箱有两个槽位，最多可以支持16个10/100 Mb/s接口。SmartBits提供了丰富的接口，包括10 Mb/s USB接口、10 Mb/s/100 Mb/s/1 000 Mb/s以太网接口、E1/25M/ OC 12 ATM接口、OC12/ OC 48/ OC 192 POS接口和1 Gb/2 Gb/s Fiber Channel接口。

SmartBits支持不同接口类型之间的互通测试，还提供了丰富的测试软件，用户可以通过已安装测试软件的PC(Windows NT/2000/XP17)控制SmartBits设备，这种控制既可以是本地的也可以是来自远程的。

SmartBits可以结合Spirent的其他软件，如SmartWindow、Smart Applications、SmartFlow，以提供更加丰富的测试功能。

(4) IXIA 1600

IXIA公司作为数据通信领域内网络及其设备性能测试的主要供应商,提供了支持多端口的流量发生及性能分析系统,具有业界领先的技术水平。IXIA产品提供了极大的端口密度,支持广泛的接口类型。IXIA 1600T支持16个插槽,能够同时测试64个10/100Base-T端口、32个1000Base-T端口、32个OC3/OC12端口、16个OC48端口或16个OC192端口。IXIA的接口模块支持OC-3、OC-12、OC-48和OC-192的PoS接口以及10Mb、100Mb、1000Mb和10Gb的以太网接口,此外,IXIA采用上行和下行FPGA技术,在每个端口上实现线速的流量发生和统计分析,包括时延的实时测试。利用FPGA技术,可通过硬件实时计算IP、TCP和UDP的Checksum。

IXIA提供了两种主要的图形化用户管理软件:IxExplorer用户自定义管理软件和Scriptmate自动测试管理软件。其中,IxExplorer用户自定义软件工具可以通过本地或TCP/IP网络对IXIA性能测试系统平台进行管理,并且可以编辑和控制流量的发生,进行统计及解码分析。Scriptmate自动测试管理软件提供一系列工业化的自动性能测试软件套。提供的自动测试软件套包括RFC2544、RFC2285、QoS测试套、IP多播测试套、服务器负载均衡测试套、路由能力及路由收敛测试套等。IXIA提供了灵活的路由协议的仿真功能,可以满足广泛的测试应用需求,包括RIP、IS-IS、MPLS RSVP-TE、OSPF和BGP等。

针对智能化的网络设备(如Web服务器、防火墙、负载均衡系统),IXIA提供了4层至7层的模拟会话功能,从而可以进行4层到7层的性能测试。IXIA的Web测试系统可以模拟几十万用户以及几百万用户的并发呼叫连接;模拟虚拟客户终端访问Web服务器的HTML页面;通过发出HTTP(1.0/1.1)呼叫连接来模拟电子商务应用。

针对网络监测及优化,IXIA也提出了相应的解决方案。为了监测IP网络的核心部分,IXIA可以对骨干路由器的metrics进行统计,并监测网络单向的时延、包丢失率、包抖动等性能指标。为了监测IP网络的边缘部分,IXIA可以监测网络环路的时延、包丢失率、路由可达性及稳定性。对于网络流量,IXIA可以进行如网络协议分布、流量大小分布等的分析,并可用于ISP的网络管理,有效地区分网络设备的物理地址,因此它可用于安全分析、认证及网络管理,并且可以确认是否有IP新业务出现。

2. 常见的测试软件

除了测试仪器外,还有很多网络测试软件可供选择,这些软件有的要结合测试仪器使用,帮助分析测试结果;有的软件是专门的网络测试软件,具有强大的测试和分析功能,如Sniffer Portable和SolarWinds Toolset。

(1) Sniffer Portable

Sniffer Portable实际上是一种网络嗅探器,是一种监视网络数据运行的软件,既能用于合法的网络管理,也能用于窃取网络信息,如监视网络流量、分析数据包、监视网络资源利用、执行网络安全操作规则、鉴定分析网络数据和诊断并修复网络问题等。

Sniffer Portable可用于网络故障与性能管理,在网络界的应用非常广泛。Sniffer Portable使用专家分析技术管理和调试局部网段,利用全线速捕捉功能,能分析信息包并实时报告数据,允许网络管理员迅速响应网络性能问题。如图10-1所示的是Sniffer实时分析网络中各节点间的报文信息。

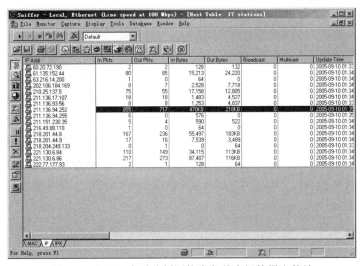

图10-1　Sniffer实时分析网络中各节点间的报文统计

Sniffer Portable可以用于捕获网络中的数据包，还可以使用过滤器过滤数据包，针对捕获的数据包进行协议分析，可以实现简单的网络协议测试。如图10-2所示的是Sniffer分析数据包的各层协议。

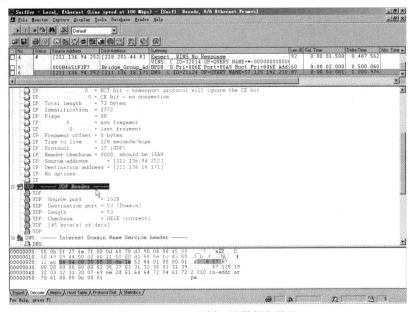

图10-2　Sniffer分析网络数据包协议

Sniffer Portable软件可以利用高级自定义硬件组件确保全线速的捕获能力。Sniffer Reporter可以生成基于RMON1/RMON2的图形报告，以及由Sniffer Portable应用程序收集的类似数据。从带宽使用率到潜在的网络衰减，Sniffer Reporter提供了详尽数据来帮助用户规划未来的网络需求。有关以太网和令牌环的可用报告包括主机表、矩阵、协议分发、全局统计和其他报告。

(2) SolarWinds Toolset

SolarWinds Toolset是一套网络管理软件，包括网络发现、错误监控、性能管理等工具。

SolarWinds Toolset包括Professional Edition、Engineer's Edition等版本，根据版本的不同，所提供的工具库也有所不同，但基本的工具库都包括网络和错误管理软件、安全和Cisco路由器管理工具、MIB浏览器等，如图10-3所示。网络性能监控器能够对带宽、错误、性能门限进行查询、图示和警告。

① 网络性能监控工具

SolarWinds的网络性能监控器能够对有效性、带宽利用率、CPU负载、内存和硬盘空间的利用情况进行监控和警告，当发生中断或达到性能门限时，它的自定义警告功能还可以向用户的数字电话发送提示信息。SNMP Graph能够监视任何SNMP设备，实时界面监控器可以同时显示路由器和转换器的统计信息表，CPU Gauge显示单个转换器、服务器或路由器的CPU性能，而高级CPU Gauge可以监控路由器的实时负载。如图10-4所示的是SolarWinds对网络带宽进行的实时监控。

图10-3　SolarWinds Toolset工具库

图10-4　网络带宽实时监控

② 网络发现工具

SolarWinds提供了业界性能最好、速度最快的发现引擎。IP网络浏览器和网络定位是最流行的发现工具。新的Switch Port Mapper可以自动映射到Layer2和Layer3，此外，还包括了其他发现工具，如MAC Address Discovery、Subnet List、SNMP Sweep和DNS Audit。

③ Cisco路由器工具

SolarWinds Toolset专门为Cisco路由器管理设计了一个简单的图形界面。通过Config Downloader、Config Uploader和Config Editor/Viewer简化路由器的配置管理工作，还可以在远程Cisco路由器上对运行和启动配置进行比较。高级CPU负载监控器允许用户浏览路由器的实时负载。其他的工具还有Proxy Ping、路由器密码解译、路由器安全检查、配置管理和CPU核查。

④ 故障监控工具

该工具是完全的交互式管理程序，允许用户监控所选择的设备，并发送中断警告。Watch It是另一个便利的工具，该工具可以控制网络波动。除此之外，还包含系统日志服务器(Syslog Server)。

⑤ MIB浏览器工具

MIB浏览器含有220 000个预编译的OID(对象标识符)。通过MIB浏览器，查询引擎能够通过SNMP查询任何远程设备的软件和硬件配置，利用MIB Walk，还可以获得MIB树，如图10-5所示。通过系统MIB更新和MIB浏览器，用户不仅能够浏览MIB细节，还可以进行远程更改。

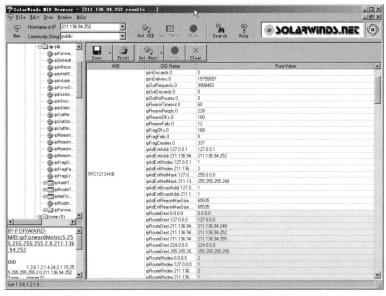

图10-5　MIB浏览器

⑥ 安全和入侵工具

通过SNMP Brute Force Attack和Dictionary Attack，用户可以测试自己的Internet安全性，利用路由器安全检查(Router Security Check)也可以验证用户Cisco路由器的安全性。远程TCP Reset可以显示设备上的所有活动会话，密码解译程序允许用户破译Type 7 Cisco密码。端口扫描器用于测试所有开放的TCP端口，包括整个IP地址和端口范围或者所选择的专门机器和端口。

⑦ SNMP trap工具

SolarWinds的Trap接收器用来接收、存储和浏览SNMP trap，而它的Trap编辑器则可以用于修改网络管理工具的SNMP trap模板。

⑧ Ping和诊断工具

SolarWinds Toolset包含的许多工具可以用来管理用户网络的日常操作，它们并非是基本的标准工具，如其中的多线程工具。SolarWinds Toolset所包括的工具有Ping、Ping Sweep、高级Ping、跟踪路由、Proxy Ping、TFTP服务器、WAN Killer和Wake-On-LAN(可以远程开、关服务器)。如图10-6所示的是使用Ping工具测试到sina网站的连通性。

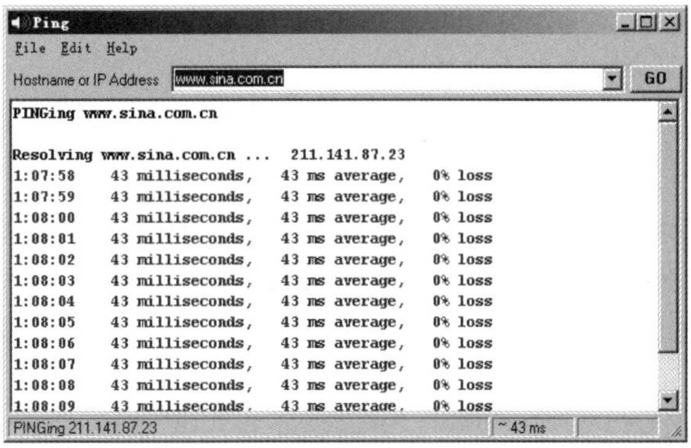

图10-6　Ping工具

⑨ IP地址管理工具

该工具用于管理用户的IP地址空间。SolarWinds的自动发现功能可以证实用户的IP地址空间。所包括的工具有IP地址管理、DHCP范围监控、高级子网计算器、DNS/WhoIs解答器、DNS分析器和DNS核查。

⑩ 其他工具

TFTP服务器是唯一的多线程TFTP服务器，WAN Killer对于装载和测试网络是非常有用的数据源发生器。另外，SolarWinds还包含一系列的免费工具，这些工具可以从网上下载。

3. 系统自带的调测工具

一些系统自带的工具可以用于简单的网络测试，如Windows、UNIX等系统都提供了ping、netstat、traceroute等工具。

(1) ping

ping命令是Windows、UNIX系统中集成的一个专门用于TCP/IP的测试工具，用于测试网络连接状况以及信息包发送和接收状况，是网络测试中最常用的命令之一。ping利用ICMP协议，向目标主机(地址)发送一个回送请求数据包，要求目标主机收到请求后给予答复，从而判断网络的响应时间和本机是否与目标主机(地址)连通。如图10-7所示的是使用ping命令测试到sina网站的连通性。如果执行ping不成功，则可以预测故障出现在以下几个方面：网线故障、网络适配器配置不正确和IP地址不正确。

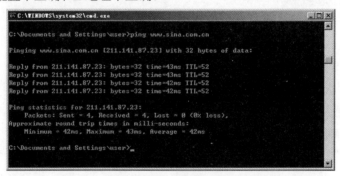

图10-7　使用ping命令测试网络的连通性

此外，ping命令有很多复杂的参数，如-t、-n、-l等，使用这些参数可以实现复杂的测试情景。

(2) netstat

netstat命令可以帮助网络管理员了解网络的整体使用情况。它可以显示当前处于活动状态的网络连接的详细信息。例如，显示网络连接、路由表和网络接口信息，并可以统计目前总共有哪些网络连接正在运行。如图10-8所示的是使用netstat -an命令查看系统当前活动的网络连接。

利用命令参数，命令可以显示所有协议的使用状态，这些协议包括TCP协议、UDP协议和IP协议等。另外，还可以选择特定的协议并查看其具体信息，还能显示所有主机的端口号以及当前主机的详细路由信息。

(3) traceroute/tracert

traceroute/tracert命令用于显示数据包到达目标主机所经过的路径，并显示到达每个节点的时间。命令功能与ping类似，但它所获得的信息比ping命令更详细，它把数据包所经过的全部路径、节点的IP以及花费的时间都显示出来。如图10-9所示的是在Windows命令行下使用tracert命令测试本机到IETF网站的路径。该命令比较适用于大型网络。

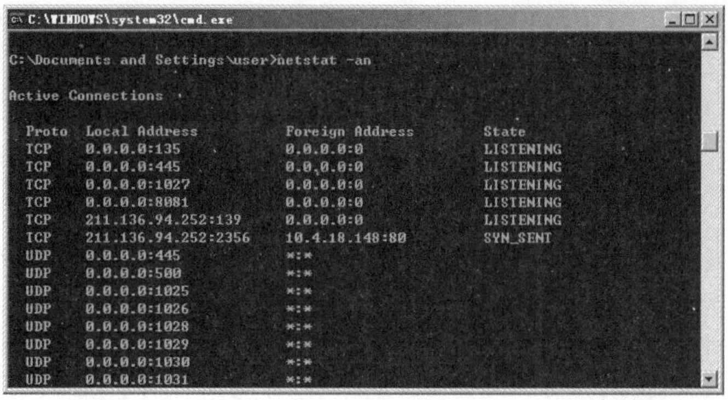

图10-8　使用netstat -an查看系统当前活动的网络连接

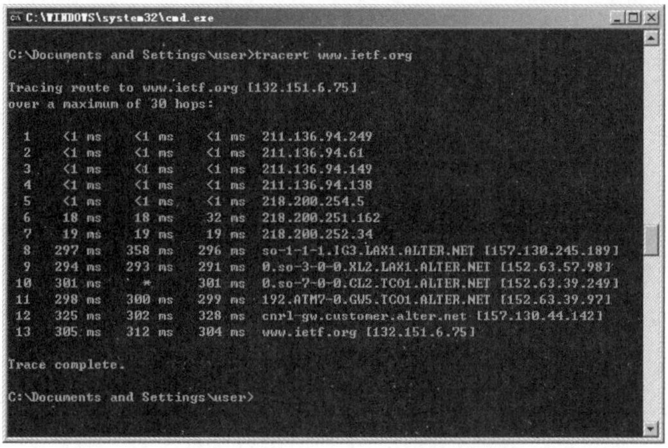

图10-9　使用tracert命令测试本机到IETF网站的路径

在tracert命令后面加上一些参数，还可以检测到其他更详细的信息。例如，使用参数-d，可以指定程序在跟踪主机的路径信息时，同时解析目标主机的域名。

10.2　交换机测试

设备测试是网络测试中非常重要的一部分，网络设备的功能和性能决定着整个网络的功能，也影响着网络的性能。网络中用于互连的设备主要有交换机和路由器。本章将分别介绍交换机和路由器的测试技术。

典型的网络设备的测试方法有两种：一种是将设备放在一个仿真的网络环境中，通过分析该产品在网络中的行为来对其进行测试；另一种方法是使用专用的网络测试设备对产品进行测试，如专用的性能分析仪器SmartBits 2000和IXIA 1600等。

10.2.1　交换机测试内容

交换机是重要的网络连接设备，随着技术的进步，交换机的性能、功能等都有了较大的进步，所采用的技术也不断发展，与之相应的测试技术也在不断地进步，其内容复杂性随之增加。从测试所关注的内容上分，交换机测试可以分为功能测试、协议一致性测试与互操作测试、性能测试、安全性测试和异常环境测试。

功能测试主要是针对交换机的功能所进行的测试，包括管理功能测试、维护功能测试、技术功能测试等方面，还包括组网能力的测试。广义上讲，功能测试还需要包括交换机附带的文档、帮助文档、产品标识和附件等的检查。

协议一致性测试指的是测试交换机对指定协议的遵从性，需要仪器或相关的一致性软件来完成。通常，测试仪器会将协议过程分解为若干个测试用例(Test Case)，通过执行这些测试用例与被测试交换机的交互来判断交换机对协议的遵从性。对于2层交换机，需要进行基于以太网协议、生成树、组播协议等的测试；对于3层交换机，需要进行如RIP、OSPF、BGP4等路由协议的测试，支持IPv6的设备还要对IPv6协议及IPv6路由协议进行测试。经过一致性的测试后，还需要进行交换机的互通性测试，尤其是当采用新的协议后。

交换机性能测试需要遵从一定的测试协议，包括RFC 2544/1242、RFC 2889/2285等。RFC 2544/1242是针对目前互联网络设备的通行测试标准，主要包括吞吐量、延迟、丢包和背对背4项指标。这4项指标是目前交换机测试的主要指标，按照测试应用的不同，交换机测试包括2层交换测试、3层交换测试、静态路由测试、动态路由测试、QoS测试等，在这些测试中采用的指标包括吞吐量、延迟和丢包。在RFC 2889/2285中定义了2层交换机的主要测试指标，包括转发能力、拥塞控制、MAC地址表深度、错误过滤能力、广播转发能力、广播延迟、转发压力等。对于3层交换机，需要测试不同路由协议的路由表容量(RIB或FIB)、路由转发能力(吞吐量和延迟)、路由震荡能力(丢包和震荡时间)和路由汇聚时间等。

越来越多的用户开始关心交换机的安全性，在安全性测试中，既要检查交换机是否存在管理上的安全漏洞，又要对有抗攻击能力的交换机进行如DoS的攻击测试。

10.2.2　交换机评测指标

交换机的评测是一个综合的度量，其中既有定量衡量标准(如吞吐量、包丢失、延迟等)，又有定性衡量标准(如安装和管理是否简单、可靠性等)。

针对交换机的性能测试有相应的标准作为依据。例如，RFC2544、RFC 2285以及中国通信行业千兆以太网测试规范制定的9项测试指标，它们是吞吐量、帧丢失率、背对背、延迟、部分网状、全网状、背压、线端阻塞、错误帧过滤，基本上涵盖了用户在选择千兆以太网交换机时需要考虑的性能指标。

- ○ 吞吐量：作为用户选择交换机和衡量交换机性能的重要指标之一，吞吐量的高低决定了交换机在没有丢帧的情况下发送和接收帧的最大速率。在测试吞吐量时，需要在满负载状态下进行。该测试的配置为一对一映射。

- ○ 帧丢失率：该测试决定交换机在持续负载状态下应该转发，但由于缺乏资源而无法转发的帧的百分比。帧丢失率可以反映交换机在过载时的性能状况，这对于反映在广播风暴等不正常状态下交换机的运行情况非常有用。

- ○ 背对背：该测试用于测试交换机在不丢帧的情况下能够持续转发数据帧的数量。该测试能够反映出数据缓冲区的大小。

- ○ 延迟：该项指标能够决定数据包通过交换机的时间。延迟如果是FIFO(First In and

First Out)，即计算被测设备从收到帧的第1位到达输入端口开始到发出帧的第1位到达输出端口结束的时间间隔。计算时间间隔时，将发送速率设定为在吞吐量测试中获得的速率，并在指定的时间间隔内发送帧，在每一个特定的帧上自动设置时间标记帧。标记帧的时间标签在发送和接收时都被记录下来，二者之间的差就是延迟时间。

- 部分网状：该测试在更严格的环境下测试交换机最大的承受能力，通过从多个发送端口向多个接收端口以网状形式发送帧来进行测试。该测试方法用于千兆接入交换机测试中，其中将每个千兆端口对应10个百兆端口，而剩余的百兆端口实现全网状测试。

- 全网状：该测试用于决定交换机在自己的所有端口都接收数据时，所能处理的总帧数。交换机的每个端口在以特定速度接收来自其他端口数据的同时，还以均匀分布的循环方式向所有的其他端口发送帧。在测试千兆骨干交换机时，可以采用全网状方法获得更为苛刻的测试环境。

- 背压：决定交换机能否阻止将外来数据帧发送到拥塞端口，并且避免丢包。一些交换机在发送或接收缓冲区开始溢出时，通过将阻塞信号发送回源地址从而实现背压。交换机在全双工时使用IEEE 802.3x流控制达到同样的目的。该测试通过多个端口向一个端口发送数据来检测交换机是否支持背压。如果端口设置为半双工并加上背压，则应该检测到没有帧丢失和碰撞。如果端口设定为全双工并且设置了流控，则应该可以检测到流控帧。如果未设定背压，则发送的帧总数不等于收到的帧数。

- 线端阻塞(Head of Line Blocking，HOL)：该测试决定拥塞的端口如何影响非拥塞端口的转发速率。在进行测试时，采用端口A、B向端口C发送数据形成拥塞端口，而A也向端口D发送数据形成非拥塞端口。结果将显示收到的帧数、冲突帧数和丢帧率。

- 错误帧过滤：该测试项目决定了交换机能否正确地过滤某些错误类型的帧，如过小帧、超大帧、CRC错误帧、Fragment错误、Alignment错误和Dribble错误。过小帧指的是小于64字节的帧，包括16、24、32、63字节的帧。超大帧指的是大于1 518字节的帧，包括1 519、2 000、4 000、8 000字节的帧。Fragment指的是长度小于64字节的帧。CRC错误帧指的是帧校验和错误。Dribble帧指的是在正确的CRC校验帧后有多余字节。交换机对于Dribble帧的处理，通常是将其更正后转发到正确的接收端口。Alignment结合了CRC错误和Dribble错误，指的是帧长不是整数的错误帧。

10.2.3 交换机测试工具和方法

交换机的测试工具很多，针对不同的测试需求，有不同的测试工具可供选择。例如，交换机性能的测试可以使用SmartBits 2000；协议测试可以使用协议分析仪，如Agilent J6800A等。

交换机的测试既可以使用仿真环境进行测试，也可以使用专用的网络测试设备对产品进行测试。下面以一台3层交换机的测试为例，介绍交换机的测试方法。

选择Spirent公司的SmartBits 6000B作为测试仪器，SmartBits 6000B可以同时插12个不同的模块，我们使用了4个10/100Mb/s Ethernet SmartMetrics模块、4个1000Base-X SmartMetrics模块和1个TeraMetrics 10/100/1000 Mb/s以太网模块。其中，每个10/100 Mb/s Ethernet SmartMetrics模块有6个10/100Base-TX端口，TeraMetrics模块有两个10/100/1000 Mb/s的RJ45端口，1000Base-X SmartMetrics的每个模块可接1个1000Base-SX/LXGBIC。使用一台笔记本计算机作为控制台，安装测试软件SmartWindows 7.30、Smart Applications 2.50、SmartFlow 1.50。交换机测试示意图如图10-10所示。

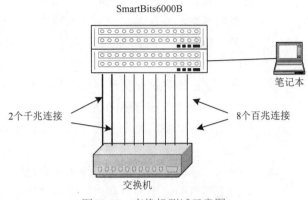

图10-10 交换机测试示意图

本次测试主要依照RFC2544(网络互连设备的基准测试方法)。在性能测试中，选用64字节、512字节、1518字节3种长度的帧。在进行2层交换机的吞吐量、丢包率、背对背、延迟测试时，拓扑结构为端口1对1，满负载。在进行延迟测试时，分别测试了百兆端口同模块、跨模块时的延迟和千兆端口之间的延迟，测试速率在被测设备的吞吐量下。需要说明的是，对于在吞吐量的速率下测试的延迟结果为异常的交换机，可以将速率降到90%线速来测试它的延迟。

网状测试是对交换机性能更为残酷的考验。在网状测试中，设置每个千兆端口与10个百兆端口作为双向传输，剩余的百兆端口用于实现全网状测试。

在3层交换机的性能测试时，将被测交换机的每个端口设置成一个独立的VLAN，并分配一个独立的IP网段，在进行吞吐量、丢包率、延迟、背对背、网状测试时的拓扑结构测试与2层性能测试相同。

需要强调的是，大部分测试项目包括吞吐量、丢包率、延迟和网状测试项目的测试时间都设置成120 s，这是为了体现出测试严谨性。在实际的测试中将测试时间设为60 s和120 s进行比较，发现在网状测试时，有的交换机在60 s的情况下不丢包，但在120 s时却丢包。这表明，120 s的测试时间能够在更严格的情况下检验交换机的性能。在进行背对背测试时，将测试时间设置为2 s，共测试10次。

路由测试也是3层交换机评测的重点，这项测试包括两部分：路由表容量测试和路由收敛测试。

路由表容量指的是路由表内所能容纳的路由表项数量的极限，它是交换机路由性能的重要体现，因为这意味着第3层交换设备能够在一个多大规模的网络中工作。在测试时，通过仪器向被测设备广播一定数量的路由表，考察被测设备是否能够收到并维持相应的路由表项。

路由收敛测试是体现3层交换机路由性能的一个重要部分。在测试时，给交换机灌入被测设备路由表容量的80%左右的虚拟路由，并通过测试仪给交换机加入90%线速的虚拟网络的传输流，在被测交换机完全收到广播的路由表并稳定一段时间后，撤销50%的路由，待稳定一段时间后再恢复被撤销掉的路由，通过这样的一个过程考察被测交换机是否能够及时地维护路由表，并且正确转发数据。

10.3　路由器测试

路由器作为计算机网络的核心设备，在网络中得到了广泛的应用。高端路由器现已由企业级设备成为公众网上重要的电信级设备。随着互联网的逐步普及以及它在生活中的重要性的增加，路由器的性能、功能、安全性、可靠性等指标变得越来越重要。所以，对路由器的测试有其重要性与必要性。

10.3.1　路由器性能技术指标

路由器的测试也有一些具体的指标作为标准，其中包括以下几个方面。

1. 路由器类型

该项主要用于比较路由器是否是模块化结构。模块化结构的路由器的可扩展性较好，可以支持多种端口类型，如以太网接口、快速以太网接口、高速串行口等，各种类型的端口的数量一般可以选择。固定配置路由器的可扩展性较差，只用于固定类型和数量的端口。

2. 路由器配置

路由器的配置主要是指接口种类、用户可用槽数、CPU和内存等的设置。

路由器能支持的接口种类，体现在路由器的通用性方面。常见的接口种类有：通用串行接口、10/100 Mb/s以太网接口千兆以太网接口、ATM接口(2 Mb/s、25 Mb/s、155 Mb/s、633 Mb/s等)、POS接口(155 Mb/s、622 Mb/s等)、令牌环接口、FDDI接口、E1/T1接口、E3/T3接口、ISDN接口等。

用户可用槽数指的是模块化路由器中除了CPU板、时钟板等必要系统板及/或系统板专用槽位之外，用户可以使用的插槽数。根据该指标以及用户板端口密度，可以计算出该路由器所支持的最大端口数。

通常在中低端路由器中，CPU负责交换路由信息、查找路由表和转发数据包。在上述的路由器中，CPU能力直接影响到路由器的吞吐量(路由表查找时间)和路由计算能力(影响网络路由收敛时间)。在高端路由器中，包转发和查表由ASIC芯片完成，CPU只负责路由协议、计算路由和分发路由表。由于技术的发展，路由器中许多工作都可以由硬件(专用芯片)来完成。CPU的性能并不能完全反映路由器的性能。路由器的性能指标包括路由器吞吐量、时延和路由计算能力等。

在路由器中可能有多种内存，如Flash、DRAM等。内存用来存储配置、路由器操作系统、路由协议软件等内容。在中低端路由器中，路由表可能被存储在内存中。路由器的内存越大越好(不考虑价格的情况)。

端口密度体现了路由器制作的集成度。由于路由器的体积不同，该指标应当折合成机架内每厘米端口数。

3. 路由协议支持

路由协议的支持性指的是对RIP/RIPv2、OSPF、IS-IS、BGP4等路由选择协议的支持，为了支持下一代网络技术，还需要验证其对IPv6的支持。此外，还包括对IEEE 802.3和IEEE 802.1Q的支持、源地址路由支持、策略路由支持、PPP和PPPoE的支持，以及对除IP以外的其他协议的支持，如IPX、DECnet等。

4. 对组播的支持

对组播的支持主要是对IGMP和DVMRP的支持，IGMP(Internet Group Management Protocol)是IP主机用来向相邻的多目路由器报告其多目组的成员。DVMRP是基于距离矢量的组播路由协议，基本上是基于RIP开发的。DVMRP利用IGMP与邻居交换路由数据包。协议无关组播协议(PIM)是一种组播传输协议，能在现有的IP网上传输组播数据。

5. 路由器性能

性能指标是路由器的重要衡量指标，路由器测试规范主要阐述了下面几个主要性能指标。

(1) 全双工线速转发能力

路由器最基本且最重要的功能是数据包的转发。在同样端口速率下转发小包是对路由器包转发能力的最大考验。全双工线速转发能力指的是以最小包长(以太网64字节、POS口40字节)和最小包间隔(符合协议规定)在路由器端口上进行双向传输且不引起丢包。

(2) 吞吐量

吞吐量指的是路由器的包转发能力。吞吐量与路由器端口的数量、端口速率、数据包长度、数据包类型、路由计算模式(分布或集中)以及测试方法有关，一般泛指处理器处理数据包的能力。吞吐量又分为设备吞吐量和端口吞吐量两种。

设备吞吐量指的是设备整机包转发能力，是设备性能的重要指标。路由器的工作是根据IP包头或者MPLS标记路由选择，所以其性能指标是每秒转发的包数量。设备吞吐量通常小于路由器所有端口的吞吐量之和。

端口吞吐量指的是端口的包转发能力，通常使用pps(包每秒)来衡量，它是路由器在某端口上的包转发能力。通常采用两个相同速率的接口进行测试。但是测试接口可能与接口位置及关系相关。例如，同一插卡上端口间测试的吞吐量可能与不同插卡上端口间吞吐量值不同。

(3) 路由表能力

路由器通常依靠其所建立及维护的路由表来决定如何转发数据包。路由表能力指的是路由表内所能容纳路由表项数量的极限。由于Internet上执行BGP协议的路由器通常拥有数十万条路由表项，因此该项目也是路由器能力的重要体现。

(4) 背板能力

背板指的是输入与输出端口之间的物理通路，背板能力是路由器的内部实现，目前路由器通常采用共享背板技术。背板能力体现在路由器的吞吐量上，背板能力通常大于依据吞吐量和测试包场所计算得到的值。

(5) 丢包率

丢包率指的是测试中所丢失的数据包数量占所发送的数据包数量的比率，通常在吞吐量范围内进行测试。丢包率与数据包长度以及包发送频率相关。在一些环境下可以加上路由抖动、大量路由后再进行测试。

(6) 时延

时延指的是数据包第一个比特进入路由器到最后一个比特从路由器输出的时间间隔。在测试中，通常使用测试仪表来测试从发出测试包到收到数据包的时间间隔。时延与数据包的长度相关，通常在路由器端口吞吐量范围内进行测试，超过吞吐量进行测试时，该指标没有意义。

(7) 时延抖动

时延抖动即时延变化。数据业务对时延抖动不敏感，只有当IP上多业务，包括语音、视频业务出现时，该指标才有测试的必要性。

(8) VPN支持能力

通常情况下，路由器都能支持VPN。其性能差别一般体现在所支持的VPN数量上。一般情况下，专用路由器所支持的VPN数量较多。

(9) 内部时钟精度

拥有ATM端口做电路仿真或者POS口的路由器互连通常需要同步。如果使用内部时钟，则其精度会影响误码率。

6. QoS

QoS也是路由器测试的一项重要指标，其中包括以下内容。

(1) 队列管理机制

队列管理机制通常指的是路由器拥塞管理机制和队列调度算法。常见的方法有RED、WRED、WRR、DRR、WFQ、WF2Q等。

(2) 端口硬件队列数

通常路由器中所支持的优先级由端口硬件队列保证。每个队列中的优先级由队列调度算法进行控制。

(3) 分类业务带宽保证

该指标体现路由器是否能对各种业务等级做出带宽保证。该指标可以由队列调度算法等方式实现。其中，包括RSVP、IP Diff-Serv支持。RSVP是资源预留协议，用于端到端路径上资源的预留。PSVP使用软状态刷新，是一种流驱动工作方式。该协议一般不能在大规模的全国范围网络上运行。但是通常情况下，路由器支持该协议，一些著名厂商将该协议用于MPLS。IP Diff-Serv(区分服务)用于对IP服务质量进行分级，是对QoS的一种简化。

7. 网络管理

网络管理指的是网络管理员通过网络管理程序对网络上的资源进行集中化管理的操作，包括配置管理、记账管理、性能管理、差错管理和安全管理。设备所支持的网管程度体现在设备的可管理性与可维护性，通常使用SNMPv2协议对网络进行管理。网管粒度指的是路由器管理的精细程度，如管理到端口、到网段、到IP地址、到MAC地址等粒度。

8. 可靠性和可用性

可靠性和可用性包括设备的冗余设计，冗余包括接口冗余、插卡冗余、电源冗余、系统板冗余、时钟板冗余、设备冗余等。冗余用于保证设备的可靠性与可用性，冗余量的设计应当在设备可靠性要求和投资之间折中。路由器可以通过VRRP等协议来保证路由器的冗余。

此外，还包括热插拔组件。由于路由器通常要求24h不间断地工作，因此，更换部件不能影响路由器的工作。部件热插拔是路由器24h工作的保障。

还要考虑无故障工作时间，该指标按照统计方式指出设备无故障工作的时间。一般无法进行测试，可以通过主要器件的无故障工作时间或者大量相同设备的工作情况进行计算。

10.3.2　路由器测试规范

路由器测试规范主要由下面通信行业标准来进行规范：YD/T 1156-2009《路由器测试方法-核心路由器》；YD/T 1098-2009《路由器测试规范-低端路由器》。以上标准分别参照下列的标准进行制定：YD/T 1156-2001《路由器设备技术规范-高端路由器》；YD/T 1098-2001《路由器设备技术规范－低端路由器》。

低端路由器设备测试主要包括：常规测试，即电气安全性测试；环境测试，包括高低温、湿度测试和高、低温存储测试；物理接口测试，即测试低端路由器可能拥有接口的电气和物理特性；协议一致性测试，即测试协议实现的一致性；性能测试，即测试路由器的主要性能；管理测试，主要测试路由器对几大项网管功能的支持。

高端路由器测试主要包括：接口测试，即高端路由器可能拥有的接口测试；ATM协议测试，即测试ATM协议要求；PPP协议测试，即测试PPP协议的一致性；IP协议测试，即测试IP协议的一致性；路由协议测试，即测试路由协议一致性；网管功能测试，测试网管功能；性能和QoS测试，即测试路由器性能和QoS能力；网络同步测试，即测试设备同步定时的能力；可靠性测试，即验证设备可靠性；供电测试，即测试整机功耗等内容；环境测试，包括高低温、湿度测试和高低温存储测试。

10.3.3　路由器测试的类型和方法

路由器测试一般可以分成以下几类：功能测试、性能测试、一致性测试、互操作测试、稳定性和可靠性测试以及网络管理测试。

1. 功能测试

路由器功能通常可以划分为如下几个方面。

(1) 接口功能：该功能用于将路由器连接到网络中。可以分为局域网接口和广域网接口两种。局域网接口主要包括以太网、令牌环、令牌总线、FDDI等网络接口；广域网接口主要包括E1/T1、E3/T3、DS3、通用串行口等网络接口。

(2) 通信协议功能：该功能负责处理通信协议，包括TCP/IP、PPP、X.25、帧中继等协议。

(3) 数据包转发功能：该功能主要用于按照路由表内容在各端口(包括逻辑端口)之间转发数据包，并且改写链路层数据包的头信息。

(4) 路由信息维护功能：该功能负责运行路由协议，维护路由表。路由协议包括RIP、OSPF、BGP等。

(5) 管理控制功能：路由器管理控制功能包括5个功能：SNMP代理功能、Telnet服务器功能、本地管理、远端监控和RMON功能。管理控制通过多种不同的途径对路由器进行控制管理，并且允许记录日志。

(6) 安全功能：用于完成数据包过滤、地址转换、访问控制、数据加密、防火墙、地址分配等功能。

路由器并非必须完全实现上述功能，但是由于路由器作为网络设备，存在最小功能集，对最小功能集所规定的功能，路由器必须给予支持。因为绝大多数的功能测试可以由接口测试、性能测试、协议一致性测试和网管测试所涵盖，所以，路由器功能测试一般可以仅对其他测试无法涵盖的功能进行验证性测试。路由器功能测试一般采用远端测试法。

2. 性能测试

路由器是IP网络的核心设备，其性能的好坏直接影响IP网网络规模、网络稳定性和网络可扩展性。由于IETF没有对路由器性能测试做出专门的规定，一般来说，只能按照RFC2544进行测试。但是，路由器区别于一般简单的网络互连设备，因此，在性能测试时还应该加上路由器特有的性能测试，如路由表容量、路由协议收敛时间等指标。路由器性能测试应当包括以下指标。

(1) 吞吐量：测试路由器包转发的能力，指的是路由器在不丢包的条件下每秒转发包的极限，一般可以采用二分法查找该极限点。

(2) 时延：测试路由器在吞吐量范围内从收到包到转发出该包的时间间隔。时延测试应当重复20次，然后取其平均值。

(3) 丢包率：用于测试路由器在不同负荷下丢弃包占收到包的比例。不同负荷通常指从吞吐量测试到线速(线路上传输包的最高速率)，步长一般为线速的10%。

(4) 背靠背帧数：测试路由器在接收到以最小包间隔传输时不丢包条件下所能处理的最大包数。该测试实际上是考验路由器的缓存能力，如果路由器具备线速能力(吞吐量=接口媒体线速)，则该测试没有意义。

(5) 系统恢复时间：测试路由器在过载后恢复正常工作所需要的时间。测试方法可以采用向路由器端口发送吞吐量110%和线速间的较小值，持续60s后，将速率下降到50%的时刻到最后一个丢包的时间范围。如果路由器具备线速能力，则该测试没有意义。

(6) 系统复位：测试路由器从软件复位或关电重启到正常工作的时间间隔。正常工作指的是能以吞吐量转发数据。

在测试上述RFC2544中规定的指标时应当考虑以下因素。

○　帧格式：建议按照RFC2544所规定的帧格式进行测试。帧长变化为从最小帧长到MTU顺序递增，如在以太网上采用64、128、256、512、1024、1280、1518字节；认证接收帧用于排除收到的非测试帧，如控制帧、路由更新帧等；广播帧用于验证广播帧对路由器性能的影响，在进行上述测试后，在测试帧中夹杂1%广播帧时再测试；管理帧用于验证管理帧对路由器性能的影响，在进行上述测试后，如果在测试帧中夹杂每秒一个管理帧，再重新进行测试。

○　路由更新：即下一跳端口的改变对性能的影响。

○　过滤器：在设置过滤条件下对路由器性能的影响，建议设置25个过滤条件测试。

○　协议地址：测试路由器收到随机处于256个网络中的地址时对性能的影响。

○　双向流量：测试路由器端口双向收发数据对性能的影响。

○ 多端口测试：测试流量全连接分布或非全连接分布对性能的影响。

○ 多协议测试：测试路由器在同时处理多种协议时对性能的影响。

○ 混合包长：除了测试所建议的递增包长之外，检查混合包长对路由器性能的影响，RFC2544除了要求包含所有测试包长之外，没有对混合包长中各个包长所占的比例进行规定。建议按照实际网络中各包长的分布测试，如在没有特殊应用要求时，以太网接口上可采用60字节包50%、128字节包10%、256字节包15%、512字节包10%和1 500字节包15%。

除上述RFC2544建议的测试项外，路由器还需要测试以下内容。

○ 路由震荡：测试路由震荡对路由器转发能力的影响。路由震荡程度即每秒更新路由的数量，可以根据网络条件而定。路由更新协议可以采用BGP。

○ 路由表容量：测试路由表的大小。骨干网路由器通常运行BGP，路由表包含全球的路由。一般来说要求超过10万条路由，建议通过采用BGP输入导出路由计数进行测试。

○ 时钟同步：在包含相应端口(如POS口)的路由器上测试内钟精度和同步能力。

○ 协议收敛时间：测试路由变化通知到全网所用的时间。该指标虽然与路由器单机性能有关，但是一般只能在网络上进行测试，而且会因配置的改变而变化。可以在网络配置完成后，通过检查该指标来衡量全网性能。测试时间应当根据具体项目和测试目标而定。一般认为测试时间应当介于60 s和300 s之间。

3. 一致性测试

路由器一致性测试通常采用"黑箱"方法，被测试设备IUT叫作"黑箱"。测试系统通过控制观察点PCO与被测试设备接口来进行测试。

不同的测试事件是通过不同的PCO来控制和观察的，按照其应答是否符合规范，即定时关系和数据匹配限制，测试的结果可分为通过、失败、无结果3种。路由器是一种复杂的网络互连设备，需要在各个通信层上实现多种协议。例如，相应接口的物理层和链路层协议、TCP/UDP等传输层协议、Telnet/SNMP等应用层协议和RIP/OSPF/BGP等路由协议。

协议一致性测试应当包含路由器所实现的所有协议。由于该测试内容繁多且测试复杂，在测试中，可以选择重要的协议以及所关心的内容进行测试。由于骨干网上的路由器可能影响全球路由，因此，在路由器测试中，应特别重视路由协议一致性测试，如OSPF和BGP协议。由于一致性测试只能选择有限测试来进行测试，一般无法涵盖协议的所有内容。因此，即使已通过测试也无法保证设备能完全实现协议的所有内容，所以最好的办法是在现实环境中进行测试。路由器一致性测试一般采用分布式测试法或远端测试法。

4. 互操作测试

由于通信协议、路由协议非常复杂并且拥有众多的选项，因此，实现同一协议的路由器并不能保证互通、互操作。并且因为一致性测试的能力有限，即使可以通过协议一致性测试也未必能保证完全实现协议，所以，有必要对设备进行互操作测试。

互操作测试实际上是将一致性测试中所使用的仪表替换成需要与之互通、互操作的设备，选择一些重要且典型的互连方式进行配置，观察两台设备是否能按照预期的计划正常工作。

5. 稳定性、可靠性测试

路由器的稳定性和可靠性很难进行测试，其一般可以通过以下两种途径得到。

- ❑ 厂家通过关键部件的可靠性以及备份程度来计算出系统的可靠性。
- ❑ 用户或厂家通过大量相同产品在使用中的故障率来统计产品的稳定性和可靠性。

当然，用户也可以通过在一定时间内，对试运行结果的要求来保证路由器的可靠性与稳定性。

6. 网管测试

网管测试一般用于测试网管软件对网络和网络设备的管理能力。由于路由器是IP网的核心设备，因此必须测试路由器对网管的支持度。如果路由器附带有网管软件，可以通过使用所附带的网管软件来检查网管软件所实现的配置管理、安全管理、性能管理、记账管理、故障管理、拓扑管理和视图管理等功能。如果路由器不附带有网管软件，则应当测试路由器对SNMP协议实现的一致性和对MIB实现的程度。由于路由器需要实现的MIB非常多，每个MIB都包含有大量的内容，很难对MIB实现完全测试。一般可以通过抽测重要的MIB项来检查路由器对MIB的实现情况。

10.3.4 对路由器进行测试

由于路由器设备非常复杂，采用的接口和协议多种多样，因此对路由器进行测试所采用的仪表和仪表的配置，必须根据测试内容和路由器的实际配置来决定。一般来说，路由器测试所使用的仪表可以分为性能测试仪表、协议测试仪表和其他仪表。

(1) 性能测试仪表主要用于测试IP包转发能力。最典型的有NetCom公司的SmartBit、安捷伦公司的Router Tester等。性能测试仪表有时也要求一些协议仿真能力，如对BGP、OSPF的仿真。

(2) 协议测试仪表主要用于测试路由器对协议实现的一致性。主要的路由协议一致性测试仪表有安捷伦公司的Router Tester等。其他的协议，如TCP/IP、ATM、ISDN、SNMP等，可选用各种专用或通用仪表。

(3) 其他仪表主要包括一些通用仪表，如示波器、万用表、光功率计等。在测试仪表的选择中，还应当考虑仪表的精度及误差范围。

综上所述，路由器的测试是一项复杂且非常重要的工作，对路由器的测试，只有在研究测试方法的基础上，结合具体的测试情况，制定正确的测试方案，选择合适的测试仪表，认真地进行测试才能达到测试目的。

下面以某公司的一款路由器为例，使用SmartBits 6000B测试其转发性能。在测试中，使用SmartBits 6000B测试仪和SmartApplication 2.50测试软件，并用一台PC作为SmartBits 6000B的控制台。

根据网络互连设备的基准测试标准RFC 2544，完成吞吐量、延迟、帧丢失率以及背对背测试。在测试时，将被测路由器的两个以太网端口与测试仪的相应端口连接起来，测试它在

100 Mb/s速率下的双向全双工转发性能，如图10-11所示。

为了测试该路由器的转发性能，在测试过程中，选用64字节、512字节和1518字节3种帧。针对吞吐量测试，设置允许的丢包率为0，分别以3种长度的数据报注入路由器，逐渐加大流量，直到出现丢包的临界，这时，测量的流量就是该路由器的最大吞吐量。

为了测试路由器的时延，设置一个统一的测试速率，在6%、35%和80%线速下分别测试64、512和1518字节帧长下的延迟。测试时间设置为120 s。

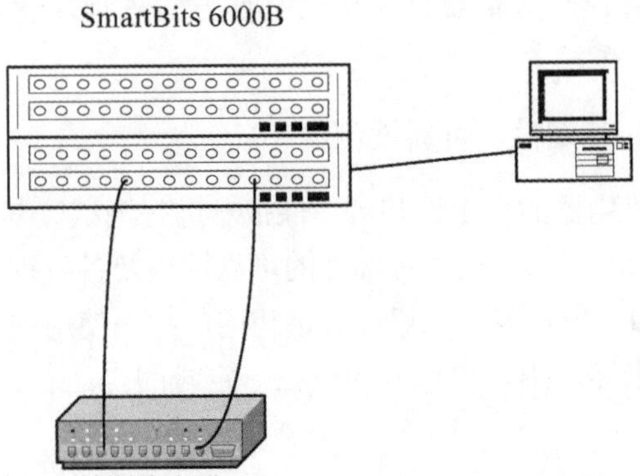

图10-11 路由器转发性能测试示意图

10.4 网络故障检测

网络故障往往与许多因素相关，维修人员要认真学习有关网络技术理论；掌握网络的结构设计，包括网络拓扑、设备连接、系统参数设置和软件的使用；了解网络正常运行状况，注意收集网络正常运行时的各种状态和报告输出参数；熟悉常用的诊断工具，准确地描述故障现象。

10.4.1 网络故障排查方法

网络故障诊断的目的是确定网络的故障点，恢复网络的正常运行；发现网络规划和配置中欠佳之处，改善和优化网络的性能；观察网络的运行状况，及时预测网络通信质量。

网络故障诊断应该从故障的现象出发，以网络诊断工具为手段获取诊断信息，确定网络故障点，查找故障的根源，排除故障，以恢复网络的正常运行。

网络故障通常有以下几种可能：物理层中的物理设备相互连接失败或者硬件及线路本身的问题；数据链路层的网络设备的接口配置问题；网络层的网络协议配置或操作错误；传输层的设备性能或通信拥塞问题；以上3层的网络应用程序错误。诊断网络故障的过程应该沿着OSI 7层模型的物理层开始向上进行。首先检查物理层，然后检查数据链路层，以此类推，设法确定通信失败的故障点，直到系统通信恢复正常为止。一般故障排除模式如下。

第一步，当分析网络故障时，首先要了解故障现象。应该详细说明故障的症结和潜在的原因。因此，要确定故障的具体现象，然后确定造成这种故障现象的原因。为了与故障现象进行对比，了解网络的正常运行状态也是非常重要的。例如，了解网络设备、网络服务、网络软件、网络资源在正常情况下的工作状态，同时还要了解网络拓扑结构、网络协议，熟悉操作系统和所使用的应用程序，这些都是在排除故障过程中不可缺少的。

第二步，收集利于帮助隔离可能故障的信息。向用户、网络管理员、管理者和其他关键人物提出和故障有关的问题。广泛地从网络管理系统、协议分析跟踪、路由器诊断命令的输出报告或软件说明书中收集有用的信息。

第三步，根据收集到的情况分析可能的故障原因。根据出错的可能性，将所有导致故障的原因逐一列举出来，并且不要忽略其中任何一个故障产生的原因。然后根据相关情况排除某些故障原因。例如，根据某些资料可以排除硬件故障，把注意力集中在软件原因上。设法减少可能的故障原因，以便于尽快策划出有效的故障诊断计划。

第四步，根据最后可能的故障原因，建立一个诊断计划。开始仅用一个最可能的故障原因进行诊断活动，这样可以容易恢复到故障的原始状态。如果同时考虑一个以上的故障原因，试图返回故障原始状态就困难得多。

第五步，执行诊断计划，认真做好每一步测试和观察，直到故障症状消失为止。每改变一个参数都要确认其结果。分析结果以确定问题是否已解决。如果故障没有得到解决，继续进行诊断与排除，直到问题解决为止。

10.4.2　网络故障分层检测方法

除了10.4.1节介绍的网络故障的一般排查方法之外，在分析和排查网络故障时，应充分利用网络的分层结构特点，快速准确地定位并排除故障。

TCP/IP的层次结构为管理员分析和排查故障提供了非常好的组织方式。由于其各层相对独立，按层排查能够有效地发现和隔离故障，因而一般使用逐层分析和排查的方法。

逐层排查方式通常有两种：一种是从低层开始排查，适用于物理网络不够成熟稳定的情况，如组建新的网络、重新调整网络线缆、增加新的网络设备；另一种是从高层开始排查，适用于物理网络相对成熟稳定的情况，如硬件设备没有变动。无论使用哪种方式，最终都能达到目标，只是解决问题的效率有所差别。

具体采用哪种排查方式，可根据具体情况来选择。例如，遇到某客户端不能访问Web服务的情况，如果管理员首先去检查网络的连接线缆，就显得太悲观了，除非明确知道网络线路有所变动。比较好的选择方法是直接从应用层着手，按照以下方法进行排查：首先检查客户端的Web浏览器是否正确配置，可以尝试使用浏览器访问另一个Web服务器。如果Web浏览器没有问题，可以在Web服务器上测试Web服务器是否正常运行。如果Web服务器没有问题，再测试网络的连通性。即使是Web服务器问题，从底层开始逐层排查也能最终解决问题，只是花费的时间太多了。如果碰巧是线路问题，从高层开始逐层排查也要浪费时间。

在实际应用中往往采用折中的方式，凡是涉及网络通信的应用出了问题，直接从位于中间的网络层开始进行排查，首先测试网络的连通性，如果网络不能连通，再从物理层(测试线路)开始进行排查；如果网络能够连通，再从应用层(测试应用程序本身)开始进行排查。在TCP/IP网络中，排查网络问题的第一步通常是使用ping命令。如果能够成功地ping到远程主机，就排除了网络连接出现故障的可能性。只要成功地ping到远程主机，即可判断网络问题一般发生在更高层次。

每个网络层次都有相应的检测排查工具和措施，在最底层的物理层，通常采用专门的线缆测试仪，没有测试仪时可通过网络设备(网卡、交换机等)信号灯进行目测。数据链路层的问题不多，对于TCP/IP网络，可以使用简单的arp命令来检查MAC地址(物理地址)和IP地址之间的映射问题。网络层出现问题的可能性大一些，路由配置容易出现错误，可以通过route命令来测试路由路径是否正确，也可以使用ping命令来测试其连通性。协议分析器具有很强的检测和排查能力，能够分析链路层及其以上层次的数据通信，也包括传输层。至于应用层，可以使用应用程序本身进行测试。

10.4.3　常用网络命令工具

网络诊断可以使用包括局域网或广域网分析仪在内的多种工具和路由器诊断命令。除了专用的仪表外，很多系统内置命令是获取故障诊断有用信息的网络工具，如前面介绍过的ping、netstat、tracert。本节将介绍其他几种常用的网络故障检测工具。在实际操作中，可能需要多个命令，或者使用命令与专业仪表配合才能完成故障的检测，此时应根据特定的情况确定需要使用的命令和工具。

1. ping

ping命令可以测试计算机名和计算机的IP地址，通过向对方主机发送"网际消息控制协议(ICMP)"回响请求消息来验证与对方TCP/IP计算机的IP级连接。回响应答消息的接收情况将和往返过程的次数一起显示出来。ping是用于检测网络连接性、可到达性和名称解析的疑难问题的主要的TCP/IP命令。ping命令使用很简单，只要在ping命令后面加上所需要ping的地址即可。如果需要获得ping后的一些数据，则需要在后面添加上一些参数。要获得参数的知识，输入ping命令后按回车键即可显示帮助信息。

下面将举个带参数t的实例，指定在中断前 ping 可以持续发送回响请求信息到目的地。要中断并显示统计信息，可按 Ctrl+Break快捷键。要中断并退出 ping快捷键，请按Ctrl+C。效果图如图10-12所示。

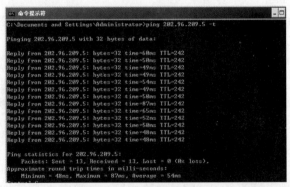

图10-12　带参数t的效果图

从图10-12可以知道信息。首先知道从本地到202.96.209.5这个地址是通畅的，其次可以知道本地到这个地址的延迟平均值为54 ms，最大值为87 ms，最小值为48 ms。

2. ipconfig

该命令主要用于显示所有当前的TCP/IP网络配置。该命令在运行DHCP系统上的特殊用途是允许用户决定DHCP配置的TCP/IP的配置值。

它可以附带一个参数/all，这个参数就是显示所有内网和外网的网络配置情况。其效果图如图10-13所示。

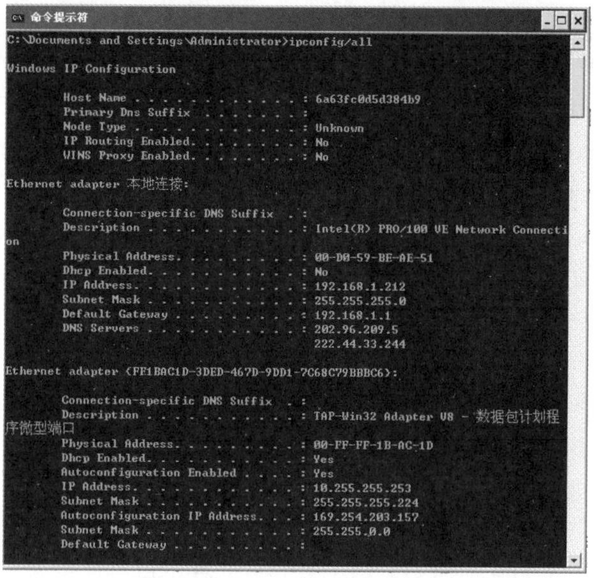

图10-13 ipconfig的运行效果图

图10-13中通过使用ipconfig/all命令，将本地所有与网络相关的参数都显示出来，以方便为管理员进行网络排错。

3. net

net命令有着非常强大的功能，管理着计算机的大部分管理级操作和用户级操作，包括管理本地和远程用户组数据库、管理共享资源、管理本地服务、进行网络配置等操作。下面将为读者详细介绍这个命令的用法。

(1) net view：该命令可以显示当前网络中的域列表和计算机列表，还可以显示用户指定的某台计算机上的共享资源状况。

○ 当使用net view\\计算机名称时，会显示当前计算机中所有的共享资源。

○ 当使用net view/domain时，显示当前网络中可用的域。

(2) net accounts：该命令将用户账户数据库升级并修改所有账户的密码和登录请求。该操作要在需要更改用户账户参数的计算机上进行。

○ 使用net account/minpwdlen:NUMBER，表示设置用户密码长度最短不得小于NUMBER 个字符。

○ 使用net accounts/focelogoff:NUMBER，表示设置当用户账户或有效登录时间到期时在结束用户域服务器的会话前要等待的分钟数NUMBER。

○ 使用net accounts/minpwage:NUMBER，表示设置在用户可以更新密码前的最小天数为NUMBER。

○ 使用net accounts/maxpwage:NUMBER，表示设置在用户可以更新密码前的最大天数为NUMBER。

(3) net computer：该命令是从域数据库中添加或删除计算机。

○ 使用net computer\\计算机名称/add，表示将该计算机添加到当前域中。

○ 使用net computer\\计算机名称/del，表示将该计算机从当前域中删除。

(4) net config：显示了正在运行的可配置服务，或者显示和更改服务设置。

(5) net pause：暂停运行中的某服务。

(6) net continue：重新激活被暂停的服务。

(7) net config server：显示服务器的当前配置。

(8) net config workstation：显示或更改服务运行时有关工作站服务的设置。

(9) net file：显示服务器上所有打开的共享文件名称以及每个文件的文件锁定码。该命令也关闭单独的共享文件并删除文件锁定。

○ 当使用net file 5时，它指定标识号为5的打开文件属性。

○ 当使用net file/close时，将关闭打开的文件并释放锁定的记录。通过共享文件的服务器输入该命令。

(10) net group：显示服务器名和服务器上组的名称。

(11) net name：添加或删除消息名称，或显示计算机将接受消息名称列表。

(12) net print：显示和控制打印队列和正在进行的打印任务。

当然，还有很多相关的其他命令，限于篇幅，此处不再讲述，希望读者自己能够查阅相关资料。

4. netstat

netstat用于显示与IP、TCP、UDP和ICMP协议相关的统计数据，一般用于检验本机各端口的网络连接情况。netstat命令有一些常用的参数，每个参数代表着不同的含义。

○ netstat -s：该命令能够按照每个协议分别显示其统计数据。

○ netstat -e：该命令用于显示有关以太网的统计数据。

○ netstat -r：该命令可以显示有关路由表的信息。

○ netstat -a：该命令显示一个所有的有效连接信息列表。

○ netstat -n：该命令显示所有已建立的有效连接。

下面给出一个带参数n的效果图，如图10-14所示。

图10-14　带参数n的netstat命令效果图

从图10-14中可以看出，本地的有效连接为本地连接，因为它没有连接任何网络，所以没有其他的以太网连接。

5. nbtstat

nbtstat命令主要用于显示本地计算机和远程计算机的基于TCP/IP协议的netbios统计资料、netbios名称表和netbios名称缓存。它可以刷新netbios名称缓存和注册WINS服务名称。此命令也拥有很多参数，如下所示。

○ -a remotename：显示远程计算机的netbios名称表，其中remtename是远程计算机的netbios名称。

○ -A ipaddress：显示远程计算机的netbios名称表，其名称由远程计算机的IP地址指定。

- ❍ -c：显示netbios名称缓存内容、netbios名称表及其解析的各个地址。
- ❍ -n：显示本地计算机的netbios名称表。
- ❍ -r：显示netbios名称解析统计资料。
- ❍ -R：清除netbios名称缓存的内容，并从Lmhosts文件中重新加载带有#PRE标记的项目。
- ❍ -RR：重新释放并刷新通过WINS注册的本地计算机的netbios名称。
- ❍ -S：显示netbios客户和服务器会话，只通过IP地址列出远程计算机。
- ❍ -s：显示netbios客户和服务器会话，并试图将目的IP地址转换为名称。

6. nslookup

nslookup是对DNS的故障进行排错的一个强大工具，nslookup最简单的用法就是查询与域名对应的IP地址，包括A记录和CNAME记录，如图10-15所示。nslookup命令会采用先反向解释获得使用的DNS服务器的名称。

```
C:\WINDOWS\system32\cmd.exe

C:\Documents and Settings\user>nslookup e.pku.edu.cn
Server:  ns1.cnmobile.net
Address:  211.136.18.171

Non-authoritative answer:
Name:   e.pku.edu.cn
Address:  162.105.203.114

C:\Documents and Settings\user>
```

图10-15　使用nslookup测试DNS

如果查到的是CNAME记录，系统还会返回别名记录的设置情况。此外，nslookup使用参数可以进行反向查询、MAIL域查询、IPv6地址查询等。

7. traceroute

互联网遍布全球几万个局域网和数百万的计算机，如果要想知道从本地到某个地址中间需要经过哪些局域网和服务器主机的话，那么就可以使用traceroute命令。

通过使用traceroute可以知道信息从本地计算机到互联网的另一端的主机究竟是如何路由的，走的是什么路径。在Windows系统中则是使用tracert命令。这个命令使用的方法也很简单，只需要在命令后添加一个远端主机的名称或者IP地址即可。下面将给出一个从本地到www.yahoo.com这个地址的tracert结果，如图10-16所示。

```
C:\\>tracert www.yahoo.com
Tracing route to www.yahoo.com [204.71.200.75]
over a maximum of 30 hops:

1  161 ms  150 ms  160 ms  202.99.38.67
2  151 ms  160 ms  160 ms  202.99.38.65
3  151 ms  160 ms  150 ms  202.97.16.170
4  151 ms  150 ms  150 ms  202.97.17.90
5  151 ms  150 ms  150 ms  202.97.10.5
6  151 ms  150 ms  150 ms  202.97.9.9
7  761 ms  761 ms  752 ms  border7-serial3-0-0.Sacramento.cw.net [204.70.122.69]
8  751 ms  751 ms  *  core2-fddi-0.Sacramento.cw.net [204.70.164.49]
9  762 ms  771 ms  751 ms  border8-fddi-0.Sacramento.cw.net [204.70.164.67]
10  721 ms  *  741 ms  globalcenter.Sacramento.cw.net [204.70.123.6]
11  *  761 ms  751 ms  pos4-2-155M.cr2.SNV.globalcenter.net [206.132.150.237]
12  771 ms  *  771 ms  pos1-0-2488M.hr8.SNV.globalcenter.net [206.132.254.41]
13  731 ms  741 ms  751 ms  bas1r-ge3-0-hr8.snv.yahoo.com [208.178.103.62]
14  781 ms  771 ms  781 ms  www10.yahoo.com [204.71.200.75]

Trace complete.
```

图10-16　从本地到www.yahoo.com的tracert结果

8. arp

arp用于确定对应IP地址的网卡物理地址。使用arp命令，可以查看本地计算机或另一台计算机的arp高速缓存中的当前内容，如图10-17所示。按照默认设置，arp高速缓存中的项目是动态的，每当发送一个指定地点的数据报且高速缓存中不存在当前项目时，arp便会自动添加该项目。一旦高速缓存的项目被输入，它们就已经开始走向失效状态。

此外，使用arp命令，也可以用人工方式输入静态的网卡物理/IP地址对，用户使用这种方式对默认网关和本地服务器等常用主机进行操作，有助于减少网络上的信息量。

图10-17 使用arp命令查看本机高速缓存

9. route

route命令主要用来管理本机路由表，可以查看、添加、修改或者删除路由表条目。该命令在Windows 2000以上的系统都可以使用。该命令的命令格式如下所示：

route [-f][-p][command][destination][Mask netmask][gateway][METRIC metric][interface]

下面将详细给出这些参数的解释。

○ command：可以列出当前列路由表(print)、删除路由表(delete)或者添加路由表(add)和修改路由表(change)。

○ -f：清空所有路由表的网关条目。

○ -p：这个选项与add一起使用，用于添加永久的静态路由表条目。如果没有这个参数，则重启电脑时，该添加的路由表条目会消失。

○ destination、gateway、netmask、metric和interface分别表示路由表中的目标IP地址段、网关地址、子网掩码、度量值和网络接口。

下面给出一个此命令的实例，如下所示：

Route add 192.168.0.0 MASK 255.255.0.0 10.10.10.1 METRIC 3 IF 2

此命令的含义是：添加到达IP为192.168.0.0、掩码为255.255.0.0的目标网络的路由，指定网关为10.10.10.1，跳数定义为3，使用网络界面2。

10.4.4 常见网络故障的表现和分析

在现实的网络中，所出现的网络故障各种各样，既可能是硬件故障，也可能是软件故障；既可能是协议错误，也可能是应用问题。以下介绍几个常见的例子，结合前面介绍的网络故障排查方法，给出网络故障检测的一些思路。

1. 连接故障的表现和分析

网络连接故障是网络故障发生后首先需要考虑的原因。连接性的故障一般涉及网卡、跳线、信息插座、网线、集线器、调制解调器等设备和通信介质。然而，网络的硬件设备发生损坏，都会导致网络连接中断。连通性通常可以使用软件和硬件工具进行测试验证。

例如，当一台计算机不能打开网页时，首先要考虑的是网络的连通性。首先可以使用前面介绍的ping命令来测试与网络中其他计算机的连通性。如果能ping得通的话，说明连通性没有问题；如果ping不通的话，就要考虑以下两个方面：第一个方面是对方的计算机是否打开，第二个方面就是两台计算机与网络设备是否连接成功。通过这种方法，可以判断网络连接性的故障是否存在。

一般来说，连通性的故障有以下几种情况。

- ❍　计算机无法登录服务器。
- ❍　计算机无法通过局域网接入Internet。
- ❍　计算机"网上邻居"中只能看到自己，而看不到其他计算机，从而无法使用其他计算机上的共享资源。
- ❍　计算机无法在网络内实现访问其他计算机上的资源的操作。
- ❍　网络中的部分计算机运行速度异常缓慢。

而导致以上连通性的原因主要有以下原因。

- ❍　网卡未安装，或未安装正确，或与其他设备有冲突。
- ❍　网卡硬件故障。
- ❍　网络协议未安装，或设置不正确。
- ❍　网线、跳线或信息插座故障。
- ❍　集线器电源未打开，集线器硬件故障或端口硬件故障。
- ❍　UPS电源故障。

可以针对上面的原因进行排错并解决故障。

2. 软件配置故障的表现和分析

网络故障除了连通性故障外，还存在软件配置故障。软件配置故障一般有以下几种。

- ❍　服务安装问题：在局域网中，最重要的服务是"Windows系统中共享文件和打印机"，当网络无法共享时，要首先检查此服务是否被选中。
- ❍　网络标识问题：Windows对等网和带有Windows NT域的网络中，如果不正确设置用户计算机的网络标识，也会造成不能访问网络资源的问题。
- ❍　网络应用中的问题：有关应用中的问题，如路由的设置，会导致网络无法使用或者无法迅速响应。

管理员可以针对以上几种情况逐一进行排查。

3. 网络协议故障的表现和分析

协议作为计算机之间通信的"语言"，如果没有所需的协议、协议绑定不正确、协议的具体设置不正确，同样会发生网络故障。通常一般出现的协议配置问题的是TCP/IP，协议配置包括了IP地址的设置是否冲突、DNS服务器设置是否正确、网关设置是否正确以及子网掩码设置是否正确。

4. 网卡常见故障及处理

局域网中网络不通的现象是比较多的。一旦遇到类似问题，应该认真检查各连入设备的网卡设置是否正常。可检查有无中断号及I/O地址冲突(最好将各台机器的中断设为相同)。当网络适配器的属性中出现"该设备运转正常"，并且在"网络邻居"中能找到自己，说明网卡的配置是正确的。否则，说明网卡出现故障，应该针对设置来重新设置网卡的相关参数。

以上介绍的是网卡的软件设置，但是有的时候所有的参数都设置正确，这时就应该考虑是不是网卡硬件出现了故障。网卡的硬件故障可以从网卡上的灯的显示情况来判断。

5. 交换机常见故障及处理

交换机故障共分为以下几种。

- ○ 电路板损坏：此种故障唯一的解决办法就是更换电路板。
- ○ 连接电缆和配线架跳线问题：连接电缆和配线架的跳线是用来连接模块、机架和设备用的，如果这些连接电缆内的缆心或跳线发生短路、断路或虚接的话，会形成通信系统故障。唯一能够解决的方法是使用测试仪测试跳线的连通性和交换机模块的可用性。
- ○ 程序缺陷：交换机中的软件程序设计存在的缺陷，此时唯一的解决办法是重新刷BOIS。
- ○ 设备的电源问题：这种情况将会导致交换机无法正常地工作。

当遇到交换机故障时，首先要检测是否是以上的原因之一，如果是的话则考虑让厂家上门维修，或者更换交换机。

6. 总结

以上讲述了网络故障发生的几种情况，其实，现实网络中的故障是五花八门，可能是几种情况的综合表现。所以说，要想能够真正地解决好网络故障，用户需要长期学习故障解决方法。希望读者能够根据以上所将的内容为基础，在实际维护工作中不断地总结经验教训。

▌ 10.5 本章小结 ▌

本章主要介绍了网络测试和调试技术。首先介绍了网络评测的技术指标，以及网络测试的常用工具和方法。然后介绍了交换机和路由器测试的基本技术和测试方法。通过本章的学习，读者需要掌握网络测试的基本技术，同时还要掌握网络故障的监测和排查技术。

10.6　思考与练习

1. 填空题

(1) 网络协议测试包括3种类型的测试：_____、_____和_____。

(2) 瓶颈带宽指的是_____。

(3) 路由器测试一般可以分成以下几类：_____、_____、稳定性可靠性测试、_____、_____和网管测试。

(4) 网络测试从所选择的网络测试点可分为：_____和_____。

2. 选择题

(1) (　　)指的是标志网络设备处理各种尺寸的数据封包的能力的指标。
    A. 吞吐量　　　　　B. 带宽　　　　　　C. 时延　　　　　　D. 丢包率

(2) 针对网络协议的测试可以使用专业的网络协议分析仪，如(　　)。
    A. SmartBits 2000　　　　　　　　B. IXIA 1600
    C. Agilent J6800A　　　　　　　　D. Fluck Nettool

(3) 可以用来显示数据包到达目标主机所经过的路径的命令是(　　)。
    A. ipconfig　　　　　B. tracert　　　　　C. netstat　　　　　D. nslookup

(4) 交换机背对背测试的主要目的在于(　　)。
    A. 测试交换机在没有丢帧的情况下发送和接收帧的最大速率
    B. 测试数据包通过交换机的时间
    C. 测试交换机最大的承受能力
    D. 考量交换机在不丢帧的情况下能够持续转发数据帧的数量

3. 问答题

(1) 根据本章的内容，阐述3层交换机测试的主要指标和这些指标的意义。

(2) 描述路由器性能测试的主要方法。

(3) 简述网络故障分层检测的方法。

4. 实践题

假设现在公司里网络发生故障导致无法上网，读者作为一名网管，应该如何排除故障。

第 11 章

网络管理与维护

随着网络规模越来越大，网络成为各种应用和信息服务的支柱和平台，网络管理也被提到重要的位置上。网络管理为用户安全、可靠、正常地使用网络服务而对网络进行监控、维护和管理，以保证网络正常、高效地运行。对网络进行管理已成为网络能否发挥其重要作用的关键所在。

本章要点：
○ 网络管理的功能
○ 简单网络管理协议(SNMP)
○ 常用的网络管理工具

11.1 网络管理系统

实际上，网络管理并不是一个新概念，它伴随着网络技术的出现而出现，伴随着网络的发展而发展。从广义上讲，任何一个系统都需要管理，只是根据系统的大小、复杂程度的高低，管理在整个系统中的重要性有所不同。特别是在当前网络规模不断扩大、复杂性不断提高和网络上的业务越来越丰富的情况下，网络管理的重要性已经在各个方面得到了体现，并为越来越多的人所认识。

11.1.1 网络管理的意义

网络管理员的任务是监测和控制组成整个Intranet的硬件和软件系统，监测并纠正那些导致网络通信低效甚至不能进行通信的问题，并且尽量降低这些问题再度发生的可能性，因为硬件或软件的错误都能导致这些问题，所以，要同时对硬件和软件进行管理。

网络管理通常是很困难的，因为网络大多是层次性的，特别是网络系统规模的日益扩大和网络应用水平的不断提高，一方面使得网络的维护成为网络管理的重要问题之一，如排除网络故障更加困难、维护成本上升等。即使在一个很小的局域网内，组成这个Intranet的硬件和软件都有可能是出自不同的厂家。某个厂家的产品的一个小失误，将会导致它与其他共同组成Intranet的产品存在不兼容。如果Intranet的规模相当大，检测和纠正这种由不兼容导致的问题是很困难的。

要特别注意的是，软件或硬件的失效引起的错误往往是比较容易检测和纠正的，反而是那些由于软件或硬件的小bug引起的间歇性的、不会导致通信中断但会影响通信效率的问题才是最难检测和解决的，而且这种问题会随着时间的推移而逐渐恶化，严重影响网络的性能，最终导致网络崩溃。

另一方面是如何提高网络性能，也成为网络系统应用的主要问题。可以通过增强或改善网络的静态措施来提高网络的性能，如增强网络服务器的处理能力，采用DWDM/SDH、1000BASE作为网络主干，以及采用网络交换等新技术来扩展网络的带宽等。此外，在网络运行过程中，负载平衡等动态措施也是提高网络性能的重要方面。通过静态或动态措施提高的网络性能分别称为网络的静态性能和动态性能。网络动态性能的提高是通过网络管理系统即"网管系统"来加以解决的。

11.1.2 网络管理的功能

网络管理系统应当能对网络设备及其应用加以规划、监控和管理，并跟踪、记录、分析网络的异常情况，使网管人员能及时处理问题。国际标准化组织(ISO)在ISO/IEC 7498-4文档中定义了网络管理的5大功能：配置管理、故障管理、性能管理、安全管理和计费管理，并被广泛接受。

1. 配置管理

配置管理是一组辨别、定义、控制和监视设备所必需的相关功能，即网络中应有或实际有多少设备，每个设备的功能及其连接关系、工作参数等。网络的配置管理反映了网络的运行状态，配置管理的目的是实现某个特定功能或者使网络性能达到最优，包括以下几个方面。

- 设置开发系统中有关路由操作的参数。
- 被管对象和被管对象组名称的管理。
- 初始化或关闭被管对象。
- 根据需要收集系统当前状态的有关信息。
- 获取系统最重要变化的信息。
- 更改系统的配置。

2. 故障管理

故障管理指的是管理功能中的监测设备故障以及与故障设备的监测、恢复或故障排除等措施有关的网络管理功能，其目的是保证网络能够提供可靠的服务。

故障管理是网络管理中最基本的功能之一。用户都希望有一个可靠的计算机网络。当网络中某个网元出现故障时，网络管理系统必须迅速查找到故障并能及时报告网络管理员给予排除。不过，通常不大可能迅速隔离某个故障，因为网络故障的产生原因往往相当复杂，特别是由多个网络共同引起故障的时候。在这种情况下，首先将网络进行修复，然后再分析网络故障的原因。分析故障原因对于防止类似故障的再次发生相当重要。网络故障管理包括故障检测、隔离和纠正3个方面，网络故障管理主要有以下典型功能。

- 维护并检查错误日志。
- 接受错误检测报告并做出响应。
- 跟踪、辨认错误。
- 执行诊断测试。
- 纠正错误。

对网络故障的检测，是基于对网络组成部件状态的检测，不严重的简单故障通常被记录在错误日志中，并不进行特别处理。而严重的故障则需要通过网络管理器，即所谓的"报警"。网络管理器应当根据有关信息对报警进行处理并排除故障。当故障比较复杂时，网络管理器应能执行一些诊断测试来辨别故障原因。

3. 性能管理

性能管理是对系统运行和通信效率等系统性能进行评价，包括从被管理设备中收集与网络性能有关的数据，分析和统计历史数据，建立性能分析模型，预测网络性能的长期趋势，并根据分析和预测结果对网络拓扑结构和参数进行调整。性能管理保证了网络资源的最优化利用。

性能管理所涉及的参数通常包括网络负载、吞吐率和网络响应时间，其过程通常包括性能监视、性能控制和性能分析。性能分析的结果可能会触发某个诊断测试过程或重新配置网络以维持网络的性能。

4. 安全管理

安全管理涉及的问题包括保证网络管理工作可靠进行，保护网络用户个人隐私和保护网络管理对象等问题。

安全管理一直是网络系统的薄弱环节之一，而用户对网络安全的要求往往又相当高，因此，网络安全管理就显得非常重要。网络中主要存在以下几大安全问题。

- 网络数据的私有性(保护网络数据不被侵入者非法获取)。
- 授权(防止侵入者在网络上发送错误信息)。
- 访问控制(控制对网络资源的访问)。

相应地，网络安全管理包括对授权机制、访问机制、加密和加密关键字的管理，另外还要维护和检查安全日志，包括以下几个方面。

- 创建、删除、控制安全服务和机制。
- 与安全相关信息的分布。
- 与安全相关事件的报告。

5. 计费管理

计费管理过程主要是完成与费用有关信息的收集、处理并给出报告，包括用户对网络资源的使用等，计费管理功能提供了对用户收费的依据。对于Intranet来说，大多不存在收费问题，但是仍需要计费管理功能。计费管理功能提供了用户使用网络资源情况的详细记录。分析这些记录对优化网络性能、促使用户合理使用网络资源具有重大的意义。

计费网络资源使用、核算使用、限制使用以及费用记录库的维护和通信，也是计费管理工作内容之一。

11.1.3 网络管理系统的组成

为了理解一个网络管理系统是如何运行的，首先要了解组成这个系统的各个主要要素。一个网络管理系统包括以下几个要素：管理软件、管理代理、代理设备、管理信息库和数据库服务器。

1. 管理软件

网络管理软件的重要功能之一就是协助网络管理员对整个网络(设备)进行日常管理，它要求管理代理收集被管设备的重要信息。管理软件应定期收集有关设备的运行状态、配置和性能数据的信息。图11-1所示说明了管理软件和管理代理之间的关系。管理软件收集的信息将用于确定网络设备、部分网络或整个网络运行的状态是否正常。

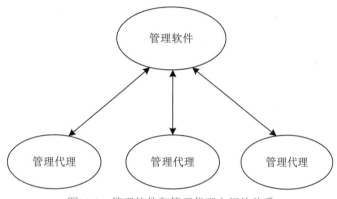

图11-1 管理软件和管理代理之间的关系

2. 管理代理

网络管理代理(Agent)是驻留在网络设备中的软件模块，这些网络设备包括UNIX工作站、路由器、网络打印机或交换机等。管理代理软件犹如每个管理设备的信息经纪人，它完成网络管理软件布置的信息采集任务。

3. 代理设备

代理设备在标准的网络管理软件和不直接支持该标准的协议的旧系统之间起桥梁作用。利用代理设备，不需要升级整个网络即可实现从旧版本的标准协议到新版本的标准协议的过渡。基于代理设备的系统结构如图11-2所示。

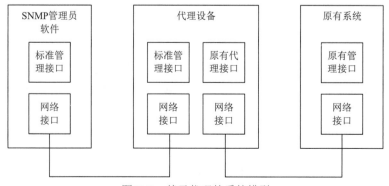

图11-2 基于代理的系统模型

4. 管理信息库

管理信息库(MIB)是网络管理系统中的管理对象的集合在管理进程中的映射。由于网络管理系统所需处理的信息类型和数量非常巨大，因此，如何描述和维护管理信息是网管系统中的重要环节。在Internet的3个主要网管框架文本中，有两个是关于管理信息库的：其中一个是管理信息结构(SMI)，另一个是管理信息库(MIB)。

5. 数据库服务器

数据库服务器是网络设备信息、网络状态信息、网络配置信息、网络管理员信息以及相关管理资料的存储体，它是网络管理的数据中心。

11.1.4 网络管理体系结构

随着计算机网络技术的发展，网络管理系统体系结构也发生了很大的变化。目前，主要有两种网络管理体系结构：集中式网络管理和分布式网络管理。

1. 集中式网络管理

在集中式网管体系中，由一个管理者对整个网络的运行进行管理，负责处理所有代理上的管理信息。集中式网管的体系结构如图11-3所示，它具有简单、价格低和易维护等优点，因而成为目前使用最为普遍的一种模式。但是随着网络规模和复杂度的迅速增大，集中式结构已暴露出其不可克服的缺点，主要表现在以下几个方面。

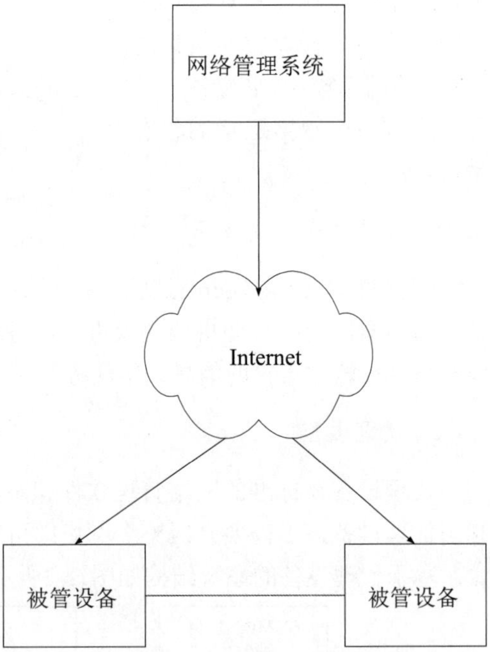

○ 管理中心需要处理所有的管理信息，导致大量的数据可能来不及处理。所有的信息都涌向中央管理者，网络传输量大，容易引起阻塞，并且对网络传输速率和管理平台CPU要求很高。

○ 整个网络管理系统的运转都依赖于管理中心，一旦管理中心发生故障，整个系统将崩溃，可靠性太差。

○ 固有的轮询机制导致了大量的网络传输和时间延迟，不仅影响了网管的效率甚至是正确性，也限制了网络规模的扩大。

○ 网管功能固定，难以修改和扩充，并且管理者只能对设备进行简单的管理操作，网络管理信息不能共享。

图11-3 集中式网络管理模型

2. 分布式网络管理

分布式网络管理采用一种对等式的结构，网络管理功能被分布到多个管理者上，管理者完成各自域内的网络逻辑管理(综合管理)，而每个被管设备都是具有一定自我管理能力的自治单元。分布式网络管理的根本特性就是能容纳整个网络的扩展、可靠、管理性能高,但是,由于缺乏完善的协议和通信机制的支持,目前还没有实质性的发展。

分布式网络管理结构如图11-4所示。

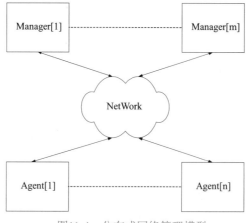

图11-4　分布式网络管理模型

11.1.5　网络管理体系的协议

网络管理系统的概念模型主要由管理者、管理代理和被管对象等实体及其相互作用组成,根据这些实体的功能和相互作用方式的不同,主要可分为基于SNMP的网络管理系统和基于CMIP的网络管理系统两种。

- ❑ 基于SNMP的网络管理系统由IETF提出,并广泛应用于Internet,它的主要标准由一系列RFC组成,其特点是面向功能、集中控制、协议简单和支持广泛。这是目前应用最广泛的一种网络管理系统。
- ❑ 基于CMIP的网络管理系统由ISO提出并被ITU-T的TMN所采用。通用管理信息协议(Common Management Information Protocol,CMIP)是构建于开放系统互连(OSI)通信模型之上的网络管理协议,与之相关的通用管理信息服务(Common Management Information Services,CMIS)定义了获取、控制和接收有关网络对象、设备信息和状态的服务。它的主要标准由ISO 9595/9596及ITU-T M.3000系列建议组成,其特点是面向对象、分布控制、协议复杂和支持较少。CMIP主要是为OSI 7层协议模型的传输环境而设计,采用报告机制,并具有许多特殊的设施和能力,需要能力强的处理机和大容量的存储器,因此目前支持它的产品较少。

网络管理系统的发展趋势是在TMN框架下结合SNMP和CMIP的优点,向层次化、集成化、Web化和智能化发展。

11.2　简单网管协议(SNMP)

在网络管理协议中,简单网络管理协议(SNMP)由于具有易于实现和广泛的TCP/IP应用基础的优点而被众多厂商支持。随着网络技术的发展,越来越多的网络设备提供对SNMP的支持，从路由器到交换机，从程控交换到调制解调器，甚至数据库系统等应用都对SNMP提供支持。利用SNMP协议，可以了解网络设备的运行情况，设置设备参数，收集相关数据，以了解网络的使用效率。

11.2.1 SNMP简介

简单网络管理协议属于应用协议，用于在网络设备之间交换管理信息。它是TCP/IP协议套件的一部分。SNMP使网络管理员能够管理网络，发现并解决网络问题，进而规划网络的发展。

SNMP协议的研制工作始于1987年。当开始研究时，TCP联盟采取的是一种全新的网络管理方式。开发基础是简单网关监视协议(SGMP)。SGMP协议实际完成的任务是由纯粹的监控功能组成，这些监控功能是在广域网关(路由器)上实现的。Internet联盟指示由负责实现SGMP协议的Internet小组去编制功能更广泛的后续协议，此项开发的任务导致了SNMP的问世。因为Internet联盟总是尽力提供一个可供开发的框架，于是，SNMP协议的规范很自然地被建立在抽象文法表示(ASN.1)的基础上。SNMP是一个对广域网和局域网都普遍适用的协议。

管理信息库和管理信息结构也被合并到SNMP管理标准之中。1990年，SNMP协议被提升到与TCP/IP协议同等的地位，从而引起了网络管理领域意义重大的积极变化。

11.2.2 SNMP的体系结构

SNMP的体系结构也沿用了Internet中普遍适用的Client/Server结构。为了和通常意义上的应用软件/应用服务器(网络术语用Client/Server来描述这种结构)相区别，网络管理系统用术语Manager/Agent来描述这种结构。在实际应用中，Manager和Agent完全遵循传统的Client/Server模式，只是用了一个更清晰的术语而已。

SNMP以简单的询问/回答模式为基础。发送询问的客户，通常作为管理者进行描述，即Manager；SNMP的服务器(回答询问的设备)则被视为代理，即Agent。SNMP协议赋予网管站按照SNMP规则去读取和修改代理参数的权利。SNMP也允许代理在某些条件(如报警)下，向管理站点发送非请求的消息。

11.2.3 SNMP的基本组件

SNMP管理的网络包括被管理设备、代理和网络管理系统(NMS) 3个主要组成部分。

被管理设备包括一个SNMP代理并且驻留在一个被管理网络中，它收集并存储管理信息，并使这些信息对于使用SNMP的NMS是可用的。被管理设备有时也被称为网络元素，它可以是路由器、交换机、主机等。

代理是一个网络管理软件模块，它驻留在一个被管理设备中。代理具有管理信息的本地知识，并把这些信息翻译成与SNMP兼容的形式。

NMS监测并控制被管理设备，它提供网络管理所需的大部分进程和内存资源，NMS只存在于被管理网络中。

11.2.4 SNMP的基本命令

SNMP没有定义一套覆盖网络管理的各个方面的命令集合。相反，SNMP采用了一种极其简单的fetch-store模式，使用两种基本操作来读取和设置被管理对象的参数。SNMP实现中的基本命令有3个：Get、Set和Trap。

- Get：管理系统可以读取管理代理包含的对象信息的值。Get命令是SNMP协议中使用率最高的一个命令，因为它是从网络设备中获取管理信息的基本方法。
- Set：管理系统可以修改管理代理包含的对象信息的值。Set命令是一个特权命令，因为通过它可以改变设备的配置或控制设备的运行状态。
- Trap：管理代理可以向网络管理软件主动发送一些信息。Trap命令的功能是在网络管理系统没有明确的要求下，管理代理主动通知网络管理系统网络上有一些特别的情况或特别的问题发生了。

SNMP协议定义了以上3个命令的报文流，如图11-5所示。

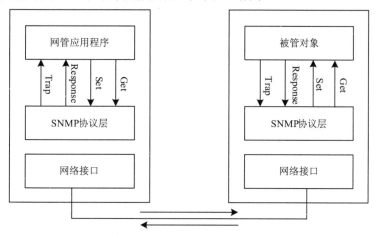

图11-5　SNMP基本命令报文流

11.2.5 SNMP MIB

MIB(Managed Information Base)是一个信息的集合，它分层组织，接受网络管理协议(如SNMP)的访问。MIB由被管理对象组成，并且由对象标识符进行标识，每个对象必须有一个唯一的标识符。

被管理对象是被管理设备的一个特殊特性，它由一个或多个对象实例组成，是重要的变量。

SNMP协议规范主要包括管理信息结构SMI(Structure of Management Information)、管理信息库MIB(Management Information Base)和SNMP协议(Simple Network Management Protocol) 3部分。其中，SMI用于描述信息的格式；MIB包括具体的管理信息内容；SNMP规定了信息交互方式。

MIB是SMI定义的具体数据结构，即管理目标集，具体的MIB数据可以参考RFC1213以及相关的RFC。SMI用于定义SNMP中的数据结构和编码，在RFC1155中，SMI给出了用于网络管理的对象模型、对象类型和对象信息的表示方法。在SMI中，名字用来指示被管理对象，SNMP不仅用oid来标识一个数据对象，还可以用oid来标识其他对象，如一种国际标准或者一个协议族。

实际上，SNMP并没有定义一个MIB，而是定义了信息的格式和信息的编码方案。另一个单独的标准(ASN.1)则定义了MIB变量和对这些变量进行读/写操作的实际含义。

MIB中使用抽象语法表示(Abstract Syntax Notation.1，ASN.1)来定义对象，ASN.1通过给每个对象一个长前缀来保证该对象命名的唯一性。例如，在被管设备中，用一个整数来保存该设备已经接收到的IP数据报的个数，根据ASN.1，该整数对象可以被命名为：

iso.org.dod.internet.mgmt.mib.ip.ipInReceives

另外，在SNMP消息中表示对象名时，对象名中每个被"."隔开的部分都可以被赋予一个整数值，例如，在一个SNMP消息中前面的名字可表示为：

1.3.6.1.2.1.4.3

被管理对象是被管理设备的一个特殊特性，它由一个或多个对象实例组成，是重要的变量。

在RPC1066中，公布了第一组被管理对象，这一组被管理对象称为MIB I。MIB I包含了8个对象组，约100个对象。如表11-1所示的是MIB I对象组。

表11-1　MIB I对象组

名称	说明
SystemObjectGroup	系统对象组
InterfaceObjectGroup	接口对象组
AddressTranslationObjectGroup	地址转换对象组
InternetProtocolObjectGroup	Internet协议对象组
InternetControlMessageProtocolObjectGroup	Internet控制报文协议对象组
TransmissionControlProtocolObjectGroup	传输控制协议对象组
UserDatagramProtoclObjectGroup	用户数据报协议对象组
ExteriorGatewayProtocolObjectGroup	外部网关协议对象组

对象标识(或对象ID)在MIB分层结构中唯一标识一个被管理对象。MIB分层结构可以描述成一棵树，它的根没有名字，其层次由不同的组织进行分配。高层的MIB对象ID属于不同的标准组织，低层对象ID由相关的组织进行分配。

尽管MIB I很快被多个厂商所接受，并被作为用于实现各自SNMP协议的基础。然而，不久以后，一个问题显得非常突出，这就是对一个网络管理系统而言，区区100多个变量只能表示整个网络的一小部分。

1990年5月，MIB II(RFC1158)取代了MIB I。MIB II引入了3个新的对象组，并引入了很多新的对象，从而扩展了MIB I已有的对象组。MIB II采用了3个动态扩展方式。

○　新MIB规范的公布。

○ 使用实验组(Experimental Group)，作为Internet草案的所有MIB变量都被安置于实验组中，这一分支允许把实验性MIB作为临时解决方案进行使用，直到这些对象和对象组在某一天被接受作为标准MIB的一部分。一旦实验MIB成为正式标准，厂商必须对它们的所有产品进行软件升级，把这些对象集成到标准的MIB树中。

○ 在管理子树中使用私有对象组，在Experimental子树中的Private组允许引入厂商自己的对象。每个厂商有自己的一个扩展选项，把通用的MIB扩展为带PrivateMIB信息的MIB。在很多产品中，除了标准的对象以外，厂商还把自己的信息和功能作为选项实现。这意味着为实现产品的全部功能，用户必须准确地知道哪一个管理工作站完全支持哪一个私有MIB。

11.2.6　SNMP版本

近年来，IETF为SNMP的发展做了大量的工作。迄今为止，已经发布了SNMP v1、SNMP v2c、SNMP v3三个版本。

1. SNMP v1

SNMP v1是SNMP协议的最初版本，它在RFC1157中有详细描述，并在管理信息结构规范(SMI)中实现。SNMP v1在如UDP、IP、DDP等协议之上操作。由于SNMP v1在Internet中得到了广泛的应用，已成为事实上的网管协议。

SNMP是一个简单的请求响应协议。网络管理系统发出请求，被管理设备返回响应。这一个过程可以通过Get、GetNext、Set和Trap 4个协议操作之一来实现。其中，Get操作用来获取来自代理的一个或多个对象实例值，如果响应Get操作的代理不能提供一个列表中的所有对象实例值，那么它不提供任何值。NMS用GetNext操作获取一个表中的下一个对象实例或列表中的下一个对象实例值。NMS利用Set操作设置一个代理中的对象实例值，用Trap异步通知NMS重要事件。

SNMP v1有能力把NMS与代理之间的通信关系细分成许多小组，彼此通信的组称为SNMP共同体(Community)。SNMP共同体拥有8位字符串形式的无二义共同体名。

一条SNMP消息由版本号、SNMP共同体名和协议数据单元(PDU)组成。SNMP消息全部通过UDP端口161接收，只有Trap信息采用UDP端口162接收。SNMP v1基本上没有什么安全性可言，在安全方面SNMP v1存在以下主要的安全问题。

○ SNMP数据包的修改：指的是一个未经验证的用户捕获到SNMP数据包后，修改其信息，又把数据包发送到目的站点。而接收设备不能得知数据的改变，于是就响应包里的信息，导致安全问题。

○ 时序的正确性：一般而言，NMS与代理之间的全部数据，都是采用未加密的用户数据报协议(UDP)服务进行发送。由于不保证数据顺序的正确性，SNMP数据到达主机的时间和顺序都可能被改变。

○ 共同体的假冒：仅仅通过共同体串的重新定义，NMS的拥有者即可随时访问与该网络相关联的每一个代理。这种伪装使得一个未经验证的用户可以冒充验证用户去读取所有的信息并实施所有的管理操作，代理无从区分正确的实体和假冒者。

○ 信息的无验证读取：未经验证的用户在局域网内使用侦听程序读取网络数据，由于SNMP数据在网络上是明码传输的，用户可以读取所有数据和口令信息。

2. SNMP v2c

1993年，SNMP v2c作为一系列RFC发表，SNMP v2c在管理信息结构(SMI)的规范中实现其功能。SNMP v2c在功能上较SNMP v1有所提高，也增加了一些协议操作。

SNMP v2c在原有的Get、GetNext、Set等操作之外增加了SNMP v2c Trap操作，并定义了GetBulk和Inform两个新的协议操作。其中，GetBulk操作用于快速获取大块数据，如一个表中的多行，GetBulk用于填充一个响应消息，使其与请求消息长度一致。Inform操作允许一个NMS向另一个NMS发送Trap信息，并接收一个响应消息。

SNMP v2c安全标准对数据修改、假冒和数据包顺序改变等安全问题提出了比较满意的解决方案，进一步为安全标准提出了一系列的目标，提出了分级的安全机制、验证机制和使用DES标准加密算法。

3. SNMP v3

SNMP v3定义了安全方面的扩展能力，用来和SNMP v1及SNMP v2c相连接。在SNMP v3工作组定义的5个RFC中，RFC2271描述了现行的SNMP使用的体系结构，RFC 2275描述了一种接入控制的方法，它和SNMP v3的核心功能是独立分开的，只有RFC 2272-2274的3个RFC才有关于安全方面的建议。

SNMP v3不仅对所有的传输进行加密，而且还允许响应器(一般是一个SNMP代理)确认是否属于用户发出的请求，利用数字签名保证消息的完整性，并且对每个请求使用复杂的分布式访问控制规则。管理员可以指定保护的级别为不安全的、认证的或加密认证的。此外，SNMP代理或者管理者可以附加任意多的访问控制规则。

SNMP v3规范提倡模块化认证和访问控制模型，RFC 2274和RFC 2275建议使用USM(User-based Security Model，基于用户的安全模型)和VACM(Views-based Access Control Model，基于视图的访问控制模型)作为安全系统的参考。这使得供应商现在就可以支持安全协议，并且将来的新的安全性改进(如公钥认证或者目录综合等)也可以陆续添加进来，而不用担心会和现在的协议规范发生冲突。

11.2.7 RMON

远程监控是一个标准监控规范，它使得各种网络监控器和控制台系统之间可以交换网络监控数据。RMON为网络管理员选择符合特殊网络需求的控制台和网络监控探测器提供了更多的自由。

RMON规范定义了控制台管理员与网络探测器之间的统计量和函数，例如，RMON为管理员提供复杂的网络错误诊断、计划和性能调整。

RMON在互联网工程任务组(IETF)的帮助下，由用户组织定义。它在1992年成为推荐标准，即RFC 1271(为以太网)，并在1995年成为草案标准，即RFC 1757，同时废除了RFC 1271。

1. RMON和RMON II

为支持新的分布式结构，更高性能的应用和更多的用户而逐步发展的网络，对网络管理解决方案的有效性产生了巨大的影响，它还要求网络标准必须与联网技术的发展保持同步。目前，一种有效的、低成本的网络管理解决方案正在得到广泛的应用，那就是远程监控(RMON)标准。

虽然SNMP的MIB计数器将统计数据的总和记录了下来，但它无法对日常通信量进行历史分析。为了能够全面地查看一天的通信流量和变化率，管理人员必须不断地轮询SNMP代理。然而，SNMP轮询有两个明显的局限性：第一，它没有伸缩性，在大型网络中，轮询会产生巨大的网络管理通信量，从而导致通信拥挤情况的发生；第二，它将收集数据的负担加在网络管理控制台上，当需要管理的网络规模较大时，对网络管理控制机的要求很高。

互联网工程任务组(IETF)于1991年11月公布RMON MIB，以解决SNMP在日益扩大的分布式网络中所面临的局限性。RMON MIB的目的是使SNMP更为有效、更为积极主动地监控远程设备。

RMON MIB由一组统计数据、分析数据和诊断数据构成，具有独立于供应商的远程网络分析功能。RMON探测器和RMON客户机软件结合在一起，在网络环境中实施RMON。RMON的监控功能是否有效，关键在于其探测器需要具有存储统计数据历史的能力，这样就不必不停地轮询才能生成一个有关网络运行状况趋势的视图。"RMON MIB功能组"功能框可以对通过RMON MIB收集到的网络管理信息类型进行描述。

遍布在LAN网段之中的RMON探测器不会干扰网络，它能自动地进行工作，无论何时出现意外的网络事件，它都能上报。探测器的过滤功能使RMON能够根据用户定义的参数来捕获特定类型的数据。当一个探测器发现一个网段处于不正常状态时，它会主动与中心网络管理控制台的RMON客户应用程序取得联系，并将描述不正常状况的捕获信息进行转发。客户应用程序通过对RMON数据从结构上进行分析来诊断问题之所在。通过追踪通信的双方，并给出详细的分析数据。RMON可以帮助网络管理员确定如何最佳地给他们的网络进行分段。

RMON在监控元素的9个RMON组中传递信息，各个组通过不同的数据来满足公共网络监控的需要，如表11-2所示。每个组都是可选项，不必在管理信息库(MIB)中支持所有的组。有些RMON组需要其他的RMON组给予支持，以实现其功能。

表11-2　RMON控制组

RMON组	功能	元素
统计量	包括探测器为该设备的每个监控的接口测量的统计量	数据包丢失、数据包发送、字节发送、广播数据包
历史	为一个网络记录周期性能的例子，并为以后检索而存储它们	例子的周期、数目和项
告警	定期从探测器的变量选取统计例子，并与前面配的阈值进行比较，如果监控的变量值超过阈值，产生一个事件	包括警告表和所需的事件组的实现，如告警类型、间隔、阈值上限、阈值下限
主机	包括在网络上发现的与每个主机相关的统计值	主机地址、数据包、接收字节、传输字节、广播传送、多目传送和错误数据包

(续表)

RMON组	功能	元素
HostTopN	准备描述主机的表，它根据一个统计值排序列表。可用的统计值包括由管理站指定的在一个间隔内的基本统计值，这些统计值是基于速率的	统计值、主机、周期的开始和结束、速率基值、持续时间
真值表	存储两个地址之间对话的统计值，当设备检测到一个新的对话时，它在其表中产生一个新的登录项	源地址和目的地址对、数据包、字节和每一对的错误
过滤器	是数据包符合一个过滤等式，这些数据包形式的数据流可能被捕获而产生事件	字节过滤器类型
捕获数据包	使数据包在流过一个信道之后被捕获	捕获数据包的缓存大小、完整状态、捕获数据包的数目
事件	控制从该设备事件的产生和通知	事件类型、描述、事件最后一个发送的时间

当RMON被嵌入网络设施(如集线器)之中时，它的作用效率更高、在经济上更划算。随着网络规模不断地扩大，嵌入式RMON解决方案也能相应地扩展，增强RMON管理的容量。嵌入式RMON发展的更新层次是分布式RMON。分布式RMON监控数据包能够将来自多个远程局域网段的状态和运行状况的统计数据综合起来，使网络管理员能够查看拓扑结构变化如何全面地影响网络。

2. RMON和RMON II标准的比较

RMON II标准能将网络管理员对网络的监控层次提高到网络协议栈的应用层。因而，除了能监控网络通信与容量之外，RMON II还提供了有关各个应用所使用的网络带宽量的信息，这是在客户机/服务器环境中进行故障排除的重要因素。

RMON在网络中查找物理故障，RMON II进行的则是更高层次的观察，它用于监控实际的网络使用模式。RMON探测器观察的是由一个路由器流向另一个路由器的数据包，而RNOM II则深入内部，它观察的是哪个服务器发送数据包，哪个用户需要接受这个数据包，这个数据包表示何种应用。网络管理员能够使用这些信息，按照应用带宽和响应时间的要求来区分用户，就像他们过去使用网络地址生成工作组一样。

RMON II不是RMON的替代品，而是它的补充，RMON II在RMON标准的基础上提供一种新层次的诊断和监控功能。事实上，RMON II能够监控执行RMON标准的设备所发出的意外事件报警信号。

11.3 网络管理系统

随着计算机的迅速普及以及IT的深入应用，网络构成变得相当复杂，而且在不断变革。所以，对于网络管理者来说，如何有效地管理网络，如何为现有的网络规划网络管理系统(NMS)，尤为迫切。

11.3.1　网络管理系统概述

NMS就是对网络装置所提供的典型功能进行统一管理。在规划NMS时应遵循以下准则。

- 基于现有的网络，并且必要时能方便地升级额外的功能。
- 符合工业标准，NMS最好是基于SNMP的管理系统。
- 具有支持第三方插件的能力，即允许应用开发人员编写其他的模块，以支持其他公司的产品。
- 支持专用数据库。数据库的统一使得网络管理员能在不同的NMS控制台进行管理，而不必建立不同的映像和相应的数据库。
- 著名的管理软件平台，现在最流行的NMS是HP Openview、IBM NetView和Cabletron Spectrum。著名的NMS具有可靠的技术保障、长期的实践验证和良好的售后服务。

现在的NMS市场群雄逐鹿，可以根据它们各自的面向对象和管理性能将它们分为以下3类。

- 第一类是简单系统。这些系统是针对具体问题的解决方案，包括一些较为简单的产品，如pcAnywhere；也可能是一些管理用户或特定资产的系统，如Oracle数据库。就单个系统来说，它们都很有价值，完全可以用于解决具体问题，且成本不高。
- 第二类是LAN管理系统。这些系统提供的功能范围较为广泛，它包括网络管理系统和系统管理系统两部分。这类管理系统的产品包括HP OpenView、Novell Managewise和Microsoft Systems Management Suits(SMS)。对于拥有小型网络的公司所需的LAN管理，HP OpenView在大多数方面超过SMS和Novell Managewise，特别是在集成性、可扩展性、问题管理和自动检测方面得到了用户的肯定。
- 第三类是企业管理系统，这类系统的典型代表是IBM NetView和Cabletron Spectrum。这些管理系统能够在统一管理平台上实现包括企业应用管理在内的网络、操作系统、数据库等多方面的管理。

11.3.2　网络管理软件

当网络规模越来越大时，许多单位不得不付出极大的人力、物力对网络进行管理。如果采用传统的人工分散管理方式，发现一个问题就解决一个问题，不仅成本高，而且处理故障的周期特别长，因此，网管软件应运而生。随着中小型企业的网络规模不断扩大，必将带来对于网管软件的巨大需求。

网管软件必须能够给客户带来好处，对于企业网络管理来说，网管软件的作用体现在以下几个方面。

- 准确地反应网络故障：通常，当用户感觉到网络速度实在太慢时，才会和网管进行联系，网络处理十分被动。网管软件必须能迅速地反映问题，并且具有一定的推理故障根源的能力。此外，网管软件还将专家系统、人工智能系统、神经元技术、网络故障和性能管理相结合，使网管系统逐步具备分析决策能力。
- 整合系统管理：随着计算机网络的发展，计算机系统管理和网络管理之间的关系越来越密切。但是，系统中每个局部的总和并不等于整体，网络管理员最头疼的问题是，各局部网络都没有大问题，而业务人员却反映系统有问题或性能低。站在最终用户的角度，科学地从网络和应用层衡量、监测系统的总体性能和故障，是网络管理员迫切需要的。

○ 支持Web网管：基于Web的网管模式WBM (Web-Based Management)使得网管人员能够随时了解网络的运行状况。它的实现包括两种方式：代理方式和嵌入方式。代理方式可以在任意网内计算机上运行Web服务器并轮流与端点设备进行通信，同时进行浏览器用户与代理之间的通信以及代理端点设备之间的通信；嵌入方式将Web功能嵌入网络设备中，每个设备都有自己的Web地址，管理员可以通过浏览器访问并管理该设备。另外，以Web服务器为中心降低了维护费用，对系统的修改只需要在Web服务器上进行，无须在客户端对服务器做出任何修改。

○ 面向业务的网管：新一代的网络管理系统，已经开始从面向网络设备的管理向面向网络业务的管理过渡。这种网管思想把网络服务和业务作为网管对象，通过实时监测与网络业务相关的设备和应用，模拟客户实时测量网络业务的服务质量，收集网络业务的业务资料，达到全方位、多视角监测网络业务的运行情况的目的，实现网络业务的故障管理、性能管理和配置管理。

目前，从性能和市场占有率来看，HP的OpenView、IBM的 Tivoli NetView、CA的Unicenter TNG等占据了绝大部分市场，Cisco和3Com等公司也有竞争力很强的网管软件。另外，中国本土的一些厂商也开发了网管软件，如华为的manager系列、神州数码网络的LinkManager等，而且有后来者居上的趋势。下面将介绍几种常用的网管软件。

1. HP OpenView

HP是最早开发网络管理产品的厂商之一，其著名的HP OpenView已经得到了广泛应用。OpenView集成了网络管理和系统管理的优点，形成了一个单一而完整的管理系统。OpenView解决方案实现了网络运作从被动无序到主动控制的过渡，使得IT部门能及时了解整个网络当前的真实状况，实现主动控制。并且，OpenView解决方案的预防式管理工具——临界值设定与趋势分析报表，使IT部门能够采取更具预防性的措施，管理网络的健全状态。OpenView解决方案从用户网络系统的关键性能入手，帮助用户迅速地控制网络，还可以根据需要增加其他的解决方案。在E-Services的大主题下，OpenView系列产品具备了统一管理平台、全面的服务和资产管理、网络安全、服务质量保障、故障自动监测和处理、设备搜索、网络存储、智能代理、Internet环境的开放式服务等丰富的功能特性。

HP OpenView是一个开放式、跨平台集成化的企业级管理软件集，采用模块化组织结构。其网络管理解决方案主要包括HP OpenView Network Node Manager(NNM)、HP OpenView Customer Views for NNM和HP OpenView PolicyXpert等模块，基本功能是提供整个网络的发现和映射，使网络变化可瞬时得到识别，迅速发现与网络相关的问题并对其进行自动解决，同时还提供了最佳性能管理和报告工具，帮助网管员主动识别流量变化模式，并针对不断提高的网络需求进行规划。

其中，HP OpenView Network Node Manager(NNM)以直观的图形方式提供了深入的网络视图。其远程用户访问功能提供了从Internet的任何地点访问网络的灵活性。它的高级事件关联引擎可以帮助用户快速地排除故障，支持通过基于Java的Web界面灵活地访问网络拓扑和网管数据。通过使用数据仓库技术，使网管员进行防患于未然的管理。HP Openview Customer Views for NNM能够与NNM 6.x共同为基于客户的网络管理提供增强功能，使网管员能够在客户与其使用的网络资源以及影响这些客户的网络事件之间建立联系，服务供应商可以根据客户的业务需求对网络进行管理，从而增强客户服务。HP OpenView PolicyXpert使网管员能够直观地管理其带宽和服务质量，使基于策略的网络管理变得更加简单。利用它，网管员能够制定出策略并将策略应用到网络的各种设备中。

(1) 网络节点管理器

Network Node Manager (NNM)的分布式发现与监控机制功能，允许把处理程序就近地安装在用户所处环境的本地域。通过部署多套NNM，系统管理员就可以通过采集器与管理器管理企业的IT环境。采集器与管理器均可使用全版NNM(不限管理节点数)或简版NNM (不超过100个管理节点)。这样的可伸缩解决方案可以适应不同规模的网络与组织需要，减少网络流量，从而最大限度地节约网络带宽，把带宽留给真正需要传送的商用信息。

NNM可以成功地监测和控制计算环境，它还提供了一套有力的工具，以便管理从工作组到整个企业的分布式多厂商的网络系统。NNM可以用于处理各种技术和应用，以及用于建立现在的或未来的、本地的或全球性的网络设备。它能够为用户节省网络资产，并最大限度地利用已有的资源。

(2) 网络监控管理器

NetMetrix/UX服务水平管理包括许多行为，如获取信息以确定适当的服务水平，监测一致性，并持续提供用户关于IT性能的反馈意见。HPNetMetrix/UX应用程序集是将网间管理纳入企业大策略的基础。

除了与HP OpenView系列产品进行集成之外，HP NetMetrix/UX还可提供除系统、应用和数据库信息之外实现计算环境真正的端到端可视性所需的重要网络元素。HPNetMetrix/UX可向IT提供一套管理应用，它可以满足以太网、令牌网、FDDI技术以及广域网连接和交换网络的数据通信基础设施要求。

(3) 可扩展的SNMP代理

可扩展的SNMP代理是管理基于SNMP的网络、系统及应用方面的一大突破：可扩展的SNMP代理增强了基于SNMP的管理程序对基本网络设备、重要系统和应用的控制能力。除了可以管理诸如路由器、网桥和集成器之类的设备外，可扩展的SNMP代理还可以用于管理应用、打印机、用户以及对企业成功至关重要的数据库，能够控制对网络和系统资源的访问，并能毫不费力地监控重要的网络元件，从而提供前所未有的预见性以及对网络基础的控制。

OpenView集成了网络管理和系统管理的优点，形成了一个单一而完整的管理系统。该产品具有统一管理平台、全面的服务和资产管理、网络安全、服务质量保障、故障自动监测和处理、设备搜索、网络存储、智能代理和Internet环境的开放式服务等丰富的功能特性。

HP Openview适用于大中型企业和综合网管平台，在电信领域表现尤为突出，在金融、政府也有很好的表现。

2. IBM的Tivoli Netview

Tivoli NetView是IBM公司著名的网络管理软件，能够提供整个网络环境的完整视图，实现对网络产品的管理。它采用标准的SNMP协议对网络上符合该协议的设备进行实时的监控，并对网络中发生的故障进行报警，从而减少系统管理的难度和工作量。IBM Tivoli NetView用于检测TCP/IP网络、显示网络拓扑结构、相关信息和管理事件以及SNMP陷阱、监控网络运行状况并收集性能数据。Tivoli NetView 通过可扩展性和灵活性满足大型网络管理人员的使用需求，以管理关键任务环境。

Tivoli管理环境是一个用于网络计算机管理的集成的产品家族，它可以为各种系统平台提供管理。Tivoli是一个跨越主机系统、客户机/服务器系统、工作组应用、企业网络、Internet服务的端到端的解决方案，而且它将系统管理置于一个开放的、基于标准的体系结构中。Tivoli具有较全面的企业资源管理功能，它主要包括以下几个功能模块。

(1) 配置管理功能

Tivoli Netview最大的优点在于自动拓扑发现，它会自动发现管辖区域内的网上的IP资源，如服务器、工作站、路由器和交换机等，并自动以不同的图标表示不同的设备，也可以规定搜索的地址范围。NetView能够根据所发现的数据，自动生成整个网络的拓扑图，即在图形用户界面上再现直观的网络拓扑结构图，使系统管理员对整个区域的网络系统有一个全面的了解。

拓扑结构从根节点往下，根节点具有IP network和smart sets两个分支，前者为所发现的网络结构，后者为本网中各种类型的节点。拓扑图层层往下，最终可以看到叶子节点的详细信息(包括各个接口的情况)，并可以分别用图形、树形、列表的方式显示出来，使对信息的浏览变得清晰直观。

在网络拓扑图中，分别以不同的形状来标识的节点是路由器、主机或子网，以不同的颜色来表示节点和链接的状态。例如，绿色的网络节点表示正常，白色的节点表示不可达；黑色连线表示正常，红色连线表示不可达等。

用户还可以自定义检测进程，限制在指定节点进行检测，使数据库的响应和系统问题的解决更加迅速，并使占用的硬件资源达到最少。

在列表方式中，将各个主机、节点的详细情况一一列出来，将在后面的性能管理中对它们进行详细说明。

在网络上查找某个节点非常方便，只需在左上框中输入需要查找的主机名或IP地址，即可显示出主机信息，并在拓扑图上以高亮框显示出来。

用户也可以自行设置系统，如服务器的设置，它可以启动后台精灵、设置拓扑所发现的相关参数、对记录文件、数据库文件进行操作等；还可以改变控制台风格，以不同的图标和颜色表示不同的状态，增加了使用的灵活性。

(2) 故障管理功能

Tivoli NetView通过轮询或请示/应答方式对整个网络的设备进行监控，网上IP资源会在需要的时候发生相应的报告，NetView可以持续不间断地对网上的IP资源状态、配置和事件进行监控。事件自动响应机制使得网络管理员能够从手动操作中解放出来。在NetView中可以对某些监控的对象，例如某块网卡的网络流量等设置阈值。当所设定的阈值一旦达到的时候，NetView会进行报警并自动执行相应的处理等。NetView具有处理网络事件的Correlation Engine的功能。管理人员只需对关键事件加以关注，使其在大网及超大网的事件管理上达到很高的效率。它的NT event viewer还可以监控被本机记录到应用程序日志、安全日志、系统日志文件中的事件。

(3) 性能管理

Tivoli NetView的性能管理功能强大，特别是通过列表方式可以查看系统中每个节点的详细信息，包括系统配置、IP地址、接口、健康状况、可用状况、最后事件、Web方式查看、IP配置、TCP连接、TCP配置、SNMP、默认路由共12项。

Tivoli NetView的图形描述功能也很强大，它可以用于监控以太网流量、以太网错误、接口流量、SNMP流量、SNMP操作、SNMP错误、ICMP流量、IP流量共8项。

此外，它的本地网管理工具也很强大，可以监控系统的路由表、ARP缓存、认证失败信息以及可监控节点的CPU、内存、文件系统、分区表等信息，它的局域网管理工具还可以用于查看共享文件、服务器统计表、工作站统计表、打印文件队列等，使用起来非常方便。

(4) 两级管理模式

对于大型网络，通过WAN进行单点网络管理时，经常会出现SNMP包占用大量并不宽裕的网络带宽的情况，从而影响客户业务系统的应用。在NetView中，可以采用以下两级管理模式。

- NetView级联：在中心和一些广域连接的节点，分别安装NetView，对该节点的网络进行管理，然后，可以将各节点的事件根据重要级别发送到中心的NetView，中心可以对整个网络进行全局管理和控制，从而提高管理效率。
- MLM模式：这是NetView的独特功能，MLM(中级管理器)是在各节点运行的NetView进程，该进程没有界面，不需要用户进行管理。网络管理人员可以在中心通过MLM所具有的过滤、阈值和自动功能，对相关的进程系统进行管理。

(5) 支持多种数据库，促进业务智能

NetView支持DB2、Sybase、Oracle、Informix等业界著名的数据库管理系统，可以将网络管理数据存储到关系数据库系统中，从而为大量的网络管理数据的处理、分析、报表制作提供了方便。

(6) 强大的报表功能

NetView产生了大量信息，可以存储到关系数据库中，使查询、制作报表变得十分简单。

(7) 强大的Web集成能力

NetView具有极强的Web能力，它自带Web服务器，并支持图形化的拓扑显示。通过Web浏览器，可以实现许多的管理能力。

(8) 灵活的两次开发接口

网络管理是灵活多变的，NetView提供了多种机制来允许用户扩展功能，以满足特殊的需求。客户可以对标准的MIB数据进行扩充，建立自己的MIB应用。

目前，在金融领域，该产品具有超过50%的市场份额，在其他行业，如电信、食品、医疗、旅游、政府、能源和制造业等，也有众多用户。

3. CiscoWorks

CiscoWorks 2000是Cisco公司的网络管理产品系列，它将路由器和交换机管理功能与Web的最新技术结合在一起，不仅利用了现有工具和设备中内置的管理数据资源，还为快速变化的企业网络提供了新的网络管理工具。

Cisco通过重点开发基于Internet的体系结构的优势，向用户提供更高的可访问性，并可以简化网络管理任务和进程，这种优势正在改变传统的网络管理。Cisco的网络管理策略——Assured Network Services(保证网络服务)也正在引导着网络管理从传统的应用程序过渡到具备下列特征的基于Web的模型：基于标准；简化工具、任务和进程；与网络管理系统(NMS)平台以及一般管理产品的Web级集成；能够为管理路由器、交换机和访问服务器提供端到端解决方案；通过将发现的设备与第三方应用进行集成，创建一个内部管理网。

CiscoWorks 2000系列网络管理产品包括针对各种网络设备性能的管理、集成化的网络管理、远程网络监控和管理等功能。Cisco的网络管理产品包括新的基于Web的产品和基于控制台的应用程序。新产品系列包括增强的工具和基于标准的第三方集成工具，功能上具有管理库存、可用性、系统变化、配置、系统日志、连接和软件部署以及用于创建内部管理网的工具。另外，CiscoWorks 2000还包括：用于关键管理工具和产品的基于Web的RME(Resource Manager Essentials)、管理交换机和网络业务的CWSI园区网、建立管理内部网的Cisco管理连接、Cisco View图形设备管理工具以及将来增加功能时可插入的模块。

CiscoWorks 2000产品主要为3个基础领域带来好处。在面向Internet的网络管理方面，CiscoWorks 2000具有用于管理功能和应用集成的浏览器用户接口和基于标准的结构；在管理效率及灵活性上，CiscoWorks 2000产品有着通过如库存、拓扑结构和改变管理等应用程序对多种设备进行管理一体的特性；在保护投资的前提下，Cisco正在开发一整套被称为公共管理基础(CMF)的管理业务，CiscoWorks 2000产品建立在现有的内置式设备技术的基础上，包括Cisco IOS、SNMP、HTTP和NetFlow，以便进行管理，同时，CiscoWorks 2000既可作为独立的管理应用程序运行，也可集成在第三方的管理平台中，并且，Cisco的管理内部网战略使用户能够建立起可适应管理要求不断发展的管理环境。

目前，Cisco的产品主要应用于互联网、公安、金融、民航、海关、新闻、商业等领域。

4. CA Unicenter

Computer Associates (CA)是全球领先的电子商务软件公司，Unicenter就是CA公司的一套网管产品。它的显著特点是功能丰富、界面友好和功能细化。它提供了各种网络和系统管理功能，可以实现对整个网络架构的每一个细节(从简单的PDA到各种大型主机设备)的控制，并确保企业环境的可用性。从网络和系统管理角度来看，Unicenter可以运行在NT到大型主机的所有平台上；从自动运行管理方面来看，它可以实现日常业务的系统化管理，确保各个主要架构组件(Web服务器和应用服务器中间件)的性能和运转；从数据库管理来看，它还可以对业务逻辑进行管理，确保整个数据库范围的最佳服务。

Unicenter网络管理产品主要用于解决两方面的问题：设备管理和性能管理。它不仅可以对支持标准SNMP(简单网管协议)的设备进行直接管理，还能够对不支持SNMP协议的网络设备进行管理，极大地扩展了设备管理的范围。在采集和汇总大量原始数据的基础上，Unicenter的性能管理能够根据客户的需求自动生成直观、易懂的性能报表，通过Unicenter，来自各个系统、数据库、应用系统所产生的消息、报警等事件，将自动被传送到管理员处，而无须等待系统轮询。管理员对需要报告的事件和程度进行定义和修改，以满足广大用户的需要，根据这些事件，管理员可以灵活地定义事件发生之后的相应措施。

CA Unicenter是业界对客户最友好的基础架构管理解决方案之一，它适合电信运营商、

IT技术服务商、金融、运输、企业、教育、政府等在网管方面有大规模投入、IT管理机构健全、维护人员水平较高的用户。

5. 网络管理软件的选购

可以按功能将目前市场销售的网络管理软件划分为：网元管理、网络层管理、应用层管理3个层次。其中，网元管理是最基础的。在建设网络管理系统时，选择网管软件可以从以下几方面进行考虑。

(1) 以业务为中心，把握网管需求

其中，最根本的一条是必须知道网络使用的设备类型以及网络是如何组织的。因此，首先要列出所有的网管需求，其中哪些是必要的，哪些是不必要的。通过需求表，可以清楚地知道目前需要哪些功能。毕竟，花很大的代价购买自己并不需要的服务是很浪费的。

一般而言，具体的需求包括：向管理员报告服务器上的流量状况、路由器上的流量过载或者网络出现瓶颈；能通过基于策略的网络管理主动采取行动，如重新启动停止的流程等；还应该能够向有关人员发出警报，如通过电子邮件或寻呼等；能够提供方便且强大的方法，显示将受影响的业务过程、业务部门甚至个人。

(2) 为应用软件和服务提供环境

SLA(服务水平协议)是反映当前服务状况的一个重要指标，并且逐渐被当作网管产品的重要特性来看待。1000个企业，就有1000个具体的服务水平。例如，联机股票交易所的任务是保证数百万小时实时处理100%的准确性。所以，深刻理解网管产品中的这个重要指标具有重大的意义，有利于衡量服务水平与企业需要之间的匹配程度，从而将它用于报告、趋势分析和容量规划。

(3) 可扩展性、易用性和集成性的结合

网络设备众多，故障类型繁多，是网管实践中的一个典型问题，因此，能够集成第三方产品提供的功能是很重要的。大部分厂商都依赖于第三方厂商提供的一些补充来使系统变得更为完整，可扩展性成为用户选择网络管理解决方案的一个重要标准。另外，从管理的方便性来说，也必须考虑到一些实用的网络管理手段，才能提高网络管理的效率。

值得注意的是，目前很多网管产品都提供了试用版本，用户可以向一些企业提出试用申请。只有亲身体会到可扩展、易用、高集成的特点后，才能有的放矢地进行产品定型。

(4) 性价比

购买网管产品时，不仅追求功能强大，还追求效率高而且成本、开发费用和硬件需求低。从目前的市场行情看，国外软件占据着大份额市场。例如，CA的系统强调把网管和系统管理集成在一起；HP的OpenView把重点放在通过大量的第三方软件支持等。但是这些国外软件的界面为英文，推广和使用有一定的难度，经常需要一个专业的技术团队来管理这些大型网管系统，实施和应用非常复杂。

相比之下，国内网管软件几乎全部是中文界面。其针对国内开发使用，有本土化优势，不需要专业的人员也可以进行维护操作，适合国内客户。这些产品价格便宜，可以保证良好的售后服务，以及较低的维护和使用成本，有很好的性价比。

(5) 标准支持和协议的独立性

SNMP等标准已经成熟，所有用户都可以使用它们制作产品。真正的全面网络管理解决方案应支持现有甚至新兴的标准，将其纳入自己的体系结构中。不仅要支持SNMP，还要支持DHCP(动态主机配置协议)和DNS、DMI(桌面管理规范)和CIM(公共信息管理)。这样，无论网络管理员以后选择何种技术或设备，解决方案都能监视和管理整个网络。因此，真正的企业网络管理解决方案应当支持所有的网络协议，应当能够在各种类型的硬件和操作系统上运行，而不仅仅贴近某个厂商的产品或某种操作系统。

(6) 长远规划和二次开发

以上从技术上探讨了一些选购的原则。但实现网络管理是一个渐进的过程，在规划网管系统时，还要重点考虑能够方便升级额外的功能；符合工业标准，最好是基于SNMP的管理系统；支持第三方插件，允许应用开发人员开发其他的模块，以支持其他公司的产品；支持专用数据库和数据库的统一等。另外，在实际应用中，由于网络系统的复杂和多变，现成的产品往往难以解决所有的网管问题，因此并不能完全依赖于网管产品，在条件允许的情况下，还要考虑二次开发的可能性。

11.4 SNMP网络管理系统配置实例

SNMP网络管理系统主要由管理者、代理和被管理者3个基本组件构成。管理者通常是网络中的一台已安装网络管理软件的工作站或服务器。代理是驻留在被管理设备上的一个模块，通过SNMP协议与管理者(网络管理软件)进行通信。它可以收集被管理者的信息，并根据要求反馈给管理者，或者按照管理者的要求反馈给被管理者以实现某种动作。本例中，将介绍如何使用HP OpenView来实现网络的管理。

某公司已经建立了自己的企业网络，为了更好地进行网络的管理和维护，公司的网络中心决定建设SNMP网络管理系统。通常，公司出于网络维护的高效性和节约维护成本，也考虑到其他使用人员的方便，宜采用集中式网管系统。在公司的网络中心建立集中网管系统，网络管理员集中管理公司的网络。

为了实现网络管理，首先要设立网络的管理者，即配置网络管理服务器，安装网络管理软件。如11.3.2节对网络管理软件的介绍，可以根据公司的具体需要来选择合适的网管软件。本节以HP OpenView为例来说明网管软件的配置过程。

1. 系统安装SNMP协议

HP OpenView可以运行在Windows NT/2000/XP/7等系统上，但是，系统需要首先安装SNMP协议，才能安装和使用HP OpenView。

在Windows 7默认情况下没有安装SNMP协议，因此首先需要安装SNMP协议。选择"控制面板"命令，打开"所有控制面板项"对话框，设置查看方式为"大图标"，单击"程序和功能"图标，打开"程序和功能"对话框，选择"打开或关闭Windows功能"选项，打开如图11-6所示的"Windows功能"对话框，在如图11-7所示的列表中选择"简单网络管理协议(SNMP)"和"WMI SNMP提供程序"复选框，单击"确定"按钮，开始安装SNMP协议。

图11-6 "Windows功能"对话框

图11-7 安装SNMP协议

安装完成后，在"所有控制面板项"对话框中单击"管理工具"选项，在弹出的"管理工具"对话框中双击"服务"选项，弹出如图11-8所示的"服务"窗口，可以看到两项服务SNMP Service和SNMP Trap Service均已经安装。

图11-8 在服务中包含了SNMP Service和SNMP Trap Service

2. 安装HP OpenView

HP OpenView可以安装在Windows NT/2000/XP/Vista/7等系统上，这里可以选择一台Windows XP的工作站安装HP OpenView。在Windows环境下，使用HP OpenView的安装向导，可以很方便地安装HP OpenView，此处不再详述。

3. HP OpenView的配置

在完成HP OpenView的安装后，首先要对它进行初始化设置，如SNMP配置、轮询配置等。

(1) SNMP配置

SNMP配置主要是配置HP OpenView系统的一些默认信息，如SNMP通信的默认密码、IP通配符和特定节点的查询。在HP OpenView系统中，选择"选项"|"SNMP配置"命令，打开如图11-9所示的"SNMP配置"对话框，在"全局默认设置"选项卡中可以设置密码，默认情况下是public。"设置密码名"选项用于设定对被管对象进行set操作所使用的密码，如果不设置，则在默认情况下与前面设置的密码名相同。如果需要使用代理服务器，则需要选中"使用代理服务器访问目标"复选框，并设置代理服务器的地址。"超时"设置用于规定管理者对被管对象发出操作指令(如get、set)，被管对象响应时限，如果在规定的时间内(本例中设定为0.8s)被管对象没有响应，则认为操作失败，管理者可以重试。"重试次数"用于设置最大重试次数，在本例中设置为3。"远程端口"选项设定了SNMP服务远程访问的端口号，默认情况下是161。"状态轮询"选项设置了管理者对被管理者进行状态轮询的时间间隔，在

本例中设定为15min。

在如图11-9所示的"SNMP配置"对话框中,单击"IP通配符"标签,切换到如图11-10所示的"IP通配符"选项卡,在这里配置特定的IP地址网段进行SNMP操作信息,各项的信息与前面介绍的默认设置中的含义相同,区别在于,这里的设置值对于特定的IP地址段有效。单击"添加"按钮可以添加一个新的IP通配符。

单击"特定节点"标签,进入"特定节点"选项卡,这个选项卡的设置与"IP通配符"的配置类似,两者区别主要在于,这个页面用于设置特定的节点,而"IP通配符"设置的是特定节点的集合,如图11-11所示。

(2) 加载MIB

MIB(Managed Information Base)是一个信息的集合,由被管理对象组成,并由对象标识符标识,每个对象必须有一个唯一的标识符,被网络管理协议(如SNMP)访问。"加载MIB"用于设置本网管系统所使用的MIB集合。

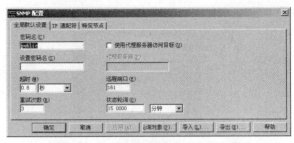

图11-9 SNMP配置的全局默认设置

图11-10 SNMP配置的IP通配符配置

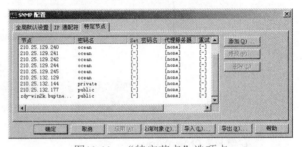

图11-11 "特定节点"选项卡

在HP OpenView系统中,选择"选项"|"加载(卸载)MIB:SNMP"命令,打开"加载/卸载MIB:SNMP"对话框,如图11-12所示。

该对话框中列出了一些RFC定义的MIB信息,用户可以根据需要,单击"加载"和"卸载"按钮进行加载或卸载MIB。

(3) 轮询设置

通常的网络管理系统中,管理者要定期查询管理对象的状态,以及时发现告警或故障,这就是SNMP网络轮询。在HP OpenView系统中,选择"选项"|"网络轮询配置"命令,打开"网络轮询配置"对话框,如图11-13所示。这个对话框包括了"常规""IP发现""IPX发现""状态轮询"和"次要故障"5个配置选项卡。

图11-12 "加载/卸载MIB:SNMP"对话框

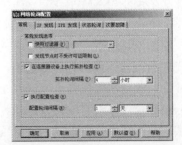

图11-13 "网络轮询配置"对话框

在"常规"选项卡中，主要设置网络节点发现选项是否使用过滤器、是否受许可限制，以及拓扑轮询的时间间隔、配置轮询的时间间隔等。

如图11-14所示的"IP发现"选项卡主要设置用于网络IP发现的轮询间隔，选中"发现第2层对象"复选框，可以在网络拓扑中发现第2层的设备，如2层交换机。"IPX发现"选项卡用于IPX发现的参数配置。

图11-14　网络轮询的"IP发现"配置

网络轮询的"状态轮询"选项卡用于设置对网络对象进行状态轮询的参数，如图11-15所示。"次要故障"选项卡用于设置对网络对象进行次要故障轮询的参数，配置内容如图11-16所示。

图11-15　网络轮询的"状态轮询"配置

图11-16　网络轮询的"次要故障"配置

4. 被管理者SNMP配置

配置SNMP管理者后，还需要在被管理设备上启动SNMP代理功能。

实际上大多数的网络设备上都默认启用了SNMP代理的功能，如交换机、路由器等，有时候也将这些带有SNMP代理功能的交换机或路由器称为可网管交换机或路由器。在网络中的工作站或者服务器上也可以安装SNMP服务，实现SNMP代理的功能。安装后，这些设备即可被SNMP网络管理软件进行管理。下面来配置SNMP代理。

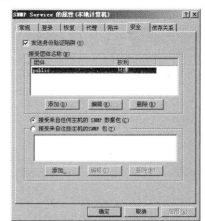

通常，代理与网络管理软件之间是通过共同体(Community，或者称为团体)来进行通信的。在SNMP网管系统中，默认情况下使用Public这个团体进行通信。在如图11-8所示的SNMP Service选项上右击，选择"属性"命令，打开"SNMP Service的属性"对话框，切换到"安全"选项卡，在"接受团体名称"列表框中可以看到public选项，如图11-17所示。

用户可以通过该列表框下面的"添加""编辑"和"删除"按钮来更改这些团体的属性。如果考虑到系统的安全性，一般建议删除public团体，重新定义系统所需要的团体，对此将在第12章进一步进行论述。

图11-17　查看public团体

5. 使用HP OpenView进行网络管理

在Windows系统中，HP OpenView使用图形化界面，所以用户使用起来非常方便。这里不详细赘述HP OpenView的使用，具体使用方法可以参考其用户手册。

例如，如图11-18所示的是使用HP OpenView的拓扑发现功能对网络进行拓扑发现的结果。

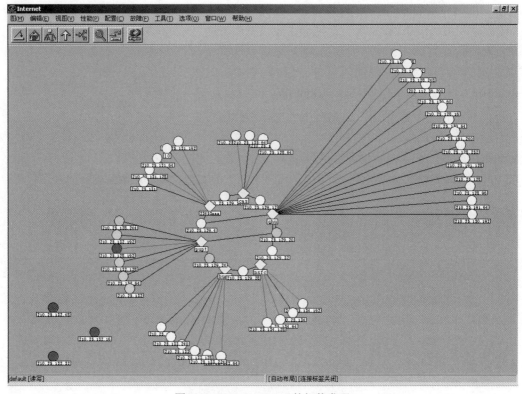

图11-18　HP OpenView的拓扑发现

HP OpenView的性能管理也很出色，并且可以使用图形化的形式直观地表现出来，如图11-19所示的是网络中某节点的接口通信量。

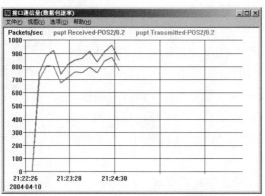

图11-19　使用HP OpenView查看接口通信量

此外，HP OpenView的统计信息比较全面，而且有些不只是简单的数据图形化，而是经过计算后的统计结果，在此不再赘述。总之，HP OpenView网络管理软件足以满足大多数网络管理的需求。

11.5　本章小结

本章主要介绍了网络管理技术，重点介绍了网络管理系统的功能、网络管理系统的组成和体系结构。通过本章的学习，读者应该掌握简单的网络管理协议，同时了解常见的网络管理软件，掌握配置SNMP网络管理系统的方法。

11.6　思考与练习

1. 填空题

(1) 网络管理的5大功能是：_____、_____、_____、_____和_____。

(2) 网络管理系统体系结构目前主要有_____和_____两种体系结构。

(3) SNMP管理的网络包括_____、_____和_____3个主要部件。

(4) SNMP实现中的基本命令有3个：_____、_____和_____。

2. 选择题

(1) (　　)是网络管理系统中的管理对象的集合在管理进程中的映射。

　　A. 数据库服务器　　　　　　　B. 网络管理信息库(MIB)

　　C. 网络管理代理(Agent)　　　　D. SNMP共同体(Community)

(2) SNMP消息全部通过UDP端口(　　)接收。

　　A. 162　　　　B. 167　　　　C. 161　　　　D. 169

(3) (　　)是一组对辨别、定义、控制和监视组成一个网络的对象所必要的相关功能。

　　A. 配置管理　　B. 故障管理　　C. 计费管理　　D. 性能管理

(4) 通用管理信息协议(Common Management Information Protocol，CMIP)是构建于(　　)通信模型上的网络管理协议。

　　A. TCP/IP　　　B. LAN　　　C. Internet　　　D. 开放系统互连(OSI)

3. 问答题

(1) 简述网络管理系统的五大功能。

(2) SNMP定义了哪些基本命令？

第 12 章

网络安全

随着网络的发展，网络的安全性显得越来越重要。非法入侵的案例早已屡见不鲜，怀有恶意的攻击者可以窃取、修改在网络上传输的信息，通过网络冒充合法用户非法进入远程主机，获取存储在主机中的机密信息，或者占用网络资源，阻止其他用户使用。这些问题的产生对网络运营部门和用户的信息安全构成了威胁，影响了计算机网络的进一步推广和应用。因此，如何对计算机网络上的各种非法行为进行主动控制和有效防御，是计算机网络安全亟待解决的问题。

本章要点：
- 网络安全的主要威胁
- 网络安全的体系结构
- 网络安全策略
- 网络病毒与防治

12.1 网络安全概述

国际标准化组织(ISO)对计算机系统安全的定义是：为数据处理系统建立和采用的技术和管理的安全保护，保护计算机硬件、软件和数据不因偶然和恶意的原因遭到破坏、更改和泄露。由此可以将计算机网络的安全理解为：通过采用各种技术和管理措施，保证网络系统正常运行，从而确保网络数据的可用性、完整性和保密性。所以，建立网络安全保护措施的目的是确保经过网络传输和交换的数据不会发生增加、修改、丢失和泄露等情况。

在现有的网络环境中，由于使用了不同的操作系统、不同厂家的硬件平台，因而导致网络安全是一个很复杂的问题，其中有技术性和管理上的诸多原因，一个好的安全的网络应该由主机系统、应用和服务、路由、网络、网络管理和管理制度等因素决定。

12.1.1 网络安全风险

我们在探索网络安全措施之前，首先要弄清网络安全的威胁所在，只有在充分了解了对网络安全构成威胁的因素后，才能更加有效地对付这些威胁，以保证网络安全。网络中存在以下主要风险。

1. 与人有关的风险

据统计，有关人为的错误、无知或者疏忽造成半数以上的网络安全缺陷。一名入侵者访问网络的最为常见的方法之一就是直接向用户询问口令，例如，入侵者可能装扮成一名技术支持分析人员，需要知道口令来解决问题；或者，入侵者通过一次不经心的有关口令的谈话而获知口令。这种策略通常称为社会工程，因为它是通过操纵社会关系来实现访问。许多与人有关的风险可以通过清晰、简明、严格执行的企业范围的安全政策来进行化解。与人有关的风险包括以下方面。

- 入侵者或攻击者利用社会工程或窥探获取用户口令。
- 网络管理员在文件服务器上不正确地创建或配置用户ID、工作组以及它们的相关权力，导致文件和注册路径易受攻击。
- 网络管理员忽视了拓扑连接中硬件配置中的安全漏洞。
- 网络管理员忽视了操作系统或应用配置中的安全漏洞。
- 由于对安全政策缺乏认识和了解，导致对文件或网络路径的误用。
- 不忠或不满的员工滥用他们的访问权限。
- 一台闲置的计算机或终端依然进入网络，这就为入侵者提供了一个入口。
- 用户或管理员选择了易于猜出的口令。
- 经授权的员工离开机房时未锁门，使得未经授权的人员得以进入。
- 员工将磁盘或备份磁带丢弃在公共的垃圾桶内。
- 管理员忘记消除已离开公司的职员的访问权限。

由于利用人为错误是破坏网络安全的最容易的方法，因此人为错误才会造成如此之多的安全缺口。

2. 与硬件和网络设计有关的风险

与硬件和网络设计有关的风险主要指的是OSI模型第1层与第2层，即物理层和数据链路层所带来的安全风险。传输介质、网络接口卡、集线器、网络方法(如以太网)以及拓扑结构都在这些层上。在这些层中，安全破坏事件所要求的技术性要比那些利用人为错误的事件高得多，例如，为了在传输信息通过5类电缆时进行偷听，入侵者必须使用诸如窃听器之类的设备。在OSI模型的中间层，往往很难对硬件技术和软件技术做出区分。例如，由于路由器是用于将一种网络与另一种网络相连的，因此，入侵者可能会向信箱中发送大量的TCP/IP传输业务，导致路由器不能承载正常的传输，这样入侵者就利用了路由器的安全漏洞。以下风险为网络硬件和网络设计所固有的。

- 无线传输能被窃听(而基于光纤的传输则不会)。
- 使用租赁线路的网络易于受到窃听，如VPN利用互联网进行私有网络的连接，其传输的数据是明文数据。

○ 集线器对全数据段传输进行广播，这使得传输数据更容易被窃取。

○ 如果闲置的集线器、路由器或者服务器端口没有失效，它们就可能被黑客利用和访问。一个可由Telnet访问的路由器配置端口不够安全。

○ 如果路由器未被适当配置以标志内部子网，外部网络(如互联网)的用户就可以读到私人地址。

○ 连接在网络设备上的调制解调器可能是用于接收进入呼叫，如果未做适当的防护，它们也打开了安全漏洞。

○ 由电信或者远程用户使用的拨号访问服务器，可能没有被仔细地进行安全处理和监视。

○ 载有非常敏感数据的计算机可能与向公众开放的计算机同在一个子网中。

尽管安全破坏事件较少发生在OSI模型的低层，可是它们确实也有发生，并且同样具有破坏力。设想一名黑客想要使一所大学图书馆的数据库和邮件服务器停机，因为这所大学图书馆的数据库是公开的并且可被网上的任何人查询。这名黑客将通过搜索数据库服务器的端口来确定哪一个未受保护。如果数据库服务器上存在一个开放端口，那么，他就可以连接上系统并且放置一个攻击程序，这个程序将在几天后损毁操作系统文件，或者引起登录信息传输混乱，从而使机器停止工作。他可能还会利用新发现的访问路径来确定系统的超级口令，以访问其他的系统，在图书馆与数据库服务器相连的邮件服务上放置同样的攻击程序。在这种方法下，甚至服务器上一个很小的错误(未保护一个开放端口)都可能导致多个系统的失败。

3. 与协议和软件有关的风险

与硬件一样，网络软件的安全性也取决于它的配置情况。OSI参考模型的高层，如传输层、会话层、表示层，以及应用层同样可以带来风险。正如前面所指出的一样，硬件和软件风险之间的差别有些模糊，因为协议风险和硬件风险是前后相继的。例如，如果路由器未经过适当的配置，黑客就会利用TCP/IP的开放性来访问网络。网络操作系统和应用软件具有不同的风险。大多数情况下，它们的安全性由于人们对文件访问权限缺乏了解，或者仅仅是在设置软件时的疏忽而受到牵累。如果将网络上的重要数据和程序的访问权限赋予不适当的用户，那么即使是最好的加密技术、机房门锁、安全政策和口令纪律也都无能为力。以下是与网络协议和软件有关的一些风险。

○ TCP/IP包括的安全漏洞。例如，IP地址可以被轻易伪造、校验和欺骗，UDP无须认证以及TCP只要求非常简单的认证。

○ 服务器之间的信任连接使得黑客可能由一个小漏洞而得以访问整个网络。

○ 网络操作系统软件通常包含"后门"或者安全漏洞。除非网络管理员进行定期更新，否则黑客就能够利用这些漏洞。

○ 如果网络操作系统允许服务器操作者退出到DOS提示符方式，那么入侵者就可以运行毁灭性的命令行程序。

○ 管理员在安装完操作系统或应用程序之后，可能会接受默认的安全选项。通常情况下，默认不是最优的，例如，在Windows服务器上能够对系统进行任意修改的默认用户ID称为"管理员"。由于这个默认是众所周知的，如果将默认ID设置为"管理员"，就已经向黑客提供了一半的信息。

- 在应用程序之间的事务处理。例如，数据库与基于Web的表格之间可能为窃听留下空间。

4. 与Internet访问有关的风险

尽管Internet曾经带来计算机灾难，但公众关注的网络安全更多是从内部而非外部受到攻击。外部入侵者的威胁却是现实存在的，特别是当更多人访问Internet时，这种威胁将日益增加。

当用户与Internet连接时，需要格外小心。例如，最流行的网络浏览器有时也会在其发行版本中包含bug，从而使得那些想损坏系统的黑客利用这些bug，通过某些脚本程序即可入侵系统。此外在浏览网络时需要小心站点所提供的信息，有些站点会截获用户信息。新的与Internet有关的威胁层出不穷，一般的与Internet有关的安全破坏事件包括以下内容。

- 防火墙设置不当，没有足够的防护作用。例如，它可能会允许外来者获得内部IP地址，利用这些地址去假装已经获得了由Internet访问网络的授权，这个过程称为IP欺骗；或者防火墙没有被正确配置，不能防止未经授权的数据包从外界进入LAN。正确设置防火墙是使内部LAN免受攻击的最佳方法之一。
- 当用户通过Internet Telnet或者FTP连接到公司站点的，用户ID和口令将以纯文本方式进行传递。任何监视网络的人都可窥探到用户ID和口令，并用它来访问系统。
- 黑客可能会由工作组、邮件列表或者用户在网上填写的表格得知用户ID的信息。
- 当用户连接到Internet聊天室时，他们可能受到其他Internet用户的攻击，其他用户可以向他们的机器发送非法命令，使得屏幕上充满了无用的字符，并且要求他们终止会话。
- 当黑客通过Internet入侵系统后，可能会发生"拒绝服务"攻击。拒绝服务攻击在系统因信息泛滥或者其他干扰而失效时发生，这种攻击是一种相对容易放置的攻击。例如，黑客可以创建一个循环程序，每分钟向用户系统发送数以千计的电子邮件。这个问题最简单的解决办法就是关闭被攻击的服务器，然后重新设置防火墙拒绝对进攻机器的服务。拒绝服务攻击也可能由发生故障的软件造成。因此，对服务器的操作和应用程序使用补丁，以及研究零售商的升级声明，定期进行升级对于维护网络安全是至关重要的。

12.1.2　网络攻击手段

进行网络攻击的不法分子使用的攻击行为包括：在未经授权访问的条件下，获得对数据的访问权限；对正常通过网络系统的数据流实施修改或破坏，并以此达到破坏正常操作的目的；向网络系统中注入假的或伪造的信息。在实际的网络攻击手段中，可以满足上述攻击行为的攻击手段有很多，归纳起来主要有以下几种。

- 截获(或阻断)：这种网络攻击手段通过对网络传输过程中的通信数据进行截取，以便阻止通信数据的正常传输，从而破坏信息的可用性。截获主要是针对网络信息的可用性而采取的网络攻击手段。
- 窃听：在这种网络攻击手段中，某一通信数据在网络传输过程中被非法窃听，从而使不法分子知道从信源发出至信宿的机密信息。窃听主要是针对网络信息的机密性而进行的攻击。

○ 修改：这可能是一种最复杂的网络攻击手段，它涉及中断数据信号、修改数据，然后再将数据重新发送到原来的信宿等不同的操作过程。修改主要是针对网络信息的数据完整性而进行的攻击。

○ 伪造：在这种网络攻击手段中，传输到信宿的数据不是由本来的信源发出的，而是其他不法分子伪造并发送到信宿的。伪造主要是针对网络信息的真实性而进行的一种攻击。

○ 重播(重发)：在这种网络攻击手段中，不法分子通过截获某次合法的通信数据并进行数据复制，再把复制后的数据多次重新发送到网络系统中，从而影响信宿的正常工作。

○ 业务否认：业务否认是针对网络信息不可否认的网络安全特性而进行的一种攻击行为，它往往与其他的网络攻击手段(如伪造、修改等)结合起来一起实施，以实现其作案之后能逃之夭夭的目的。

前面介绍了网络攻击的主要方式。事实上，网络攻击的手段多种多样，要想有效防范网络攻击，还要具体了解网络攻击的手段。接下来，将为读者介绍常见网络攻击手段，并且针对这些网络攻击手段给以详细的分析。

1. 拒绝服务攻击(Denial of Service，DoS)

拒绝服务攻击是计算机网络中最常见的攻击方式之一，它主要利用TCP/IP协议中的TCP SYN来实现。一般情况下，一个TCP连接的建立需要经过以下3次握手的过程。

○ 建立发起者向目标计算机发送一个TCP SYN报文。

○ 目标计算机收到这个SYN报文之后，在内存中创建TCP连接控制块(TCB)，然后向发起者返回一个TCP ACK报文，等待发起者的回应。

○ 发起者收到TCP ACK报文后，再回应一个ACK报文，这样，TCP连接就建立起来了。

利用这个过程，一些恶意的攻击者可以进行所谓的TCP SYN拒绝服务攻击，所使用的攻击方法如下。

○ 攻击者向目标计算机发送一个TCP SYN报文。

○ 目标计算机收到这个报文后，建立TCP连接控制结构(TCB)，并回应一个ACK，等待发起者的回应。

○ 发起者不向目标计算机回应ACK报文，这样即可导致目标计算机一直处于等待状态。

可以看出，目标计算机如果接收到大量的TCP SYN报文，而没有收到发起者的第三次ACK回应，将会一直在等待，处于这样尴尬状态的半连接如果很多，则会把目标计算机的资源(TCB控制结构，TCB一般情况下是有限的)耗尽，而无法响应正常的TCP连接请求。

在拒绝服务攻击(DoS)的基础上，又衍生出分布式拒绝服务攻击(Distributed Denial of Service，DDoS)，是指利用拒绝服务攻击(DoS)原理，让处于不同位置的大量攻击者同时向一个或数个目标发动攻击，或者一个攻击者控制了位于不同位置的大量机器并利用这些机器对受害者同时实施攻击。由于攻击的发出点是分布在不同地方的，这类攻击称为分布式拒绝服务攻击，其中的攻击者可以有多个。

一个完整的DDoS攻击体系由攻击者、主控端、代理端和攻击目标四部分组成。主控端和代理端分别用于控制和实际发起攻击，其中主控端只发布命令而不参与实际的攻击，代理端发出DDoS的实际攻击包。对于主控端和代理端的计算机，攻击者有控制权或者部分控制权。它在攻击过程中会利用各种手段隐藏自己不被别人发现。真正的攻击者一旦将攻击的命令传送到主控端，攻击者就可以关闭或离开网络。而由主控端将命令发布到各个代理主机上，这样攻击者可以逃避追踪。每一个攻击代理主机都会向目标主机发送大量的服务请求数据包，这些数据包经过伪装，无法识别它的来源，而且这些数据包所请求的服务往往要消耗大量的系统资源，造成目标主机无法为用户提供正常服务，甚至导致系统崩溃。

2. 泛洪攻击

在正常情况下，为了对网络进行诊断，一些诊断程序(如ping等)会发出ICMP响应请求报文(ICMP ECHO)，接收计算机接收到ICMP ECHO之后，会回应一个ICMP ECHO Reply报文。这个过程是需要CPU进行处理的，有的情况下还可能消耗掉大量的资源，如处理分片时。这样，如果攻击者向目标计算机发送大量的ICMP ECHO报文(产生ICMP洪水)，目标计算机将会忙于处理这些ECHO报文，而无法继续处理其他的网络数据报文，这也是一种拒绝服务攻击(DoS)。

另一种攻击方式是：一个恶意的攻击者把ECHO的源地址设置为一个广播地址，这样，计算机在恢复REPLY的时候，就会以广播地址为目的地址，因此，本地网络上所有的计算机都必须处理这些广播报文。如果攻击者发送的ECHO请求报文足够多，所产生的REPLY广播报文就可能把整个网络淹没，这就是所谓的Smurf攻击。除了把ECHO报文的源地址设置为广播地址外，攻击者还可能把源地址设置为一个子网广播地址，这样，该子网所在的计算机就可能受到影响。

原理与ICMP洪水类似，攻击者也可以通过发送大量的UDP报文到目标计算机，导致目标计算机忙于处理这些UDP报文而无法继续处理正常的报文。

3. 端口扫描

根据TCP协议规范，当一台计算机收到一个TCP连接建立请求报文(TCP SYN)时，计算机将做以下处理。

- 如果请求的TCP端口是开放的，则回应一个TCP ACK报文，并建立TCP连接控制结构(TCB)。
- 如果请求的TCP端口没有开放，则回应一个TCP RST(TCP头部中的RST标志被设置为1)报文，通知发起计算机该端口没有开放。

相应地，如果IP协议栈收到一个UDP报文，将会做如下处理。

- 如果该报文的目标端口开放，则把该UDP报文发送到上层协议(UDP)进行处理，不回应任何报文(上层协议根据处理结果而回应的报文例外)。
- 如果该报文的目标端口没有开放，则向发起者回应一个ICMP不可达报文，通知发起者计算机的这个UDP报文的端口不可达。

利用这个工作原理，攻击者计算机便可以通过发送合适的报文，判断目标计算机哪些TCP或UDP端口是开放的，过程如下。

- 发出端口号从0开始依次递增的TCP SYN或UDP报文(端口号是一个16比特的数字，这样最大为65 535，数量很有限)。

- 如果计算机接收到了针对这个TCP报文的RST报文，或针对这个UDP报文的ICMP不可达报文，则说明这个端口没有开放。
- 相反，如果接收到了针对这个TCP SYN报文的ACK报文，或者没有接收到任何针对该UDP报文的ICMP报文，则说明该TCP端口是开放的，UDP端口可能开放(因为有的实现中可能不回应ICMP不可达报文，即使该UDP端口没有开放)。

这样继续下去，便可以很容易地判断出目标计算机开放了哪些TCP或UDP端口，然后针对端口的具体数字进行下一步攻击，这就是所谓的端口扫描攻击。

4. 利用TCP报文的标志进行攻击

在TCP报文的报头中，有以下几个标志字段。

- SYN：连接建立标志。TCP SYN报文就是把该标志设置为1来请求建立连接。
- ACK：回应标志。在一个TCP连接中，除了第一个报文(TCP SYN)外，其他的所有报文都设置该字段，作为对上一个报文的回应。
- FIN：结束标志。当一台计算机接收到一个设置了FIN标志的TCP报文后，将会拆除这个TCP连接。
- RST：复位标志。当IP协议栈接收到一个目标端口不存在的TCP报文时，将会回应一个RST标志设置的报文。
- PSH：通知协议栈尽快把TCP数据提交给上层程序进行处理。

在正常情况下，任何TCP报文都会设置SYN、FIN、ACK、RST和PSH 5个标志中的至少一个标志，第一个TCP报文(TCP连接请求报文)设置SYN标志，后续报文都设置ACK标志。有的协议栈基于这样的假设：没有针对不设置任何标志的TCP报文的处理过程，因此，这样的协议栈如果收到了不符合规范的报文时将会崩溃。攻击者利用这个特点对目标计算机进行攻击。

例如，在正常情况下，ACK标志在除了第一个报文之(SYN报文)外，所有的报文都设置了该标志，包括TCP连接拆除报文(FIN标志设置的报文)。但有的攻击者却可能向目标计算机发送设置了FIN标志却没有设置ACK标志的TCP报文，这样可能会导致目标计算机崩溃。

在正常情况下，SYN标志(连接请求标志)和FIN标志(连接拆除标志)不能同时出现在一个TCP报文中。而且RFC也没有规定IP协议栈如何处理这样的畸形报文，因此，各个操作系统的协议栈在收到这样的报文后的处理方式各不相同，攻击者即可利用这个特征，通过发送SYN和FIN同时设置的报文来判断操作系统的类型，然后针对该操作系统进行进一步的攻击。

5. 分片IP报文攻击

为了传送一个大的IP报文，IP协议栈需要根据链路接口的MTU对该IP报文进行分片，通过填充适当的IP头中的分片指示字段，接收计算机可以很容易地把这些IP分片报文组装起来。

目标计算机在处理这些分片报文时，将先到达的分片报文缓存起来，然后一直等待后续的分片报文，这个过程会消耗掉一部分内存以及一些IP协议栈的数据结构。如果攻击者给目标计算机只发送一片分片报文，而不发送所有的分片报文，这样，被攻击者的计算机将会一直等待(直到一个内部计时器到时)，如果攻击者发送了大量的分片报文，就会消耗掉目标计算机的资源，而导致不能处理相应正常的IP报文，这也是一种DoS攻击。

6. 带源路由选项的IP报文

为了实现一些附加功能，IP协议规范在IP报头中增加了选项字段，这个字段可以有选择地携带一些数据，以指明中间设备(路由器)或最终目标计算机对这些IP报文进行额外的处理。

源路由选项便是其中的一个，从名字就可以看出，源路由选项的目的是指导中间设备(路由器)如何转发该数据报文，即明确指明了报文的传输路径。例如，让一个IP报文明确地经过3台路由器R1、R2和R3，则可以在源路由选项中明确指明这3个路由器的接口地址，这样不论3台路由器上的路由表如何，这个IP报文就会依次经过R1、R2和R3，而且这些带源路由选项的IP报文在传输的过程中，其源地址不断改变，目标地址也不断改变，因此，通过设置源路由选项，攻击者便可以伪造一些合法的IP地址而蒙混进入网络。

记录路由选项也是一个IP选项，携带了该选项的IP报文每经过一台路由器，该路由器便把自己的接口地址添加到选项字段中。这样，这些报文在到达目的地时，选项数据中便记录了该报文经过的整个路径。通过这样的报文可以很容易地判断该报文所经过的路径，从而使攻击者可以很容易地寻找到其中的攻击弱点。

7. IP地址欺骗

一般情况下，路由器在转发报文时，只根据报文的目的地址查路由表，而不管报文的源地址是什么，因此，这样就可能面临一种危险：如果攻击者向一台目标计算机发出一个报文，而把报文的源地址填写为第三方的IP地址，这样，这个报文在到达目标计算机时，目标计算机有可能向毫无知觉的第三方计算机进行回应，这就是所谓的IP地址欺骗攻击。

例如，比较著名的SQL Server蠕虫病毒，就是采用了这种原理。该病毒(可以理解为一个攻击者)向一台运行SQL Server解析服务的服务器发送一个解析服务的UDP报文，该报文的源地址设置为另外一台运行SQL Server解析程序(SQL Server 2000以后版本)的服务器，这样，由于SQL Server 解析服务的一个漏洞，就可能使得该UDP报文在这两台服务器之间往复，最终导致服务器或网络瘫痪。

8. 针对路由协议的攻击

网络设备之间为了交换路由信息，常常需要运行一些动态的路由协议，这些路由协议可以完成如路由表的建立、路由信息的分发等功能。常见的路由协议有RIP、OSPF、IS-IS和BGP等。这些路由协议在方便路由信息管理和传递的同时，也存在一些缺陷，如果攻击者利用了路由协议的这些权限对网络进行攻击，可能造成网络设备路由表紊乱(这足以导致网络中断)，网络设备资源大量消耗，甚至导致网络设备瘫痪。下面列举一些常见路由协议的攻击方式和原理。

(1) 针对RIP协议的攻击

RIP，即路由信息协议，是通过周期性(一般情况下为30s)的路由更新报文来维护路由表。一台运行RIP路由协议的路由器，如果从一个接口上接收到了一个路由更新报文，它就会分析其中包含的路由信息，并与自己的路由表进行比较，如果该路由器认为这些路由信息比自己所掌握的更有效，它就把这些路由信息引入自己的路由表中。

这样，如果一个攻击者向一台运行RIP协议的路由器发送了人为构造的带破坏性的路由更新报文，就很容易把路由器的路由表弄紊乱，从而导致网络中断。如果运行RIP路由协议的路由器启用了路由更新信息的HMAC验证，则可以从很大程度上避免这种攻击。

(2) 针对OSPF路由协议的攻击

OSPF，即开放最短路径优先，是一种应用广泛的链路状态路由协议。该路由协议基于链路状态算法，具有收敛速度快、平稳、杜绝环路等优点，十分适用于大型的计算机网络。OSPF路由协议通过建立邻接关系来交换路由器的本地链路信息，然后形成一个整个网络的链路状态数据库，针对该数据库，路由器即可轻易地计算出路由表。

可以看出，如果一个攻击者冒充一台合法路由器与网络中的一台路由器建立邻接关系，并向攻击路由器输入大量的链路状态广播(LSA，即组成链路状态数据库的数据单元)，就会引导路由器形成错误的网络拓扑结构，从而导致整个网络的路由表紊乱，使整个网络瘫痪。

当前版本的Windows操作系统(Windows 2000/XP 17等)都实现了OSPF路由协议功能，因此，一个攻击者可以很容易地利用这些操作系统自带的路由功能模块来进行攻击。

与RIP类似，如果OSPF启用了报文验证功能(HMAC验证)，则可以从很大程度上避免这种攻击。

(3) 针对IS-IS路由协议的攻击

IS-IS路由协议，即中间系统到中间系统，是ISO提出来对ISO的CLNS网络服务进行路由的一种协议，这种协议也是基于链路状态的，原理与OSPF类似。IS-IS路由协议经过扩展，可以运行在IP网络中，对IP报文进行路由选择。这种路由协议也是通过建立邻接关系、收集路由器本地链路状态的手段，来完成链路状态数据库的同步。该协议的邻接关系的建立比OSPF简单，而且也省略了OSPF特有的一些特性，使该协议简单明了，伸缩性更强。

对该协议的攻击与OSPF类似，通过一种模拟软件与运行该协议的路由器建立邻接关系，然后传送给攻击路由器大量的链路状态数据单元(LSP)，可以导致整个网络路由器的链路状态数据库不一致(因为整个网络中所有路由器的链路状态数据库都需要同步到相同的状态)，从而导致路由表与实际情况不符，致使网络中断。

与OSPF类似，如果运行该路由协议的路由器启用了IS-IS协议单元(PDU)HMAC验证功能，则可以从很大程度上避免这种攻击。

9. 针对设备转发表的攻击

为了合理有限地转发数据，网络设备上一般都建有一些寄存器表项(如MAC地址表、ARP表、路由表、快速转发表)和一些基于更多报文头字段的表格(如多层交换表、流项目表等)。这些表结构都存储在本地设备的内存中，或者芯片的片上内存中，数量有限。如果一个攻击者通过发送合适的数据报，促使设备建立大量的此类表格，就会使设备的存储结构消耗尽，从而不能正常地转发数据甚至崩溃。

下面针对几种常见的表项，介绍其攻击原理。

(1) 针对MAC地址表的攻击

MAC地址表一般存储在以太网交换机上，以太网通过分析接收到的数据帧的目的MAC地址来查看本地的MAC地址表，然后做出合适的转发决定。这些MAC地址表一般是通过学习获取的，交换机在接收到一个数据帧后，有一个学习的过程，该过程如下。

- ❏ 提取数据帧的源MAC地址和接收到该数据帧的端口号。
- ❏ 搜索MAC地址表，确定该MAC地址是否存在，以及对应的端口是否相符合。
- ❏ 如果该MAC地址在本地MAC地址表中不存在，则创建一个MAC地址表项。

- 如果该MAC地址存在，但是对应的出端口与接收到该数据帧的端口不符，则更新该表。
- 如果该MAC地址存在，并且端口符合，则进行下一步处理。

分析这个过程可以看出，如果一个攻击者向一台交换机发送大量源MAC地址不同的数据帧，则该交换机就可能把本地的MAC地址表填满。一旦MAC地址表溢出，则交换机就不能继续学习正确的MAC表项，结果可能产生大量的网络冗余数据，甚至可能导致交换机崩溃。而构造一些源MAC地址不同的数据帧，是非常容易的事情。

(2) 针对ARP表的攻击

ARP表是IP地址和MAC地址的映射关系表。为了避免ARP解析而造成的广播数据报文对网络造成冲击，任何实现了IP协议栈的设备，一般情况下都通过该表维护IP地址和MAC地址的对应关系。ARP表的建立主要通过以下两个途径。

- 主动解析：如果一台计算机需要与另外一台不知道MAC地址的计算机进行通信，则该计算机主动发送ARP请求，通过ARP协议建立ARP表(前提是这两台计算机位于同一个IP子网上)。
- 被动请求：如果一台计算机接收到另一台计算机的ARP请求，则首先在本地建立请求计算机的IP地址和MAC地址的对应表。

因此，如果一个攻击者通过变换不同的IP地址和MAC地址向同一台设备(如3层交换机)发送大量的ARP请求，则被攻击设备可能会因为ARP缓存溢出而崩溃。

针对ARP表项，还有一个可能的攻击就是，误导计算机建立正确的ARP表。根据ARP协议，如果一台计算机接收到一个ARP请求报文，在满足下列两个条件的情况下，该计算机会用ARP请求报文中的源IP地址和源MAC地址更新自己的ARP缓存。

- 如果发起该ARP请求的IP地址在本地的ARP缓存中。
- 请求的目标IP地址不是本地的。

可以举一个例子来说明这个过程，假设有3台计算机：A、B和C，其中，B已经正确建立了A和C计算机的ARP表项。假设A是攻击者，此时，A发出一个ARP请求报文，该请求报文按照以下步骤进行构造：

- 源IP地址是C的IP地址，源MAC地址是A的MAC地址。
- 请求的目标IP地址是A的IP地址。

这样，计算机B在接收到这个ARP请求报文后(ARP请求是广播报文，网络上所有设备都能收到)，发现B的ARP表项已经在本地的缓存中，但是MAC地址与收到的请求的源MAC地址不符，于是根据ARP协议，使用ARP请求的源MAC地址(即A的MAC地址)更新自己的ARP表。

这样，B的ARP内存中就存在这样的错误ARP表项：C的IP地址与A的MAC地址对应。这样做的结果是，B发送给C的数据都被计算机A接收到。

(3) 针对流项目表的攻击

有的网络设备为了提高转发效率，建立了所谓的流缓存。所谓流，即一台计算机的某个进程到另外一台计算机的某个进程之间的数据流。如果表现在TCP/IP协议上，则是由五元组(源IP地址、目的IP地址、协议号、源端口号和目的端口号)共同确定的所有数据报文。

一个流缓存表一般由该五元组为索引，每当设备接收到一个IP报文后，将会首先分析

IP报头，把对应的五元组数据提取出来，进行一个HASH运算，然后根据运算结果查找流缓存，如果查找成功，则根据查找的结果进行处理；如果查找失败，则新建一个流缓存项，查找路由表，根据路由表查询结果将这个流缓存填写完整，然后对数据报文进行转发(具体转发是在流项目创建前还是创建后并不重要)。

可以看出，如果一个攻击者发出大量的源IP地址或者目的IP地址变化的数据报文，就可能导致设备创建大量的流项目，因为不同的源IP地址和不同的目标IP地址对应不同的流，这样可能导致流缓存溢出。

10. Script/ActiveX攻击

Script是一种可执行的脚本，它一般由一些脚本语言写成，如常见的JavaScript、VBScript等。在执行这些脚本时，需要一个专门的解释器来翻译，这些程序被翻译成计算机指令后，在本地计算机上运行。这种脚本的好处是：可以通过少量的程序写作完成大量的功能。

这种Script的一个重要应用就是嵌入Web页面里面，执行一些静态Web页面标记语言(HTML)无法完成的功能，如本地计算、数据库查询和修改，以及系统信息的提取等。这些脚本在带来方便和强大功能的同时，也为攻击者提供了方便的攻击途径。如果攻击者写一些对系统有破坏的Script，然后嵌入Web页面中，一旦这些页面被下载到本地，计算机便以当前用户的权限执行这些脚本，这样，当前用户所具有的任何权限，Script都可以使用，由此可以想象这些恶意的Script的破坏程度有多强，这就是所谓的Script攻击。

ActiveX是一种控件对象，它建立在微软的组件对象模型(COM)之上，而COM则几乎是Windows操作系统的基础结构。这些控件对象由方法和属性构成，方法就是一些操作，而属性则是一些特定的数据。这种控件对象可以被应用程序加载，然后访问其中的方法或属性，以完成一些特定的功能。可以说，COM提供了一种二进制的兼容模型(所谓二进制兼容，指的是程序模块与调用的编译环境和操作系统没有关系)。但需要注意的是，这种对象控件不能自己执行，因为它没有自己的进程空间，而只能由其他进程加载，并调用其中的方法和属性，这时候，这些控件便在加载进程的进程空间中运行，类似于操作系统的可加载模块，如DLL库。

ActiveX控件可以嵌入Web页面中，当浏览器下载这些页面到本地后，相应地也下载了嵌入在其中的ActiveX控件，这样，这些控件便可以在本地浏览器进程空间中进行运行(ActiveX空间没有自己的进程空间，只能由其他进程加载并调用)，因此，当前用户的权限有多大，ActiveX的破坏性便有多大。如果一个恶意的攻击者编写一个含有恶意代码的ActiveX控件，然后嵌入Web页面中，当这个ActiveX控件被一个浏览用户下载并执行后，其破坏作用是非常巨大的，这就是所谓的ActiveX攻击。

11. 漏洞攻击

漏洞是在硬件、软件、协议的具体实现或系统安全策略上存在的缺陷，可以使攻击者在未授权的情况下访问或破坏系统。漏洞是受限制的计算机、组件、应用程序或其他联机资源无意中留下的不受保护的入口点。

漏洞会影响到很大范围的软硬件设备，包括操作系统本身及其支撑软件、网络客户和服务器软件、网络路由器和安全防火墙等。换而言之，在这些不同的软硬件设备中都可能存在不同的安全漏洞问题。在不同种类的软、硬件设备，同种设备的不同版本之间，由不同设备构成的不同系统之间，以及同种系统在不同的设置条件下，都会存在各自不同的安全漏洞问题。

漏洞问题是与时间紧密相关的。一个系统从发布的那一天起，随着用户的深入使用，系统中存在的漏洞会被不断暴露出来，这些早先被发现的漏洞也会不断被系统供应商发布的补丁软件修补，或在以后发布的新版系统中得到纠正。而在新版系统纠正了旧版本中具有漏洞的同时，也会引入一些新的漏洞和错误。因而随着时间的推移，旧的漏洞会不断消失，新的漏洞会不断出现。

漏洞问题会长期存在，因而脱离具体的时间和具体的系统环境来讨论漏洞问题是毫无意义的。只能针对目标系统的操作系统版本、其上运行的软件版本以及服务运行设置等实际环境来具体谈论其中可能存在的漏洞及其可行的解决办法。

针对上述问题进行的攻击，就是所谓的漏洞攻击。

12. 缓冲区溢出攻击

缓冲区溢出是指当计算机向缓冲区内填充数据位数时超过了缓冲区本身的容量，溢出的数据覆盖在合法数据上。理想的情况是：程序会检查数据长度，而且不允许输入超过缓冲区长度的字符。但是绝大多数程序都会假设数据长度总是与所分配的存储空间相匹配，这就为缓冲区溢出埋下隐患。操作系统所使用的缓冲区，又被称为"堆栈"，在各个操作进程之间，指令会被临时存储在"堆栈"当中，"堆栈"也会出现缓冲区溢出。

可以利用它执行非授权指令，甚至可以取得系统特权，进而进行各种非法操作。缓冲区溢出攻击有多种英文名称：buffer overflow、buffer overrun、smash the stack、trash the stack、scribble the stack、mangle the stack、memory leak、overrun screw。它们指的都是同一种攻击手段。第一个缓冲区溢出攻击是Morris蠕虫，它曾造成了全世界6000多台网络服务器瘫痪。

通过往程序的缓冲区写超出其长度的内容，造成缓冲区的溢出，从而破坏程序的堆栈，使程序转而执行其他指令，以达到攻击的目的。造成缓冲区溢出的原因是程序中没有仔细检查用户输入的参数。例如下面的程序：

```
void function(char *str) {char buffer[16]; strcpy(buffer,str);}
```

上面的strcpy()将直接把str中的内容复制到buffer中。这样只要str的长度大于16，就会造成buffer的溢出，使程序运行出错。存在像strcpy这样的问题的标准函数还有strcat()、sprintf()、vsprintf()、gets()、scanf()等。

随便往缓冲区中填东西造成它溢出一般只会出现分段错误(Segmentation fault)，而不能达到攻击的目的。最常见的手段是通过制造缓冲区溢出使程序运行一个用户shell，再通过shell执行其他命令。如果该程序属于root且有suid权限的话，攻击者就获得了一个有root权限的shell，可以对系统进行任意操作了。

缓冲区溢出攻击之所以成为一种常见安全攻击手段，其原因在于缓冲区溢出漏洞太普遍了，并且易于实现。而且，缓冲区溢出可成为远程攻击的主要手段，其原因在于缓冲区溢出漏洞给予了攻击者他所想要的一切：植入并且执行攻击代码。被植入的攻击代码以一定的权限运行有缓冲区溢出漏洞的程序，从而得到被攻击主机的控制权。

在1998年Lincoln实验室用来评估入侵检测的5种远程攻击中，有2种是缓冲区溢出。而在

1998年CERT的13份建议中，有9份是与缓冲区溢出有关的；在1999年，至少有半数的建议是和缓冲区溢出有关的。在ugtraq的调查中，有2/3的被调查者认为缓冲区溢出漏洞是一个很严重的安全问题。

缓冲区溢出漏洞和攻击有很多种形式，相应地，防卫手段也随着攻击方法的不同而不同。

13. 后门木马攻击

特洛伊木马(以下简称木马)，英文叫作"Trojan horse"，其名称取自希腊神话的特洛伊木马记，它是一种基于远程控制的黑客工具。在黑客进行的各种攻击行为中，木马都起到了开路先锋的作用。

特洛伊木马属于客户机/服务器模式。它分为两大部分，即客户端和服务端。其原理是一台主机提供服务(服务器)，另一台主机接受服务(客户机)，作为服务器的主机一般会打开一个默认的端口进行监听。如果有客户机向服务器的这一端口提出连接请求，服务器上的相应程序就会自动运行，来应答客户机的请求。这个程序被称为守护进程。以大名鼎鼎的木马冰河为例，被控制端可视为一台服务器，控制端则是一台客户机，服务端程序G_Server.exe是守护进程，G_Client.exe是客户端应用程序。

14. SQL注入攻击

随着B/S模式应用开发的发展，使用这种模式编写应用程序的程序员也越来越多。但是由于程序员的水平及经验也参差不齐，相当大一部分程序员在编写代码的时候，没有对用户输入数据的合法性进行判断，使应用程序存在安全隐患。用户可以提交一段数据库查询代码，根据程序返回的结果，获得某些他想得知的数据，这就是所谓的SQL Injection，即SQL注入。

SQL注入攻击属于数据库安全攻击手段之一，可以通过数据库安全防护技术实现有效防护，数据库安全防护技术包括：数据库漏扫、数据库加密、数据库防火墙、数据脱敏、数据库安全审计系统。

SQL注入攻击同时可能会导致数据库面临安全风险，包括刷库、拖库、撞库。

15. 供应链攻击

供应链攻击是一种面向软件开发人员和供应商的新兴威胁，目标是通过感染合法应用分发恶意软件来访问源代码、构建过程或更新机制。

攻击者寻找不安全的网络协议、未受保护的服务器基础结构和不安全的编码做法，它们将在生成和更新过程中中断、更改源代码以及隐藏恶意软件。

由于软件由受信任的供应商构建和发布，因此这些应用和更新已签名并经过认证。在软件供应链攻击中，供应商可能未意识到他们的应用或更新在发布到公众时受到恶意代码的感染。然后，恶意代码将以与应用相同的信任和权限运行。

12.1.3　网络安全的目标

网络安全通常指的是网络信息的安全，包括存储信息的安全和传输信息的安全两个方面的内容。因此，网络安全的目标就是保护网络信息存放的安全和在网络传输过程中的安全，也就是防止网络信息被非授权地访问、非法地修改和破坏。具体地说，网络信息应该满足以下5个网络安全目标。

1. 机密性

机密性是指信息不被泄露给非授权用户、实体或过程，或供其利用的特性。对于个人而言，信息的机密性就是防止个人隐私不被侵犯，是保护自身权利的重要保证。

2. 完整性

完整性是指信息未经授权不能进行改变的特性，即信息在存储或传输过程中保持不被修改、不被破坏的特性。通俗地讲，信息的完整性就是保证信息在从信源到信宿传输过程前后的一致性。

3. 可用性

可用性指的是信息可被授权用户或实体访问并按需求进行使用的特性，即当需要时能否存取所需的信息。例如，网络环境下拒绝服务、破坏网络和有关系统的正常运行等，都属于对可用性的攻击。

4. 真实性

信息的真实性是保证信息来源正确，并防止信息伪造的特性，即对于由信息发送者A发往信息接收者B的信息C而言，信息的真实性保证了信息C是来源于信息发送者A，而不是其他的发送者。

5. 不可否认性

信息的不可否认性指的是建立有效的责任机制，防止用户或实体否认其行为的特性。举例来说，对于由信息发送者A发往信息接收者B的信息C而言，信息的不可否认性使得信息发送者A不能抵赖曾经向信息接收者B发送过信息C。

12.1.4 网络安全防范的主要内容

一个安全的计算机网络应该具有可靠性、可用性、完整性、保密性和真实性等特点。计算机网络不仅要保护计算机网络设备的安全和计算机网络系统的安全，还要保护数据安全等。因此，针对计算机网络本身可能存在的安全问题，实施网络安全保护方案以确保计算机网络自身的安全性，是每一个计算机网络都要认真对待的一个重要问题。网络安全防范的重点主要有两个方面：一是计算机病毒，二是黑客犯罪。

计算机病毒是我们都比较熟悉的一种危害计算机系统和网络安全的破坏性程序。黑客犯罪指的是个别人利用计算机高科技手段，盗取密码以侵入他人计算机网络，非法获得信息、盗用特权等，如非法转移银行资金、盗用他人银行账号进行购物等。随着网络经济的发展和电子商务的展开，严防黑客入侵、切实保障网络交易的安全，不仅关系到个人的资金安全和商家的货物安全，还关系到国家的经济安全和国家经济秩序的稳定问题，因此各级组织和部门必须给予高度重视。

12.2 网络安全防范体系

ITU-T X.800标准将人们常说的"网络安全(Network Security)"进行逻辑上的分别定义，安全攻击(Security Attack)指的是损害机构所拥有信息的安全的任何行为；安全机制(Security Mechanism)指的是设计用于检测、预防安全攻击或者恢复系统的机制；安全服务(Security Service)指的是采用一种或多种安全机制以抵御安全攻击、提高机构的数据处理系统安全和信息传输安全的服务。

为了有效地实现网络安全，有必要建立一些系统的方法来进行网络安全防范。

12.2.1 网络安全体系结构

网络安全防范体系的科学性和可行性是其可顺利实施的保障。如图12-1所示给出了基于DISSP扩展的一个三维安全防范技术体系框架结构，第一维是安全服务，给出了8种安全属性(ITU-T REC-X.800-199103-I)；第二维是系统单元，给出了信息网络系统的组成；第三维是结构层次，给出并扩展了国际标准化组织ISO的开放系统互连(OSI)模型。

框架结构中的每一个系统单元都对应于某一个协议层次，需要采取若干种安全服务才能保证该系统单元的安全。网络平台需要有网络节点之间的认证和访问控制，应用平台需要有针对用户的认证和访问控制，需要保证数据传输的完整性和保密性，需要有抗抵赖和审计的功能，需要保证应用系统的可用性和可靠性。针对一个信息网络系统，如果在各个系统单元都有相应的安全措施来满足其安全需求，则该信息网络被认为是安全的。

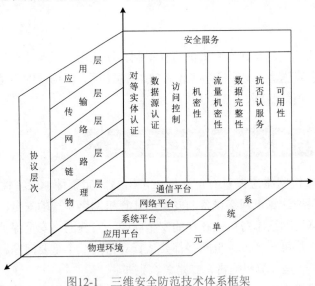

图12-1 三维安全防范技术体系框架

12.2.2 网络安全防范体系层次

全方位的、整体的网络安全防范体系也是分层次的，不同的层次反映了不同的安全问题。根据网络的应用现状情况和网络的结构，将安全防范体系的层次划分为物理层安全、系统层安全、网络层安全、应用层安全和管理层安全5个层次，如图12-2所示。

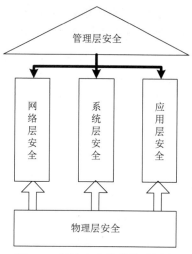

图12-2 网络安全防范体系层次

1. 物理环境的安全性(物理层安全)

该层次的安全包括通信线路的安全、物理设备的安全和机房的安全等。物理层的安全主要体现在通信线路的可靠性(如线路备份、网管软件、传输介质)、软硬件设备安全性(如替换设备、拆卸设备、增加设备)、设备的备份、防灾害能力、防干扰能力、设备的运行环境(温度、湿度、烟尘)、不间断电源保障等。

2. 操作系统的安全性(系统层安全)

该层次的安全问题来自网络内使用的操作系统的安全，如Windows NT/2000/ XP/Vista/7等。其主要表现在3个方面：一是操作系统本身的缺陷所带来的不安全因素，主要包括身份认证、访问控制和系统漏洞等；二是对操作系统的安全配置问题；三是病毒对操作系统的威胁。

3. 网络的安全性(网络层安全)

该层次的安全问题主要体现在网络方面的安全性，包括网络层身份认证、网络资源的访问控制、数据传输的保密与完整性、远程接入的安全、域名系统的安全、路由系统的安全、入侵检测的手段和网络设施防病毒等。

4. 应用的安全性(应用层安全)

该层次的安全问题主要由提供服务所采用的应用软件和数据的安全性产生，包括Web服务、电子邮件系统和DNS等。此外，还包括病毒对系统的威胁。

5. 管理的安全性(管理层安全)

安全管理包括安全技术和设备的管理、安全管理制度、部门与人员的组织规则等。管理的制度化极大程度地影响着整个网络的安全。严格的安全管理制度、明确的部门安全职责划分、合理的人员角色配置，都可以在很大程度上降低其他层次的安全漏洞。

12.2.3 网络安全防范体系设计准则

根据防范安全攻击的安全需求、需要达到的安全目标、相应安全机制所需要的安全服务等因素，参照SSE-CMM(系统安全工程能力成熟模型)和ISO17799(信息安全管理标准)等国际标准，综合考虑可实施性、可管理性、可扩展性、综合完备性、系统均衡性等方面，网络安全防范体系在整体设计过程中应遵循以下9项原则。

1. 网络信息安全的木桶原则

网络信息安全的木桶原则指的是对信息均衡进行全面的保护。"木桶的最大容积取决于最短的一块木板。"网络信息系统是一个复杂的计算机系统，它本身在物理上、操作上和管理上的种种漏洞构成了系统的安全脆弱性，尤其是多用户网络系统自身的复杂性、资源共享性，使单纯的技术保护防不胜防。攻击者使用的"最易渗透原则"，必然对系统中最薄弱的地方进行攻击。因此，充分、全面、完整地对系统的安全漏洞和安全威胁进行分析、评估和检测(包括模拟攻击)，是设计信息安全系统的必要前提条件。安全机制和安全服务设计的首要目的是防止最常用的攻击手段，根本目的是提高整个系统的"安全最低点"的安全性能。

2. 网络信息安全的整体性原则

该原则要求在网络发生被攻击、破坏事件的情况下，必须尽可能地快速恢复网络信息中心的服务，以减少损失，因此，信息安全系统应该包括安全防护机制、安全检测机制和安全恢复机制。安全防护机制指的是根据具体系统存在的各种安全威胁采取的相应防护措施，避免非法攻击的进行。安全检测机制指的是检测系统的运行情况，及时发现并制止对系统进行的各种攻击。安全恢复机制指的是在安全防护机制失效的情况下，进行应急处理和尽量、及时地恢复信息，减少供给的破坏程度。

3. 安全性评价与平衡原则

对于任何网络，绝对安全是无法达到的，也不一定是必要的，所以需要建立合理的使用安全性与用户需求的评价与平衡体系。安全体系设计要正确处理需求、风险与代价的关系，做到安全性与可用性相容，做到组织上可执行。评价信息是否安全，没有绝对的评判标准和衡量指标，只能决定于系统的用户需求和具体的应用环境，具体取决于系统的规模和范围、系统的性质和信息的重要程度等。

4. 标准化与一致性原则

系统是一个庞大的系统工程，它的安全体系的设计必须遵循一系列的标准，这样才能确保各个分系统的一致性，使整个系统安全地互连互通以进行信息共享。

5. 技术与管理相结合原则

安全体系是一个复杂的系统工程，涉及人、技术、操作等要素，单靠技术或管理都不可能实现，因此，必须将各种安全技术与运行管理机制、人员思想教育与技术培训、安全规章制度建设结合起来。

6. 统筹规划、分步实施原则

由于政策规定和服务需求的不清晰，以及环境、条件和时间的变化，攻击手段的进步，安全防护不可能一步到位，可以在一个比较全面的安全规划下，根据网络的实际需要，首先建立基本的安全体系，保证基本的、必需的安全性。随着今后网络规模的扩大及应用的增加，加上网络应用和复杂程度的变化，网络脆弱性也会不断增加，这时需要调整或增强安全防护力度，保证整个网络最根本的安全需求。

7. 等级性原则

等级性原则指的是安全层次和安全级别。良好的信息安全系统必然是分为不同的等级，包括对信息保密程度分级，对用户操作权限分级，对网络安全程度分级(安全子网和安全区域)，对系统实现结构的分级(应用层、网络层、链路层等)，从而针对不同级别的安全对象，提供全面、可选的安全算法和安全体制，以满足网络中不同层次的各种实际需求。

8. 动态发展原则

要根据网络安全的变化不断调整安全措施，适应新的网络环境，满足新的网络安全需求。

9. 易操作性原则

首先，安全措施需要人去完成。如果措施过于复杂，对人的要求过高，本身就降低了安全性。其次，措施的采用不能影响系统的正常运行。

12.2.4　网络安全防范策略

安全策略概略说明什么资产是值得保护和什么行动或不行动将威胁资产，所以安全策略是安全的基础，应权衡预期的威胁对生产力和效率的破坏程度，根据价值不同确认保护水平。安全策略的制定是网络安全的前提，网络安全策略确定了结构中预期计算机的适当配置、使用的网络和用以防止与回应安全事件程序。

1. 物理安全策略

物理安全策略的目的是保护计算机系统、网络服务器、打印机等硬件实体和通信链路免受自然灾害、人为破坏和在线攻击；验证用户的身份和使用权限，防止用户越权操作；确保计算机系统有一个良好的电磁兼容工作环境；建立完备的安全管理制度，防止非法进入计算机控制室和各种偷窃、破坏活动的发生。

抑制和防止电磁泄漏(即TEMPEST技术)是物理安全策略的一个主要问题。目前，主要的防护措施有两类：一类是对传导发射的防护，主要是对电源线和信号线加装性能良好的滤波器，减小传输阻抗和导线间的交叉耦合；另一类是对辐射的防护。对辐射的防护措施又可分为两种：一是采用各种电磁屏蔽措施，如对设备的金属屏蔽和各种接插件的屏蔽，同时对机房的下水管、暖气管和金属门窗进行屏蔽和隔离，二是干扰的防护措施，即在计算机系统工作的同时，利用干扰装置产生一种与计算机系统辐射相关的伪噪声向空间辐射，以掩盖计算机系统的工作频率和信息特征。

2. 访问控制策略

访问控制是网络安全防范和保护的主要策略，它的主要任务是避免网络资源被非法使用和非正常访问，它也是维护网络系统安全和保护网络资源的重要手段。各种安全策略必须相互配合才能真正起到保护作用，其中，访问控制可以说是保证网络安全最重要的核心策略之一。以下将分别叙述各种访问控制策略。

(1) 入网访问控制

入网访问控制为网络访问提供了第一层访问控制。它控制哪些用户可以登录到服务器并获取网络资源，控制准许用户入网的时间和准许他们在哪台工作站入网。

用户的入网访问控制可分为3个步骤：用户名的识别与验证、用户口令的识别与验证、用户账号的默认限制检查。三道关卡中只要任何一关未过，该用户便不能进入该网络。

对网络用户的用户名和口令进行验证是防止非法访问的第一道防线。用户注册时，首先输入用户名和口令，服务器将验证所输入的用户名是否合法。如果验证合法，再继续验证用户输入的口令；否则，用户将被拒绝在网络之外。用户的口令是用户入网的关键所在。为保证口令的安全性，用户口令不能显示在显示屏幕上，口令长度不应少于6个字符，口令字符最好是数字、字母和其他字符的组合，用户口令必须经过加密。用户还可采用一次性用户口令，也可以使用便携式验证器(如智能卡)来验证用户的身份。

网络管理员应该可以控制和限制普通用户的账号使用、访问网络的时间和方式。用户名或用户账号是所有计算机系统中最基本的安全形式。用户账号只有系统管理员才能建立。用户口令则是每个用户访问网络所必须提交的"证件"，用户可以修改自己的口令，但是系统管理员应该可以控制口令的以下几个方面的限制：最小口令长度、强制修改口令的时间间隔、口令的唯一性、口令过期失效后允许入网的宽限次数。

用户名和口令验证有效之后，再进一步进行用户账号的默认限制检查。网络应能控制用户登录入网的站点、限制用户入网的时间、限制用户入网的工作站数量。当用户对交费网络的访问"资费"用尽时，网络还应当能对用户的账号加以限制，用户此时将无法进入网络访问网络资源。网络应对所有的用户访问进行审计。如果多次输入口令不正确，则认为是非法用户的入侵，应当给出报警信息。

(2) 网络的权限控制

网络的权限控制是针对网络非法操作所提出的一种安全保护措施。用户和用户组被赋予一定的权限。网络控制用户和用户组可以访问哪些目录、子目录、文件和其他资源，可以指定用户对这些文件、目录、设备能够执行哪些操作。受托者指派和继承权限屏蔽(IRM)可作为它的两种实现方式。受托者指派控制用户和用户组如何使用网络服务器的目录、文件和设备。继承权限屏蔽相当于一个过滤器，可以限制子目录从父目录那里继承哪些权限。根据访问权限，可以将用户分为以下几类。

❑ 特殊用户(即系统管理员)。
❑ 一般用户，系统管理员根据实际需要为他们分配操作权限。
❑ 审计用户，负责网络的安全控制与资源使用情况的审计，用户对网络资源的访问权限可以用一个访问控制表进行描述。

(3) 目录级安全控制

网络应当允许控制用户对目录、文件和设备的访问。用户在目录一级指定的权限对所有文件和子目录都有效，用户还可进一步指定目录下的子目录和文件的权限。对目录和文件的访问权限一般有8种：系统管理员权限(Supervisor)、读权限(Read)、写权限(Write)、创建权限(Create)、删除权限(Erase)、修改权限(Modify)、文件查找权限(File Scan)和存取控制权限(Access Control)。用户对文件或目标的有效权限取决于以下3个因素：用户的受托者指派、用户所在组的受托者指派、继承权限屏蔽取消的用户权限。一个网络系统管理员应当为用户指定适当的访问权限，这些访问权限控制着用户对服务器的访问。8种访问权限的有效组合可以使用户有效地完成工作，同时又能有效地控制用户对服务器资源的访问，从而加强网络和服务器的安全性。

(4) 属性安全控制

当使用文件、目录和网络设备时，网络系统管理员应当为文件、目录等设置访问属性。

属性安全控制可以将给定的属性与网络服务器的文件、目录和网络设备联系起来。属性安全在权限安全的基础上，提供更进一步的安全性。网络上的资源都应预先标出一组安全属性。用户对网络资源的访问权限对应一张访问控制表，用以表明用户对网络资源的访问能力。属性设置可以覆盖已经指定的任何受托者指派和有效权限。属性往往能控制以下几个方面的权限：向某个文件写数据、复制一个文件、删除目录或文件、查看目录和文件、执行文件、隐含文件、共享、系统属性等。网络的属性可以保护重要的目录和文件，防止用户对目录和文件的误删除、执行修改和显示等。

(5) 网络服务器安全控制

网络允许在服务器控制台上执行一系列的操作。用户使用控制台可以装载和卸载模块，安装和删除软件等。网络服务器的安全控制包括：可以设置口令锁定服务器控制台，以防止非法用户修改、删除重要的信息或破坏数据；可以设置服务器登录时间限制、非法访问者检测和关闭的时间间隔。

(6) 网络监测和锁定控制

网络管理员应对网络实施监控，服务器应记录用户对网络资源的访问。对非法的网络访问，服务器应当以图形或文字或声音等形式进行报警，以引起网络管理员的注意。如果不法之徒试图进入网络，网络服务器应当会自动记录企图尝试进入网络的次数，如果非法访问的次数达到所设置数值后，该账户将被自动锁定。

(7) 网络端口和节点的安全控制

网络中服务器的端口往往使用自动回呼设备、静默调制解调器加以保护，并以加密的形式来识别节点的身份。自动回呼设备用于防止假冒合法用户，静默调制解调器用于防范黑客的自动拨号程序对计算机进行攻击。网络还经常对服务器端和用户端采取控制，用户必须携带证实身份的验证器(如智能卡、磁卡、安全密码发生器)。在对用户的身份进行验证之后，才允许用户进入用户端，然后，用户端和服务器端再进行相互验证。

3. 信息加密策略

信息加密的目的是保护网内的数据、文件、口令、控制信息和网上传输的数据。网络加密常用的方法有链路加密、端点加密和节点加密3种。链路加密的目的是保护网络节点之间的链路信息安全；端点加密的目的是对源端用户到目的端用户的数据进行保护；节点加密的目的是对源节点到目的节点之间的传输链路进行保护。用户可以根据网络情况需求酌情选择上述加密方式。

信息加密过程是由形形色色的加密算法来具体实施的，它以很小的代价提供巨大的安全保护。在多数情况下，信息加密是保证信息机密性的唯一方法。据不完全统计，到目前为止，已经公开发表的各种加密算法多达数百种。如果按照收发双方密钥是否相同进行分类，可以将这些加密算法分为常规密码算法和公钥密码算法两种。

在常规的密码中，收信方和发信方使用相同的密钥，即加密密钥和解密密钥是相同或等价的。比较著名的常规密码算法有：美国的DES及其各种变形(如Triple DES、GDES、New DES和DES的前身Lucifer)；欧洲的IDEA；日本的FEAL-N、LOKI-91、Skipjack、RC4、RC5以及以代换密码和转轮密码为代表的古典密码等。在众多的常规密码中，影响最大的是DES密码。

常规密码的优点是：有很强的保密强度，且经受住时间的检验和攻击。但是它的密钥必须通过安全的途径进行传送，因此，它的密钥管理成为系统安全的重要因素。

在公钥密码中，收信方和发信方使用的密钥互不相同，并且几乎不可能从加密密钥推导出解密密钥。比较著名的公钥密码算法有：RSA、背包密码、McEliece密码、Diffe-Hellman、Rabin、Ong-Fiat-Shamir、零知识证明的算法、椭圆曲线、EIGamal算法等。最有影响的公钥密码算法是RSA，它能够抵抗目前已知的所有密码攻击。

公钥密码的优点是：可以适应网络的开放性要求，且密钥管理问题较为简单，尤其是可以方便地实现数字签名和验证。但是它的算法复杂，加密数据的速率较低，尽管如此，随着现代电子技术和密码技术的发展，公钥密码算法将是一种很有前途的网络安全加密机制。

当然，在实际应用中，人们通常将常规密码和公钥密码结合起来使用。例如，利用DES或IDEA来加密信息，而采用RSA来传递会话密钥。如果按照每次加密所处理的比特进行分类，可以将加密算法分为序列密码和分组密码两种。前者每次只加密一个比特，而后者则先将信息序列进行分组，每次处理一个组。密码技术是网络安全最有效的技术之一。一个加密网络，不但可以防止非授权用户的搭线窃听和入网，而且也是对付恶意软件的有效方法之一。

4. 防病毒技术

随着计算机技术的不断发展，计算机病毒也变得越来越复杂和高级，对整个计算机系统造成了非常大的威胁。加强防病毒的工作，能够有利于保证本地或者网络的安全。防病毒软件从功能上可以分为网络防病毒软件和单机防病毒软件两大类。单机防病毒软件一般安装在单台计算机器上，对整个计算机器起到清除病毒、分析扫描等作用。而网络防病毒软件则能够保护整个网络，避免遭到病毒的攻击。

5. 防火墙技术

防火墙技术是网络安全防范的有效方法之一，配置防火墙是达到实现网络安全最基本、最经济、最有效的安全措施之一。防火墙可以有硬件和软件两种，它对内部网络访问及管理内部用户访问外界网络的权限进行了规范。防火墙技术能够极大提高一个网络的安全性，降低网络崩溃的危险系数。

6. 网络入侵检测技术

入侵检测是从多种计算机系统及网络中收集信息，再通过这些信息分析入侵特征。它被称为是防火墙后的第二道门，可以使得入侵在入侵攻击之前被检测出来，并通过报警与防护系统将入侵拒绝，从而尽量减少被攻击。入侵技术是为保证计算机系统的安全而设计与配置的一种能够及时发现并报告系统中未授权或异常现象的技术，是一种用于检测计算机网络中违反安全策略行为的技术。

7. 网络安全管理策略

在网络安全中，除了采用上述安全技术措施之外，加强网络的安全管理，制定有关规章制度，对于确保网络的安全、可靠地运行，将起到十分有效的作用。

网络的安全管理策略包括：确定安全管理等级和安全管理范围；制定有关网络操作使用规程和人员出入机房管理制度；制定网络系统的维护制度和应急措施等。

12.3 网络安全技术

网络安全技术是一个十分复杂的系统工程。随着网络在社会各方面的应用，进入网络的手段也越来越多，因此，网络的安全机制与技术也要不断地发展变化，网络安全来源于安全策略与安全技术的结合。目前，主要的网络安全技术包括加密技术、防火墙、入侵检测技术等多方面。下面将分别重点介绍这几种技术。

12.3.1 防火墙

防火墙是一种保护计算机网络安全的技术性措施，它是阻止网络中的黑客访问某个机构网络的屏障，也可以将它称为控制进/出两个方向通信的门槛。防火墙系统是一种网络安全部件，它可以是硬件，也可以是软件，也可能是硬件和软件的结合。这种安全部件处于被保护网络和其他网络的边界，接收被保护网络的进出数据流，并根据防火墙所配置的访问控制策略进行过滤或做出其他操作。防火墙系统不仅能够保护网络资源不受外部的侵入，而且还能够拦截从被保护网络向外传送有价值的信息。防火墙系统可以用于内部网络与Internet之间的隔离，也可以用于内部网络的不同网段的隔离，后者通常被称为Intranet防火墙。

1. 防火墙的分类

根据防火墙所采用技术的不同，可以将防火墙分为包过滤防火墙、代理防火墙、网络地址转换(NAT)和监测型防火墙4种。

(1) 包过滤防火墙

包过滤防火墙设置在网络层，可以在路由器上实现包过滤。首先，应该建立一定数量的信息过滤表，信息过滤表是以其收到的数据包头信息为基础而建成的。信息包头包含有数据包源IP地址、目的IP地址、传输协议类型(如TCP、UDP、ICMP等)、协议源端口号、协议目的端口号、连接请求方向、ICMP报文类型等。防火墙通过读取数据包中的地址信息来判断这些数据包是否来自可信任的安全站点，系统管理员也可以根据实际情况来灵活制定判断规则。当一个数据包满足过滤表中的规则时，则允许数据包通过防火墙，否则禁止通过防火墙。这种防火墙可以用于禁止外部的不合法用户对内部进行访问，也可以用于禁止访问某些服务类型。

包过滤技术的优点是简单实用，实现成本较低，在应用环境比较简单的情况下，能够以较小的代价在一定程度上保证网络系统的安全。

但是包过滤技术的缺陷也是明显的。包过滤技术是一种完全基于网络层的安全技术，只能根据数据包的来源、目标和端口等网络信息进行判断，无法识别基于应用层的恶意侵入，无法实施对应用层协议的处理，也无法处理UDP、RPC和动态的协议，如恶意的Java小程序和电子邮件中附带的病毒等。有经验的黑客能轻易地伪造IP地址，通过包过滤型防火墙。

(2) 代理防火墙

代理防火墙又被称为应用层网关级防火墙，它由代理服务器和过滤路由器组成，是目前比较流行的一种防火墙。它将过滤路由器和软件代理技术结合在一起。过滤路由器负责网络互联，并对数据进行严格选择，然后将已筛选的数据传送到代理服务器。代理服务器起到外部网络申请访问内部网络的中间转接作用,其功能类似于一个数据转发器,它主要用于控制哪些用户可以访问哪些服务类型。当外部网络向内部网络申请某种网络服务时,代理服务器接受申请,然后根据其服务类型、服务内容、被服务的对象、服务者申请的时间、申请者的域名范围等来决定是否接受此项服务,如果接受,它就向内部网络转发这项请求。代理防火墙无法快速支持一些新出现的业务(如多媒体)。目前,较为流行的代理服务器软件是WinGate和Proxy Server。

代理型防火墙的优点是安全性较高,可以针对应用层进行检测和扫描,对付基于应用层的侵入和病毒都十分有效。其缺点是对系统的整体性有较大的影响,而且,代理服务器必须针对客户机可能产生的所有应用类型逐一进行设置,增加了系统管理的复杂性。

(3) 网络地址转换(NAT)

网络地址转换用于将IP地址转换成临时的、外部的、注册的IP地址标准。它允许具有私有IP地址的内部网络访问互联网。它还意味着用户不需要为其网络中的每一台机器取得注册的IP地址。

NAT的工作过程为:在内部网络通过安全网卡访问外部网络时,将产生一个映射记录。系统将外出的源地址和源端口映射为一个伪装的地址和端口,使这个伪装的地址和端口通过非安全网卡与外部网络连接,对外隐藏了真实的内部网络地址。在外部网络通过非安全网卡访问内部网络时,它并不知道内部网络的连接情况,而只是通过一个开放的IP地址和端口来请求访问。

NAT防火墙根据预先定义好的映射规则来判断这个访问是否安全。当访问符合规则时,防火墙认为该访问是安全的,可以接受访问请求,也可以将连接请求映射到不同的内部计算机中。当访问不符合规则时,防火墙则认为该访问是不安全的,不能被接受,防火墙将屏蔽外部的连接请求。网络地址转换的过程对于用户来说是透明的,不需要用户进行任何设置,用户只需进行常规的操作即可。

(4) 监测型防火墙

监测型防火墙是新一代的产品,该技术实际已经超越了最初的防火墙定义。监测型防火墙能够对各层的数据进行主动的、实时的监测,在对这些数据加以分析的基础上,监测型防火墙能够有效地判断各层中的非法侵入。监测型防火墙一般还附带有分布式探测器,这些探测器安置在各种应用服务器和其他网络的节点之中,不仅能够监测来自网络外部的攻击,同时,对来自内部的恶意破坏也有着极强的防范作用。据权威机构统计,在针对网络系统的攻击中,有相当比例的攻击来自网络内部,因此,监测型防火墙不仅超越了传统防火墙的定义,而且在安全性上也超越了前两代产品。

虽然监测型防火墙在安全性上已经超越了包过滤型和代理服务器型防火墙,但是,由于监测型防火墙技术的实现成本较高,也不易管理,因此,在实际应用中的防火墙产品仍然以第二代的代理型产品为主,但是在某些方面也已经开始使用监测型防火墙。基于对系统成本与安全技术成本的综合考虑,用户可以有选择性地使用某些监测型技术。这样,既能够保证网络系统的安全性需求,又能有效地控制安全系统的总体拥有成本。

虽然防火墙是目前保护网络免遭黑客袭击的有效手段,但它也有明显的不足:无法防范除了通过防火墙之外的其他途径的攻击,不能防止来自内部变节者和不经心的用户们所带来的威胁,也不能完全防止所传送的已感染病毒的软件或文件,以及无法防范数据驱动型的攻击。

2. 常见的防火墙产品

防火墙系统是一种网络安全部件，它可以是硬件，也可以是软件，也可能是硬件和软件的结合，以下是具有代表性的几种防火墙产品。

(1) Check Point quantum防火墙

Check Point quantum防火墙提供从小型办公室到数据中心级的弹性可扩展的下一代安全防护平台。

Check Point quantum 64000可以为数据中心、电信运营商和云服务商提供高达800Gbps的吞吐量。Check Point quantum 64000可扩展的硬件和软件提供了可扩展的防火墙平台。

Check Point Maestro通过基于Check Point HyperSync技术的高效N+1集群实现了云的规模、灵活性和弹性，最大限度地发挥现有安全网关的功能，通过多个Check Point安全网关堆叠按安全功能集合、策略生成对应的虚拟化设备，保护企业私有云环境。借助Maestro Hyperscale Orchestrator，各种规模的企业都可以在本地实现云级别的安全性。

(2) 华为 USG系列下一代防火墙

USG9500系列防火墙采用"NP+多核+分布式"架构：接口模块基于双NP(Network Processor)处理器，保证接口流量线速转发；业务处理模块基于多核多线程架构，确保NAT、VPN等多种业务高速并行处理；实现万兆线速转发，最高可达1.92Tbps的业界高性能，轻松应对Web 2.0带来的流量的挑战，促进万兆产品的规模商用，与数据网络发展同步；并发连接数最高可达25.6亿，通过多核技术实现连接数与整体性能的协调，真正支撑Web 2.0应用；新建连接数最高可达2560万/秒，从容应对上网峰值和DDoS攻击等突发网络状况，保障网络的顺畅运行。USG9500系列防火墙业务板与接口板互相独立，并可按需配置。灵活的扩展能力，可满足业务流量高速增长的需要，从而提升客户投资回报比。

USG9500优势特性如下。

- 精准的访问控制：基于ACTUAL的六位一体化防护。
- 使用的NGFW特性：一台顶多台设备，大幅降低TCO(总体拥有成本)。
- 领先的"NP+多核+分布式"架构：性能线性倍增，突破传统性能瓶颈。
- 稳定可靠的安全网关产品：全冗余，保障用户业务永续。
- 丰富的虚拟化：应对云网络部署。

(3) Palo Alto Networks下一代防火墙

Palo Alto Networks的安全平台融合了所有关键的网络安全功能，包括高级威胁保护、防火墙、IDS/IPS，以及URL过滤功能，保证与传统的防火墙、UTM或网络威胁检测产品相比拥有更佳的安全性。

Palo Alto Networks 下一代防火墙采用App-ID、User-ID 和 Content-ID这三种独特的识别技术，针对应用程序、用户和内容实现前所未有的可视化和控制能力。这三种识别技术已运用于每个Palo Alto Networks 防火墙，让企业能够安全放心地使用应用程序，同时，通过设备整合可大幅降低总成本。

① App-ID：识别应用程序

PaloAlto Networks独特的传输流量分类技术，可根据每种应用的执行特性，针对传输数据内容执行应用特征码比对，无论使用哪一种通信协议及连接端口，都能正确地识别应用程序。对流量精确分类是所有防火墙的核心技术，它将成为安全策略的基础。传统防火墙是按端口和协议对流量进行分类，而现今的应用程序可以轻松绕过基于端口的防火墙；比如，应用动态变更端口技术、使用 SSL 和 SSH、通过端口 80 秘密侵入，或者使用非标准端口。App-ID 可以在防火墙监测到通信流之后，通过对通信流应用多种分类机制来确定网络中各种应用程序的确切来历，从而解决一直以来困扰传统防火墙的流量分类可视化限制问题。

每个 App-ID 都会自动使用多达4种的流量分类机制来识别应用程序。App-ID 可持续监视应用程序状态，对流量进行重新分类并识别正在使用的各种功能。其安全策略可确定如何处理应用程序：阻止、允许还是安全启用(扫描嵌入式威胁并进行阻止、检测未经授权的文件传输和数据类型或者使用 QoS 控制带宽)。

② User-ID：识别用户

Palo Alto Networks新一代安全防护网关，可以和各种用户数据库(如Microsoft Active Directory、LDAP、RADIUS)紧密相连，通过动态地将IP地址与用户及用户组信息进行结合，大幅提高对网络用户活动的可视性。IT部门可以依据用户及用户组信息，规定制定各项安全策略及产生各种用户存取记录和管理报表。

随着用户和计算的动态性越来越强，现在已经无法仅将 IP 地址作为监视和控制用户活动的有效机制。不过，User-ID 允许组织在 Microsoft Windows、Apple macOS、Apple iOS 和 Linux 用户之间扩展基于用户或用户组的应用程序启用策略。

User-ID可从企业目录(Microsoft Active Directory、eDirectory 和 Open LDAP)和终端服务(Citrix 和 Microsoft Terminal Services)获取用户信息，并与 Microsoft Exchange、Captive Portal 和 XML API 集成，使组织能够将策略扩展到位于局域外部的 Apple macOS、Apple iOS 和 UNIX 用户。

③ Content-ID：识别内容

Content-ID是结合实时威胁防御引擎、丰富的URL数据库及应用识别等核心技术组建，Content-ID可以轻松做到限制未经授权的文件传输检测，并阻挡各种网络安全威胁，以及控制和管理各种非工作相关的网络浏览。根据整合Content-ID所带来的应用程序识别与控管能力，以及Content-ID提供的传输内容检测与防御能力，IT部门可以完全掌握所有的网络使用行为及传输的内容。

Palo Alto IPA-7050以高达 120 Gbps 的防火墙吞吐率保护数据中心和高速网络，以高达 100 Gbps 的速度提供完全威胁防御。为解决 120 Gbps 速度下全堆栈分类和分析的计算繁重性，超过 400 个处理器分布于网络、安全、交换管理和日志功能。因此，用户可以使用 PA-7050 在数据中心部署新一代安全防护而不影响其性能。

(4) Cisco Firepower下一代防火墙

Cisco Firepower下一代防火墙(NGFW)是业内首款具有统一管理功能的完全集成、专注于威胁防御的下一代防火墙。它包括应用可视性与可控性，可选Firepower下一代IPS、思科高级恶意软件防护和URL过滤。在攻击前、攻击中和攻击后，Cisco Firepower NGFW均可提供高级威胁防护。

Cisco Firepower 4100系列和Firepower 9300 NGFW设备使用Cisco Firepower威胁防御软件映像，这些设备还可以支持思科自适应安全设备(ASA)软件。Cisco Firepower管理中心提供

Cisco Firepower NGFW以及Cisco Firepower NGIPS和思科AMP的统一管理。此外，优选Cisco Firepower设备上还提供直接源自思科的Radware DefensePro分布式拒绝服务(DDoS)缓解功能。

Cisco Firepower 4100系列包括4个专注于威胁防御的NGFW安全平台，其最大吞吐量从20Gbps到60Gbps，可应对从互联网边缘到数据中心等各种使用案例。

Cisco Firepower 9300是可扩展运营商级模块化平台，专为要求低延迟和超大吞吐量的运营商、高性能计算中心、数据中心、园区、高频交易环境等打造。Cisco Firepower 9300通过RESTful API实现分流、可编程的安全服务协调和管理，此外，还可用于兼容NEBS(Network Equipment-Building System，电信行业专业术语，表示网络设备构建系统)的配置中。

12.3.2 加密技术

数据加密技术是最基本的网络安全技术，被誉为信息安全的核心，最初主要用于确保数据在存储和传输过程中的保密性。它通过变换和置换等方法将被保护信息置换成密文，然后再进行信息的存储或传输，即使加密信息在存储或传输过程被非授权人员所获得，也可以保证这些信息不被其认知，从而达到保护信息的目的。该方法的保密性直接取决于所采用的密码算法和密钥长度。

计算机网络应用特别是电子商务应用的飞速发展，对数据完整性和身份鉴定技术提出了新的要求，数字签名和身份认证就是为了适应这种需要而在密码学中派生出来的新技术和新应用。数据传输的完整性通常通过数字签名的方式来实现，即数据的发送方在发送数据的同时利用单向的Hash函数或者其他信息文摘算法，计算出所传输数据的信息文摘，并将该信息文摘作为数字签名随数据一同发送。接收方在接收到数据的同时也收到该数据的数字签名，接收方使用相同的算法计算出所接收到的数据的数字签名，并将该数字签名和所接收到的数字签名进行比较，如果两者相同，则说明数据在传输过程中未被修改，数据完整性得到了保证。常用的信息文摘算法包括SHA、MD4和MD5等。

根据密钥类型的不同，可以将现代密码技术分为两类：对称加密算法(私钥密码体系)和非对称加密算法(公钥密码体系)。

在对称加密算法中，数据加密和解密采用的是同一个密钥，因此，其安全性依赖于所持有密钥的安全性。这种加密方法可简化加密处理的过程，信息交换双方都不必彼此研究和交换专用的加密算法。如果在交换阶段私有密钥未曾泄露，那么机密性和报文完整性就可以得到保证。对称加密算法的主要优点是加密和解密速度快，加密强度高，且算法公开，但其最大的缺点是实现密钥的秘密分发比较困难，在有大量用户的情况下，密钥管理复杂，而且无法完成身份认证等功能，不便于应用于网络开放的环境中。目前，最著名的对称加密算法有数据加密标准DES和欧洲数据加密标准IDEA等。

在公钥密码体系中，数据加密和解密采用不同的密钥，而且用加密密钥进行加密的数据，只有采用相应的解密密钥才能进行解密，更重要的是，用加密密钥来求解解密密钥十分困难。在实际应用中，用户通常将密钥对中的加密密钥公开(称为公钥)，而秘密持有解密密钥(称为私钥)。利用公钥体系可以方便地实现对用户的身份认证，即用户在信息传输前，首先使用所持有的私钥对传输的信息进行加密，信息接收者在收到这些信息之后，利用该用户向外公布的公钥进行解密，如果能够解开密码，说明信息确实是该用户所发送，这样就方便地实现了对信息发送方身份的鉴别和认证。在实际应用中，通常将公钥密码体系和数字签名算法结合使用，在保证数据传输完整性的同时完成对用户的身份认证。

目前的公钥密码算法都是基于一些复杂的数学难题。例如，目前广泛使用的RSA算法基于大整数因子分解这一著名的数学难题。目前常用的非对称加密算法包括整数因子分解(以RSA为代表)、椭圆曲线离散对数和离散对数(以DSA为代表)3种。公钥密码体系的优点是能够适应网络的开放性要求，密钥管理简单，并且可以方便地实现数字签名和身份认证等功能，它是目前电子商务等技术的核心基础。其缺点是算法复杂，加密数据的速度和效率较低，因此，在实际应用中，通常将对称加密算法和非对称加密算法结合起来使用，利用DES或IDEA等对称加密算法来进行大容量数据的加密，而采用RSA等非对称加密算法来传递对称加密算法所使用的密钥。通过这种方法，可以有效地提高加密的效率并能简化对密钥的管理。

12.3.3 入侵检测技术

网络入侵检测技术也称为网络实时监控技术，它通过硬件或软件对网络上的数据流进行实时检查，并与系统中的入侵特征数据库进行比较，一旦发现有被攻击的迹象，立刻根据用户所定义的动作做出反应，如切断网络连接，或通知防火墙系统对访问控制策略进行调整，将入侵的数据包进行过滤等。

网络入侵检测技术的特点是，利用网络监控软件或硬件对网络流量进行监控和分析，及时发现网络攻击的迹象并做出反应。入侵检测部件可以直接部署于受监控网络的广播网段，或者直接接收受监控网络旁路过来的数据流。在本质上，入侵检测系统是一种典型的"窥探设备"。它不跨接多个物理网段(通常只有一个监听端口)，无须转发任何流量，只需要在网络上被动地、无声息地收集它所关心的报文即可，入侵检测/响应流程如图12-3所示。

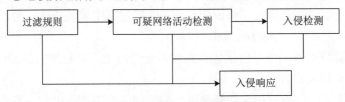

图12-3　入侵检测/响应流程

目前，IDS分析及检测入侵阶段一般通过以下几种技术手段进行分析：特征库匹配、基于统计的分析和完整性分析。其中，前两种方法用于实时的入侵检测，而完整性分析则用于事后分析。为了能够更有效地发现网络受攻击的迹象，网络入侵检测部件应当能够分析网络上所使用的各种网络协议，识别各种网络攻击行为。网络入侵检测部件对网络攻击行为的识别通常是通过网络入侵特征库来实现，这种方法有利于在出现了新的网络攻击手段时，方便地对入侵特征库加以更新，提高入侵检测部件对网络攻击行为的识别能力。一般入侵检测的主要方法如下所述。

1. 静态配置分析

静态配置分析通过检查系统当前的系统配置(如系统文件的内容或者系统表)来检查系统是否已经或者可能会遭到破坏。静态是指检查系统的静态特征(系统配置信息)，而不是系统中的活动。

采用静态分析方法主要有以下几方面的原因。

❑ 入侵者对系统攻击时可能会留下痕迹，通过检查系统的状态可以将入侵痕迹检测出来。

❑ 系统管理员以及用户在建立系统时难免会出现一些错误或遗漏一些系统的安全性措施。

❑ 另外，系统在遭受攻击后，入侵者可能会在系统中安装一些安全性后门，以方便对系统进行进一步的攻击。

所以，静态配置分析方法需要尽可能了解系统的缺陷，否则入侵者只需要简单地利用那些系统中未知的安全缺陷就可以避开检测系统。

2. 异常性检测方法

异常性检测技术是一种在不需要操作系统及其防范安全性缺陷专门知识的情况下，就可以检测入侵者的方法，同时它也是检测冒充合法用户的入侵者的有效方法。但是，在许多环境中，为用户建立正常行为模式的特征轮廓以及对用户活动的异常性进行报警的门限值的确定都是比较困难的事，所以仅使用异常性检测技术不可能检测出所有的入侵行为。目前，这类入侵检测系统多采用统计或者基于规则描述的方法建立系统主体的行为特征轮廓。

(1) 统计性特征轮廓由主体特征变量的频度、均值以及偏差等统计量来描述，如SRI的下一代实时入侵检测专家系统，这种方法对特洛伊木马以及欺骗性的应用程序的检测非常有效。

(2) 基于规则描述的特征轮廓由一组用于描述主体每个特征的合法取值范围与其他特征的取值之间关系的规则组成(如TIM)。该方案还可以采用从大型数据库中提取规则的数据挖掘技术。

(3) 神经网络方法具有自学习、自适应能力，可以通过自学习提取正常的用户或系统活动的特征模式，避开选择统计特征这一难题。

3. 基于行为的检测方法

通过检测用户行为中那些与已知入侵行为模式类似的，或者利用系统中缺陷或间接违背系统安全规则的行为，来判断系统中的入侵活动。

目前，基于行为的入侵检测系统只是在表示入侵模式的方式以及在系统的审计中检查入侵签名的机制上有所区别，主要分为基于专家系统、基于状态迁移分析和基于模式匹配等几类。这些方法的主要局限在于，只是根据已知的入侵序列和系统缺陷模式来检测系统中的可疑行为，而不能检测新的入侵攻击行为以及未知的、潜在的系统缺陷。入侵检测方法虽然能够在某些方面取得好的效果，但总体看来各有不足，因而越来越多的入侵检测系统都同时采用几种方法，以互补不足，共同完成检测任务。

4. 搭建一个基于网络的IDS

从功能上可以将入侵检测系统划分为4个基本部分：数据采集子系统、数据分析子系统、控制台子系统和数据库管理子系统。下面将介绍如何建立一个基于网络的入侵监测系统。

具体实现起来，一般都将数据采集子系统(又称探测器)和数据分析子系统在Linux或

UNIX平台上实现(称为数据采集分析中心);将控制台子系统在Windows NT/2000/XP/Vista/7等系统上实现,数据库管理子系统可以基于Access或其他功能更强大的数据库,通常与控制台子系统结合使用(称为控制管理中心)。可以按照以下步骤构建一个基本的入侵检测系统。

(1) 获取libpcap和tcpdump

数据采集机制是实现IDS的基础,否则,入侵检测就无从谈起。数据采集子系统位于IDS的最底层,其主要目的是从网络环境中获取事件,并向其他部分提供事件。

目前比较流行的做法是:使用libpcap和tcpdump,将网卡置于混杂模式,捕获某个网段上的所有数据流。

libpcap是UNIX或Linux从内核捕获网络数据包的必备工具,它独立于系统的API接口,为底层网络监控提供一个可移植的框架,可用于网络统计收集、安全监控、网络调试等应用。

tcpdump是用于网络监控的工具,它的实现基于libpcap接口,包括过滤转换、包获取和包显示等功能。tcpdump可以帮助用户描述系统的正常行为,并最终识别出那些不正常的行为,当然,它只是有益于收集关于某网段上的数据流(网络流类型、连接等)信息,至于分析网络活动是否正常,则是程序员和管理员所要做的工作。

(2) 构建并配置探测器,实现数据采集功能

应当根据网络的具体情况,选用合适的软件和硬件设备,如果用户的网络数据流量很小,使用一般的PC安装Linux即可;如果所监控的网络流量非常大,则需要使用一台性能较高的机器。在Linux服务器上开出一个日志分区,用于采集数据的存储。然后,在Linux服务器上创建libpcap库,并配置和安装tcpdump,以实现数据的采集。

如果配置、创建、安装等操作一切正常,到此为止,系统已经能够收集网络数据流了。至于如何安装和使用libpcap和tcpdump,这里不进行详细论述,必要时可以参考相关的用户手册。

(3) 建立数据分析模块

数据分析模块相当于IDS的大脑,它必须具备高度的"智慧"和"判断能力",所以,在设计此模块之前,开发者需要对各种网络协议、系统漏洞、攻击手法、可疑行为等有一个很清晰、深入的研究,然后制定相应的安全规则库和安全策略,再分别建立滥用检测模型和异常检测模型,使机器模拟自己的分析过程,识别已知特征的攻击和异常行为,最后,将分析结果形成报警信息,发送到控制管理中心。

设计数据分析模块的工作量浩大,并且,考虑到黑客攻击手法不断翻新,需要不断地更新、升级和完善。在这里,需要特别注意以下3个问题。

○ 应当优化检测模型和算法的设计,确保系统的执行效率。

○ 安全规则的制定需要充分考虑包容性和可扩展性,以提高系统的伸缩性。

○ 报警消息要遵循特定的标准格式,增强其共享与互操作能力,切忌随意制定不规范的消息格式的做法。

目前,网上有很多开放源代码的数据分析软件包,这为用户构建数据分析模块提供了一定的便利条件,但这些免费的软件一般都有很大的局限性或者不能满足用户的实际需要,要开发一个真正功能强大、实用的IDS,可以根据需要自行修改这些系统,这是整个IDS的工作重点所在。

(4) 构建控制台子系统

控制台子系统负责向网络管理员汇报各种网络违规行为，并由管理员对一些恶意行为采取行动(如阻断、跟踪等)。考虑到Linux或UNIX平台在支持界面操作方面远不如常用的Windows产品流行，所以，可以将控制台子系统在Windows系列平台(NT/2000/XP/Vista/7/10)上实现。控制台子系统的主要任务有以下两个。

- 管理数据采集分析中心，以友好、便于查询的方式显示数据采集分析中心发送来的警报消息。
- 根据安全策略进行一系列的动作，以阻止非法行为，确保网络的安全。

控制台子系统的设计至少要实现以下功能：警报信息查询、探测器管理、规则库管理及用户管理。

- 警报信息查询：网络管理员可以使用单一条件或复合条件进行查询，当警报信息数量庞大、来源广泛时，系统需要按照危险等级对警报信息进行分类，从而突出显示网络管理员所需要的重要信息。
- 探测器管理：控制台可以一次管理多个探测器(包括启动、停止、配置、查看运行状态等)，查询各个网段的安全状况，针对不同的情况制定相应的安全规则。
- 规则库管理功能：为用户提供一个根据不同网段的具体情况进行灵活配置安全策略的工具。例如，一次定制可应用于多个探测器、默认安全规则等。
- 用户管理：对用户权限进行严格的定义，提供口令修改、添加用户、删除用户、用户权限配置等功能，确保系统使用的安全性。

(5) 构建数据库管理子系统

入侵检测系统不仅要为管理员提供实时、丰富的警报信息，还应当详细地记录现场数据，以便在日后需要取证时重建某些网络事件。

数据库管理子系统的前端程序通常与控制台子系统集成在一起，可以使用Access或其他数据库将警报信息和其他数据存储起来。该模块的数据来源有以下两个。

- 数据分析子系统发送来的报警信息和其他重要信息。
- 管理员经过条件查询后对查询结果处理所得的数据，如生成的本地文件、格式报表等。

(6) 联调

完成以上几个步骤之后，一个IDS的最基本框架已被实现。但是要使这个IDS能够顺利地运转起来，还需要保持各个部分之间进行安全、顺畅的通信和交互，这就是联调工作所要解决的问题。

首先，要实现数据采集分析中心和控制管理中心之间的通信，两者之间是双向的通信。控制管理中心显示并整理数据采集分析中心发送来的分析结果和其他信息，数据采集分析中心接收控制管理中心发送来的配置、管理等命令。注意确保这两者之间通信的安全性，最好对通信数据流进行加密操作，以防止被窃听或篡改。同时，控制管理中心的控制台子系统和数据库子系统之间也有大量的交互操作，如警报信息查询、网络事件重建等。

联调通过之后，一个基本的IDS即可搭建完毕。接下来的工作就是不断完善各部分功能，尤其是提高系统的检测能力。

12.3.4　身份验证和存取控制

身份验证是一致性验证中的一种，验证是建立一致性证明的一种手段。身份验证主要包括验证依据、验证系统和安全要求。身份验证技术是在计算机中最早应用的安全技术，目前仍在被广泛地应用，它是网络信息安全的第一道门。

在现实生活中，个人的身份主要通过各种证件来确认的，如身份证或者户口簿等。在计算机世界里，各种计算机资源也需要认证机制，从而确保被能够使用这些资源的人使用。然而，目前各类计算机资源主要是依靠固定的口令方式来进行验证。这种方式存在着很多问题，如会被黑客进行网络数据流窃听、认证信息截取、字典攻击、穷举尝试等。鉴于这些问题，一次性口令身份验证技术出现了。

所谓的一次性口令身份验证技术，主要是在登录过程中加入不确定的因素，使每次登录过程中传送的信息都不相同，以提高登录过程的安全性。例如：登录密码=MD5(用户名+密码+时间)，系统接收到登录口令后做一个验算即可验证用户的合法性。VPN利用的就是这种方法。

存取控制规定何种主体对何种客体具有何种操作权力。存取控制主要包括人员限制、数据标识、权限控制、类型控制和风险分析等。它也是比较早的一种安全技术，与身份验证同时使用，对不同身份的用户赋予不同的操作权限，以实现不同安全级别的信息分级管理。

存取控制是对所有的直接存取活动通过授权的方式进行控制，从而保证了计算机的系统安全。一般来说有两种方式：一是隔离技术法，二是限制权限法。

隔离技术法，就是在电子数据处理成分的周围建立屏障，从而在该环境中实施存取规则。隔离技术也分为物理隔离、时间隔离、逻辑隔离和密码技术隔离。传统的多网环境一般通过运行两台计算机实现的就是物理隔离。目前，我国已经拥有了自主知识产权的涉密计算机，它采用双硬盘物理隔离技术，通过运行一台涉密计算机，即可在物理隔离的状态下切换涉密信息网和公共信息网，实现一机双网或一机多网的功能。另外，还有一种方式就是在计算机中加装隔离卡，一块隔离卡带一块硬盘、一块网卡，使用不同的网络环境。当然，物理隔离方式对于系统的要求比较高。

限制权限法，就是限制特权以便有效地限制进入系统的用户所进行的操作。其实，这也是对用户进行分类，不同级别的用户安全密级授权不同，对于资源的访问的权限也就不同。

12.3.5　VPN

虚拟专用网(Virtual Private Network，VPN)是随着Internet的发展而迅速发展起来的一种技术。现代企业越来越多地利用Internet资源来进行促销、销售和售后服务，乃至培训、合作等活动。许多企业倾向于利用Internet来替代它们的私有数据网络。这种利用Internet来传输私有信息而形成的逻辑网络被称为虚拟专用网。

虚拟专用网实际上就是将Internet看成一种公有数据网，这种公有网和PSTN网在数据传输上没有本质的区别，从用户观点来看，数据都能够被正确传送到目的地。相应地，企业在这种公共数据网上建立的用以传输企业内部信息的网络被称为私有网。

目前，VPN主要采用4项技术来保证安全。这4项技术分别是：隧道技术、加/解密技术、密钥管理技术、使用者与设备身份认证技术。

1. 隧道技术

隧道技术是一种通过使用互连网络的基础设施在网络之间传递数据的方式。使用隧道传递的数据(或负载)可以是不同协议的数据帧或数据包。隧道协议将这些其他协议的数据帧或数据包重新封装在新的包头中进行发送。新的包头提供了路由信息，从而使封装的负载数据能够通过互连网络传递。

被封装的数据包在隧道的两个端点之间通过公共互联网络进行路由。被封装的数据包在公共互联网络上传递时所经过的逻辑路径称为隧道。一旦到达网络终点，数据将被解包并转发到最终目的地。

注意：隧道技术指的是包括数据封装、传输和解包在内的全过程。

2. 加/解密技术

对通过公共互连网络传递的数据必须经过加密，确保网络其他未授权的用户无法读取该信息。加/解密技术是数据通信中一项比较成熟的技术，VPN可以直接利用现有的加/解密技术。

3. 密钥管理技术

密钥管理技术的主要任务是如何在公用数据网上安全地传递密钥而不被窃取。现行密钥管理技术可以分为SKIP与ISAKMP/OAKLEY两种。SKIP主要是利用Diffie-Hellman的演算法则，在网络上传输密钥；在ISAKMP中，双方都有两把密钥，分别用于公用和私用。

4. 使用者与设备身份认证技术

VPN方案必须能够验证用户身份，并严格控制只有授权用户才能访问VPN。另外，VPN方案还必须能够提供审计和计费功能，显示何人在何时访问了何种信息。身份认证技术最常用的是使用者名称与密码或卡片式认证等方式。

VPN整合了范围广泛的用户，从家庭的拨号上网用户到办公室联网的工作站，直到ISP的Web服务器。用户类型、传输方法以及由VPN使用的服务的混合性，提高了VPN设计的复杂性，同时也提高了网络安全的复杂性。如果能有效地采用VPN技术，可以有效地防止欺诈、增强访问控制和系统控制、加强保密和认证。选择一个合适的VPN解决方案，可以有效地防范网络黑客的恶意攻击。

在上述的网络安全技术中，数据加密是其他一切安全技术的核心和基础。在实际网络系统的安全实施中，可以根据系统的安全需求，结合使用各种安全技术来实现一个完整的网络安全解决方案。例如，目前常用的自适应网络安全管理模型就是通过防火墙、网络安全扫描、网络入侵检测等技术的结合，来实现网络系统动态的、可适应的网络安全目标。这种网络安全管理模型认为任何网络系统都不可能防范所有的安全风险，因此，在利用防火墙系统实现静态安全目标的基础上，必须通过网络安全扫描和实时的网络入侵检测，实现动态的、自适应的网络安全目标。该模型利用网络安全扫描自动找出系统的安全隐患，对风险进行半定量的分析，提出修补安全漏洞的方案，并自动随着网络环境的变化，通过入侵特征的识别，对系统的安全做出校正，从而将网络安全的风险降到最低点。

12.3.6 日志审计

1. 日志审计概念

日志审计为服务器、工作站、防火墙和应用软件等信息技术资源相关活动记录必要的、有价值的信息，这对系统监控、查询、报表和安全审计都十分重要。日志文件中的记录可提供监控系统资源，审计用户行为，对可疑行为进行告警，确定入侵行为的范围，为恢复系统提供帮助，生成调查报告，为打击计算机犯罪提供证据来源。通过对日志进行过滤、归并和告警分析处理，可以定义日志筛选规则和策略，准确定位网络故障并提前识别安全威胁，从而提升网络性能、保障网络安全。

日志审计通过集中收集并监控信息系统中的系统日志、设备日志、应用日志、用户访问行为、系统运行状态等各类信息，进行过滤、归并和告警分析处理，建立一套面向整个系统日志的安全监控管理体系，将信息系统的安全状态以最直观的方式呈现给管理者，既能提高安全审计的效率与准确性，也有助于及时发现安全隐患、快速定位故障、追查事故责任，并能够满足各项标准、法规的合规性管理要求。

一个完整的日志审计包括4部分：日志获取、日志筛选、日志整合和日志分析。日志获取对象一般为操作系统、网络设备、安全设备和数据库等。例如，在下一代防火墙中，日志获取对象为防火墙的各种动作。日志获取过程针对各种设备获取各种日志，并将各类日志转换为统一的格式，便于后续过程对获取到的日志进行处理和分析。

日志筛选的目的是找出恶意行为或可能是恶意行为的事件，并作为日志组合的基础。通过对比恶意行为特征及对应的日志属性，确认可能的恶意行为事件。

日志整合是将同一路径各种设备的同一事件关联表达出来。通过确认行为、行为方向以及数据流是否一致，确定日志是否为同一路径。

日志分析是系统的核心，主要涉及系统的关联规则和联动机制。关联分析技术将不同的分析器上产生的报警进行融合与关联，即对一段时间内多个事件间及事件中的关系进行识别，找出事件的根源，最终形成审计分析报告。

日志审计的实现方法主要有两种：一是基于规则库，具体方法是对已知攻击的特征进行分析，并从中提取规则，进而由各种规则组合成为规则库，系统在运行过程中匹配这些规则库中的规则信息，从而生成告警；二是数理统计方法，此方法是给网络流量、中央处理占用率等相关参数设置一个阈值，当超过这个阈值就发出告警。

日志审计系统作为一个日志信息的综合性管理平台，能够实时收集日志信息并对收集到的日志进行格式化、标准化处理，实时全面的日志分析能够及时发现各类具有安全威胁和异常行为的事件并发出相应的告警信息。为了及时反映安全状态，日志审计系统需要实时收集日志记载的用户访问操作、系统状态变更等信息，然后对这些日志信息进行收集和分析，并进行规范化的报警分析，形成相应的审计报告。

日志审计系统可以实时展现系统的整体运行情况以及各个设备的运行状况，并且能够及时发现系统中已发生或者正在发生的危险事件，甚至可以预测可能发生的风险。此外，通过离线分析，安全运维人员可以便捷地对系统进行有针对性的安全审计并得到专业报表。遇到安全事件和系统故障时，日志审计系统可以帮助安全运维人员快速定位故障位置和状况。

2. 日志审计面临的挑战

随着网络规模的不断扩大，网络中的设备数量和服务类型越来越多，网络中的关键设备和服务器产生了大量的日志信息，其主要特点如下。

- 数据量大。
- 日志输出方式多种多样。
- 日志格式复杂，可读性差。
- 分析备份工作繁杂。
- 日志数据易被篡改或删除。

安全管理人员面对这些数量巨大、彼此割裂的安全信息，操作各种产品自身的控制台界面和告警窗口，工作效率极低，难以发现真正的安全隐患。当今的企业和组织在IT信息安全领域面临比以往更为复杂的局面。这既有来自企业和组织外部的层出不穷的入侵和攻击，也有来自企业和组织内部的违规和泄露。

为了不断应对新的安全挑战，企业和组织都会部署防病毒系统、防火墙、入侵检测系统、漏洞扫描系统、同一威胁管理系统等。这些安全系统都仅能抵御来自某个方面的安全威胁，形成了一个个安全防御孤岛，无法产生协同效应。更严重的是，这些复杂的IT资源及其安全防御设施在运行过程中不断产生大量的安全日志并且输出方式多种多样，这对安全管理人员即时、高效地发现安全隐患带来了极大的挑战。

另一方面，企业和组织日益迫切的信息系统审计和内控，以及不断增强的业务持续性需求，也对当前日志审计提出了严峻的挑战，尤其是国家信息系统等级保护制度的出台，明确要求二级以上的信息系统必须对网络、主机和应用系统进行安全审计。

综上所述，企业和组织迫切需要一个全面的、面向企业和组织IT资源的、集中的安全审计平台及其系统，这个系统能够实时不间断地将企业和组织中来自不同厂商的安全设备、网络设备、主机、操作系统、数据库系统、用户业务系统的日志、警报等信息汇集到审计中心，并进行存储、监控、审计、分析、报警、响应和报告。因此，日志审计正面临着以下挑战：日志审计系统面对IT环境中设备日志信息量十分巨大；日志审计系统对信息处理提出了实时性要求，期望快速发现故障与问题；日志审计系统所处理的日志信息具有不同的存储格式和收集方式，需要对多样化的日志信息进行处理；日志审计系统的关注点在于海量日志中有价值的部分，而不仅仅关注需要告警的日志信息，因而需要对信息做深度挖掘。

3. 开源日志审计平台ELK

ELK是三个开源软件的缩写，分别为Elasticsearch、Logstash及Kibana。现在还新增了一个Beats，它是一个轻量级的日志收集处理工具。Beats占用资源少，适合于在各个服务器上搜集日志后传输给Logstash，官方也推荐此工具。目前由于原本的ELK Stack成员中加入了Beats工具，因此已改名为Elastic Stack。

Elasticsearch是个开源分布式搜索引擎,提供搜集、分析、存储数据三大功能。它的特点包括分布式、零配置、自动发现、索引自动分片、索引副本机制、restful风格接口、多数据源,自动搜索负载等。详细可参考Elasticsearch权威指南。

Logstash 主要用于日志的搜集、分析、过滤,支持大量的数据获取方式。一般工作方式为C/S架构,Client端安装在需要收集日志的主机上,Server端负责将收到的各节点日志进行过滤、修改等操作,再一并发往Elasticsearch。

Kibana可以为 Logstash 和 ElasticSearch 提供友好日志分析 Web 界面,可以帮助汇总、分析和搜索重要数据日志。

Beats在这里是一个轻量级日志采集器,其实Beats家族有6个成员,早期的ELK架构中使用Logstash收集、解析日志,但是Logstash对内存、CPU、IO设备等资源消耗比较高。相比Logstash,Beats所占系统的CPU和内存几乎可以忽略不计。

目前Beats包含六种工具。

- Packetbeat: 网络数据(收集网络流量数据)。
- Metricbeat: 指标(收集系统、进程和文件系统级别的 CPU 和内存使用情况等数据)。
- Filebeat: 日志文件(收集文件数据)。
- Winlogbeat: Windows事件日志(收集 Windows 事件日志数据)。
- Auditbeat: 审计数据(收集审计日志)。
- Heartbeat: 运行时间监控(收集系统运行时的数据)。

上面是关于审计平台的官方说明,比较清晰明了。下面是一般的ELK架构,如图12-4所示。

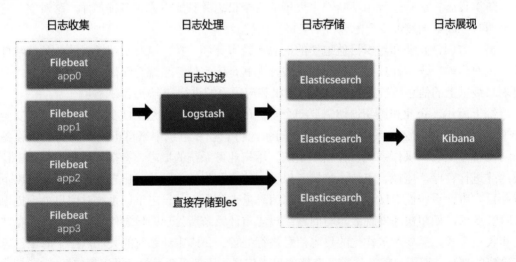

图12-4　ELK平台架构

Filebeat作为客户端的日志收集器,部署在若干产出日志的应用系统上,将数据传输到es集群和Logstash服务,传递给Logstash的数据会被进一步处理最终流入es集群,Kibana从es中获取索引日志信息进行展现。

12.4　网络安全协议

安全协议的建立和完善是安全保密系统走上规范化、标准化道路的基本因素。根据计算机专用网多年的实践经验，一个较为完善的内部网和安全保密系统，至少要实现加密机制、验证机制和保护机制。目前，已开发并应用的协议有以下几种。

- 加密协议：加密协议有两个要素，一是能把保密数据转换成公开数据，在公用网中自由发送；二是能用于授权控制，无关人员无法解读它。因此，需要对数据划分等级，算法也要划分等级，以适应多级控制的安全模式。
- 身份验证协议：身份验证是上网的第一道关口，且与后续操作相关。因此，身份验证至少应包括验证协议和授权协议两种。人员要划分等级，不同等级的人员具有不同的权限，以适应多级控制的安全模式。
- 密钥管理协议：包括密钥的生成、分发、存储、保护、公证等协议，保证在开放环境中灵活地构造各种封闭环境。根据互联网的特点，密钥分粒度在网上要做到端级和个人级，在库中要做到字节级。
- 数据验证协议：包括数据验证、数字签名等。数字签名要同时具有端级签名和个人签名的功能。
- 安全审计协议：针对与安全有关的事件，包括事件的探测、收集、控制，能进行事件责任的追查。
- 防护协议：除防病毒卡、干扰仪等物理性防护措施外，还对用于信息系统自身保护的数据(审计表等)和各种秘密参数(用户口令、密钥等)进行保护，以增强反入侵功能。

以下将介绍几种常见的网络安全协议。

12.4.1　SSH

SSH是Secure Shell的缩写，是一种为了在不安全的网络上提供安全的远程登录和安全的网络服务而设计的协议。它包括以下3个主要部分。

- 传输层协议提供一些认证、信任和完整性，它也可以任意地提供压缩。传输层将运行在一个TCP/IP连接之上，同时也可以用在其他可靠的数据流之上。
- 用户认证协议层认证连接到服务器的客户端用户，它运行在传输层协议之上；连接协议层分配多个加密通道到一些逻辑通道上，它运行在用户认证层协议之上。
- 当安全的传输层连接建立之后，客户端将发送一个服务请求。当用户认证层连接建立之后，将发送第二个服务请求。这就允许新定义的协议可以和已存在的协议共存。连接协议提供可用作多种目的的通道，为设置安全交互Shell会话和传输任意的TCP/IP端口以及X11连接提供标准方法。

12.4.2　SSL协议

SSL(Secure Socket Layer)是Netscape公司提出的Internet安全标准，由于SSL应用范畴广泛

且颇具弹性，许多国际知名厂商的多数产品都支持此协定，而IETF也正在考虑将SSL纳入Internet的标准。

SSL的目的是在网络应用软件之间提供安全、可信赖的传输服务。安全表示通过SSL建立的连线，可以防范外界任何可能的窃听或监控，可信赖表示经由SSL连线传输的资料不会失真。SSL的特点如下。

- SSL与应用协定无关，在它之上可以叠加各种网络应用，而SSL对于这些应用是透明的。
- SSL双方利用公众钥匙技术识别对方的身份，SSL支持一般的公众钥匙演算法，如RSA、DSS。
- SSL连接是受加密保护的，双方在连线建立之初即商定一个用以对后续连线加密的秘密钥匙及加密演算法，如DES或RC4。
- SSL连线是可信赖的，SSL在所传输的每段信息中附有用于验证信息完整性的信息认证码(MAC)，SSL支持一般用于产生MAC的哈希(Hash)函数，如SHA、MD5。
- SSL采用公众钥匙技术识别对方身份，受验证方须持有某发证机关(CA)的证书，其中内含其持有者的公众钥匙，CA的签名可证明该公众钥匙的合法性，而持有者的私有钥匙和证书即可证明自己的身份。在实际应用上，SSL要求服务器至少得持有CA颁发的证书，客户端可选择性地持有自己的证书，此种做法主要在于保护一般用户不会被欺骗。

由于加密过程颇耗费计算资源，故SSL连线的效率较传统未加密的低许多。因此，一般只将SSL用于须加密保护的连线，普通连线仍采用传统协定。

12.4.3 IPSec协议

灵活简洁的IP是Internet得以迅速传播的主要原因之一。但是这种简洁产生了一个重大的问题：缺少IP基础的安全机制。IP网络的弱点促进了对防火墙的需求和其他形式的网络安全。由IETF提出的一种新的协议IPSec(IP安全协议)，瞄准了直接在IP上最终解决安全问题。IPSec提供3个主要范围上的安全：鉴定性，它用于验证正在通信的个体；完整性，它用于确保数据不被改变；保密性，它用于确保数据不被截获和查看。

1. IPSec简介

IPSec 协议不是一个单独的协议，它给出了应用于IP层上网络数据安全的一整套体系结构，包括网络认证协议(Authentication Header，AH)、封装安全载荷协议(Encapsulating Security Payload，ESP)、密钥管理协议(Internet Key Exchange，IKE)和用于网络认证及加密的一些算法等。IPSec 规定了如何在对等层之间选择安全协议、确定安全算法和密钥交换，向上层提供访问控制、数据源认证、数据加密等网络安全服务。IPSec的安全特性主要有以下几个方面。

- 不可否认性：不可否认性可以证实消息发送方是唯一可能的发送者，发送者不能否认曾经发送过消息。不可否认性是采用公钥技术的一个特征，当使用公钥技术时，发送方使用私钥产生一个数字签名随同消息一起发送，接收方使用发送者的公钥来验证数字签名。由于在理论上只有发送者才唯一拥有私钥，也只有发送者才可能产生该数字签名，因此，只要数字签名通过验证，发送者就不能否认曾经发送过该消息。但不可否认性不是基于认证的共享密钥技术的特征，因为在基于认证的共享密钥技术中，发送方和接收方掌握相同的密钥。

○ 反重播性：反重播确保每个IP包的唯一性，保证信息万一被截取复制后，不能再被重新利用而传输回目的地址。该特性可以防止攻击者截取破译信息，然后用相同的信息包冒取非法访问权。

○ 数据完整性：防止数据在传输过程中被篡改，确保发出数据和接收数据的一致性。IPSec利用Hash函数为每个数据包产生一个加密检查和，接收方在打开包之前先计算检查和，如果包遭到篡改导致检查和不相符，数据包即被丢弃。

○ 数据可靠性(加密)：在传输前，对数据进行加密，可以保证在传输过程中即使数据包遭到截取，信息也无法被读。该特性在IPSec中为可选项，与IPSec策略的具体设置相关。

○ 认证数据源发送信任状，由接收方验证信任状的合法性，只有通过认证的系统才可以建立通信连接。

2. IPSec基本工作原理

IPSec的工作原理类似于包过滤防火墙，可以看作对包过滤防火墙的一种扩展，如图12-5所示。当接收到一个IP数据包时，包过滤防火墙使用其头部在一个规则表中进行匹配，当找到一个相匹配的规则时，包过滤防火墙就按照该规则制定的方法对接收到的IP数据包进行处理。这里的处理工作只有两种：丢弃或转发。

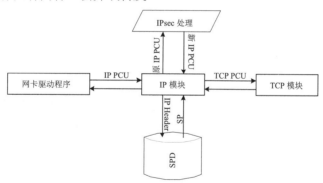

图12-5 IPSec工作原理示意图

IPSec通过查询SPD(Security Policy Database，安全策略数据库)，决定对接收到的IP数据包进行何种处理。但是，IPSec不同于包过滤防火墙的是：对IP数据包的处理方法除了丢弃和直接转发(绕过IPSec)外，还有一种，即进行IPSec处理。正是这个新增添的处理方法，提供了比包过滤防火墙更进一步的网络安全性。

进行IPSec处理意味着对IP数据包进行加密和认证。包过滤防火墙只能控制来自或去往某个站点的IP数据包的通过，可以拒绝来自某个外部站点的IP数据包访问内部某些站点，也可以拒绝某个内部站点对某些外部网站的访问。但是，包过滤防火墙不能保证从内部网络出去的数据包不被截取，也不能保证进入内部网络的数据包未经过篡改。只有在对IP数据包实施了加密和认证后，才能保证在外部网络传输的数据包的机密性、真实性、完整性，通过

Internet进行安全的通信才成为可能。

IPSec既可以只对IP数据包进行加密，或只进行认证，也可以同时实施两者。但无论是进行加密还是进行认证，IPSec都有两种工作模式：一种是隧道模式；另一种是传输模式。其中，隧道模式与协议工作方式类似。

传输模式如图12-6所示，它只对IP数据包的有效负载进行加密或认证。此时，继续使用以前的IP头部，只对IP头部的部分域进行修改，而IPSec协议头部被放置在IP头部和传输层头部之间。

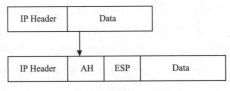

图12-6　传输模式示意图

隧道模式如图12-7所示，它对整个IP数据包进行加密或认证。此时，需要新产生一个IP头部，IPSec头部被放置在新产生的IP头部和以前的IP数据包之间，从而组成一个新的IP头部。

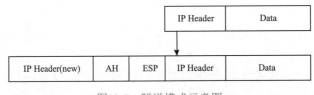

图12-7　隧道模式示意图

3. IPSec中的3个主要协议

前面已经提到IPSec主要功能是加密和认证，为了进行加密和认证，IPSec还需要有密钥的管理和交换功能，以便向加密和认证提供所需要的密钥，并对密钥的使用进行管理。以上3方面的工作分别由AH、ESP和IKE 3个协议进行规定。为了介绍这3个协议，首先需要引入一个术语：SA(Securlty Association，安全关联)。安全关联，指的是安全服务与它服务的载体之间的一个"连接"。AH和ESP都需要使用SA，而IKE的主要功能就是建立和维护SA，实现AH和ESP提供对SA的支持。

通信双方如果要利用IPSec建立一条安全的传输通路，需要事先协商好将要采用的安全策略，包括使用的加密算法、密钥、密钥的生存期等。当双方协商好使用的安全策略后，双方建立了一个SA。SA就是能向其上的数据传输提供某种IPSec安全保障的一个简单连接，可以由AH或ESP提供。当给定了一个SA，就确定了IPSec所要执行的处理，如加密、认证等。SA可以进行两种方式的组合：传输邻近和嵌套隧道。

(1) ESP(Encapsulating Security Payload)

ESP协议主要用于处理对IP数据包的加密，此外对认证也提供了某种程度的支持。ESP是与具体的加密算法相独立的，几乎可以支持各种对称密钥加密算法，如DES、TripleDES、RC5等。为了保证各种IPSec实现间的互操作性，目前ESP必须提供对56位DES算法的支持。

ESP协议数据单元格式由3部分组成，除了头部、加密数据部分外，在实施认证时还包含一个可选尾部。头部有两个域：安全策略索引(SPI)和序列号(Sequence Number)。使用ESP进行安全通信之前，通信双方需要先协商好一组将要采用的加密策略，包括使用的算法、密钥以及密钥的有效期等。"安全策略索引"用于标识发送方是使用哪组加密策略来处理IP数据包的，当接收方看到了这个序号就知道了对收到的IP数据包应该如何处理。"序列号"用于区分使用同一组加密策略的不同数据包。加密数据部分除了包含原IP数据包的有效负载，填充域(用来保证加密数据部分满足块加密的长度要求)包含其余部分在传输时都是加密过的。其中"下一个头部(Next Header)"用于指出有效负载部分使用的协议，可能是传输层协议(TCP或UDP)，也可能还是IPSec协议(ESP或AH)。

通常，ESP可以作为IP的有效负载进行传输，JFIP的头UKB指出下个协议是ESP，而非TCP和UDP。由于采用了这种封装形式，因此ESP可以使用原有的网络进行传输。

用IPSec进行加密有两种方式，意味着ESP协议也有两种工作模式：传输模式(Transport Mode)和隧道模式(Tunnel Mode)。当ESP工作在传输模式时，采用当前的IP头部。而工作在隧道模式时，视整个IP数据包进行加密作为ESP的有效负载，并在ESP头部前增加以网关地址为源地址的新的IP头部，此时可以起到NAT的作用。

(2) AH(Authentication Header)

AH只涉及认证，不涉及加密。AH虽然在功能上和ESP有些重复，但是AH除了可以对IP的有效负载进行认证外，还可以对IP头部实施认证，在处理数据对时可以对IP头部进行认证，而ESP的认证功能主要是面对IP的有效负载。为了提供最基本的功能并保证互操作性，AH必须包含对HMAC/SHA和HMAC/MD5(HMAC是一种SHA和MD5都支持的对称式认证系统)的支持。

AH既可以单独使用，也可以在隧道模式下使用，或者与ESP结合使用。

(3) IKE(Internet Key Exchange)

IKE协议主要用于对密钥交换进行管理，它主要包括以下3个功能。

- 对使用的协议、加密算法和密钥进行协商。
- 方便的密钥交换机制(这可能需要周期性地进行)。
- 跟踪对以上约定的实施。

12.4.4 PKI和SET安全协议

PKI，从广义上来讲，就是提供公钥加密和数字签名服务的系统。PKI的主要目的就是自动管理密钥和证书，它可以为用户建立一个安全的网络运行环境，使用户可以在多种应用环境下方便地使用加密和数字签名技术，从而保证网上数据的机密性、完整性、有效性。

一个典型、完整、有效的PKI应用系统至少应该拥有5个部分，分别为公钥密码证书管理、黑名单的发布和管理、密钥的备份和恢复、自动更新密钥、自动管理历史密钥。

PKI是一种新的安全技术，它由公开密钥密码技术、数字证书、证书发放机构和关于公开密钥的安全策略等基本部分组成。它是利用公钥技术实现电子商务安全的一种体系，是一种基础设施。

SET协议，就是由美国VISA和MASTER CARD两大信用卡组织联合国际上多家科技机构，共同开发研制的安全电子交易协议。它基于公钥密码体制和X.509数字证书标准，主要用于保障网上购物信息的安全性。

由于SET提供了消费者、商家和银行之间的认证，确保了交易数据的安全性、完整性、可靠性和交易不可否认性，特别是保证不将消费者银行卡号暴露给商家等，因此成为目前公认的信用卡/借记卡的网上交易的国际安全标准。

12.5 网络病毒与防治

计算机病毒指的是一些具有"病毒"功能的程序或程序段，它们可以把自己的一个副本附加到另一个程序或转移到另一台计算机系统中，通过网络或存储介质(光盘、U盘)交换进行传播。病毒干扰计算机正常运行，占用系统资源、降低传输运行速度，有些"病毒"还在一定条件下破坏、删改数据，产生严重的后果。

计算机病毒是由一些计算机软件设计者出于恶作剧、蓄意破坏或反人类、反社会等目的而专门设计的特殊程序，病毒绝不会自己产生。伴随着计算机网络的发展，目前计算机病毒主要通过网络进行传播，而且危害性空前扩大。像"冲击波""蠕虫"等病毒，让很多人体会到了病毒的危害和严重性。

12.5.1 网络病毒的特点

在现阶段，由于计算机网络系统的各个组成部分、接口以及各个连接层次的相互转换环节都不同程度地存在着某些漏洞或薄弱环节，在网络软件方面存在的薄弱环节更多，因此使得网络病毒有机可乘，能够突破网络的安全保护机制，通过感染网络服务器进而在网络上快速蔓延。计算机网络病毒的特点如下。

1. 破坏性强

网络病毒破坏性极强，例如，蠕虫入侵到计算机系统内之后，在被感染的计算机上生成自己的多个副本，每个副本将会启动搜索程序寻找新的攻击目标。大量的进程会耗费系统的资源，导致系统的性能下降。这对网络服务器的影响尤其明显。

2. 传播性强

网络病毒普遍具有较强的再生机制，一接触即可通过网络扩散与传染。一旦某个公用程序染了毒，那么病毒将很快地在整个网络上进行传播，从而感染其他程序。根据有关资料介绍，在网络上病毒传播的速度是单机的几十倍。

3. 具有潜伏性和可激发性

网络病毒与单机病毒一样，具有潜伏性和可激发性。在一定的环境下受到外界因素的刺激，病毒便能活跃起来，这就是病毒的激活。激活的本质是一种条件控制，此条件是多样化的，可以是内部时钟、系统日期和用户名称，也可以是在网络中进行的一次通信。一个病毒程序可以按照病毒设计者的预定要求，在某个服务器或客户机上激活，并向各网络用户发起攻击。

4. 针对性强

网络病毒并非一定是对网络上所有的计算机都进行感染与攻击，而是具有某种针对性的攻击，特别是对于一些网络操作系统的漏洞。例如，"冲击波"病毒就是利用了Windows系统的RPC(远程处理控制)的漏洞进行传播和危害。随着微软Windows操作系统的市场占有率居高不下，使得针对这些系统的计算机病毒数越来越多。近年来，攻击计算机的计算机病毒绝大多数都是针对Windows操作系统的。

5. 扩散面广、传播途径多变

由于网络病毒可以通过网络进行传播，因此其扩散面积大，一台PC的病毒可以通过网络感染与之相连的众多机器。由网络病毒造成网络瘫痪的损失难以估计。一旦网络服务器被感染，其解毒所需的时间将是单机的几十倍以上。

随着新技术的发展，目前计算机病毒已经可以通过包括大容量移动磁盘、光盘、网络、Internet、电子邮件等多种方式进行传播，而且仅Internet的传播方式又可包括Web浏览、IRC聊天、FTP下载、BBS论坛等。特别是电子邮件，目前已成为病毒传播的重灾区。

鉴于网络病毒的以上特点，采用有效的网络病毒防治方法与技术就显得尤其重要。目前，网络大都采用Client/Server模式，这就需要从服务器和客户机两个方面采取防治网络病毒的措施。

12.5.2 网络病毒的主要症状

计算机网络病毒和人体病毒一样，都有本身的典型症状，其主要症状如下。

- 屏幕异常滚动，和行同步无关。
- 系统文件长度发生变化。
- 出现异常信息、异常图形。
- 运行速度减慢，系统引导、打印速度变慢。
- 存储容量异常减少。
- 系统不能由硬盘引导。
- 系统出现异常死机。
- 数据丢失。
- 执行异常操作。

病毒本身具有不同特性，病毒的症状也是五花八门。有的病毒表现欲非常强，它进入内存后，针对系统做一些定点操作。有的病毒则不会有太大的动静，会对文件进行改写。虽然病毒形式多种多样，但它们发作的目的都是破坏程序的完整性，篡改文件的精确性，使系统及所支持的数据和服务发生失效。其主要的表现形式如下。

- 破坏文件分配表，使磁盘上的用户信息丢失。
- 改变磁盘分配，造成数据的错误。
- 删除磁盘上特定的文件，或破坏文件的数据。
- 影响内存中的常驻程序。

- ○ 自我繁殖，侵占大量的存储空间。
- ○ 改变正常运行的程序。
- ○ 窃用用户的主要数据。

12.5.3　网络病毒的防治

网络病毒的防治是一个系统性的工程，它既包括技术方面的措施，又包括管理方面的措施。

1. 选择有效的防毒/杀毒软件

随着网络时代一次又一次恶性病毒的肆虐，使网络安全与系统病毒的有效防范成为一个全球性问题。

在网络环境中，计算机中的资源是可以被互相访问的，网络中的所有计算机构成了一个完整的系统。对于同一种杀毒软件，版本越新杀毒能力越强，版本越老杀毒能力越弱。如果在网络中杀毒软件版本不一致，就意味着在网络中至少有一台计算机，它的杀毒软件版本较老，以致无法防范某些已知病毒。单机版杀毒产品由于没有考虑到网络环境的特殊性，它无法确保整网中各节点的杀毒软件同步升级。比如说，某客户端计算机和服务器计算机上都安装了单机版杀毒软件，但是由于该客户端计算机没有及时得到升级，感染了某种新型病毒并且已发作，病毒发出将服务器上的文件删除的命令，虽然服务器上的单机版软件已及时得到升级，但是也无法阻止文件被删除(它只能阻止服务器上的文件被感染)。

因此，对于一个系统的安全而言，整个系统的安全程度取决于这个系统中最薄弱的环节。对于一个网络来说，只要其中有一台计算机存在安全漏洞问题，那么，整个网络中的所有计算机都处于危险的境地。

一个防毒严密的网络版软件必须做到以下两点。

(1) 主动同步自动升级，即一台计算机中的杀毒软件升级后，网络版控制系统将自动通知所有计算机中的杀毒软件立即升级，保证整个网络内的杀毒软件版本的一致性，确保所有计算机上的杀毒软件都是最新的。

(2) 能随时监控整个网络中各台计算机的防护状态，确保整个网络处于最佳的防护状态。

2. 增加安全意识

杜绝病毒，主观能动性起到很重要的作用。病毒的蔓延，经常是由于企业内部员工对病毒的传播方式不够了解。病毒传播的渠道有很多，例如，病毒可通过网络、物理介质等渠道进行传播。查杀病毒，首先要知道到底是什么病毒，它的危害程度如何。知道了病毒的危害性，提高安全意识，杜绝病毒的战役就已经成功了一半。

企业要从加强安全意识着手，对日常工作中隐藏的病毒危害增加警觉性，如安装一种被大众认可的网络版杀毒软件，定时更新病毒定义文件，对运行来历不明的文件之前先进行查杀，每周查杀一次病毒，减少共享文件夹的数量，共享文件时尽量控制权限和增加密码等，这些措施都可以很好地防止病毒在网络中进行传播。

此外，还要注意供应商提供的补丁，定期升级系统或者安装补丁，修补漏洞。

3. 健全管理制度并落实执行

很多情况下，病毒侵入企事业内部网络的原因和内部管理混乱有关，如以下情况。

- ❑　管理员为减少工作量，过多开放用户操作权限，造成病毒有机会泛滥。
- ❑　用户私自连接互联网，在上网浏览、收发邮件时带入病毒。
- ❑　用户私自使用未经认可的光盘、U盘，不小心带入病毒。
- ❑　用户未按规定启动防病毒软件，病毒泛滥和发作造成损失。
- ❑　发现可疑情况未能尽早报告并及时处理，以至于造成损失。
- ❑　网络管理员的失误，服务器未及时升级系统或防火墙，并且过多开放无用端口，给病毒入侵提供机会。

加强企业计算机安全管理是最有效地防止病毒破坏的手段，应该建立并健全一套针对计算机病毒的预防、预报、宣传、奖惩、监督、备份、灾害应急、重建处理的规章制度，并且交由上级批准，派专人负责实施，从企业内部杜绝一切漏洞。

没有一套行之有效的制度，没有明确的职责和奖惩办法，即使有再好的软件和设备也不可能保证防病毒效果。

特别应该提出的是，备份制度和灾难应急重建计划是针对计算机病毒危害的最后一道防线，而且是不可逾越的防线。对于一个依赖计算机系统实现办公的企业，它除了应对可能由于计算机病毒造成的灾难以外，也可以提高企业抵御各种自然灾害(如电力故障、地震、火灾、人为破坏、系统设备故障)的能力。

4. 定期对网络中的设备进行查毒

对于一些已知的计算机病毒，则可以通过定时清除、安装防病毒软件、修补系统漏洞、限制系统功能的方法来对付。

计算机病毒如果无法传播到另一台计算机中，也就无法对其进行感染破坏，因而人们最常用的方法就是隔离。例如，将一个企业内部的专业网和外部的联系(如互联网)断开，再严格切断交换介质(如不使用光盘、U盘)，即可保证不会受到病毒攻击。

但是，一般企事业单位很大程度上需要和外界交流，那么在一切和外界交流的关口增加防范措施。例如，在服务器中安装"防火墙"软件；光盘、U盘使用前先进行"病毒"扫描。但"只要打开大门，就难免带进灰尘"，这种有限开放方式，当防火墙或系统平台有漏洞时，就会变得丝毫没有抵抗力。

12.5.4　网络防毒/杀毒软件

选择有效的防毒/杀毒软件是防治网络病毒的有效措施。目前，主要的杀毒/防毒软件有主机版和网络版两种版本：主机版主要用于单机系统的防毒和杀毒，网络版可以实现网络系统的杀毒与防毒。

1. 网络防毒/杀毒系统的特点

从原则上讲，计算机病毒和杀毒软件是"矛"与"盾"的关系，杀毒技术是伴随着计算机病毒在形式上的不断更新而更新的，也就是说，网络版杀毒软件的出现，是伴随着网络病毒的出现而出现的。

在网络安全领域，经常强调"三分技术，七分管理"，网络安全中的30%需要依靠计算机系统信息安全设备和技术保障，而70%则需要依靠用户安全管理意识的提高以及管理模式的更新。具体到网络版杀毒软件来说，三分靠杀毒技术，七分靠网络集中管理，所以通常强调加强网络集中管理来增强网络杀毒系统的效能。目前，网络防毒/杀毒系统的主要特点和发展趋势如下。

(1) 集中式管理、分布式杀毒。对局域网进行远程集中式安全管理，并可通过账号和口令设置来控制移动控制台的使用。先进的分布技术可以利用本地资源和本地杀毒引擎，对本地节点的所有文件全面、及时、高效地查杀病毒，同时保障用户的隐私，减少了网络传输的负载，避免因大量传输文件而引起的网络拥塞。

(2) 数据库技术、LDAP技术的应用广泛。由于网络杀毒工作的日益复杂，一些网络杀毒软件厂商已经开始使用数据库技术和LDAP技术进行策略和日志的存储、用户管理等功能，不但增强了用户管理能力、策略组织能力，还提高了策略调用速度，便于以后向日志分析等方面扩展。

(3) 多引擎支持。谈到网络安全，只能是相对的安全而没有绝对的安全，而对于杀毒引擎来说，一种杀毒技术或杀毒引擎不可能查杀任何病毒。因此，对于多引擎技术来说，就是使用多项杀毒技术对网络进行杀毒，可以有效地提高网络杀毒的成功率，但是必然会增加网络杀毒软件的复杂度。

(4) 从入口处拦截病毒。网络安全的威胁多数来自邮件和采用广播形式发送的信函。目前已经有许多厂商正在开发相关的软件，直接配置在网络网关上，弹性规范网站内容，过滤不良网站，限制内部浏览。这些技术还可以提供内部使用者上网访问网站的情况，并产生图表报告。系统管理者也可以设置个人或部门下载文件的大小。此外，邮件管理技术能够防止邮件经过Internet网关进入内部网络，并可以过滤由内部网络寄出的内容不当的邮件，避免造成网络带宽的不当占用。从入口处拦截病毒已成为网络防病毒产品发展的一个重要方向。

(5) 全面解决方案。由于计算机网络应用的不断增加，导致计算机病毒入侵途径日益增多，并且对于某些网络环节(如对Linux、UNIX服务器来说)，虽然系统本身受到病毒侵害的程度相对较低，但是却也成为病毒存储的温床和发源地。因此，网络杀毒体系将会从单一设备或单一系统，发展成为一个整体的解决方案，并与网络安全系统有机地融合在一起。无论是服务器，还是客户端都应该得到保护。目前的网络杀毒软件通常都可以扩展到对于文件服务器、邮件服务器、Lotus服务器的病毒防护。

(6) 客户化定制。客户化定制模式指的是网络防病毒产品的最终定型是根据企业网络的特点而专门制定的。对于用户来讲，这种定制的网络防病毒产品带有专用性和针对性，既是一种个性化、跟踪性产品，又是一种服务产品。这种客户化定制体现了网络防病毒正从传统的产品模式向现代服务模式转化。

(7) 扩展性。鉴于目前反黑与反病毒的结合趋势，网络杀毒系统越来越朝着与防火墙、入侵检测、安全扫描、SNMP网络管理融合的方向发展。这是目前网络杀毒软件的一个发展的动向。

(8) 远程安装或分发安装。由于网络杀毒软件可能需要对不同物理区域的数十台甚至上百台、上千台客户端服务器进行杀毒模块的安装，因此要求管理员本地安装是不现实的。目前系统一般提供两种方式进行客户端的远程安装，一种是通过Windows系统远程控制命令进行批量客户端的远程安装，另外一种是让所有的用户通过Web页面下载客户端软件自行安装，任何一种方式都需要通过管理手段和技术手段来实现。

2. 常见网络防毒/杀毒产品

目前，网络防毒/杀毒的软件产品很多，既有国内厂家的产品，如瑞星、金山、冠群金辰等；也有国外厂家的产品，如Norton、Symantec、McAfee等。下面将介绍几种典型的网络防毒/杀毒软件产品。

(1) Symantec AntiVirus企业版

Symantec AntiVirus企业版是一款优秀的网络杀毒软件，包括Symantec服务器、系统中心控制台、Symantec Client Security、Symantec Packager和Alert Management Server组件等。这些组件的主要功能如下。

- Symantec系统中心：管理控制台，在Windows NT/2000/XP/Vista/7/10计算机上运行，可以执行各种操作。例如，向工作站和服务器分发企业版病毒防护，更新病毒定义文件，管理运行客户端程序。
- 服务器：可以将配置和病毒定义文件分别安装到各个客户端，并且可以对服务器进行病毒防护。
- 客户端：可以对联网或未联网的计算机进行病毒防护，并且可以接受系统中心的集中管理。
- Live Update：可以进行病毒和引擎的升级，并可以通过服务器进行分装。
- Symantec Packager：可以创建、修改和部署自己的定制安装包。
- Alert Management Server：可以提供病毒警报功能，以通过多种方式和文本格式向系统管理员进行报警。

Symantec AntiVirus的管理控制台是使用Windows NT自身提供的Console集成在一起的，使用习惯符合Windows的常用风格，易用性较好，用户可以对网络中的服务器客户端进行分组设置，制定单个组的杀毒策略，管理简单方便，并且可以支持多层次的网络拓扑结构，方便对网络防毒的规模进行扩展。该系统具有较灵活的定制性，尤其对于客户端的配置设置上，系统可以根据最终用户的需要对各个子项进行单独的锁定。

Symantec AntiVirus具有强大、安全的升级模式，Live Update是 Symantec公司的一项技术，它能使已经安装的Symantec产品自动连接到Symantec服务器上，以进行程序和病毒定义文件的更新。这种连接可以通过 Internet连接或企业内部网络连接来实现。对于企业内部网络连接方式，用户将更新文件下载到一台计算机，然后再将其分装给所有用户。这种方式十分适合应用于基于屏蔽子网防火墙的网络，可以通过升级服务器而升级整个子网的网络杀毒软件，在保证网络安全的基础上，确保网络杀毒软件的时效性。

(2) McAfee Total Virus Defense套件

美国网络联盟公司推出的McAfee Total Virus Defense是一款优秀的网络杀毒软件，包括

ePolicy Orchestrator Server和Console、VirusScan、GroupShield、WebShield等组件。其主要组件的功能如下。

○ ePolicy Orchestrator Server和Console：在企业内部集中管理和分发NetShield软件、VirusScan软件的策略控制，生成集中报告。

○ GroupShield：保护服务器，免受病毒的攻击，并且支持Lotus Notes和Microsoft Exchange系统。

○ NetShield：保护文件服务器，防止恶意代码。

○ VirsScan：可以对客户端进行扫描，并且支持按需和按时扫描两种方式。

该软件采用Windows控制台进行防病毒的集中式管理，支持本地和异地的SQL Server数据库，可以支持分布式数据存储。该软件使用策略服务和域控制器相结合的方式进行集中式的管理，通过集中管理程序和远程异地进行防病毒组件的安装和部署，达到了有效的防病毒管理。该软件还提供了多种客户端杀毒方式，可以区分文件服务器和其他类型的服务器，体现了Mcafee的重点防御概念。

该软件的杀毒模块被分为NetShield、WebShield、GroupShield、Virus Scan等几个独立的组件，充分考虑了网络中各个单元的特点。例如，文件服务器主要用于文件的读写，Exchange主要用于内部或外部邮件的交流。根据上述网络的特点，McAfee Total Virus Defense有相应的杀毒模块进行实时监控和扫描，提高了杀毒的效率和响应速度。NetShield可以在用户每次打开、复制或转移文件，或把文件放入回收站时进行实时扫描，这就说明了该组件专门为服务器所设计，对于文件读写的考虑相当周全。至于其他的组件也有类似的特点，针对不同服务器操作进行扫描，专业性较强。

VirusScan组件是该产品中最广泛应用的杀毒模块，主要用于对网络中其他的联网计算机进行病毒扫描，可以支持DOS、Windows系列、UNIX和Linux服务器操作系统平台。该组件提供了两种类型的扫描活动，既可自动扫描，也可定期、选择性或按计划扫描。用户可以预先计划保存和不保存一次性按需扫描，并在必要时或按计划定期运行，也可以采用低风险和高风险两种应用程序方式进行扫描。

(3) KILL企业版

冠群金辰公司推出的KILL企业版是一款优秀的网络杀毒软件，包括KILL企业版管理服务器、KILL企业版客户端和远程安装工具组件。这些组件的主要功能如下。

○ KILL管理服务器：可与Windows NT/2000/XP/Vista 17的性能监视器紧密集成，并可以在Windows管理平台实现对系统中UNIX、Linux和NetWare服务器的病毒扫描进行管理，利用丰富的图表形式，动态实时监视全网中的所有关键服务器的安全状况，实现对整个防病毒系统的中央集中控制管理，并且可以实时配置全网的杀毒和报警配置，分发报警和升级信息等。

○ KILL客户端：可以对联网或未联网的计算机进行病毒防护，既可独立进行配置，也可以接受KILL企业版管理服务器的集中管理。

○ 远程安装工具：可使KILL管理服务器端一次性在多台目标机器上安装KILL客户端。

KILL企业版采用业界领先的双引擎扫描方式：InoculateIT和Vet两大世界著名病毒扫描引擎，帮助企业构建一个多层防范的防病毒体系，这是KILL企业版最主要的一个特性。

KILL产品采用数字签名技术对病毒升级特征码进行保护，在升级前进行签名校验，确认无误后才进行升级，从而杜绝病毒冒充升级文件侵害用户系统，并且病毒特征文件可以实现从控制台到客户端的自动分发和升级。

(4) 卡巴斯基杀毒软件

卡巴斯基杀毒软件是目前企业中使用频率比较高的杀毒软件之一。

卡巴斯基通过以下特点达到真正保护用户计算机。

- 保护电子邮件：对各种邮件系统的所有邮件执行基于协议层的反病毒扫描(对POP3、IMAP和NNTP协议扫描接收的邮件，对SMTP扫描发出的邮件)。
- 保护文件系统：对所有文件、文件夹和磁盘(包括所有便携式存储设备)进行反病毒扫描，也可以选择扫描系统的关键区域及启动项。
- 监控网络数据流：对任何互联网浏览器，均可对所有基于HTTP协议的网络流量执行实时的反病毒扫描。
- 主动防御：可以在任何危险的、可疑的或隐藏的进程出现时发出警报，阻断对系统所有有害的更改，并可在恶意行为出现后将系统复原。

12.6　网络机房安全

网络安全除了设备和技术方面的安全，机房安全也是一个很重要的因素。机房安全受到多方面的威胁，确保其安全是一个非常重要的问题。保证计算机信息系统的所有设备和机房及其他场地的安全，是整个计算机信息系统安全的前提。如果机房的安全得不到有力的保证，存在各种各样的不安全因素，整个信息系统的安全也就不可能实现。影响计算机系统机房安全的主要因素可以归纳为以下3个方面的问题。

- 计算机系统自身存在的问题。
- 环境导致的安全问题。
- 由于人为的错误操作和各种计算机犯罪导致的安全问题。

12.6.1　机房安全范围

保证计算机系统的机房安全涉及的范围很广泛，不但要保证计算机安全运行，还要保证整个设施的安全；不但要保证设备的正常运转，还要保证数据信息的安全可靠；不但要保证硬件安全，还要保证软件安全。计算机系统机房安全所涉及的内容也很多，而且是一种技术性要求高，投资巨大的工作。其包含的主要内容如下。

- 计算机机房的场地环境，即各种因素对计算机设备的影响。
- 计算机机房用电安全技术的要求。
- 计算机机房的访问人员控制。
- 计算机设备及场地的防雷、防火和防水。
- 计算机系统的静电防护。

- 计算机设备及软件、数据的防盗防破坏措施。
- 存储着计算机中重要信息的磁介质的处理、存储和处理手续的有关问题。
- 计算机系统在遭受灾害时的应急措施。

12.6.2 机房安全管理常识

机房安全涉及的内容很广泛,其中不仅具有技术性的要求,还需要有制度化的保证。为了有效地保证机房的安全,可以从以下几个方面加强管理。

1. 机房环境条件

计算机机房的环境条件的好坏,对充分发挥计算机系统的性能、延长机器使用寿命,以及确保工作人员的身体健康等方面都很重要。对电子计算机设备和工作人员产生影响的环境条件主要包括:温度、湿度、灰尘、腐蚀性气体、电磁场、静电、冲击振动、噪声和照明等。

(1) 温度/湿度

计算机设备使用了大量的半导体器件、电阻器、电容器等。在计算机加电工作时,环境温度的升高都会对它们的正常工作造成影响。当温度过高时,可能会使某些元器件不能正常工作,甚至完全失去作用,从而导致计算机设备的故障,因此,必须按照各个设备的要求,把温度控制在设备所要求的范围之内。不同的设备或者不同级别的机房的温度要求不一样,但是,通常机房温度要求保持在15℃~25℃。

为了确保计算机安全可靠地运行,除了严格控制温度之外,还要把湿度控制在规定的范围之内。一般来说,当相对湿度低于40%时,空气被认为是干燥的;而当相对湿度高于80%时,则认为空气是潮湿的;当相对湿度为100%时,空气处在饱和状态。在相对湿度保持不变的情况下,温度越高,水蒸气压力增大,水蒸气对计算机设备的影响越大,随着压力增大,水蒸气在元器件或由介质材料表面形成的水膜越来越厚,会造成"导电小路"和出现飞弧现象,引起设备故障。高湿度对电子计算机设备的危害是明显的,而低湿度的危害有时更加严重。在相同的条件下,相对湿度越低,也就是说越干燥,静电电压越高,影响电子计算机设备的正常工作越明显。实验表明,当计算机机房的相对湿度为30%时,静电电压为5 000 V;当相对湿度为20%时,静电电压就到了10 000 V;而相对湿度降到5%时,则静电电压可高达20 000 V。

为了克服高温、潮湿、低温、干燥等给计算机设备带来的危害,通常将计算机机房的湿度控制在45%~65%。

(2) 静电

静电对计算机的主要危害是由于静电噪声对电子线路的干扰,引起电位的瞬时改变,导致存储器中的信息丢失或误码。静电不仅会使计算机设备的运转出现故障,而且还会影响操作人员的身心健康,给操作人员带来心理上的极大不安,降低工作效率。减少静电对计算机系统的影响主要从两个方面着手:一方面要在计算机及其外设所使用的元器件、电路设计和组装设计等过程中考虑防静电问题,采取防静电措施;另一方面需要在机房的设备上减少静电来源，可采取如下措施。

- 接地与屏蔽：接地是最基本的防静电措施，要求计算机系统本身应当有一套合理的接地与屏蔽系统，而屏蔽可以切断静电噪声的侵入。雷电产生的感应火花也是一种外部干扰源。在产生雷电时，在传输线上形成的冲击电压有时可高达几千伏甚至上万伏，对计算机设备的破坏作用很大。传输线或线圈附近空间产生的磁场，对其他元器件会产生干扰。同时，电磁感应对磁带机、磁盘机等使用磁介质的设备也有影响。因此，对于介质的存放保管应注意这些因素，使用铁制的磁盘柜是一个好方法。在实际应用中，抑制电磁干扰的手段是接地和屏蔽。接地是防止外界电磁干扰和设备间寄生耦合干扰，提高设备工作可靠性的必要措施。同样，屏蔽是削弱电磁场干扰的有效方法。根据实际需要，可以进行电屏蔽、磁屏蔽或电磁屏蔽。屏蔽可对信号线、电源线、机柜或整个机房进行，但一般来说，凡是环境的电磁场强度在规定的范围之内，都不必对整个机房进行屏蔽。
- 机房地板：计算机机房的地板是静电产生的主要来源，对于各种类型的机房地板，都要保证从地板表面到接地系统的电阻为105~108Ω(下限值是为了保证人身防触电的安全电阻值，上限值则是为了防止因电阻值过大而产生静电)。

工作人员的着装要采用不易产生静电的衣料来制作。

(3) 灰尘

灰尘对电子计算机设备，特别是对精密机械设备和接插元件的影响较大。不论计算机机房采用何种结构形式，由于以下原因，机房内存在着大量灰尘仍是不可避免的。

- 由于空气调节需要不断地补充新风，通过空调系统把大气中的灰尘带进计算机房。
- 机房工作人员出入机房所带入的灰尘。
- 机房的墙壁、地面、顶棚等起尘或涂层脱落所形成的灰尘。
- 机房建筑不严密，通过缝隙渗漏进机房的灰尘。
- 计算机的外部设备，例如打印机等在运转过程中产生的尘屑。

在电子计算机的各种设备中，最怕灰尘的是磁盘存储器。除此之外，在其他方面也存在着明显的危害，如覆盖在集成电路及其他电子元器件表面的灰尘，将妨碍电子元器件的散热，使其散热能力降低。

2. 机房的防火

从国内外的情况来看，火灾是诸危害中发生次数最多、危害最大的。而且它也是在计算机机房中发生的较普遍且危害较大的灾害。无论是在国内还是在国外，每年都有很多计算机机房发生火灾相关的报道。

严格的管理制度和基本的常识可以防止许多情况下可能发生的火灾，但是，仍然有必要采取进一步的措施，以防止火灾发生。

以往的经验一再证明，迅速察觉火灾的发生，是减少灾害损失的主要因素。这一点可以从火灾发生要经过的3个典型阶段看出。

- 第一阶段：计算机机房起火，多数由电气绝缘损坏引起，这种电气原因造成的火灾，常常要闷烧很长一段时间。

- 第二阶段：当发生明火燃烧时，火焰的直接接触会使火势不断地蔓延，周围环境的温度也随之逐步上升，但是相对来说，这时灾情的进展还是比较缓慢的。第二阶段持续时间的长短，由着火点附近材料的易燃性来决定。

- 第三阶段：温度上升到了能使邻近的物体放出可燃性气体的程度，这时，不但直接火焰接触会使物体着火，而且热辐射也会造成周围物体的着火。在第三阶段，由于高温，大量的烟雾及有害气体的产生，人不能在火灾现场滞留，所以救火已非常困难。

从以上阶段的分析可以看出，最好是能在火灾发展到第三阶段之前，能及时发现并扑灭，使损失减小到最低程度。这就需要一定的检查设备，同时要对机房的值班人员传授消防知识和进行必要的消防训练。

火灾主要是由于设备、线路等因技术和维修上的原因引起。设备火灾是机房火灾中最常见的一种，这种火灾主要是因为设备自身的缺陷、维修不当、年久失修或因使用不当，管理制度不严格而造成的。

为了防止火灾对机房的危害，计算机机房要从机房建筑、报警和灭火设备及防火管理几个方面采取必要的防火措施。为了做好安全管理工作，应建立严格的安全制度。在选择和安装电气器材时，也应充分考虑防火要求。机房的消防设备包括报警和灭火设备。为了早期发现火灾，及时扑救减小损失，设置报警装置是十分重要的，只有这样，才能保证尽早测到火灾，特别是机房的活动地板下和屋顶与吊顶之间的不能被人直接观察的部位，更需要有自动报警装置。

3. 机房的安全用电

计算机系统对电源质量的好坏，直接影响到计算机系统的正常运行。计算机系统对供电电源的质量和连接性要求很高，它不仅取决于电网的电压、频率和电流是否符合计算机设备的要求，而且对电网的质量也有很高的要求。

与电源有关的计算机故障是普遍存在的，而且很多故障的起因与电气干扰有关。电气干扰主要有以下3种形式。

- 输电线路和周围环境的电气噪声：电气噪声可以由电源线路本身产生，也可以由电子电气设备产生。它一般有两种类型：一种是电磁干扰，它是输电线路中产生的；另一种是射频干扰，它是由电气设备中的元器件产生的。

- 电压波动：电压波动是一种常见现象。它可分为两种情况：一种是电压高于或低于正常值；第二种是电压间断地或持续地保持较高或较低的数值。

- 断电：如果电流中断就产生了断电，瞬间断电称为瞬时停电，长时间的断电称为停电。

以上3种电气干扰如果大于规定的允许值，就会使计算机设备的正常工作受到影响，信息传送出现错误，甚至损坏计算机或外部设备。对计算机系统的供电电源可采取下述办法来达到稳定使用。

(1) 使用不间断电源，计算机设备的供电线路使用专用线路，在这条线路上不使用任何其他会产生电气噪声的用电设备。UPS能提供高级的电源保护功能，特别是对断电更具保护作用。一旦供电中断，UPS电源利用自身的电池为计算机系统继续供电，保证计算机系统的正常供电。在选择和购买UPS电源系统时要弄清很多问题，其中包括计算机系统在停电后需要UPS电源继续供电的时间，计算机系统的供电容量，UPS电源的电池类型及后备电源的供电方式等。总之，通过采取减少电气噪声的措施，使用满足计算机系统及外部设备对电源要求的供电设备，使用UPS电源供电等方式，可以给计算机系统提供良好的电源，使计算机系统安全、稳定、正常地运行。

(2) 计算机系统每一组成单元中的各设备的电源插头，应插入同一条供电线路中，这将有利于减少各单元之间产生的噪声相互干扰，同时也有利于提供一个公共接地点。

(3) 计算机系统的各个设备在开始工作时不要同时接通电源，分别通电比同时接通电源安全得多。

(4) 供电电源要有满足要求的接地。

(5) 与供电电源要有良好的连接性。

4. 人员安全

为了有效地保证机房的安全和减少机房的灰尘，需要严格控制进入机房的人员，要针对不同人员的职责实行不同的原则与方法。安全的措施和方法是多种多样的，对于不同安全等级的计算机房，根据其重要程度的不同，可以选择一种或多种方式进行控制。下面是人们通常采用的方法和措施。

(1) 机房分区控制

机房内分为3个区域：计算机主机区、控制操作区、数据处理终端区。同时，为了参观的需要，专门设立了参观通道。根据实际工作的需要，确定其所能进入的区域。用户、办事人员和参观者不经有关领导批准，不得进入主机房。

(2) 机房的出入控制

计算机机房是网络最重要的部位，只有特别指定的人员才能获准进入。计算机机房在门口有警卫人员对出入计算机机房的人员进行控制，保证计算机机房在任何时候都处于必要的控制之下，不允许未获准进入机房的人进入。

对于获准进入机房的来访者，其活动范围必须限制在指定的区域内。当获准后，来访者到达接待区域时，应一直有接待人员陪同，同时要对来访者的情况进行登记。要根据不同的区域，实行不同的控制，做到万无一失，保证计算机系统正常、安全地运行。

12.7 本章小结

本章主要介绍了网络安全的基本知识，网络安全涉及的范围非常广泛，它既包括物理的安全，也包括逻辑的安全；涵盖了加密技术、防火墙技术、入侵检测、病毒攻击防范等方面。通过本章的学习，读者不仅要了解威胁网络安全的因素，还要学会如何防范这些威胁，构筑起网络安全屏障。

12.8 思考与练习

1. 填空题

(1) 网络安全的目标是_____、_____、_____、_____和_____。

(2) 安全防范体系的层次可以划分为_____、_____、_____、_____和_____。

(3) 根据密钥类型不同，可以将现代密码技术分为两类：_____和_____。

(4) 包过滤防火墙设置在_____层，可以在路由器上实现包过滤。

(5) 从功能上可以将入侵检测系统划分为4个基本部分：_____、_____、控制台子系统和_____。

(6) 分布式拒绝服务攻击的英文缩写是_____。

2. 选择题

(1) 信息的(   )就是保证信息在从信源到信宿传输过程前后的一致性。

    A. 真实性　　　　B. 完整性　　　　C. 保密性　　　　D. 不可否认性

(2) 下列安全协议中直接应用于网络层的安全协议是(   )。

    A. SSH　　　　B. IDS　　　　C. IPSec　　　　D. SSL

(3) IPSec协议体系中，(   )协议主要用于对密钥交换进行管理。

    A. IKE　　　　B. AH　　　　C. SA　　　　D. ESP

(4) 为了克服高温、潮湿、低温、干燥等给计算机设备带来的危害，通常将计算机机房的湿度控制在(   )。

    A. 20%~40%　　　B. 10%~50%　　　C. 50%~80%　　　D. 45%~65%

(5) 下列攻击手段中，(   )是针对数据库进行的攻击。

    A. 漏洞攻击　　　B. 供应链攻击　　　C. SQL注入攻击　　　D. IP地址欺骗

3. 问答题

(1) 简述网络安全防范体系的结构框架。

(2) 简述入侵检测技术的工作原理。

(3) 简述IPSec的工作原理。

(4) 简述缓冲区溢出的攻击原理。